U1019308

北京2022年冬奥会和冬残奥会

气象保障服务成果

宣传科普卷

中国气象局

气象出版社
China Meteorological Press

内 容 简 介

本书聚焦北京2022年冬奥会和冬残奥会气象保障服务宣传科普工作，收录了从北京申奥成功的那天起7年间在中央、地方媒体刊（播）发的冬奥气象保障服务各类新闻、科普等作品264篇（件），主要从部署指导、气象服务、科技赋能、气象人风采、科普传播、融媒体报道六个方面总结了冬奥气象宣传科普工作，旨在重点展示各个阶段、各个平台冬奥气象宣传科普工作的亮点和成绩。本书可供气象重大活动保障、竞技体育服务等相关宣传和科普人员学习参考。

图书在版编目（CIP）数据

北京2022年冬奥会和冬残奥会气象保障服务成果. 宣传科普卷 / 中国气象局编著. -- 北京 : 气象出版社, 2022.9

ISBN 978-7-5029-7785-6

Ⅰ. ①北… Ⅱ. ①中… Ⅲ. ①冬季奥运会－气象服务－研究成果－汇编－北京－2022②世界残疾人运动会－奥运会－气象服务－研究成果－汇编－北京－2022 Ⅳ. ①P451

中国版本图书馆CIP数据核字(2022)第151396号

北京2022年冬奥会和冬残奥会气象保障服务成果·宣传科普卷

Beijing 2022 Nian Dong'aohui he Dongcan'aohui Qixiang Baozhang Fuwu Chengguo · Xuanchuan Kepu Juan

中国气象局　编著

出版发行：气象出版社
地　　址：北京市海淀区中关村南大街46号　　邮　　编：100081
电　　话：010-68407112（总编室）　010-68408042（发行部）
网　　址：http://www.qxcbs.com　　E-mail：qxcbs@cma.gov.cn
责任编辑：颜娇珑　殷　淼　　终　　审：吴晓鹏
责任校对：张硕杰　　责任技编：赵相宁
封面设计：楠竹文化
印　　刷：中煤（北京）印务有限公司
开　　本：787 mm×1092 mm　1/16　　印　　张：20.5
字　　数：500千字
版　　次：2022年9月第1版　　印　　次：2022年9月第1次印刷
定　　价：120.00元

#《北京 2022 年冬奥会和冬残奥会气象保障服务成果》

总 编 委 会

主　　编：余　勇　黎　健

成　　员：张祖强　张　晶　王志华　曾　琮　王亚伟　张志刚　裴　翀
张跃堂　郭雪飞　林吉东　李照荣　曲晓波　梁　丰　刘　强
郭树军　方　翔　张恒德　肖　潺　唐世浩　罗　兵　陆其峰
邵　楠　赵志强　朱小祥　郭彩丽　彭莹辉　王晓江　蔡　军

本卷编写组

组　　长：曾　琮　彭莹辉

成　　员：（按姓氏笔画排序）
王素琴　李宗涛　吴　宇　张　静　赵　丸　徐　辉　徐文彬

总　序

时光荏苒，白驹过隙。转眼间，北京 2022 年冬奥会和冬残奥会胜利落下帷幕已近半年。在习近平总书记亲自谋划、亲自部署、亲自推动下，这场自北京申办冬奥成功后，历经 7 年艰辛努力成功举办的奥运盛会，全国人民团结一心，众志成城，向世界奉献了一届简约、安全、精彩的冬奥盛会和冬残奥盛会，全面兑现了对国际社会的庄严承诺，为促进世界奥林匹克运动发展、增进世界人民团结友谊作出了重要贡献，北京成为全球首个“双奥之城”。北京冬奥会和冬残奥会在大陆性冬季风气候条件下举办，举办期间更容易受到低温、大风等天气影响，不同于夏奥会，气象保障服务工作少有经验可借鉴。且冬奥会冰雪项目多集中在室外山地进行，地形复杂、局地小气候特征明显，在申办冬奥之前，我国冬奥气象服务几乎算得上“从零开始”——“赛区观测零基础、山地预报零积累、冬奥服务零经验、冬奥人才零储备”，这使得做到监测精密、预报精准、服务精细面临前所未有的困难和挑战。

道阻且长，行则将至。在党中央的坚强领导下，在北京冬奥组委、北京市委市政府、河北省委省政府以及相关部门的大力支持下，全国气象部门深入贯彻习近平总书记关于北京 2022 年冬奥会和冬残奥会系列重要指示和对气象工作重要指示精神，认真落实党中央、国务院决策部署，举全部门之力，集气象行业之智，心怀“国之大者”，牢牢把握“简约、安全、精彩”办赛要求，坚持“三个赛区、一个标准”，尽职尽责、凝心聚力，圆满完成了各项气象保障服务任务，赢得国际国内广泛赞誉。

成功的气象保障服务离不开组织管理的统筹协调。2016 年 7 月，北京冬奥会气象服务领导小组成立，拉开北京冬奥气象服务筹备的大幕。2017 年 6 月，中国气象局举全部门之力成立冬奥气象中心，滚动跟踪了解气象服务需求。2020 年 10 月，首次由第 24 届冬奥会工作领导小组设立了北京冬奥会气象服务协调小组，凝聚各方面力量，统筹协调北京冬奥会跨区域、跨部门、跨军地的气象保障服务各项任务，研究解决北京冬奥会气象设施建设、气象科研、气象预报和气象服务保障等重大事项和重大问题。不断健全的组织保障机制，以及北京冬奥会、冬残奥会从申办、筹备到实施全过程中逐步修订完善的各类工作方案、实施方案、应急预案等，撑起了冬奥气象保障服务工作的“四梁八柱”，为圆满完成各项任务奠定了坚实基础。

成功的气象保障服务离不开业务技术的不断完善。气象部门始终以监测精密、预报精准、服务精细为目标，建成了相较历届冬奥会更为完善精密的气象观测系统——“多要素、三维、秒级”立体气象监测网络，首次建成“百米级、分钟级”冬奥气象预报服务系统，实施“智慧冬奥 2022 天气预报示范计划”为精细化气象预报服务提供有力支撑，建成智慧化、数字化冬奥气象服务网站和手机客户端，全面融入北京冬奥会和冬残奥会服务体系。北京冬奥会和冬残奥会气象保障服务的成功，彰显了中国气象科学技术的现代化能力和水平。

成功的气象保障服务离不开气象科技的不断创新。作为“科技冬奥”领导小组成员单位，中国气象局积极参与“科技冬奥（2022）行动计划”

和国家重点研发计划“科技冬奥”重点专项的组织实施，通过组建创新团队勇闯“无人区”，联合国内外高水平科学家开展冬奥气象服务保障关键技术攻关，攻克了一批关键技术，多项技术成果在北京冬奥会和冬残奥会落地应用，充分发挥冬奥气象的科技创新支撑作用。

成功的气象保障服务离不开各个团队的无私奉献。聚焦气象保障服务各个环节组成的组织管理、预报预测、探测运维、信息网络、科研攻关、城市服务、人工影响天气等一系列工作团队，团结协作、恪尽职守、奋发有为，以高度的责任感、使命感、荣誉感，全力以赴，不断攻坚克难。在北京冬奥会和冬残奥会气象保障服务全过程中，全体气象工作者践行初心使命，在一次又一次的挑战中迎难而上，凝练出团结一心、紧密协作的大局意识，敢打硬仗、能打胜仗的工作作风，善于钻研、精益求精的工匠精神，充分展现了气象人爱岗敬业的良好形象，彰显了气象人无私奉献的精神品质，弘扬了气象人严谨科学、开拓创新、担当作为的优秀品格，向世界展示了中国气象工作者的良好风貌。

成功的气象保障服务离不开新闻媒体的关注支持。气象宣传科普工作者上下联动、内外联合，充分利用各类宣传平台，全方位展示冬奥气象科技成效，多视角报道精彩气象保障服务，立体化呈现气象工作者胸怀大局、自信开放、迎难而上、追求卓越的精神面貌。中央以及北京和河北地方主流媒体持续深度宣传报道气象保障服务各项工作，为圆满完成冬奥气象服务保障各项任务营造了良好舆论氛围。

为了总结凝练好北京冬奥会和冬残奥会气象保障服务的宝贵经验，管理好、运用好北京冬奥气象服务遗产，中国气象局组织编写了《北京2022年冬奥会和冬残奥会气象保障服务成果》丛书，分为组织管理卷、业务服务卷、科技支撑卷、团队工作卷和宣传科普卷，分别从5个方面全面总结了从北京申奥到办奥的经验成果。这些经验成果“生”于奥运，却不止于奥运。

站在新的历史起点上，气象部门将以更加昂扬的姿态，持续深入贯彻习近平总书记关于气象工作的重要指示精神，传承“胸怀大局、自信开放、迎难而上、追求卓越、共创未来”的北京冬奥精神，对标《气象高质量发展纲要（2022—2035 年）》目标要求，大力加强北京冬奥会和冬残奥会气象保障服务成果的推广应用，奋进新征程、建功新时代，为推动我国气象高质量发展，为实现中华民族伟大复兴作出新的更大贡献。

中国气象局党组书记、局长 庄国泰

2022 年 8 月

前 言

7 年磨一剑，砥砺再出发。历经 7 年艰辛努力，北京 2022 年冬奥会和冬残奥会胜利举办，举国关注，举世瞩目。习近平总书记一路引领，亲自谋划，为办好这场冬奥盛会擘画冰雪蓝图，带领广大参与者共创了“胸怀大局、自信开放、迎难而上、追求卓越、共创未来”的北京冬奥精神。

7 年间，中国气象局党组高度重视，高位谋划、统筹推进，驰而不息地将冬奥气象服务贯穿始终，圆满完成保障服务各项任务。气象宣传科普工作也接受了北京冬奥“大考”，始终围绕中心、服务大局，充分利用各类宣传平台，全方位展示冬奥气象科技成效，多视角报道精彩气象保障服务，立体化呈现气象工作者胸怀大局、自信开放、迎难而上、追求卓越的精神风貌。策划推出数万篇（件）原创精品报道，生动讲述北京冬奥气象服务精彩故事，亮点频出、高潮迭起，与“监测、预报、服务”共同奏响气象保障服务的华彩乐章。

7 年间，气象部门上下联动、内外联合，统筹做好宣传科普组织工作。按照中国气象局党组的部署要求，加强统筹协调，完善机制流程。印发《北京2022年冬奥会和冬残奥会气象服务宣传科普专项计划》，明确冬奥宣传科普的指导思想、工作原则、总体目标、总体任务。制定《新闻宣传科普专项工作运行方案》《宣传科普方案》，强化宣传科普机制研究和舆论引导研究。制定《气象宣传科普应急预案》《赛时新闻发布及媒体采访流程》等，提升应急处置综合能力，完善舆情监测应对机制，把舆情监测应对工作融入冬奥气象保障服务各个环节。建立沟通协调和信息资源共享机制，确定了冬奥会气象宣传科普专家（气象新闻官）、信息员和联络员，并建立媒体新闻官、各场地媒体联络员与新闻宣传组日常工作沟通协调机制。

7年间，气象部门精心谋划、主动作为，积极做好媒体服务工作。连续4年组织中央媒体新春走基层采访冬奥气象服务团队，记录冬奥气象故事。30余家中央主流媒体记者赴冬奥延庆气象服务分中心、高山滑雪场馆、北京市气象台等实地采访拍摄。组织多场冬奥专场新闻发布会，通报冬奥气象保障服务不同阶段的筹备情况，百余家中外媒体参加并权威报道。面对传统媒体和新媒体、社会媒体和行业媒体的多样采访需求，量身定做采访方案，运用文字、电话、视频、直播等方式提高媒体采访效率；同时加强媒体采访管理，明确采访流程和分管领导、部门负责人、对接联络人的职责，提高媒体服务效率。

7年间，气象部门集智聚力、打造精品，“大宣传”“大科普”成效斐然。各大主流媒体对冬奥气象保障服务工作进行了密集宣传报道。新华社推出通稿《冬奥需要怎样的气象保障？》，《人民日报》刊发文章《精细气象服务助力精彩冬奥》《精细气象服务全力保障冬奥》《找准比赛的“气象窗口期”》，中央电视台《焦点访谈》播出《加油！冬奥追风逐雪“算天人”》等。据统计，全网各媒体平台共计推出冬奥气象保障服务相关宣传报道81.5万篇（件），其中《人民日报》、新华社、中央广播电视总台（央视）等18家中央主流媒体刊（播）发冬奥气象服务新闻4.1万篇（件），多家主流媒体推出冬奥气象主题整版报道。《中国气象报》、中国气象局网站、中国气象新闻网和中国气象局微信、微博等国家级报、网、微、端平台成为重要的舆论阵地。《中国气象报》坚持动态和深度报道相结合，持续全方位关注各个阶段冬奥气象保障服务工作，累计刊发近500篇相关报道。冬奥会闭幕后，及时开展经验总结宣传报道，推出气象保障启示录，以及系列报道，对冬奥气象保障服务工作积累的经验和气象人精神进行全面、深入总结宣传。中国气象局网站推出“冬奥气象保障服务”中英文专题，其中英文专题得到世界气象组织秘书处肯定，并在其官网系统介绍中国冬奥气象预报服务工作，冬奥气象服务英文稿件被世界气象组织官网转载。中国气象局气象宣传与科普中心（中国气象报社）制作的3期《气象与冬奥》科普手绘长图、6期《我的冬奥日记》视频博客(VLOG)短视频、10期《冬奥气象观赛指南》新媒体产品和科普精品受到广大网友欢迎，被人民日报客户端、学习强国、今日头条等平台采用和重点推广。华风集团制作《冬奥气象100问》系列科普短视频全网总浏览量突破3亿。

冬奥气象保障服务工作已圆满结束，气象宣传科普工作在实践探索中获得了宝贵的经验，为总结好、继承好，并在以后的重大气象保障服务中发挥更大作用，我们组织编制《北京2022年冬奥会和冬残奥会气象保障服务成果·宣传科普卷》，作为全套丛书五卷之一出版发行。本卷收录了7年间在中央、地方媒体刊(播)发的冬奥气象保障服务各类新闻、科普等作品264篇(件)，主要分为部署指导、气象服务、科技赋能、气象人风采、科普传播、融媒体报道等，旨在重点展示各个阶段、各个平台冬奥气象宣传科普工作的亮点和成绩。

2022 年是进入全面建设社会主义现代化国家、向第二个百年奋斗目标进军新征程的重要一年，广大气象宣传科普工作者将坚持好、传承好冬奥气象宣传科普工作宝贵经验，踔厉奋发、笃行不怠，弘扬北京冬奥精神，为推动气象高质量发展作出新的更大贡献。

2017 年 11 月 11 日，延庆赛区气象保障服务人员在海陀山建设自动气象站

2018 年 1 月 30 日，河北省张家口市崇礼区气象局工作人员正在巡检设在滑雪场的自动气象站

2018 年 6 月 8 日，中国气象局党组书记、局长刘雅鸣（左一）率队到北京市延庆区调研，了解北京 2022 年冬奥会和冬残奥会气象保障服务筹备工作

2019 年 1 月，张家口赛区气象保障服务人员开展现场观测

2019 年，张家口赛区气象装备保障人员迁建跳台中心测风气象站

2019 年 1 月 25 日，北京市延庆区冬奥气象预报员沿着赛道边缘的山石攀爬，熟悉小海陀山的地形和小气候特征

2019 年 12 月，河北省张家口市崇礼区冬奥气象预报员在云顶滑雪场实地考察赛场气象条件

2020 年 2 月 15 日，延庆赛区气象服务组克服赛区道路封闭、缆车无法运行等困难，顶风迎雪登上小海陀山，维修自动气象站

2021 年 3 月 31日，中国气象局党组书记、局长庄国泰（中）一行赴河北调研张家口赛区气象服务工作，慰问冬奥气象团队

2021 年 4 月 9 日，北京市气象台首席预报员、首钢赛区赛事预报服务团队队长杜佳（前排左三）作为代表参加首钢大跳台全流程综合演练

“相约北京”2021 下半年测试赛和测试活动前，延庆赛区现场预报服务团队队员进驻国家雪车雪橇中心开展现场服务

2021 年 11 月 6 日，张家口赛区气象预报员开展雪花观测试验

2021 年 11 月 19 日，张家口赛区气象装备保障人员安装调试位于古杨树场馆群的天气现象仪

2021 年 11 月 21 日，受寒潮影响，张家口赛区出现降雪天气。冬奥赛区气象装备保障人员冒着风雪对位于国家跳台滑雪中心“雪如意”的自动气象站进行维护，以确保设备稳定运行，为即将开始的冬奥测试赛做准备

2021 年 12 月 21 日，张家口赛区云顶赛场上气象装备保障人员在搬运备用站设备

2021 年 12 月 31 日，中华全国总工会党组书记、副主席、书记处第一书记陈刚（右二）带队为张家口赛区一线气象保障服务人员送温暖

2021 年 12 月 31 日，张家口赛区气象中心预报员正在值班，密切关注赛区天气变化

2022 年 1 月 14 日，北京赛区气象预报服务人员讨论冬奥会开幕式演练期间天气

2022 年 1 月 22 日，延庆赛区现场预报服务团队在“出征”前一起打气加油

2022 年 1 月 25 日，张家口赛区气象装备保障人员对位于国家越野滑雪中心的自动气象站进行巡检维护

2022 年 1 月 25 日，延庆赛区气象观测保障人员维护国家高山滑雪中心竞速赛道附近的自动气象站

2022 年 1 月 30 日，由北京市气象台、国家气象中心、河北省气象服务中心预报（服务）首席组成的冬奥组委主运行中心现场气象服务团队正在讨论赛区高影响天气

2022 年 1 月 31 日，张家口赛区气象装备保障人员维护气象站

2022 年 1 月 31 日，延庆赛区外围气象服务人员在维护气象观测设备

2022 年 2 月 2 日，中央气象台首席预报员与同事正在制作火炬传递路线天气预报

2022 年 2 月 4 日，中国气象局举行北京 2022 年冬奥会开幕式气象服务视频连线调度会

2022 年 2 月 8 日，延庆赛区气象服务组现场预报服务团队驻国家高山滑雪中心预报员在赛场进行气象要素观测

2022 年 2 月 14 日，张家口赛区气象装备保障人员前往云顶山顶气象站进行仪器维护

2022 年 2 月 19 日，北京冬奥组委副主席杨树安（中）参加竞赛日程变更委员会视频会议，北京市气象局吴宏议（左）一同参会介绍天气情况

目　录

第六章　融媒体报道 278

第一章　部署指导

胡春华强调扎实做好北京冬奥会气象服务保障工作

新华社　2021 年 10 月 27 日

北京冬奥会开幕倒计时 100 天之际，中共中央政治局委员、国务院副总理胡春华 27 日到中国气象局调研督导北京冬奥会气象服务保障工作。他强调，要深入贯彻习近平总书记重要指示精神，以高度负责、精益求精的态度，高标准、高质量做好气象服务保障各项工作，切实保障北京冬奥会顺利举办。

胡春华来到中国气象局，实地察看气象探测中心冬奥气象监测系统建设有关工作进展，听取北京冬奥会气象服务保障汇报，了解今冬明春全国气候变化情况。

胡春华指出，高效有力的气象服务是成功举办北京冬奥会的重要保障。要按照党中央、国务院部署要求，加强精细化监测预报预警，充分应用风云卫星、天气雷达等现代气象监测手段和技术，提高气象预测预报精准度。要强化实战演练，不断查缺补漏，完善运行指挥机制，增强赛时气象服务保障的针对性和有效性。要做好应对极端天气等风险挑战的充分准备，进一步完善应急预案，严格落实安全管理、疫情防控等要求，确保不利情况发生时能够有力有序有效应对。要加强组织领导，强化责任落实和协作配合，不折不扣完成气象服务保障各项任务。

胡春华强调，今冬明春天气气候形势复杂严峻，要高度重视做好秋冬季农业生产气象服务，切实发挥好气象防灾减灾第一道防线作用，为最大限度降低不利天气气候影响提供有力保障。

胡春华在中国气象局调研北京冬奥会气象服务保障工作

中央电视台　2021 年 10 月 27 日

北京冬奥会开幕倒计时 100 天之际，中共中央政治局委员、国务院副总理胡春华 27 日到中国气象局调研督导北京冬奥会气象服务保障工作。详见中央电视台 2021 年 10 月 27 日《晚间新闻》。

北京市政府与中国气象局召开市部合作联席会
共推北京更高水平气象现代化建设

中国气象报社　2019 年 6 月 18 日

6 月 18 日，北京市政府与中国气象局在京召开第三届市部合作联席会，回顾总结上届联席会议以来合作进展情况，研究进一步提高气象科技创新水平，为冬奥会提供优质保障服务，推进“十三五”后期北京更高水平的气象现代化建设，更高质量地服务北京经济社会发展。

会前，北京市委书记蔡奇会见中国气象局党组书记、局长刘雅鸣一行。北京市市长陈吉宁、副市长卢彦，中国气象局党组成员、副局长于新文出席会议。北京冬奥组委专职副主席、秘书长韩子荣与会。

陈吉宁感谢中国气象局长期以来对北京市工作的支持帮助。他说，通过部市合作和双方共同努力，北京气象综合能力建设不断提升，首都重大活动气象保障持续加强，国家重大战略气象应用日益凸显，城市运行和防灾减灾气象预警不断增强，北京气象现代化水平明显提升，这些都与中国气象局的直接指导和大力支持密不可分。今年北京大事多、喜事多，气象保障任务越来越重、要求越来越高，下阶段部市合作在为市民提供优质服务的同时，重中之重是聚力抓好新中国成立 70 周年庆祝活动气象保障服务，市气象部门要以最严格标准全力做好相关工作，深入总结重大活动气象保障特点规律，综合运用最新气象科技手段，提供科学决策服务支撑。要加快推进冬奥会气象能力建设，实现“百米级、分钟级”精准气象服务，重点抓好 2020 年“相约北京”冬奥测试赛保障准备。高标准履行首都气象保障服务职能，更主动融入城市建设管理决策服务，更积极助力生态保护和生态环境建设，更紧密协同防灾减灾、防汛排涝。深入推动京津冀区域联防联治，不断提升气象现代化建设水平，共同推进“国际一流、国内领先、首都特色”的气象现代化建设。

刘雅鸣对北京市委、市政府大力支持气象事业发展表示感谢。她指出，市部合作有力推进了气象工作融入首都经济社会发展，气象现代化建设成效在重大活动保障、汛期气象服务中充分凸显，为全国气象改革发展作出有益探索、形成示范效益。她表示，北京在国家经济社会发展全局中意义重大，落实好习近平总书记对北京的重要要求、发挥好“四个服务”功能，迫切需要更高水平的气象服务。中国气象局将与北京市政府共同围绕首都经济社会发展，合力推进北京气象现代化建设水平再上新台阶。要坚持首善标准，以新中国成立 70 周年庆祝活动为主线，以重大活动带动气象服务能力提升；对标“百米级、分钟级”要求，加快北京冬奥气象服务能力建设；强化统筹协调，共同服务生态文明建设、京津冀协同发展等国家重大战略和北京城市副中心建设；加大政策、人才支持力度，以北京建设全国科技创新中心为契机，着力提升气象科技创新能力；继续深化改革、推进法治建设，为北京气象事业增添发展动力、营造良好环境。希望双方充分发挥市部合作的平台作用，进一步健全长效合作机制，推动气象在首都经济社会发展中发挥更大效益。

自 2016 年的第二届市部合作联席会议以来，双方联合持续推进首都气象事业发展，在冬奥会气象服务筹备、世园会气象服务及生态气象展区建设、北京及周边地区气象观测站网布局、气象预报预警能力提升、气象科技创新、基础设施等方面取得显著进展，多项成果已取得应用效益。

作者：贾静淅

刘雅鸣调研河北气象工作时要求
提升服务国家战略和满足地方需求能力

中国气象报社　2017 年 3 月 24 日

3 月 22 日，中国气象局党组书记、局长刘雅鸣赴河北省调研气象工作。她要求，从服务国家战略和满足地方发展需求出发，找准切入点，以冬奥会气象保障服务为契机，推动河北气象服务、科研水平再上新台阶。

刘雅鸣先后深入国家级飞机人工增雨和科学实验石家庄基地、河北中航通用航空有限公司，了解河北省气象局在气象灾害防御、环境气象服务、专业气象服务等方面的工作情况。她要求河北省气象局加强基础设施应用工作，进一步发挥区域性人工影响天气在防灾减灾中的作用。

在河北省气象局，刘雅鸣仔细了解了京津冀交通气象一体化业务平台、河北省集约化综合气象业务平台、省气象灾害防御指挥系统、省气象信息共享平台、环境气象业务平台的建设运行情况。她指出，气象业务平台建设是河北省气象局服务京津冀协同发展战略、服务地方经济社会发展的重要内容，为服务经济社会发展起到了重要的支撑和保障作用。刘雅鸣强调，要进一步强化部门合作，共同提升气象灾害防御能力；更加重视创新驱动、科技引领，强化业务技术支撑，加强智慧气象基础能力建设；重视人才队伍建设，积极推动人才交流与培训，充分激发以人才推动创新的活力。

在观看了创意天气预报节目《冬奥风云榜》后，刘雅鸣表示，2022 年冬奥会气象保障服务要求高、责任重，要以此为契机，提高专业气象服务能力，在气象服务产品精准性上多下功夫，推动气象科研能力与服务水平再上新台阶；要与时俱进，对气象服务需求与变化保持高度敏感，提高冬奥会气象服务的前瞻性。

在冀期间，刘雅鸣还会见了河北省省长张庆伟。双方围绕气象灾害防御、气象服务京津冀协同发展、冬奥会气象保障服务等进行充分交流，并就落实河北“十三五”气象事业发展规划各项任务，共同推进河北气象现代化建设达成一致意见。

作者：张亚男 达芹 马洵

北京冬奥组委与气象部门研讨推进冬奥气象服务保障工作

中国气象报社　2018 年 4 月 12 日

4 月 11 日，北京 2022 年冬奥会和冬残奥会（以下简称“北京冬奥会”）气象服务保障工作专题会议在京召开。会议分析学习平昌冬奥会服务经验，研讨当前北京冬奥会气象服务重点难点，并就进一步完善领导协调机制、加快推进相关重点项目建设达成共识。北京冬奥组委执行副主席、北京市副市长张建东，北京冬奥组委副主席杨树安、秘书长韩子荣，中国气象局副局长余勇出席会议。

随着冬奥会进入“北京周期”，包括气象服务在内的各项筹备工作加快了节奏。冬奥气象中心目前已全面进入面向赛时的气象保障筹备状态：与冬奥组委共同明确首席气象联络官，建立沟通协调机制；赛区冬奥气象预报服务核心专家团队于 2017 年成立，深入赛区开展冬训，积累预报经验；冬奥气象数据实时展示平台等业务系统已完成开发。

围绕当前赛场规划建设需求、筹备工作重点，与会人员展开充分讨论：“赛区观测系统亟待进一步完善”“建设跳台需要参考阳光直射时间和风力数据”“常年气候数据决定着缆车设计参数”等等。大家一致认为，冰雪项目对气象要素的敏感度远超夏季运动，北京冬奥会赛事、雪务、运行保障等都对气象服务提出了更高要求，必须高度重视、加快推进，确保冬奥气象保障服务工作一体化、一盘棋发展。会议强调，要进一步加强沟通协调，强化气象部门在冬奥组织筹办工作体系中的作用；将气象设施的建设纳入冬奥工程建设中统一管理，确保规划建设的科学性；加大人才培养力度和科研攻关，突破复杂地形精细化气象格点预报等关键核心技术；充分吸收借鉴国外先进经验，利用国内各项冬季赛事开展实战演练。

作者：贾静淅

中国气象局、冬奥组委和北京市政府联合深入延庆区调研
统筹协调扎实推进冬奥气象筹备工作

中国气象报社　2020 年 4 月 29 日

4 月 28 日，中国气象局党组书记、局长刘雅鸣，副局长于新文、余勇一行深入北京市延庆区，调研北京 2022 年冬奥会和冬残奥会（以下简称“冬奥会”）气象保障服务筹备工作。北京冬奥组委专职副主席、秘书长韩子荣，北京市政府副秘书长陈蓓参加调研。

调研组先后深入冬奥气象服务延庆分中心、赛区核心区，实地考察有关业务平台、气象雷达站运行情况，整体了解赛区核心区及有关气象设施建设情况。其间，调研组围绕统筹协调扎实推进冬奥气象筹备工作进行座谈并达成共识。

刘雅鸣指出，为冬奥会提供高水平气象保障服务是贯彻落实习近平总书记关于新中国气象事业 70 周年重要指示精神的具体实践，也是一项庄严的政治任务。近年来，在北京冬

奥组委、北京市各级政府的大力支持下，气象保障服务团队攻坚克难，冬奥气象保障服务筹备工作有力有序向前推进，业务能力建设、科技攻关、团队实训等各方面均有新突破。面对新挑战新要求，气象工作者更要主动对接，提升能力，密切协调，坚持底线思维，毫不松懈抓好各项工作，共同为呈现精彩、非凡、卓越的奥运盛会贡献力量。要加强预报核心技术研发，有力落实“智慧冬奥 2022 天气预报示范计划”，进一步完善“百米级、分钟级”精细化天气预报技术；要对标监测精密、预报精准、服务精细要求，强化基础设施及业务系统建设，为高质量服务提供更有力支撑；要举全部门之力做好冬奥气象筹备工作，积极帮助协调解决问题和困难，切实统筹资源、上下联动、形成合力。

座谈会上，大家充分肯定冬奥气象筹备工作进展和阶段性成果，并聚焦协调解决赛区恶劣天气影响探测设备运行、医疗救援直升机气象保障、冬奥气象团队激励等进行研讨。韩子荣指出，气象团队和冬奥组委一起并肩战斗，克服困难开展了大量卓有成效的工作，为冬奥筹备工作提供了有力支撑，冬奥组委将密切关注气象部门需求，确保各项工作抓好落实。陈蓓认为，冬奥气象服务保障不仅为冬奥赛事提供支撑，还在城市安全运行、防灾减灾中充分发挥作用，要继续深入研究、补齐短板，精准把握赛区天气，不断强化科技引领和智能化支撑，北京市政府也将积极支持保障气象工作，完善联动会商机制，进一步加强合力。

冬奥组委和北京市、延庆区政府及气象部门有关负责人参与调研和座谈。

作者：叶芳璐　贾静淅

刘雅鸣在北京延庆调研时强调
全力以赴做好冬奥会和世园会气象筹备工作

中国气象报社　2018 年 6 月 11 日

6 月 8 日，中国气象局党组书记、局长刘雅鸣率队到北京市延庆区调研，了解北京 2022 年冬奥会和冬残奥会（以下简称“冬奥会”）、2019 年北京世界园艺博览会（以下简称“世园会”）气象保障服务筹备工作。她强调，要充分认识冬奥会和世园会气象保障服务的极端重要性，加强需求分析、加快工程建设、推动科技创新，举全国气象部门之力做好国家重大活动气象保障服务。

刘雅鸣一行先后深入延庆区气象局和冬奥会延庆赛区、世园会园区施工现场，调研指导基层气象工作及汛期气象服务，看望慰问一线气象干部职工；了解冬奥会和世园会筹备工作整体进展及气象服务准备情况。其间，刘雅鸣与北京市副市长卢彦座谈，双方就加大支持力度，共推重大活动气象保障筹备工作达成共识。

刘雅鸣强调，为冬奥会和世园会两项重大活动提供高质量气象保障服务是气象部门的重要政治任务，要高度重视、积极部署、全面落实，将高质量气象服务贯穿各环节。要加强需求分析，提升精细化服务水平；要加快相关工程建设，争取早建成、早运行；要强化科技创新，组织专家团队集中攻关，充分发挥智慧气象支撑作用；要举部门之力，统筹发挥全国气象人才优势，加大人员、经费、政策等支持力度。她特别强调，要高度关注冬奥会赛区、世园会园区汛期施工安全，有针对性地加强监测预报预警，确保安全度汛；精心建设世园会生态气象馆，将其作为展示气象保障服务生态文明建设、开展气象科普的重要载体。

卢彦感谢气象部门对冬奥会、世园会筹办工作的大力支持，并充分肯定气象筹备工作成效。他强调，两项重大活动的顺利举办，对气象保障服务提出了前所未有的高要求，北京市政府将全力支持、积极协调，希望气象部门进一步集中优势力量，强化国家级业务单位支撑，全方位提升服务水平；统筹推进相关工程和业务服务系统建设，为高质量预报服务打好基础；加大气象科技创新和人才培养力度，共同打造高效专业的气象服务团队。

中国气象局副局长余勇，北京市政府副秘书长陈蓓，京冀气象部门、北京世园局、北京冬奥组委以及延庆区政府有关负责人参加调研与座谈。

作者：贾静淅 冯子晏

中国气象局部署推进冬奥会气象服务筹备工作

中国气象报社 2017 年 1 月 5 日

2022 年，第 24 届冬奥会将在北京和河北张家口举行。冬奥会对气象条件要求严苛，对精细化服务要求很高。目前距离赛事正式举行尚有 5 年时间，但气象保障服务准备工作依然时间紧、任务重。记者从 2017 年 1 月 4 日中国气象局召开的 2022 年冬奥会气象保障服务领导小组第一次会议中获悉，气象部门将聚焦需求，全力做好冬奥会气象保障服务筹备工作，全面提升气象业务和科技能力。

中国气象局副局长矫梅燕强调，冬奥会气象服务涉及观测、预报、服务等各个业务环节，要进一步加强组织领导与协调，将冬奥会气象服务作为提升气象现代化水平与能力的重要机遇。要进一步摸清精细化服务需求，积极将气象服务筹备工作融入北京市和河北省的冬奥会筹备工作中。要重点提升气象服务的业务和科技能力，充分考虑未来五年的技术发展与变革、考虑服务模式与业务模式的变革，以前瞻性思维引领筹备工作。

在北京和河北，冬奥会气象保障服务工作均得到当地政府高度重视，被作为重点工程纳入当地“十三五”规划。实地调研冰雪赛事气象服务、抽调精兵强将集中开展科研攻关……过去的一年，北京和河北两地气象部门各项筹备工作已紧锣密鼓地展开。

作者：贾静淅

中国气象局与北京冬奥组委联合推进冬奥会气象保障服务

中国气象报社 2017 年 1 月 27 日

1 月 24 日，中国气象局与北京 2022 年冬奥会和冬残奥会组织委员会（以下简称“北京冬奥组委”）联合组织召开会议，共同推进冬奥会气象保障服务准备工作。来自中国科学院冰冻圈国家重点实验室的专家，以及河北省冬奥办、北京市延庆区冬奥办，北京、河北气象部门相关负责人和专家围绕气象保障服务需求进行深入沟通对接。

会议指出，气象保障服务工作对冬奥会成功申办起到了至关重要的作用，对未来几年的冬奥会筹备、规划建设、赛事运行等还将发挥更大作用。近日，习近平总书记对冬奥会筹备工作作出重要指示，相关部门将积极贯彻落实，北京冬奥组委将会同地方政府筹备部门、气象部门，共同做好场馆建设、规划、赛事运行等方面的气象观测、预报和保障服务工作。

针对不同比赛项目特点，北京冬奥组委详细分类介绍了赛事举办对气象保障服务的需求，精细化的温度、湿度、风速及降雪预报服务等，是其关注重点。气象部门将从数据采集、精细预报系统建设、信息网络建设、智慧气象服务等方面稳步推进冬奥会气象保障服务准备工作。北京与河北气象部门正完善气象探测系统建设，并已共同为冬奥赛区雪上项目开展了气候适应性分析；北京市气象局还针对冰壶场馆建设等为相关部门提供了气候背景分析支持。

下一步，北京冬奥组委与延庆、张家口赛区相关业务单位将进一步做好与北京、河北气象部门的沟通，制定详细的气象保障服务行动计划，纳入相关项目建设和赛事运行规划，尽快推进完成基础设施建设和气象资料积累，共同为冬奥会成功举办做出贡献。

另据了解，聚焦于冬奥会场地雪冰稳定性保障及风险管理等关键性技术问题，中国科学院冰冻圈科学国家重点实验室正积极组织开展研究，并将与中国气象局、北京冬奥组委建立三方合作机制，共同支撑冬奥会气象保障服务工作。

作者：贾静淅　王亚伟

冬奥气象保障工作进入全面实施阶段

《中国气象报》 2017 年 8 月 29 日

8 月 25 日，北京 2022 年冬奥会和冬残奥会气象中心（以下简称“冬奥气象中心”）启动大会暨第一次全体会议在京举行，标志着冬奥会气象保障工作进入全面实施阶段。气象部门将根据筹备建设、联调测试及演练、测试和赛事运行等时间进度，着力推进综合探测、信息网络、预报预测、气象服务、科技攻关等任务落实，以最高标准、尽最大努力，做好冬奥气象筹备筹办工作。

冬奥气象中心是中国气象局今年成立的负责北京冬奥会和冬残奥会气象保障服务工作的权威、唯一机构。根据会议部署，冬奥气象中心将进一步完善冬奥会气象综合探测总体规划并组织实施，围绕冬奥需求加强赛场复杂地形天气预报技术及赛事专项预报技术等研究，推进实现综合探测技术、预报技术、专项服务等领域的科研成果业务化，并按照“一场一策”原则组织实施好北京赛区、延庆赛区、张家口赛区冬奥气象团队建设和气象服务工作。

中国气象局副局长宇如聪强调，做好冬奥会气象服务工作是气象部门的政治任务，也是促进气象预报服务能力和水平迈上新台阶，实现更高水平、更完整的气象现代化的机遇。要着力加强冬奥气象中心能力建设，通过加强冬奥会气象服务需求分析，加强观测业务基础能力建设，加强预报技术和相关科技攻关研发，加强新技术、新手段应用，切实发挥冬奥气象中心的重要作用。要进一步健全冬奥气象中心机制，保障冬奥气象中心良好运行。

会议对近期工作作出部署，要求各部门攻坚克难，努力开创冬奥气象工作新局面，完善内部机构、人员和运行机制，完善各类工作计划和方案，完善中心运行工作机制，加快探测系统建设，做好中心后勤服务保障工作，加强冬奥团队人员培训。

作者：李一鹏

中国气象局推进冬奥气象服务筹备工作
要求切实提高认识强化统筹协调形成服务合力

中国气象报社　2017 年 12 月 12 日

12 月 11 日，中国气象局党组书记、局长刘雅鸣主持召开会议，听取北京 2022 年冬奥会和冬残奥会（以下简称“冬奥会”）气象服务筹备工作进展汇报，讨论部署下一阶段工作。会议强调，党中央、国务院高度重视冬奥会筹备工作，气象部门要把做好冬奥会气象服务作为重要的政治任务，切实提高认识、履职尽责，围绕重点难点强化统筹协调，凝聚起冬奥会气象服务的强大合力。中国气象局副局长矫梅燕、余勇与会。

冬奥会场地规划设计、赛事安全运行、雪务等工作与气象条件密切相关，气象服务是冬奥会成功举办的关键因素之一，也是北京冬奥组委当前筹备工作的核心业务。中国气象局扎实推进冬奥会气象服务筹备工作，今年以来先后组建冬奥气象中心及核心服务团队，与北京冬奥组委签署合作协议，深入对接需求、完善服务方案。截至目前，气象部门已完成年度赛道气象站建设任务，正与国内外专家联合开展冬奥会气象关键技术攻关。

会议指出，冬奥会不仅是展示我国气象科技水平和业务服务能力的平台，更是对建设更高水平气象现代化成果的实战检验，必须高度重视，全力以赴做好冬奥会气象服务。

围绕下一步筹备工作，会议强调，要进一步明确责任、履职尽责，中国气象局相关职能机构要积极协调支持，直属业务单位要充分发挥业务技术优势，强化科技支撑；北京、河北气象部门要切实履行主体责任，加强需求分析与顶层设计，要积极有序落实重点任务，明确分工与时间节点，做好赛区赛道气象站建设、气象数据标准化及共享等工作；要完善工作机制，健全冬奥气象中心有关管理办法和运行机制；要加强沟通协调与督促检查，及时研究解决突出问题，确保各项任务扎实推进。

中国气象局相关内设机构与直属单位主要负责人，北京市气象局、河北省气象局以及冬奥气象中心有关负责人参加会议。

作者：贾静淅

中国气象局积极推进冬奥会气象服务筹备工作

中国气象报社 2018年1月2日

2017年12月28日，中国气象局副局长余勇主持召开座谈会，听取2022年冬奥会和冬残奥会气象服务筹备工作进展，研究部署2018年度工作任务。中国气象局有关内设机构与直属单位相关负责同志，北京市气象局、河北省气象局和北京2022年冬奥会和冬残奥会气象中心（以下简称“冬奥气象中心”）有关人员参加了座谈。

冬奥气象中心介绍了健全冬奥会气象筹备工作机制、完善气象专项建设计划等相关工作任务，与会同志围绕任务制定和推进进行深入研讨，形成落实举措。余勇指出，要认真学习领会党的十九大精神和有关要求部署，全力攻坚克难，以更高水平的现代化成果服务冬奥会。要进一步细化完善工作，强化合作沟通，切实解决冬奥会筹备工作面临的困难和难题。建立沟通通报机制，加强督办，推进落实。

据介绍，冬奥会场馆规划建设、文化活动、赛事安全运行、雪务等工作与气象条件息息相关。2017—2019年是冬奥气象服务筹备建设阶段，主要任务是完善组织机构、服务方案、开展工程项目建设及业务技术攻关等。

作者：叶珊杉 李一鹏

2022年冬奥会气象服务领导小组会议要求狠抓团队建设提升业务科技能力

中国气象报社 2018年6月20日

2018年是冬奥会“北京周期”的开局之年，也是国际奥委会颁布和实施新规范的起步之年。6月15日，记者从中国气象局2022年冬奥会气象服务领导小组会议上获悉，气象部门将聚焦需求，集中优势，狠抓团队建设，提升气象业务和科技能力，全力做好冬奥会气象保障服务筹备工作。

会议传达了北京市委书记、北京冬奥组委主席蔡奇在平昌冬奥实战培训成果总结汇报会上的讲话精神，以及中国气象局党组书记、局长刘雅鸣在延庆调研指导冬奥会气象服务筹备工作时的讲话精神。会议听取了近期冬奥气象服务筹备工作进展及平昌冬奥会气象保障服务情况的介绍，围绕《冬奥气象服务团队组建方案（送审稿）》和《冬奥气象服务能力提升培训方案（送审稿）》等进行了讨论，并提出相关建议。

中国气象局副局长余勇对冬奥气象服务前期各项筹备工作给予充分肯定。他强调，要增强冬奥气象服务筹备工作的责任感、紧迫感和使命感，发扬勇于担当、乐于奉献、敢于作为的精神；进一步完善组织机构，细化责任分工，明确人员配置，加强学习培训；加强团队建设，研究落实相关人才支持政策，统筹人员安排；统筹科技支撑力量，加强数据资源共享，开展气候风险评估，推进冬奥气象监测、预报、服务等相关业务系统建设；进一步加强沟通协调，强化与冬奥组委的紧密对接，同时积极发挥国家级气象业务单位作用，调动省级气象部门力量，加强内外统筹、上下协调。

作者：何孟洁

冬奥首场测试赛气象服务动员会召开

中国气象报社　2020 年 1 月 8 日

1 月 8 日，“相约北京”2019/2020 国际雪联高山滑雪世界杯气象保障服务工作动员会在京召开，深入学习贯彻落实习近平总书记对冬奥工作的重要指示精神，落实北京冬奥组委会关于冬奥气象保障的要求，强化组织领导、实战引领、实战练兵，动员部署冬奥首场测试赛气象服务工作，高标准、高质量推动做好冬奥气象保障服务。中国气象局党组书记、局长刘雅鸣对测试赛气象保障服务提出要求，强调各单位要坚决贯彻落实习近平总书记关于冬奥会筹办工作的重要指示精神，坚定信心，奋勇拼搏，做到监测精密、预报精准、服务精细，高标准、高质量做好测试赛气象保障服务工作，坚决打赢冬奥气象服务“第一战”。中国气象局党组成员、副局长余勇出席动员会。

余勇强调，本赛季高山滑雪世界杯是 2022 年北京冬奥会的首场测试赛，也是冬奥会气象筹备工作的首轮“大考”，要提高政治站位，增强责任感、使命感、紧迫感，高标准、高质量推进测试赛气象保障服务工作。要充分考虑天气形势，完善服务预案，为组委会科学决策提供科技支撑。要强化组织领导，落实各单位职责任务，确保各岗位、各环节不出纰漏。要强化实战引领，提高备战水平，加强各业务系统的业务运行保障、网络安全保障，跟踪科研成果的应用效果。要强化实战练兵，高标准完成实战工作，赛前服务团队要对预报技术、服务流程进行再梳理，确保测试赛气象服务精细顺畅，通过测试赛促进冬奥服务能力上新台阶。

目前，冬奥气象服务已从筹备转向筹备与测试并举的关键阶段。气象部门各项气象保障服务准备就绪，已积极对接测试赛组委会对气象服务的需求，形成了可直接服务测试赛的冬奥气象关键业务系统和科研成果，并启动赛场现场气象服务工作。

作者：冯子晏

智慧冬奥 2022 天气预报示范计划启动
汇集气象科技资源支撑“百米级、分钟级”冬奥预报服务

中国气象报社　2020 年 3 月 22 日

3 月 20 日，中国气象局召开视频会议启动“智慧冬奥 2022 天气预报示范计划”（以下

简称“预报示范计划”），征集国内优秀高分辨率区域数值天气模式和人工智能等客观预报技术、方法和系统，通过在2021年北京冬奥会测试赛和2022年北京冬奥会正式赛期开展天气预报示范的方式，为冬奥气象预报服务提供强有力科技支撑，切实满足北京冬奥会“百米级、分钟级”精细化天气预报需求。中国气象局副局长宇如聪、中国工程院院士丁一汇、北京冬奥组委体育部副部长杨阳出席会议。

会议强调，要把做好2022年北京冬奥会气象保障服务当成一项政治任务，充分认识做好冬奥气象预报服务，为冬奥举办提供更高质量、更高水平气象预报，是气象部门的职责所在，更是深入贯彻落实习近平总书记重要指示精神的具体行动。预报示范内容将以提供预报员直接参考的地面气象要素预报产品为主，招募行业各部门和相关单位参与，集聚全行业智慧助力北京冬奥会顺利举办。实施预报示范计划，也将进一步推动精细化天气预报技术深入发展，提升我国高精度客观天气预报核心技术的现代化水平和国际影响力，深化其在国家重大活动气象保障及气象防灾减灾等方面的应用。

中国气象局成立专项组织机构部署推进预报示范计划工作开展，由预报与网络司牵头、冬奥气象中心具体承办。设立智慧冬奥2022预报示范计划管理组，负责统筹协调和决策重大事项；设立指导专家组，负责技术咨询、指导和评估；设立示范系统、数据保障、产品集成和检验评估4个专项工作组，为预报示范计划的组织实施和运行保障提供支撑。

会议要求，充分认识冬奥气象保障服务面临的严峻挑战，把握历史机遇，加快科技创新，充分集成并应用近年来气象预报现代化的发展成果，以冬奥预报需求为导向，组建团队展开冬季气候特点和赛区复杂地形影响等研究，坚持研发、应用、评估等全链条衔接贯通，切实做到监测精密、预报精准、服务精细；加强组织协调，及时跟踪进展，总结交流成果经验，确保预报示范计划顺利开展。

作者：谷星月　李冉

中国气象局冬奥气象服务工作领导小组会议强调
强化责任担当　加倍努力提升服务水平

中国气象报社　2020年7月3日

2022年北京冬奥会和冬残奥会（以下简称“北京冬奥”）筹办工作全面进入测试就绪阶段。记者从7月2日召开的中国气象局冬奥气象服务工作领导小组会议获悉，气象部门将深入贯彻习近平总书记关于北京冬奥筹办工作重要指示精神，进一步强化责任担当，在加强核心技术研发、优化部门统筹协调机制等方面持续发力、加倍努力，坚决完成冬奥会气象服务筹办各项重点任务。

在连续几年筹备中，冬奥气象服务已取得突破性进展，目前基本建成“三维、秒级、多要素”的冬奥气象监测系统，形成国家级—省级—赛区冬奥数据服务格局，业务服务系统在实战中得到应用，“百米级、分钟级”预报技术初现成效。特别是今年以来，在中国气象局党组的有力领导下，气象部门各有关单位努力克服疫情影响，利用难得机会开展预报服务演练，锻炼实战保障能力，确保筹备工作毫不放松。

中国气象局党组成员、副局长余勇在会上强调，随着冬奥筹办工作进入逐渐完善定型、实战演练的关键时期，气象服务任务更繁重、时间更紧迫，要切实强化责任担当，以更有力行动贯彻落实中央要求，根据局党组统筹部署，朝着达到冬奥气象服务实战水平的目标加倍努力。要坚持问题导向、需求导向，不断对接新需求，做好测试赛气象服务各项筹备工作；加强预报核心技术研发，提升应用水平，完善冬奥气象业务系统建设；优化部门统筹协调机制，完善防范应对气象重大风险工作方案，发挥好冬奥气象协调小组职能作用。

作者：贯静淅

北京冬奥会气象服务协调小组第一次全体会议强调 高质量高标准推进气象筹备工作

中国气象报社　2020 年 10 月 21 日

10 月 20 日，北京冬奥会气象服务协调小组（以下简称“气象协调小组”）第一次全体会议在京召开。会议深入贯彻习近平总书记关于冬奥会筹办工作系列指示精神，认真落实党中央国务院关于冬奥会筹办的决策部署，全面启动气象协调小组工作机制，坚持“一盘棋”统筹协调，高质量、高标准推进气象筹备工作，为举办一届“精彩、非凡、卓越”的冬奥会作出积极贡献。

中国气象局党组书记、局长，气象协调小组组长刘雅鸣主持会议。北京冬奥组委副主席、气象协调小组组长杨树安，河北省副省长、气象协调小组组长时清霜，以及中央军委联合参谋部、北京市政府有关负责人出席会议并讲话。中国气象局党组成员、副局长，气象协调小组副组长余勇与会。

会议强调，气象是冬奥会成功举办的核心因素之一，气象服务是冬奥会筹办工作的重要组成部分。要充分认识做好冬奥会气象服务的重大意义，把高质量高标准推进气象筹备工作作为贯彻落实习近平总书记重要指示精神的有力抓手，全面落实“绿色、共享、开放、廉洁”办奥理念，将监测精密、预报精准、服务精细的要求贯穿于各环节，充分发挥气象协调小组统筹带动作用，以高度的政治责任感和只争朝夕的紧迫感全力以赴，合力打赢北京冬奥会气象服务这场攻坚战。

会议指出，在各方大力支持下，北京冬奥会气象服务各项筹备工作取得阶段性进展。目前，冬奥会立体气象观测网、精细化气象预报服务系统等基础能力建设全面完成，冬奥会气象科研和预报服务团队能力显著提升，在一系列重大活动、测试赛等服务保障中发挥了积极作用。要进一步做好总结评估与经验梳理，坚持底线思维、问题导向，紧盯薄弱环节，补短板、强弱项，不断适应新需求，夯实气象保障服务能力基础。

会议强调，当前冬奥会筹备工作全面进入测试就绪阶段，正值各项计划完善定型、实战演练的关键时期，也是气象筹备工作检验提升、全面就绪的冲刺阶段，各成员单位要进一步坚持问题导向、需求牵引，加倍努力、坚决完成冬奥会气象服务筹办任务。要加强组织领导，牢固树立“一盘棋”思想，不断完善工作机制、强化统筹协调，既要各司其职、各负其责，又要相互补位、密切配合，形成跨地区、跨部门、跨军地的工作强大合力；要持续加强冬奥会气象核心技术的研发，对标“百米级、分钟级”要求攻坚克难，加大科技开放合作力度，完善业务体系建设，以科技创新实现一流冬奥会气象服务；要抓住实战机会夯实基础能力、优化力量布局，在测试赛等实战中检验提升装备、技术、人才水平，不断完善预案、锤炼团队、积累经验，打有准备之仗。

气象协调小组由第24届冬奥会工作领导小组设立，包括中国气象局、北京冬奥组委、北京市政府、河北省政府、国家体育总局、中央军委联合参谋部等多个成员单位。气象协调小组的成立，旨在统筹凝聚各方面力量，统筹协调北京冬奥会跨区域、跨部门、跨军地的气象保障服务各项任务，商讨决定冬奥会气象设施建设、气象研究、气象预报和气象保障服务等重大事项和重大问题。

气象协调小组各成员单位有关人员出席会议，听取了关于协调小组组建、冬奥会气象服务工作进展、气象风险应急预案编写等情况汇报，并充分讨论。

作者：贾静淅　叶奕宏

庄国泰听取北京冬奥会气象保障服务情况汇报时强调
进一步提高政治站位　强化责任担当
高标准高质量推进气象保障服务工作

中国气象报社　2021年1月11日

1月11日，中国气象局党组书记、局长庄国泰听取北京2022年冬奥会和冬残奥会（以下简称“北京冬奥会”）气象保障服务情况汇报，深入贯彻习近平总书记关于冬奥会筹办工作重要指示精神，梳理总结前期进展，谋划部署下一阶段重点任务。他强调，要以习近平总书记重要指示精神为根本遵循，进一步提高政治站位、强化责任担当，高标准、高质量推进气象保障服务各项筹备工作，为举办一届精彩、非凡、卓越的奥运盛会贡献气象力量。

庄国泰强调，举办北京冬奥会是习近平总书记亲自决策、亲自部署、亲自推动的一件大事，是我国重要历史节点的重大标志性活动。气象条件与各类冰雪比赛关系密切，是冬奥会成功举办的核心因素之一。要站在实现“两个一百年”奋斗目标的高度，从经济社会发展大局出发，充分认识北京冬奥会气象保障服务的重大意义，结合贯彻落实党的十九届五中全会精神，把监测精密、预报精准、服务精细的要求落实到各环节，统筹做好气象保障服务各项工作。

庄国泰充分肯定冬奥会气象保障服务工作近年来取得的突破性进展。他强调，当前已进入冬奥会筹办全力冲刺、全面就绪、决战决胜的关键时期，要进一步提高政治站位，深刻认识做好冬奥会气象保障服务的紧迫性和艰巨性，以更长远的发展眼光、更务实的行动举措，圆满完成气象保障服务任务，推动高质量冬奥气象成果与高水平气象现代化建设相互促进。

庄国泰要求，要强化责任担当、克服困难挑战，高标准、高质量做好下一阶段冬奥会气象保障服务工作。要推动各单位充分发挥能动性，做到既各司其职，又协同配合，凝聚工作合力；增强底线思维与风险意识，在优化运行机制、统筹整合资源、分阶段细化计划、强化安全保障等方面做细做实；抓住实战机会检验各方面能力，强化科技创新成果应用，持续补短板、强弱项；夯实责任抓好疫情防控工作，关心关爱一线保障服务人员，确保安全健康。

中国气象局党组成员、副局长余勇主持会议。相关内设机构、直属单位主要负责同志，北京市气象局、河北省气象局及冬奥气象中心有关负责同志与会。

作者：贾静淅

中国气象局党组学习贯彻习近平总书记关于冬奥会筹办工作重要指示精神

中国气象报社　2021 年 1 月 23 日

1 月 22 日，中国气象局党组书记、局长庄国泰主持召开会议，传达学习习近平总书记在北京、河北考察并主持召开北京 2022 年冬奥会和冬残奥会筹办工作汇报会时发表的重要讲话精神，研究部署贯彻落实工作。

会议指出，办好北京冬奥会、冬残奥会是党和国家的一件大事，是中国对国际社会的庄严承诺，做好北京冬奥会、冬残奥会筹办工作使命光荣、意义重大。气象条件与各类冰雪比赛关系密切，是冬奥会、冬残奥会成功举办的核心因素之一。做好冬奥会、冬残奥会气象保障服务是一项重大政治任务，也是检验气象现代化建设成果的重要抓手。

会议强调，要深入学习贯彻习近平总书记重要指示精神，进一步提高政治站位，充分认识举办北京冬奥会、冬残奥会的重大意义，增强做好冬奥会气象保障服务的责任感、使命感、紧迫感；做好冬奥会、冬残奥会测试赛气象保障服务工作，抓住实战机会检验各方面能力，强化科技创新成果应用，持续补短板、强弱项；推动各单位充分发挥能动性，做到既各司其职，又协同配合，凝聚工作合力；夯实责任抓好疫情防控工作，关心关爱一线保障服务人员，确保安全健康。

中国气象局领导出席会议，有关内设机构负责同志与会。

作者：张格苗

庄国泰深入北京冬奥会延庆赛区调研并看望慰问冬奥气象团队

中国气象报社　2021 年 2 月 7 日

2 月 5 日，在农历春节即将到来、北京 2022 年冬奥会和冬残奥会（以下简称“北京冬奥会”）进入倒计时一周年之际，中国气象局党组书记、局长庄国泰率队深入北京冬奥会延庆赛区、延庆冬奥气象服务分中心考察调研，通过现场交流和视频连线等方式，慰问延庆、张家口赛区冬奥气象团队代表，向坚守在一线的基层气象干部职工致以美好的新春祝福。

北京冬奥会延庆赛区，天朗气清，“相约北京”系列冬季体育赛事即将在这里举行。庄国泰一行详细考察赛区整体建设运行情况，并乘坐缆车到达雪道中间平台，了解国家高山滑雪中心建设和气象服务需求情况。他指出，冬奥会各类冰雪比赛与气象条件关系密切，场馆建设、赛道维护、赛事运行保障、运动员安全、观众观赛等都需要精细化预报服务，冬奥气象保障服务工作使命光荣、责任重大。

在延庆冬奥气象服务分中心，冬奥会气象保障服务各项工作准备就绪、等待实战检验。庄国泰一行看望慰问冬奥气象团队代表和延庆区气象局代表，并视频连线慰问张家口赛区冬奥气象团队，送上局党组的关怀与祝福。他详细调研了冬奥气象综合可视化系统、多维度冬奥预报业务系统、冬奥现场气象服务系统、冬奥气象服务网站及智慧冬奥 2022 天气预报示范计划集成显示平台的运行应用情况，并与冬奥气象团队代表交流座谈。

庄国泰强调，北京冬奥会是习近平总书记亲自决策、亲自推动的一件国家大事。习近平总书记近期再次考察冬奥筹办工作并发表重要讲话，发出了全面冲刺的总动员令，进一步坚定了我国如期安全办赛的信心和决心。我们要深入学习贯彻习近平总书记重要讲话精神，进一步提高政治站位、强化政治担当，深刻认识做好冬奥会气象保障服务的紧迫性和艰巨性，奋发有为，精益求精，以时不我待、只争朝夕的精神全面扎实做好冬奥气象筹办工作，为举办一届精彩、非凡、卓越的奥运盛会贡献气象力量。

庄国泰指出，自北京冬奥会成功申办以来，我们举部门之力，在监测精密、预报精准、服务精细等方面取得突破性进展，打造了一支老中青相结合、朝气蓬勃的冬奥气象团队，为气象服务冰雪产业长远发展培养了骨干力量，充分体现了党的领导和举国体制、集中力量办大事的制度优势。冬奥气象团队连续 4 年坚守延庆和张家口赛区，舍小家为大家、啃难题练本领，充分展现了中国气象人肯吃苦、讲奉献、善钻研的精神风貌。当下正值冬奥会筹办全力冲刺、全面就绪、决战决胜的关键时期，要齐心协力、全力以赴做好“相约北京”系列冬季体育赛事气象保障服务工作，在实战中全面检验赛时运行指挥机制和监测预报服务能力，进一步发现问题，完善机制提升能力；要以更长远的发展眼光强化冬奥气象保障服务工作，更加注重标准和规范建设，推动高质量冬奥气象成果与高水平气象现代化建设相互促进。中国气象局、北京市气象局、河北省气象局等有关管理部门要及时跟踪解决实际困难，关心关爱一线人员，落实落细疫情防控措施，全力做好各项保障。

中国气象局有关内设机构及北京市气象局有关负责人，北京市延庆区委、区政府有关负责人参与调研慰问。

作者：贾静淅 闫宏亮

中国气象局召开专题会议 推进北京冬奥会天气预报及国内外极端气候事件预测服务工作

中国气象报社 2021 年 3 月 19 日

3 月 16 日，中国气象局党组书记、局长庄国泰主持召开专题会议，研讨推进北京 2022 年冬奥会和冬残奥会天气预报及国内外极端气候事件预测服务工作。他强调，要进一步加强组织领导和统筹谋划，坚持以用为本，明确目标任务，直面薄弱环节，有针对性地开展科研业务攻关，建立全球极端气候事件快速评估机制，切实提高预报预测能力，做好公众气候预测服务。中国气象局副局长宇如聪、余勇出席会议。

会议指出，北京冬奥会、冬残奥会是党和国家的大事，气象条件是其成功举办的核心因素之一。北京冬奥会和冬残奥会将在 2022 年 2—3 月在北京和河北举行，彼时正值北方春季，天气变化复杂多样，大风、低温、雨雪等天气是影响冬奥顺利举办的主要因素。克服春季可预报性障碍及地形等因素的不利影响，准确预报京津冀春季天气，对于圆满完成冬奥气象保障服务任务意义重大，必须围绕监测精密、预报精准、服务精细目标，进一步加强组织领导，明确长期目标和短期任务，有针对性地开展科学研究和业务建设。

会议要求，聚焦重点区域关键时段开展专项攻关，以 3—4 月为试验期，组织专家对北京地区春季天气进行跟踪预报，对比分析历史资料，全面剖析问题，积累预报经验；强化观测支撑，加强卫星等数据应用，优化业务流程，注重服务效果；对攻关团队要加强保障，注重在重大任务中锻炼青年人才。针对需持续攻关的关键技术进一步深化改革，推动相关内容纳入“十四五”气象重大研发计划和中国气象局创新发展专项，确保推进有力、落实有效。

近年来，包括我国在内的全球多地极端天气气候事件频发，给经济社会发展和人民生命财产安全带来了严重威胁。需进一步深化对全球变暖背景下气候规律的研究应用，为防范极端气候事件提供更有力科技支撑。会议要求，要建立气候事件快速分析机制和业务流程，强化对重大事件规律的总结和响应，逐步拓展评估区域；要完善全球无缝隙气候预测能力，加强气候业务区域辐射作用，做好公众气候预测服务；要聚焦精准预报体系，制定工作方案，明确阶段性目标和保障机制；要聚焦关键科学问题，强化科研项目谋划和攻关，不断提升核心业务技术能力。

会上，国家气象中心比较分析了北京地区春季天气预报与实况，国家气候中心分析了东西半球极端冷暖现象及海洋气候变化情况。与会人员围绕进一步做好气候预测相关工作进行研讨交流，并提出对策建议。

中国气象局有关内设机构和直属单位，以及北京市气象局主要负责同志与会。

作者：李一鹏

中国气象局冬奥气象服务工作领导小组会议强调
强化问题导向扎实做好服务保障准备

中国气象报社　2021 年 3 月 26 日

2022 年北京冬奥会和冬残奥会（以下简称“北京冬奥会”）筹办已进入决战决胜关键时期，气象服务在近日举行的雪上项目测试活动中经受检验。3 月 24 日，中国气象局召开冬奥气象服务工作领导小组会议，强调深入贯彻落实习近平总书记关于北京冬奥会筹办工作重要指示精神，强化问题导向，进一步提升预报能力、跟进服务需求、完善保障体系，扎实做好气象服务各项准备工作。

中国气象局党组成员、副局长余勇在会上表示，气象部门圆满完成 2022 年北京冬奥会及“相约北京”系列冬季体育赛事雪上项目测试活动保障，经历了实战练兵，现代化建设成果得到充分应用，组织运行机制接受了实战检验，为正式比赛气象保障奠定了坚实基础。

会议强调，现在已进入北京冬奥会筹办决战决胜关键时期，气象保障服务各项工作时间紧、任务重、要求高，要坚持以习近平总书记对冬奥筹办和对气象工作的重要指示精神为指导，扎实做好各项准备工作，为圆满办赛提供坚实有力的气象保障服务。要继续强化问题导向，完善筹备工作，针对在测试活动中暴露的薄弱环节“补短板”。要进一步提升预报服务保障能力，全力以赴提高预报精准度，特别是提升“百米级、分钟级”预报有效性；进一步跟进新服务需求，提升产品展示水平，优化服务手段；进一步完善保障体系，优化指挥运行模式。

作者：刘钊

庄国泰调研冬奥会张家口赛区气象服务时强调
全面扎实做好冬奥气象筹备各项工作

中国气象报社　2021 年 4 月 2 日

3 月 31 日，中国气象局党组书记、局长庄国泰一行赴河北调研北京冬奥会张家口赛区气象服务工作，慰问冬奥气象团队。庄国泰强调，要深入学习贯彻习近平总书记重要指示精神和党中央决策部署，进一步提高政治站位、强化责任担当，全面扎实做好冬奥气象筹备各项工作，为举办一届精彩、非凡、卓越的冬奥会贡献气象力量。

庄国泰一行先后前往冬奥会张家口赛区规划临时展厅、云顶滑雪公园、国家跳台滑雪中心、崇礼区气象局及冬奥气象科普馆，了解冬奥崇礼赛事核心区气象保障工作，听取张家口赛区冬奥气象保障服务筹备工作及测试活动预报服务情况，并与冬奥气象团队代表交流座谈。庄国泰表示，自北京冬奥会成功申办以来，中国气象局举部门之力，在监测精密、预报精准、服务精细等方面取得了突破性进展，在冬奥测试活动中经受住了检验。这得益于河北省委省政府、张家口市委市政府长期以来的关心和支持，也得益于冬奥气象团队的辛苦付出，希望大家继续发扬敬业精神、牺牲精神、创新精神，攻坚克难、奋发有为、精益求精，以时不我待、只争朝夕的进取姿态全面扎实做好冬奥气象筹备各项工作。

庄国泰强调，全力做好北京冬奥会气象保障服务意义重大，各项筹办工作目前已进入全力冲刺、全面就绪、决战决胜的关键时期，要认真贯彻习近平总书记关于冬奥会筹办工作的重要指示精神，进一步提高政治站位、强化责任担当，推动冬奥会工作领导小组及河北省委省政府、中国气象局党组决策部署落实落地。要认真总结经验，聚焦复杂地形精细化预报、赛事气象服务、核心区综合探测等关键问题，着力补短板、强弱项，不断深挖需求，从组织领导、科技能力、运行机制、团队培养、后勤保障等方面强化冬奥会气象保障服务工作。要统筹兼顾谋划长远，既要做好赛事气象服务，也要统筹冰雪产业长远发展气象保障，既要联合开展春季预报难点攻关提高赛区内外气象预报水平，也要兼顾做好夏季汛期气象服务。

其间，庄国泰与张家口市相关领导就进一步提升张家口赛区气象保障服务能力进行广泛交流并达成一致意见。

作者：谢盼 路晓琳 王旭海

中国气象局统筹推进智慧冬奥天气预报示范计划

中国气象报社　2021 年 4 月 14 日

4 月 12 日，中国气象局组织召开智慧冬奥 2022 天气预报示范计划（以下简称“预报示范计划”）工作推进会，综合评估今年“相约北京”冬季体育系列测试活动（以下简称“测试活动”）期间的气象预报产品性能和数据服务，部署下一阶段工作任务。中国气象局副局长宇如聪，局党组成员、副局长余勇，中国工程院院士丁一汇，北京冬奥组委体育部相关负责人与会。

会议指出，自去年预报示范计划启动以来，中国气象局组织部门内外 22 家单位 38 种 57 项示范产品首次参与测试活动实时业务运行，实现各类产品及其检验评估、数据监控结果集中统一展示，供预报员随时调阅参考。特别是今年先后出现大风降温、温度快速回升、沙尘、降雪等高影响天气，在面临严峻挑战的情况下，预报示范计划依然有力支撑了冬奥首次测试活动预报工作，并探索完善了重大活动气象预报服务联合保障机制和流程。

会议强调，要树立大局观念，充分认识北京冬奥会气象保障服务工作的重要性，以高度的政治责任感和只争朝夕的紧迫感，全力做好各项工作；要增强知识产权意识，尊重科技原创，营造尊重知识产权的氛围并建立相关机制，充分调动和维护参与人员积极性；要强化底线思维，做好业务系统和网络安全应急预案并开展演练；要坚持目标导向、问题导向，对照时间表制定周密计划，增强实战意识，进一步改进技术、优化系统，扎实做好预报示范计划各项工作。

作者：谷星月

北京冬奥会气象服务协调小组第二次全体会议强调
全力推进决战决胜阶段冬奥气象服务工作

中国气象报社　2021 年 9 月 23 日

9 月 22 日，北京冬奥会气象服务协调小组（以下简称“协调小组”）第二次全体会议在京召开。会议深入贯彻落实习近平总书记关于北京冬奥会筹办工作系列重要指示精神，推进冬奥会筹办全力冲刺、全面就绪、决战决胜阶段气象服务工作，为举办一届精彩、非凡、卓越的奥运盛会做出积极贡献。

中国气象局党组书记、局长，协调小组组长庄国泰主持会议。北京冬奥组委副主席、协调小组组长杨树安，北京市副市长、协调小组组长卢映川，河北省副省长、协调小组组长时清霜，以及中央军委联合参谋部有关负责人出席会议并讲话。中国气象局党组成员、副局长，协调小组副组长余勇与会。

会议强调，办好北京冬奥会是以习近平同志为核心的党中央作出的重大战略部署。要深入贯彻落实习近平总书记关于北京冬奥会筹办工作系列重要指示精神，坚持把做好气象服务与深入学习贯彻习近平总书记关于气象工作的重要指示精神相结合，与深入开展党史学习教育相结合，增强政治判断力、政治领悟力、政治执行力，牢牢把握坚定不移如期办赛目标和“简约、安全、精彩”的办赛要求，集智聚力、尽心尽责，高质量完成决战决胜阶段气象服务工作。

会议指出，要坚持问题导向，深刻认识冬奥气象服务面临的巨大挑战。当前，北京冬奥会筹办工作正值全力冲刺、全面就绪、决战决胜的关键时期，赛事气象服务要求高、气象保障技术难度大，气象服务有待经受全压力测试检验。要深刻认识新形势与新挑战，进一步增强责任感、使命感和紧迫感，强化底线思维，确保冬奥气象保障工作有序有力。

会议强调，要精益求精抓好冬奥气象服务工作，确保北京冬奥会如期安全顺利举办。要全力以赴做好后续系列测试活动、火炬接力等气象服务，全流程检验业务系统，提升现场团队保障能力。要充分发挥冬奥气象中心统筹协调作用，建立职责清晰、指挥有力、协调高效、运行流畅的赛时气象保障服务运行指挥机制，并在实战中不断完善优化。要加强科技开放合作与新手段、新技术应用，充分利用智慧冬奥 2022 天气预报示范计划的成果，优化冬奥气象服务业务系统。要坚持系统观念，集聚各方智慧，高效沟通协作，形成冬奥气象服务的强大合力。同时，各方要从严从紧抓好疫情防控工作，切实做好气象保障人员安全管理。

协调小组各成员单位有关人员出席会议，听取了冬奥会气象服务工作进展，审议了《北京冬奥会赛时气象保障服务运行指挥实施方案》等，并进行了充分讨论。

作者：刘钊

中国气象局部署推进冬奥气象服务保障

中国气象报社　2021 年 11 月 24 日

11 月 23 日，在 2022 年北京冬奥会“相约北京”系列测试活动（以下简称“测试活动”）在张家口赛区正式启幕之际，中国气象局召开会议，听取冬奥河北气象中心测试活动保障工作情况汇报，指导部署下一步工作安排。局党组成员、副局长余勇主持会议。

会议充分肯定前期河北气象部门按照中国气象局和河北省委省政府工作部署，推进冬奥气象服务保障筹办工作取得的成果，并慰问一线服务保障人员。会议强调，张家口作为北京冬奥会和冬残奥会三个赛区之一，将承担大部分雪上项目比赛，即将开展的测试活动是该赛区在冬奥会前最后一次全面实战检验。

会议要求，一要进一步提高政治站位，深入贯彻落实习近平总书记关于做好 2022 年北京冬奥会和冬残奥会筹办工作系列重要讲话精神和关于气象工作重要指示精神，坚持“四个办奥”理念和“简约、安全、精彩”办赛要求，以实际行动践行“两个维护”。二要全力做好张家口雪上项目测试赛气象保障服务，要认真借鉴前期测试活动气象保障服务经验做法，坚持问题导向，了解服务需求，不断完善方案，磨合运行机制，为正赛气象服务积累经验。三要举部门之力支持做好张家口赛区气象服务保障工作，强化国省联动，夯实技术支撑。四要从严从紧从实抓好疫情防控工作，确保气象服务团队安全。五要多渠道多方式为一线气象服务保障人员全心投入工作创造更好条件。

作者：叶奕宏

中国气象局评估智慧冬奥天气预报示范计划效能
科技助力北京冬奥会实战

中国气象报社　2021 年 12 月 30 日

12 月 29 日，中国气象局组织召开智慧冬奥 2022 天气预报示范计划（以下简称“示范计划”）测试赛评估汇报会，综合评估 10 月 8 日—12 月 10 日冬奥测试赛期间示范计划预报产品性能。会议在河北省气象局、北京冬奥会延庆气象服务分中心、张家口赛区气象中心设立分会场，中国气象局副局长宇如聪，局党组成员、副局长余勇在北京主会场参加会议。

会议指出，示范计划自启动以来，已组织两次实时运行测试，根据综合检验评估，部门内外共有 16 家单位的 27 类 41 项产品最终通过测试评估并参与实时业务运行，为测试赛期间赛事安排和比赛“窗口期”调整提供科学依据。面向北京冬奥会实战，示范计划汇聚了国内先进的天气预报技术和优质资源，总体上体现了目前国内在复杂地形下冬季天气客观精准预报的技术水平，可为冬奥气象服务团队提供强有力科技支撑。

会议强调，要提高政治站位，充分认识做好北京冬奥会气象保障工作的重大意义和深远影响，以高度的政治责任感和只争朝夕的紧迫感，毫不松懈抓好冬奥会气象保障；要加强对现有成果的提炼总结，形成面向冬奥会实战的预报平台和稳定的预报方法，加强实战检验；要积极谋划推动后冬奥时代的气象事业发展，充分利用示范计划汇集的技术方法和形成的联合保障机制，深化对外合作，为气象事业高质量发展凝练新方法、新理念、新思路；要充分考虑冬奥会季节特殊性，做好复杂地形下关键要素的观测预报；要强化底线思维，做好业务系统和网络安全应急预案。

作者：谷星月

北京2022年冬奥会冬残奥会气象服务动员部署会召开
要求坚决扛起高质量完成北京冬奥会气象保障服务的历史责任
为确保办成一届精彩、非凡、卓越的奥运盛会贡献气象力量

中国气象报社　2022年1月5日

1月5日，在距离北京2022年冬奥会、冬残奥会（以下简称“北京冬奥会”）开幕还有30天之际，中国气象局召开北京冬奥会气象服务动员部署会，统筹部署赛时决战阶段气象保障服务工作。中国气象局党组书记、局长庄国泰强调，要深入贯彻落实习近平总书记关于北京冬奥会系列重要指示精神和党中央决策部署，坚决扛起高质量完成北京冬奥会气象保障服务的历史责任，全面落实简约、安全、精彩的办赛要求，为确保办成一届精彩、非凡、卓越的奥运盛会贡献气象力量。

庄国泰要求，做好北京冬奥会气象保障服务是一项重要政治任务，是向全世界展示我国气象科技实力的重要窗口，也是推动我国气象事业高质量发展的重要机遇。要把做好北京冬奥会气象保障服务作为深入贯彻落实习近平总书记关于气象工作重要指示精神的生动实践，增强使命感、责任感、紧迫感，全力以赴、主动作为、迎难而上，高质量做好北京冬奥会气象保障服务。

庄国泰充分肯定北京冬奥会气象保障服务筹备工作取得的进展。他表示，6年多来，我们建立了现代化冬奥气象保障系统、锤炼了过硬的保障服务团队、健全了跨地区跨部门冬奥气象保障服务工作机制，为北京冬奥会筹备工作提供全方位全过程保障服务，我们有信心、有能力打好北京冬奥会气象保障服务关键之战。

庄国泰要求进一步提高政治站位，以饱满的热情和昂扬的斗志做好北京冬奥会赛时气象保障服务。一要强化组织领导，确保赛时气象保障服务有力有序。要加强统筹协调，强化协作配合，落实工作责任，抓好宣传科普工作。二要紧盯赛事需求，不断提高气象预测预报精准度。要认真履职尽责，精准开展气象预报，保证各项系统和设施设备赛时正常运行，细化实化各项应对预案，进一步做好应对极端天气等风险挑战的充分准备。三要突出关键环节，做好开幕式和赛会活动气象保障服务。要紧盯重要活动节点，采取跟进式动态预报流程，持

续做好气候预测、中短期天气滚动跟踪预报，发挥卫星和雷达作用，各方做好保障配合，强化信息报送工作。四要坚持统筹兼顾，做好城市运行气象保障服务。要与相关部门密切协作，强化高影响天气监测预警，做好赛区空气质量预报、森林草原防灭火、城市运行、交通物流、能源保供等气象保障服务。五要坚持底线思维，全力做好疫情防控和安全生产工作。要严格执行北京冬奥会和属地化疫情防控要求，加强内部安全管理，做好应急备份、强化应急演练，确保核心业务系统稳定运行和网络、消防、交通安全。六要关心关爱一线人员，凝心聚力打好冬奥气象服务决胜之战。要组织做好后勤保障服务和心理疏导，积极解决后顾之忧，让气象保障服务人员全身心投入冬奥气象保障服务中。

庄国泰强调，北京冬奥会气象保障服务是一项光荣而神圣的任务，各单位要继续保持"一刻也不能停、一步也不能错、一天也误不起"的工作状态，牵头单位发挥带头作用，配合单位向前一步，各级领导干部靠前指挥，做到层层推进、步步落实。冬奥气象保障服务人员要珍惜荣誉，珍惜参与冬奥气象保障服务的无上光荣，以饱满的精神状态、高昂的工作热情、严格的工作标准、精准精细的预报服务，坚决扛起高质量完成北京冬奥会气象保障服务的历史责任。

会议以视频形式召开。北京市气象局、河北省气象局和国家气象中心负责同志作汇报发言，北京赛区、延庆赛区和张家口赛区预报服务团队代表作交流发言。

中国气象局在京局领导，中央纪委国家监委驻农业农村部纪检监察组相关负责同志，中国气象局各内设机构、直属单位主要负责人，北京市气象局领导班子成员在主会场参加会议。河北省气象局领导班子成员及北京市、河北省气象局相关内设机构、直属单位负责人，北京赛区、延庆赛区、张家口赛区冬奥气象保障服务团队成员，北京市延庆区和河北省张家口市崇礼区气象局有关人员在分会场参加会议。

作者：王亮 叶奕宏

驻农业农村部纪检监察组督促冬奥气象保障服务落实

中央纪委国家监委网站　2022 年 1 月 25 日

近期，中央纪委国家监委驻农业农村部纪检监察组聚焦北京冬奥会气象保障服务工作，通过听取汇报、实地调研、座谈交流等方式开展全过程监督，准确掌握有关单位履职情况，以有力有效监督推动冬奥气象保障服务各项工作落实到位。

驻农业农村部纪检监察组围绕冬奥气象保障服务工作及作风建设开展调研监督，先后调阅材料 26 份，组织座谈交流 3 次，赴河北省崇礼区气象局、北京市延庆区气象局等 6 个基层单位实地调研，向中国气象局牵头单位面对面沟通反馈意见建议 4 条，督促建立问题清单并持续跟进监督。

冬奥赛场地形和环境复杂，气象设施保障难度大，特别是赛道自动气象站保障和维护十分艰难。在驻农业农村部纪检监察组的监督落实下，气象部门加强与北京冬奥组委沟通联系，通过北京冬奥会气象服务协调小组会议，解决设施维护难题。目前，新增的

24 名社会保障人员已经到位，气象设施维护能力大幅提高，气象监测预报服务能力得到保障。

冬奥气象保障服务需求复杂多样，以实战标准测试和检验气象保障服务工作至关重要。驻农业农村部纪检监察组将推动冬奥气象保障服务全方位压力测试作为监督检查的重点内容。在“相约北京”系列测试活动中，气象保障服务实现高影响天气“全经历”、高影响天气预报“零漏报”、保障服务“零差错”。气象保障服务工作机制全面磨合，核心业务得到检验，人才队伍经受锤炼。

面对在监督检查中发现的冬奥气象保障服务要求高、难度大、时间长等情况，驻农业农村部纪检监察组有针对性地提出意见建议，推动专项经费落实到位，积极做好后勤保障服务和心理疏导，解决一线人员后顾之忧，确保以饱满的精神状态、高昂的工作热情投入冬奥会气象保障服务中。

冬奥会筹办进入冲刺阶段后，驻农业农村部纪检监察组持续跟进监督，气象部门相关纪检监察机构强化“一盘棋”意识，通过多项措施落实责任、防范风险。在北京赛区和延庆赛区，冬奥会北京气象中心组建监督组，通过参与值守保障、参加调度会、查阅相关材料等，跟进了解工作进展，及时进行监督提醒，加强对相关项目经费管理的监督检查，严格落实“节俭办奥”要求和预算管理有关规定。

冬奥会即将开幕，驻农业农村部纪检监察组及气象部门相关纪检监察机构将继续坚持高标准严要求，全面落实简约、安全、精彩的办赛要求，确保高质量完成北京冬奥会气象保障服务任务。

中国气象局进入北京冬奥会气象服务特别工作状态
庄国泰要求坚决扛起政治责任
齐心协力圆满完成气象服务任务

中国气象报社　2022 年 1 月 27 日

1 月 27 日，中国气象局召开北京 2022 年冬奥会气象服务特别工作状态启动会，动员气象保障服务人员进一步统一思想、提振信心、强化措施，全力做好赛时气象保障服务工作。中国气象局党组书记、局长庄国泰宣读进入特别工作状态响应命令，要求深入贯彻落实习近平总书记关于冬奥会筹办工作系列重要指示精神，坚决扛起政治责任，以严谨的科学精神、高昂的斗志、饱满的状态、必胜的信心，齐心协力圆满完成北京冬奥会气象服务任务，以优异成绩迎接党的二十大胜利召开。

庄国泰宣布，中国气象局从 1 月 27 日 9 时—2 月 21 日 17 时进入北京 2022 年冬奥会气象服务特别工作状态。中国气象局有关内设机构和直属单位、北京市气象局、河北省气象局立即进入特别工作状态，执行 24 小时主要负责人领班、专人值班制度，根据天气演变情况认真组织加密观测、专题会商、滚动预报、跟进服务、技术支持、后勤保障及科普宣传等工作。

围绕全力做好特别工作状态期间气象服务，庄国泰明确六个方面要求。一要坚决扛起政治责任，严格落实特别工作状态的工作要求。要牢记习近平总书记的重托，心怀“国之大者”，充分认识到冬奥气象服务已经进入决战决胜阶段，进一步增强做好冬奥气象服务的责任感、使命感、荣誉感，全力以赴，强化值班值守，积极主动作为，确保各项工作万无一失。二要严密监视天气变化，全力做好开幕式气象保障服务。要充分把握天气形势的不确定性，在前期工作基础上进行更加细致的研判，把最好的观测和预报技术、产品应用到开幕式的保障服务中，强化滚动预报并及时报告。三要紧贴赛事需求，全力以赴做好赛时气象保障服务。要加强与赛事组织部门、竞赛团队的沟通，聚焦预报预测准确率这一核心，强化前后方协作，按照“一场一策”“一项一策”要求，最大程度满足各项赛事气象服务需求，同时做好应对极端天气的充分准备。四要坚持统筹兼顾，做好冬奥会期间各项气象服务工作。北京、河北两地气象部门要统筹做好城市气象服务，各单位要积极配合有关部门，全力做好赛区周边森林草原防灭火、应急救援、空气质量预报、交通运行、能源保供等各领域气象服务。五要做好疫情防控和安全保护，确保气象服务人员绝对安全。要始终把疫情防控作为重点工作，前方气象服务团队严格落实闭环管理要求，后方支撑保障部门加强重点场所、人员管控和应急备份。六要强化组织领导，确保各项工作到位有序。要按照赛事气象保障服务工作方案和应急预案要求，进一步强化组织部署，将每一项任务落实到岗、落实到人，全力支持两地三赛区完成气象保障服务任务。

中国气象局副局长宇如聪，党组成员、副局长于新文、陈振林，总工程师黎健出席会议。中国气象局有关内设机构、直属单位主要负责人在主会场参加会议；北京市气象局、河北省气象局负责人及有关人员，赛区一线服务团队、中央气象台服务团队人员在分会场参加会议。

作者：贾静淅

庄国泰连线慰问冬奥会气象服务保障人员
进一步部署赛事气象服务工作

中国气象报社　2022 年 2 月 5 日

2 月 4 日晚，北京 2022 年冬奥会开幕式结束后，中国气象局党组书记、局长庄国泰在北京冬奥会、冬残奥会气象保障指挥部（以下简称“气象保障指挥部”）连线慰问气象服务保障人员，并进一步部署后续赛事气象服务工作。

庄国泰指出，做好冬奥会气象服务保障是深入贯彻落实习近平总书记关于冬奥会筹办系列重要指示精神和对气象工作重要指示精神的具体实践，开幕式气象保障的成功是 6 年多冬奥气象服务筹备工作的丰硕成果，展现了气象干部职工服务国家、服务人民的责任担当和恪尽职守、无私奉献的精神风貌。

庄国泰强调，冬奥会气象服务保障真正的硬仗还在后面，立春后将进入冬春转换时期，天气形势变化更快，预报难度也将更大。他希望全体气象服务保障人员再接再厉，发扬不怕苦、不怕累的精神，继续保持昂扬斗志，坚持需求导向，针对不同比赛项目和用户需求不断总结经验、改进服务，全力做好赛事气象服务保障；统筹做好城市运行等各项气象服务，坚决打赢北京冬奥会服务保障这场硬仗，以优异成绩迎接党的二十大胜利召开。

2 月 4 日 16 时，庄国泰主持召开了第五次北京冬奥会气象服务视频连线调度会议，对开幕式天气和赛事气象服务进行再部署、再检查。

中国气象局党组成员、副局长于新文，总工程师黎健在气象保障指挥部，党组成员、副局长余勇在冬奥北京气象中心参加调度会议及连线慰问。

作者：宛霞 张永

中国气象局与北京冬奥组委联合召开竞赛指挥组气象服务保障专题会

中国气象报社　2022 年 2 月 9 日

2 月 8 日，中国气象局与北京冬奥组委召开竞赛指挥组气象服务保障专题会议，聚焦赛事期间天气趋势及影响，进一步明确冬奥赛事运行保障气象服务重点需求。北京冬奥组委副主席、运行指挥部竞赛指挥组组长杨树安，中国气象局副局长、北京冬奥组委运行指挥部竞赛指挥组执行组长余勇出席会议。

杨树安感谢气象部门前期为竞赛指挥提供的有力支撑，他指出，双方配合密切、协调有力，特别是驻场保障机制行之有效。从需求来看，雪上项目受天气影响更大，风、雪天气对冬奥赛事影响更加明显，3 个赛区服务需求各有侧重，后续冬奥赛事气象服务保障挑战大、任务重。他希望 3 个赛区的气象预报服务人员在竞赛日程安排的框架内协助寻找最有利的天气“窗口期”，赛事精准预报打足提前量，协助北京冬奥组委合理安排竞赛日程。

余勇感谢北京冬奥组委对气象服务保障工作的支持和鼓励。他表示，面对复杂天气形势，气象部门将持续强化会商研判，加强与 3 个赛区的交流沟通，寻找竞赛天气“窗口期”，协同配合、再接再厉，全力做好各项气象服务保障工作。

中央气象台首席预报员张芳华通报了 2 月 8—20 日冬奥赛区天气预报，特别是后期可能出现的雨雪天气情况。双方参会人员针对未来天气对竞赛指挥的影响及应对措施进行了讨论。

北京冬奥组委相关负责人、中国气象局相关内设机构负责人参会。

作者：王若嘉

庄国泰连线慰问冬奥会气象服务保障人员部署冬残奥会气象服务工作

中国气象报社　2022 年 2 月 20 日

2 月 20 日，北京 2022 年冬奥会闭幕式结束后，中国气象局党组书记、局长庄国泰在冬奥北京气象中心连线慰问气象服务保障人员，充分肯定北京冬奥会气象服务保障工作，并进一步部署冬残奥会气象服务工作。

庄国泰代表中国气象局党组向所有参与北京冬奥会气象服务的人员表示衷心感谢和诚挚问候。他指出，北京冬奥会气象服务保障过程中，气象工作者提供了周到、准确、精细的气象服务保障，得到国际奥委会、国际雪联、北京冬奥组委和北京市委市政府、河北省委省政府领导以及广大参赛人员、社会各界的好评，充分展现了服务国家、服务人民的责任担当，展现了恪尽职守、无私奉献的精神风貌。

庄国泰强调，北京冬残奥会气象服务保障任务将接续而来，气象预报面临更加复杂、多变的天气形势，赛事对气象服务的要求可能更加严苛。全体气象服务保障人员要再接再厉，始终保持与北京冬奥组委、相关部门的密切对接沟通，坚持需求导向，保持昂扬斗志，继续发扬不怕苦、不怕累的精神，全力以赴做好北京冬残奥会气象服务保障。他要求做好北京冬奥会气象服务保障分析评估和总结工作、抓好服务成果推广应用的同时，统筹抓好汛期、春季农业生产、全国两会、森林草原防灭火等气象服务工作，合力打赢北京冬残奥会服务保障这一场硬仗，以优异成绩迎接党的二十大胜利召开。

北京冬奥会闭幕式前，中国气象局召开气象服务视频连线调度会议，部署安排北京冬奥会闭幕式气象服务保障工作。

中国气象局党组成员、副局长于新文、余勇，中国气象局相关内设机构及直属单位主要负责人在主会场参加调度会议及连线慰问。

作者：叶奕宏

庄国泰慰问并勉励冬奥气象服务现场保障人员
建功新时代　一起向未来
为服务国家服务人民作出更大贡献

中国气象报社　2022 年 3 月 13 日

3 月 13 日，在北京 2022 年冬残奥会闭幕之际，中国气象局党组书记、局长庄国泰出席北京 2022 年冬奥会和冬残奥会现场气象保障服务人员座谈会和北京冬残奥会闭幕式气象保障服务工作调度会，慰问并勉励冬奥气象服务现场保障人员，指导部署后续相关工作。他强调，要传承好冬奥气象服务经验成果及其精神，为国家发展建设和人民美好生活提供更高质量的保障服务，以优异成绩迎接党的二十大胜利召开。

中国气象局党组成员、副局长于新文、余勇，总工程师黎健参加会议。

会上，北京、河北、山西、内蒙古、黑龙江、吉林省（自治区、直辖市）气象局以及国家气象中心、中国气象局公共气象服务中心、中国华云气象科技集团公司等单位派驻3个赛区的现场保障服务人员代表，分享了冬奥气象保障服务经历、收获、思考和建议。

庄国泰代表中国气象局党组向所有参与北京冬奥会和冬残奥会气象保障服务全体工作人员，特别是现场一线的保障服务人员表示祝贺和衷心感谢，向在背后给予默默支持的家庭表示诚挚的谢意。他指出，北京冬奥会和冬残奥会的举办，对气象保障服务提出了世界级“大考”，也创造了培养人才、积累经验、提升能力的良好机遇。广大气象干部职工攻坚克难，实现了超精密复杂山地和超大城市一体化的“三维、秒级、多要素”冬奥气象综合监测和“百米级、分钟级”天气预报服务，为赛事运行、开闭幕式举办等提供了有力保障、作出了重要贡献，也以实际行动落实了“监测精密、预报精准、服务精细”要求，展现出持续昂扬向上的精神风貌和强烈的事业心、责任感。

庄国泰强调，要认真系统总结冬奥气象保障服务的成功经验，凝练成果、传承精神，为后续复杂地形下精细化气象预报预测、冰雪运动气象保障、大城市气象保障、防灾减灾，以及国家冰雪经济和产业发展等提供更好的保障支撑。要以提升事业心、责任感为目标，持续深入推进党建与业务有机融合，将干事创业精气神持续转化为推进气象高质量发展的实际行动，建功新时代、一起向未来，为推动我国气象高质量发展、更好服务国家服务人民作出新的更大的贡献。

中国气象局有关内设机构和直属单位、北京市气象局主要负责人，北京赛区、延庆赛区现场保障人员代表在北京市气象局主会场参加会议。

会议在国家体育场现场、竞赛指挥组前方指挥部、延庆赛区气象服务分中心、张家口赛区气象服务分中心、国家高山滑雪中心预报服务现场、国家高山滑雪中心探测保障现场、云顶滑雪公园现场、国家冬季两项中心现场设置分会场。

作者：李一鹏 叶芳璐

北京冬奥会和冬残奥会气象保障服务工作总结大会召开 强调要总结好、坚持好、传承好北京冬奥会气象保障服务宝贵经验，巩固拓展成果，写好北京冬奥会气象保障服务“后半篇”文章，全面推进气象事业高质量发展

中国气象报社　2022年3月29日

3月29日，北京2022年冬奥会和冬残奥会气象保障服务工作总结大会在京召开，深入

贯彻落实习近平总书记关于办好北京冬奥会系列重要指示和关于气象工作重要指示精神，回顾总结北京冬奥会气象保障服务工作。中国气象局党组书记、局长庄国泰强调，要总结好、坚持好、传承好北京冬奥会气象保障服务宝贵经验，以更加昂扬的姿态巩固拓展北京冬奥会气象保障服务成果，写好北京冬奥会气象保障服务“后半篇”文章，传承精神、接续奋斗，为推动我国气象事业高质量发展作出新的更大贡献，以优异成绩迎接党的二十大胜利召开。

会议指出，经过 6 年多努力，全国气象部门圆满完成北京冬奥会气象保障服务各项任务，更加坚定了气象事业发展的信心和决心。气象部门紧紧围绕“简约、安全、精彩”的办赛目标，坚持“三个赛区、一个标准”，以实际行动兑现了“两个奥运、同样精彩”的庄严承诺，建立了相较历届冬奥会更为完善精密的气象观测系统，积累了分时段、分区域、分强度的精细化山地预报经验，首次建成“百米级、分钟级”冬奥气象预报服务系统，培养了一大批优秀的冬奥气象保障服务人才，探索出重大体育赛事气象服务常态化、机制化的新模式，用实际行动为服务国家服务人民作出了新的贡献。

会议深入分析了北京冬奥会气象保障服务成功经验。会议强调，党中央、国务院高度重视是做好北京冬奥会气象保障服务的根本保证，各地方各部门全力支持、超前谋划、强化部署是确保各项工作有力有序开展的坚强保障，科技创新和气象现代化提供了核心支撑，气象工作者的不懈奋斗是关键所在。

庄国泰强调，要总结好、坚持好、传承好北京冬奥会气象保障服务宝贵经验，巩固拓展北京冬奥会气象保障服务成果，全面推进气象事业高质量发展。一要加强系统总结。按照分层级、分领域的要求，全方位认真总结北京冬奥会气象保障服务在组织管理、业务建设、科研应用、应急处置、科普宣传、团队协作等方面的经验成果。二要强化成果应用。写好北京冬奥会气象保障服务“后半篇”文章，大力推动各项成果推广应用，为国家重大活动开展和京津冀协同发展、区域防灾减灾、生态文明建设、重大工程建设、冰雪经济产业发展等提供更有力的气象保障服务。三要继续做好重大服务。要密切监视天气变化，加强滚动会商研判，做好气象灾害监测预报预警服务；强化与各有关部门的合作联动，全力做好春季农业生产、森林草原防灭火等气象服务和汛期气象服务，发挥好气象防灾减灾第一道防线作用。四要大力弘扬冬奥精神。要充分运用北京冬奥会气象保障服务成果，继续发扬科学严谨、精益求精、团结拼搏、无私奉献、奋勇争先的精神，心怀“国之大者”，敢于担当作为，勇于攻坚克难，甘于无私奉献，立足本职岗位，凝心聚力，再创佳绩。

会议宣读了《中国气象局关于对北京 2022 年冬奥会和冬残奥会气象保障服务优秀集体和优秀个人予以通报表扬的决定》。北京市气象局、河北省气象局和国家气象中心负责同志作汇报发言，7 名北京冬奥会气象保障服务一线队员代表作交流发言。

会议以视频形式召开。中国气象局领导，中央纪委国家监委驻农业农村部纪检监察组相关负责同志，中国气象局各内设机构、直属单位主要负责人，北京市气象局、河北省气象局主要负责同志在主会场参加会议。北京、河北、山西、内蒙古、吉林、黑龙江等省（自治区、直辖市）气象局以及国家气象中心领导班子成员和相关人员，北京市延庆区和河北省张家口市气象局有关人员在分会场与会。

作者：王亮 叶奕宏

中国气象局党组召开会议
学习贯彻习近平总书记在北京冬奥会冬残奥会总结表彰大会上
重要讲话精神

中国气象报社　2022 年 4 月 13 日

4 月 13 日，中国气象局党组书记、局长庄国泰主持召开党组会，学习贯彻习近平总书记在北京冬奥会、冬残奥会总结表彰大会上的重要讲话精神，研究部署贯彻落实工作。

会议指出，习近平总书记在北京冬奥会、冬残奥会总结表彰大会上的重要讲话，全面深入总结了 7 年以来筹办举办的非凡历程，高度肯定了北京冬奥会、冬残奥会取得的巨大成就，是对我国的大国自信和社会主义制度优越性的一次充分展示。习近平总书记和中央领导同志对气象工作者给予肯定和表扬，既是对气象部门的亲切关怀，也是对促进气象事业高质量发展的有力鞭策。广大气象干部职工要将其转化为推动气象事业发展的强大动力，不断交出更加优异的气象答卷。

会议强调，习近平总书记在讲话中总结的“四个坚持”宝贵经验，既是北京冬奥会、冬残奥会成功筹办举办的重要法宝，也是坚定信心、在攻坚克难中推进气象事业高质量发展的基本元素；深刻阐释的“胸怀大局、自信开放、迎难而上、追求卓越、共创未来”的北京冬奥精神，为奋进新征程、建功新时代注入强大精神力量，已成为中国共产党人精神谱系的重要组成部分。气象干部职工要切实把思想和行动高度统一到习近平总书记重要讲话精神和党中央决策部署上来，深入领会把握“四个坚持”宝贵经验，大力弘扬北京冬奥精神，全面总结和巩固拓展北京冬奥会、冬残奥会气象保障服务经验成果，继续为推动冰雪运动普及发展、冰雪经济高质量发展提供优质气象保障服务。

会议还集中学习了毛泽东同志《党委会的工作方法》，与会同志原原本本读原文、认认真真悟原理，从党史经典著作中深刻领悟“中国共产党为什么能”。

中国气象局党组成员、副局长矫梅燕、于新文、余勇出席会议，副局长宇如聪、总工程师黎健，中央纪委国家监委驻农业农村部纪检监察组一级巡视员、纪检监察员周若辉列席。

作者：刘钊

第二章　气象服务

精细气象服务助力精彩冬奥

《人民日报》 2022 年 1 月 21 日

举世瞩目的北京冬奥会，即将拉开帷幕。

习近平总书记强调，经过几年努力，各项筹备工作基本就绪，我们完全有信心、有能力为世界奉献一届精彩、非凡、卓越的奥运盛会。

应对天气风险是历届冬奥会组织管理的重要内容，气象服务是保障北京冬奥会顺利举办的一项重要工作。面对复杂山地气象精准预报等国际公认难题，北京冬奥申办成功后，中国气象局等相关部门第一时间启动了筹备工作，组建气象服务核心团队，在以往人迹罕至的陡坡、山顶布下精密气象监测网。在国家重点研发计划“科技冬奥”专项等的支持下，组织科技攻关团队，研究复杂山地天气气候特点，攻克世界性山地气象精准预报技术难题。冬奥专职气象预报团队连续 5 年开展冬季实战预报训练，积累了大量经验，精细气象服务将助力北京冬奥精彩举办。

攻克难题——
气象服务保障从零起步，复杂山地做百米级预报

沿着蜿蜒的山路，记者来到了小海陀山半山腰。小海陀山是北京冬奥会延庆赛区所在地，山顶海拔 2198 米，是高山滑雪项目的滑降起点。刚走近赛道，雪粒就向记者脸上飞扑而来，风夹着雪粒直往脖子里灌。雪来自不远处赛道上的 4 台造雪机，它们正把刚造的雪“铺”到赛道上。

“风速约每秒 8 米，体感温度 −10℃，西北风、南风等阵风较多。”冬奥北京气象中心延庆赛区气象服务组副组长时少英站在风雪中，作出了实况判断。她和另一名预报员负责这里的高山滑雪赛事气象服务。她告诉记者：“造雪机造雪的时间点、方位参考了预报信息，力求最佳造雪效果。”

这是时少英在小海陀山度过的第 5 个冬天。如今她成竹在胸，这里变幻莫测的气象要素，已被她和同事们琢磨得越来越透。

然而，2017 年刚接到任务时，时少英却觉得“压力巨大”。

小海陀山是复杂山地地形，“一天变四季”“百米不同天”，有时山上飘着雪花，延庆城区却是晴天。

复杂山地的气象预报是国际公认难题，隔着一道山脊，气象环境就可能有很大区别。小海陀山高山滑雪赛道处于背风坡，乱流多，不规律；山顶滑降起点、山腰起跳点、山脚结束点的气温、风速差别极大。要在 1～3 公里长的赛道上进行百米级预报，几年前我国预报员的经验几乎是零。

北京冬奥会是近 20 年来、唯一在大陆性冬季季风主导的气候条件下举办的冬奥会，赛区处于复杂山地中，要做百米级预报才能满足赛事需求，这在国际上前所未有。

张家口赛区国家跳台滑雪中心预报员段宇辉介绍：“大风天气对跳台滑雪和北欧两项影响较大，寻找到小于每秒 4 米风速的赛时‘窗口期’，成为预报中最大的难点。”首钢滑雪大跳台是北京赛区唯一室外场地，“对 48 米、25 米跳台的逐小时阵风预报，是一个巨大挑战。”北京赛区首钢滑雪大跳台现场预报员杜佳告诉记者。

因各类赛事需求不同，北京冬奥气象保障服务明确了“一场一策”“一项一策”的原则。“纵观历届冬奥会，与北京冬奥会的天气气候特征、冬奥气象保障侧重点均差异显著，国际上没有成熟的、适用于北京冬奥会气象服务保障的技术方案可以借鉴或复制，加上我国冰雪运动起步较晚，缺少冬季重大国际体育赛事气象服务保障经验，可以说，北京冬奥会的气象服务几乎是从零起步。”国家重点研发计划“科技冬奥”专项（气象）负责人陈明轩说。

精密监测——
在陡峭山顶建气象站，形成“三维、秒级、多要素”立体监测网络

铲一铲雪、迈一小步……张家口赛区气象装备保障团队队长幺伦韬和 4 名队员，向着山顶攀爬，山坡雪深，脚下时不时打滑。他们要攀登到山顶“云顶一号”气象观测站，增设备用设备。

监测是气象预报的第一步。赛区气象观测站是专门为冬奥气象监测建设的，与气象卫星、天气雷达以及其他多种非常规探测仪器，形成严密的“地、空、天”立体监测网，获取全面的赛区气象实况数据，为提高预报预测能力提供重要的基础观测。

“云顶一号”是张家口赛区建站难度较大的站点之一。它位于自由式滑雪空中技巧赛场上方，周围坡度超过 45 度，又陡又滑，冬季连雪地摩托都难以抵达。工作人员只能每人背着 20 多斤[①] 重的装备，套上冰爪，从积雪中铲出一条路，一步一步攀登上山顶。

坡陡路滑，一旦滚落，可能有生命危险。这样的险境，幺伦韬和队友们不是第一次遇到。“从 7 年前开始，我们就以冬奥赛场为核心，在陡坡、山顶上建站、维护。”他说。

2019 年 12 月，小海陀山降下暴雪，竞技三号自动气象站却出现故障。这个气象站处于离山顶不远的陡坡上，车辆无法到达。延庆赛区气象保障团队成员高猛和同事徒手搬运重达 60 斤的蓄电池，爬上覆盖乱石和冰雪的陡坡，终于把备件搬运到故障站点。维修设备时不能戴手套，完成工作后，高猛的手指肿大了一圈，手背冻紫了几处。下山时他们发现鞋里全是

---

① 重量单位，1 斤 =500 克。下同。

雪水，双脚都已冻僵。

“气象站一般建在赛道边陡坡上，有些建在悬崖边上。除了应急维修，每隔 10 天还要去进行常规维护。”冬奥北京气象中心延庆赛区气象服务组副组长张曼说。

在延庆赛区，记者跟随工作人员登上了海拔 1300 米的竞技八号气象站。气象站所处坡面非常陡，坡面上只有沙土和乱石。记者沿着工作人员在坡上踩出的泥坑，手脚并用，才爬到了气象站点。

“骡驮人背运设备，饿了就吃点干粮。7 年来，我们累计新建、改建、迁建气象站 95 次，按时获取了各赛道气象观测资料。”张家口市气象局办公室主任樊武说，“遇到风霜雨雪天气时，气象工作者常常需要逆行而上，去现场进行检修、维护。”

如今，包括赛道气象站在内，3 个赛区里建成 441 套现代立体观测设施，加上各类天气雷达、气象卫星，形成了“三维、秒级、多要素”立体监测网络，实现了冬奥赛区的精密监测。

实战演练——
观测降雪不同粒子形状，摸准赛区天气“脉动”

寒潮、大风、降雨……2021 年 11 月 6 日 8 时，北京冬奥会降雪粒子科学观测实验小组成员聚集在张家口赛区会商室，等着降雪出现。

为了提高赛区降雪预报准确率，预报员持续数年进行实地观测实验，采集气象数据。雨雪、大风是对比赛影响较大的山地天气，因此，雨雪、大风来临之时，是最好的观测期。

“雨转雪了！”11 时 55 分，天上开始降雪。小组成员立刻分为 3 组，轮流到室外冒着雨雪开展观测。每小时观测一次，24 个小时不间断，共采集了 24 组数据。

“我们观测拍摄了 150 多张照片，得到了不同粒子形状、淞附程度的雪水比，为研究赛区山地降雪机理、开展雪深预报积累了观测基础。”降雪粒子科学观测实验小组组长范俊红介绍，团队还制作了赛区地面降雪粒子图集。

当天，X 波段双偏振雷达车也同时就位，6 名预报员在寒潮中坚守了 22 个小时，全面记录了降雪过程的雷达回波特征。这些观测资料有助于提升预报员对赛区降雪规律的科学认识和预报预测能力。

近年来，这样的赛区观测试验开展了无数次。张家口赛区云顶场馆群首席预报员李宗涛说：“通过观测，张家口赛区气象预报服务团队建立了赛区高影响天气个例库，构建了‘夜间增温’‘冷湖效应’及‘山地降雪’的物理概念模型。团队研发的基于机器学习、动态偏差订正等赛场气象要素客观预报方法，已在多项赛事中得到检验和应用。”

北京冬奥会 3 个赛区的专职预报员总共达到 52 名。除了北京、河北两地气象部门的预报员，还有多名从山西、内蒙古、辽宁、吉林、黑龙江等地气象部门抽调的优秀预报员，中央气象台也派出 5 名预报员进驻一线。从 2017 年开始，这些预报员每年冬天在赛区开展实战训练。

以前赛区天气资料较少，预报员们开展大量实地调研，观测、收集数据，摸清赛区的天气特点。他们调研的办法很“笨”：每周去爬山，从山脚、山腰到山顶，从早上、中午到晚上，分区域、分时段收集气象要素数据。风雪来临时，整日整夜观测是常有的事。作出预报之后，还要实地再观测、验证、订正，以此不断提高预报准确率。

近年来，气象服务保障团队已经历了多次实战考验。2020 年 1 月，原定于 1 月 18—19 日举行的第十四届全国冬季运动会高山滑雪竞速类项目赛事改期进行，这个重大调整正是参考了赛区气象服务团队的预报信息。

当年 1 月 8 日，气象部门就预计 18 日小海陀山可能有大风天气。之后逐日滚动追踪天气系统变化，经会商做出了“18—19 日预计将有大风天气，赛区阵风风速超过 20 米 / 秒”的预报，并向竞赛组织方及时汇报，赛事因此提前到 16—17 日举行。随后两天，小海陀山果然刮起了大风！

硬核突破——
核心技术完全自主可控，实现“百米级、逐 10 分钟更新”

想起两个多月前那场雪，陶亦为和李琛仍感到兴奋不已。

2021 年 10 月，“相约北京”系列冬季体育赛事测试赛和测试活动展开，延庆赛区现场气象预报团队首席预报员陶亦为和李琛进驻国家雪车雪橇中心，开展测试赛现场气象保障服务。

11 月 21 日早上会商时，陶亦为和李琛做出了下午有降雪的预报。根据高精度天气预报模型、实战经验、人工智能预报技术验证，两名预报员认为这场降雪不会形成积雪，对当天将要举行的雪车雪橇比赛没有影响。

下午 4 时，飘雪如期到来。然而，1 个小时过去了，2 个小时过去了，3 个小时过去了……这场雪迟迟没有停下的苗头。

“当时怕预报有偏差，影响晚上赛事进行。”陶亦为和李琛心里越来越紧张。于是，每隔半小时，两人就去场馆外，摸摸地面，看看有没有积雪。晚上 8 时，雪终于停了，地面没有积雪！两人心里的石头总算落了地。

“准确的预报，来自于实地调研、多年冬训，来自于高精尖观测设备，来自于‘百米级、逐 10 分钟更新’等硬核技术的强力支持。”预报员们说。

自 2016 年开始，在北京市科技计划以及国家重点研发计划“科技冬奥”专项支持下，由十几家单位 200 多名科技骨干和预报人员组成的冬奥气象科技攻关团队逐步形成，紧锣密鼓开展冬奥气象精密监测和精准预报核心科技研发。

经过艰苦攻关，高精度数值天气预报模型、多源气象数据快速集成融合模型、预报误差人工智能订正模型等关键技术方法陆续研发成功，构建了冬奥气象“百米级”预报技术体系，形成了冬奥高精度气象预报系统“睿图 – 睿思”，实现了冬奥山地赛场的 10 天之内“百米级”网格气象预报，以及冬奥关键点位的 10 天之内定时、定点、定量气象预报，多项技术填补国内空白，核心技术完全自主可控。

陈明轩介绍，往届冬奥会气象预报以千米网格为主，每半小时至 1 小时更新，“北京冬奥会气象预报网格精细到 100 米甚至 67 米，更新频次最高为 10 分钟，实现了质的飞跃，为‘一场一策’‘一项一策’冬奥气象服务保障提供强有力的科技支撑。”

人工智能预报技术首次在冬奥会中应用，通过对海量气象观测数据和数值天气预报数据“再解读”，对客观气象预报“再订正”，进一步提升了冬奥气象预报的精准度。目前，国家重点研发计划“科技冬奥”专项气象项目已纳入世界气象组织高影响天气预报示范项目，为国际相关技术研发和应用提供中国经验。

“今后，冬奥气象科技攻关的成果及其应用经验、解决方案将持续发挥效益，保障我国冰雪运动开展，在国家重大活动保障、大城市安全运行、灾害天气预报预警和应对等方面起到重要支撑作用。此外，还将应用于新能源特别是风能、太阳能领域，助力我国如期实现碳达峰、碳中和目标。”中国气象局有关负责人表示。

记者手记——
优质气象服务满足美好生活需要

在大陆性冬季季风主导的山地赛区，提供优质气象服务保障实属不易。北京冬奥气象服务保障团队数年如一日，扛起重担，攻坚克难，捕捉风云之变，精测赛区天气，研发出“百米级、分钟级”预报产品，成功经受了各类测试赛考验，为北京冬奥会精彩举行做好了准备。

办好北京冬奥会、冬残奥会，是中国向国际社会作出的庄严承诺。经过几年艰苦努力，气象服务保障等各项筹备工作基本就绪，我们完全有信心、有能力为世界奉献一届精彩、非凡、卓越的奥运盛会。

随着冬奥热度持续上升，我国冰雪运动“南展西扩东进”，越来越多的人走上冰场雪场，“冷冰雪”成为“热运动”，实现了“带动 3 亿人参与冰雪运动”的目标。未来，北京冬奥气象科技攻关的显著成果和宝贵经验，将保障冰雪运动顺利开展，持续为建设体育强国、增强人民体质作出贡献。

冬奥气象科技攻关的成果和经验，将惠及经济社会发展多个领域。如今，各行各业、人民群众对气象服务的需求越来越多，要求越来越高。适应和减缓气候变化，防御和减轻气象灾害，开发和利用气候资源，都离不开高质量的气象服务。持续提高气象预报预测水平，坚持“一年四季不放松，每个过程不放过”的气象服务理念，不断拓展气象服务领域，我们一定能以更丰富、更优质的气象服务产品，满足人民群众日益增长的美好生活需要，助力高质量发展。

记者：李红梅

找准比赛的气象“窗口期”

《人民日报》 2022 年 2 月 10 日

气象服务是保障冬奥会顺利举办的一项重要工作。从历届冬奥会来看，因高影响天气如大风、大雪、大雾等推迟赛事的情况并不少见。如何避开高影响天气、在高影响天气背景下找到适宜赛事举办的气象“窗口期”，成为我们气象预报员最重要的工作。

就以我所负责的跳台滑雪项目的气象预报为例，由于跳台滑雪项目对风速要求很高，风速不能超过每秒 4 米的风险阈值，如果比赛时风力超过阈值，会影响运动员的空中飞行姿态、着陆动作和比赛成绩，甚至会威胁到运动员的安全。我的主要工作是精准找到风速小于每秒 4 米的比赛“窗口期”，供组委会对比赛时间进行调整、优化等。

这是一份极具挑战的工作。本次冬奥会，一些赛区是复杂山地地形，比赛要求根据各项赛事对气象要素的不同需求，实行“一场一策”“一项一策”，即对每一场、每一项赛事精准预报。复杂山地气象精准预报是国际公认难题，人们常用“百米不同天”“一天变四季”来形容山地气象。对预报员来说，要实现精准预报，面临巨大挑战。

在大陆性冬季季风气候主导下，崇礼多大风、低温天气。如何在大风天气条件下，特别是在未来 1～3 个小时内，找准适宜比赛的、风速小于每秒 4 米的赛时“窗口期”？从 2017 年冬季开始，北京冬奥会张家口赛区气象中心的 36 名预报员便开始在赛区进行实战预报训练，收集赛区观测数据、构建山地气象预报模型等。国家跳台滑雪中心布设了 11 套冬奥专用气象观测设备，捕捉每一条赛道从起点到结束点的气象要素变化，加上各类激光测风雷达、微波辐射计、风廓线等设备，形成了立体监测网络，为预报员提供大量实况数据。再加上国家重点研发计划“科技冬奥”专项研发团队研发的高精度数值天气预报模型、多源气象数据快速集成融合模型、预报误差人工智能订正模型等关键技术方法，构建了冬奥气象预报技术体系，并实现逐 10 分钟更新，为精准预报提供了科技支撑。

作者：段宇辉，记者：李红梅

中国气象局：精细气象服务全力保障冬奥

《人民日报》 2022 年 2 月 21 日

北京冬奥会期间，在 3 个赛区经历大风、骤雪、降温等天气的情况下，气象服务团队以精细的技术和服务，全力保障赛事举办。

2 月 10 日上午，气象预报明确：首钢滑雪大跳台场馆将于 13 日 5 时开始降雪，8—14 时是降雪最强时段。根据这一预报，工作人员及时到达现场清理积雪，单板滑雪女子大跳台项目官方训练得以按时进行。15 日，气象预报 16 日 18 时 30 分后国家越野滑雪中心温度将低于 −20℃，因此原定于 16 日 17 时—20 时 20 分举行的越野滑雪女子和男子团体短距离（传统项目）资格赛和决赛调整赛程，避开了不适合比赛的低温天气。

精细预报的背后，是气象人员 5 年来对各场馆、各站点温度变化规律的总结。

为了确保冬奥会顺利举办，3 个赛区建成 441 套现代立体观测设施，加上各类天气雷达、气象卫星，以及人工智能等新技术方法，将这张观天“网”不断织密，有效支撑了冬奥气象预报服务团队提前 24 小时开展精细气象决策服务和外围保障气象服务。中国气象局还构建起冬奥智能化气象服务体系，通过官方网站、应用程序等多种渠道，面向交通、观赛、应急救援等发布多种形式的专项气象服务和数据产品。

北京冬奥会开幕以来，中国气象局领导深入一线指导工作，国家级业务单位、相关省级气象部门高频次联动，气象服务保障团队与赛事主办方、国际雪联、场馆运维团队等密切配合，与科研院所、高校、相关滑雪行业企业合作科研攻关，形成合力。目前，我国“科技冬奥”项目已被纳入世界气象组织高影响天气预报示范项目，今后将持续发挥效益，可为国际高影响天气预报技术研发和应用提供经验。

记者：李红梅

大风降温降雪，看雪上项目如何应对天气变化

新华社　2022 年 2 月 13 日

12 日起，北京冬奥会各赛区开始经历一波大风、降温、降雪天气。对天气变化较为敏感的雪上项目主要分布在延庆赛区和张家口赛区。冷空气来袭，两赛区各场馆如何应对？

预报准确是前提

开赛前，延庆、张家口两赛区均已经构建了高精度的天气观测网络，预报员提前多年进行实地预报训练，目前可为赛事提供精准的预报服务。

以部分场馆为例，国家高山滑雪中心“雪飞燕”建设了 21 套自动气象站；张家口冬奥核心气象观察站网由 19 套设备组成，覆盖国家跳台滑雪中心“雪如意”、国家越野滑雪中心和国家冬季两项中心。这些台站可实时监测和收集气温、风速等天气要素信息。

“每小时，计算机根据这些数据生成气象预报产品。预报员修正后，提供给赛事组织方。”北京市气象台副台长、延庆赛区气象服务组副组长时少英说，高山滑雪赛场可对分布在不同海拔的赛道关键点做出有针对性的预报。“在风速、降雪量或者能见度等要素的变化达到一定程度时，国际雪联会要求我们实时给出预报，这就不是每小时出一份预报的事了，而意味着我们在现场要随时对天气进行预判。”时少英说。

6 日，高山滑雪男子滑降项目比赛已因强阵风延期过一次。时少英说，这是由赛事裁判委员会做出的决定。而此番天气变化对高山滑雪场地的影响主要以降雪造成的低能见度和强阵风为主；由于高山滑雪的比赛时间较短，降温不会对运动员造成太大影响。赛期是否调整要以裁判委员会决定为准。

“我们已作出预案应对可能的赛期变化。”国际雪联新闻传播总监珍妮·维德克说。她还表达了对中国气象团队的赞许：“他们的预报很准确，值得我们信任。”

天气变了，雪怎么办？

高硬度的冰状雪是赛事用雪的标准。根据国际雪联规定，降雪后，竞赛场馆需要对自然雪进行清理，保证赛道雪质。

通俗来说，线路平整工作就是由平整人员脚踩雪板，以横滑降方式将自然降雪清理出雪道。12—13 日的降雪让线路平整人员的工作量陡增。

“平时我们都是早上 5 点上山，这几天要随时待命，给选手创造出适合比赛的雪况条件。”高山滑雪国内技术官员侯家欢说。

而在跳台滑雪、越野滑雪等比赛场地，降雪后需要用吹雪机对雪槽等进行清理。张家口

赛区古杨树场馆群主任郭英介绍，“雪如意”已准备好了 21 台吹雪机，国家越野滑雪中心 12 日则进行了暴雪吹雪演练。

目前，两赛区的比赛用雪准备充足。张家口赛区古杨树场馆群山地运行场地经理魏庆华说，场地从 2021 年 11 月初开始造雪，前后用 7 周完成。山地运行团队每天夜间进行 5 个小时塑形工作。

“比赛需要雪质稳定，没有特殊情况不会再造雪。为应对极端情况，我们在 3 个赛场准备了超过 10 万立方米的储备雪。”魏庆华说。

后勤保障团队随时待命

低温环境下的电力保障、大型设备运行和医疗救援是极端天气应对工作中的难点。张家口核心区冬奥电力保障团队对奥雪、云顶、古杨树变电站开展特巡特护，加强对变压器、地理信息系统、融冰融雪设备等设施的检查。

越野滑雪被称为“雪上马拉松”。由于比赛时间长，降温对运动员的比赛体验影响更明显。赛事医疗保障组每场赛前都会根据比赛类型、赛道长短等合理布置医疗补给点位。

“一般每场会布置 5 个点，安排在运动员最易受伤的地方。每个点的救援小组由 4 人组成，组长、医生、护士还有一名英语志愿者。”国家越野滑雪中心医疗官高宇说，“运动员受伤、突发疾病、失温时，配有保温毯，可第一时间开展现场救治。”此外，国家越野滑雪中心还设有 20℃的恒温屋。

风对跳台滑雪的比赛成绩影响很大。古杨树场馆群设施经理王敬先介绍，场馆所处山谷的自然落差有 130 多米，两边的山能屏蔽或减弱风力；而后期的防风网建设，更是将场地起跳区域的风速降到了每秒 4 米以下。

在“雪飞燕”，自动气象站遇到极端天气时，其风传感器有可能被冻住，导致机械风数据缺失；太阳能电池板如被雪覆盖，设备将无法正常取电。一支 7 人的外围气象服务团队需要随时巡查和检修。

副队长高猛介绍，团队每次都要穿着冰爪在陡坡上攀登，还时常要背负几十斤的电池等设备。“这几天又下雪了。对于可能出现的隐患点，我们心里都有谱了，有信心为冬奥会做好气象服务保障。”高猛说。

执笔记者：王沁鸥，参与记者：卢美婷 夏子麟 杨帆
郭雅茹 夏亮 孙哲 王浩宇 李春宇 倪元锦

瞄准气象服务这块“金牌”

《光明日报》 2022 年 1 月 27 日

国家高山滑雪中心和国家雪车雪橇中心所在的北京延庆赛区，冬季气温寒冷，体感温度时常低于 −20℃。除了严寒将考验运动员的身体素质外，风向、风速、湿度、温度等气候因素可能影响运动员的发挥，以及比赛安排。因此，能否对天气进行精密监测、精准预报，开

展精细服务，成为北京冬奥会能否成功举办的影响因素之一。瞄准冬奥气象服务这块“金牌”，国家重点研发计划“科技冬奥”项目（气象）负责人陈明轩揭秘了北京冬奥气象里的科技密码。

核心技术多项从零起步

“对天气的精密监测、精准预报和精细服务，是北京冬奥会成功举办的决定性因素之一。”陈明轩告诉记者，北京冬奥会气象保障服务的高标准要求就是：“一场一策”“一项一策”，需要将客观化、自动化的预报做到“百米级、分钟级”。

据陈明轩介绍，从气象的角度讲，北京冬奥会是近 20 年内唯一一次在大陆性冬季风主导的气候条件下举办的冬奥会，山地赛场的特点就是大风多、干冷，而往届冬奥会主要在海洋性气候条件下举办，气象特点是雨雪多、能见度差。“气候特征决定了北京冬奥会的特殊难题就是山地小尺度的风和温度的精密监测、精准预报，而这在国际上都是尚未解决的气象难点之一。”陈明轩说，纵观历届冬奥会的气象服务保障，国际上没有成熟的、适用于北京冬奥会的可移植技术方案，加上中国冰雪运动起步较晚、国际冬季重大体育赛事气象服务保障技术经验缺乏，所以此次北京冬奥会的气象服务保障挑战大、科技攻关难度高，很多技术我国可以说是从零起步。

“从北京冬奥会气象保障的要求来说，气象保障服务需要做到空间百米级网格的预报，预报时效至少需要达到 10 天，这就是研发团队需要攻克的特殊难题。”陈明轩指出，从大气科学可预报性的角度说，空间越精细、预报时段越长，预报难度越大，更何况在地形复杂的山区，除了需要预报常规的风速风向、温度、湿度、降水外，还需要提供冬奥关注的阵性大风、能见度、降水相态、雪面温度等特殊气象预报，所以难度就更大。

“自 2016 年开始，在北京市科技计划前期支持以及国家重点研发计划‘科技冬奥’重点专项后期支持下，逐步形成了由十几家单位 200 多名科技骨干和预报人员共同组成的冬奥气象科技攻关团队，开展冬奥气象精密监测和精准预报核心科技研发。”陈明轩说。

4 年攻关实现多个“首次”

历经 4 年科技攻关，冬奥气象科技团队研发出了高精度数值天气预报模型、多源气象数据快速集成融合模型、大气涡流尺度数值模拟计算模型、人工智能误差订正模型等关键技术方法，构建了冬奥气象“百米级”预报技术体系，形成了冬奥高精度气象预报系统“睿图 - 睿思”，实现了冬奥山地赛场的 0～10 天“百米级”网格气象预报以及冬奥关键点位的 0～10 天定时、定点、定量气象预报，多项技术填补国内空白，核心技术完全自主可控。

“在往届冬奥会期间，客观气象预报基本以千米网格为主，时间更新频率是半小时至 1 小时。在国内，目前的高精度数值天气预报模型的网格分辨率最高是 3 公里，部分发达地区客观预报的网格距可以达到 1 公里，时间更新频率基本是 1 小时或者 3 小时。”陈明轩说，北京冬奥会高精度气象预报的空间网格分辨率达百米级，时间更新频次达分钟级。精细化气象预报达到了质的飞跃。

人工智能预报技术是国际上第一次在冬奥会气象服务保障中获得应用。陈明轩介绍，冬奥会气象保障服务需要 0～10 天内的高精度气象预报作为支撑，需要做到“定时、定点、定量”的气象预报，而在地形复杂山区的这种小尺度精准气象预报本身就是国际气象界的一道难题，既有的现代数值天气预报模型和传统的技术方法有时存在较大的误差，因此就需要借助人工智能技术和大数据技术，通过对海量的数值天气预报模型预报数据和大量的气象观测数据进行“再解读”，从而实现客观气象预报的“再订正”，提升冬奥气象预报的精准度。

陈明轩告诉记者，目前，经国际专家联合推荐，我们的科技冬奥项目已纳入世界气象组织高影响天气预报示范项目，可以为国际高影响天气预报技术研发和应用提供中国经验。

成果应用前景广阔

“‘百米级、分钟级’气象服务目标，是基于冬奥赛事实际需求及赛场具体环境提出的。山地气象预报本身就是国际公认的难题。”陈明轩介绍，海拔落差每100米，气象环境就有天壤之别；翻过一道山梁，又是另一番光景。山区天气变化规律也极为复杂。但恰恰只有这种地形环境，才能满足冬季赛事的比赛需求。

“因此，面对较高预报难度及丰富气象要素的预报需求，我们提出‘分钟级、百米级’目标。通过近年来的技术钻研和模式研发，气象部门目前已能够实现复杂地形下100米分辨率、逐10分钟快速更新的冬奥关键气象要素预报，满足赛事保障条件。”陈明轩说。

气象与国家发展和民生息息相关。“与国际同类型产品相比，我们的技术自主可控，形成的相应数据产品具有更高的时空精度和预报精准度。”陈明轩表示，在后冬奥时代，冬奥气象科技成果及其在冬奥会的应用经验和解决方案等，可在气象预报服务精准度提升方面发挥更大效益，对新时期国家重大活动保障、大城市安全运行、灾害天气预报预警和极端灾害天气应对、城市防洪排涝、城市交通等方面将起到重要支撑作用。“未来还可在我国新型能源，特别是风能、太阳能领域获得应用，提升新能源开发和应用的气象服务能力，助力我们国家能源结构低碳化，推动碳达峰、碳中和目标的实现。”陈明轩说。

记者：崔兴毅

把脉风云变幻　只为那同一个梦想

《科技日报》2020年1月17日

“呼哧，呼哧……”不到8点钟，记者拨通了时少英的手机，那头传来大口的喘气声。不用问，她一定是在爬山。

这两天，作为冬奥延庆赛区现场气象服务团队队长的时少英格外忙碌。凌晨3点多，她即和同事们起床，负责预报的同事们5点钟会发出第一份天气预报，而她的目的地则是小海陀山——2022北京冬奥延庆赛场。

“大战”在即。1月16日，第十四届冬运会竞速比赛项目开始；2月15日，2022北京冬奥首场测试赛也将在这里举行。“内心很激动，也有点紧张，但对预报还是有把握的。”1月11日，时少英第一次在第十四届冬运会联席会上报告未来几天天气情况。

在气象预报岗位上摸爬滚打了 28 年，曾经服务过 2008 年北京夏季奥运会。尽管如此，时少英坦言："还是冬季奥运会压力更大些。"

压力来自经验欠缺，历史观测资料几乎空白。山地气象预报是世界级难题，时少英介绍，山区地形复杂，尤其是对局地赛区的小尺度天气预报，多数预报员在日常工作中没有接触过，很难建立起预报概念模型。面对冬奥赛事天气预报，预报员原有的预报经验不太灵了，更需关注的是非常规要素预报，像阵风速度要精确到"米 / 秒"，对于降水相态的变化究竟是雨、雨夹雪还是雪也要尤其关注。

"以延庆赛区核心区小海陀山上的高山滑雪竞技和竞速赛道为例，赛道垂直落差超 800 米，同一时间，别说山顶、山腰、山底的天气各有特点，就是同一水平高度，赛道山脊和山沟的气象数据都各有不同。"时少英说。

没有历史资料，一切从头开始。从 2017 年算起，3 年里，时少英已经记不清和同事们爬了多少次山。2017 年 11 月的一天，他们判断当天快中午时会下雪，一早起来就上山等着，10 点多时，雪花开始飘舞。"当时风特别大，风卷着雪花，山顶能见度特别低。大家就一路从山顶走到山脚，感受云、风及雪的变化。"时少英说，这样大家对这种天气形势就有了深刻的印象，再结合自身所学山地预报知识，为精确预报打下了基础。

"观天"的不只他们。在张家口崇礼云顶雪场，2022 年冬奥雪上项目举办地。2020 年 1 月 5 日晚，气温低于 −20℃，冬奥气象服务张家口赛区团队成员刘华悦和 3 名同事在等今年首场雪花飘落。当晚，他们要对降雪粒子的形状、雪片大小、降雪疏密程度等进行观测，观测一直持续到次日上午 9 点多。

彻夜观测，团队成员们发现："当雪花呈明显六角枝状时，降雪粒子比较大，意味着雪较深、降雪量较大。"记录雪花的形状，有助于在赛时反演雪深，为赛事组委会提供更为精准的决策气象服务。

"同样的降水量，由于降雪粒子形状不同，造成积雪深度各有差异，冬奥会赛时如果出现降雪天气，降雪量和积雪深度若超过一定阈值，某些比赛项目将会被延迟或取消。"团队成员范俊红说。

"竞赛和天气密不可分。"负责北京冬奥会竞赛组织工作的北京冬奥组委体育部副部长杨阳说。他同样服务过 2008 年北京夏季奥运会，在他看来，夏季奥运会比赛日程定在几点就是几点，而天气预报是冬季奥运会比赛日程编排的决定性因素。

"由于冬季奥运会 70% 的项目是雪上项目，雪上项目和在场馆里举行的比赛项目有非常显著的差异。运动员和工作人员能否到达赛场，比赛起点是否需要调整，这都依赖于头天晚上和第二天一早气象部门提供的气象数据信息。"杨阳强调。

2018 年，在韩国平昌举行的第 23 届冬奥会和冬残奥会，依靠当地气象服务团队的精准预报，竞赛日程变更达 20 余次。

"专业、敬业、能吃苦，我对他们有信心。"杨阳说，前段时间，高山滑雪团队在赛区造雪时，他们就给出了精确的预报，如风、降雪等。这样就有助于专家制定造雪方案，例如雪和水的比例及从哪个方向吹雪等。

有压力但也充满自信。"因为我背后是强大的科技支撑及强有力的团队。"时少英说。

尽管充满了挑战，过年也不能与家人团聚，但团队成员依然充满激情，乐在其中，只为那同一个梦想。

记者：付丽丽

精细气象服务为冬奥比赛提供有力保障

《科技日报》 2022 年 1 月 5 日

2022 年冬奥会期间，北京延庆赛区将举行高山滑雪、雪车、雪橇 3 个项目的比赛，以及冬残奥会高山滑雪项目的比赛，届时将产生 21 块冬奥会金牌、30 块冬残奥会金牌。

“为了积累冬奥会赛事气象预报经验，从 2017 年开始每年 10 月到次年 3 月份，北京延庆赛区集合全国气象业务骨干，包括北京气象局两位副台长，山西、内蒙古等地一些优秀的气象预报员，进行为期五年左右的驻训。其间紧抓每次的重要天气，并到山上实地感受山地气候的具体表现与预报的差异，通过不断反复磨合，复盘分析，积累了一定的预报经验，由此，对延庆赛区天气变化情况基本有了把握。”1 月 4 日，在北京延庆区气象局，延庆气象台副台长、冬奥气象保障工作人员闫宏亮在接受《科技日报》记者采访时表示。

冰雪项目与气象条件关系密切，冬奥赛区一般地处山地，地形比较复杂，俗话说“一山有四季，十里不同天”，有时可能隔着一条沟，风、降雪、能见度都会有很大的差异。可见，赛前对天气的研判至关重要，这样才能使运动员、竞赛组织者和赛会管理者为赛事准备打出一个提前量，保证在一个好的气象条件下，比赛能够顺利进行。所以气象服务是冬奥会得以顺利进行的重要保障。

然而，冬奥赛事对于气象预报精细化服务要求非常高，而我国在冬季山地精细化气象预报服务方面经验不够丰富，也没有成熟的短时临近预报系统进行支持，这给气象服务提出很大的挑战。

据了解，在中央冬奥会工作领导小组的统一领导下，针对冬奥气象服务，北京市气象局成立冬奥北京气象中心，下设“一办十组”，延庆气象服务组属于其中一个组，共有 4 个团队，核心骨干 49 人，面向竞赛团队、场馆群指挥中心、城市运行指挥中心等多个需求方，承担竞赛场馆和非竞赛场馆的预报服务、设备维护抢修，同时也承担赛区及外围交通运输、森林防火、城市运行保障的多项工作。

为精准预报，延庆气象局持续推进冬奥气象科技研发，并取得了成果。“一方面，我们加强赛区的监测，利用天气雷达、三维激光测风雷达技术；另一方面，在预报科技方面投入很大，研发出大涡模拟系统，对地形分辨率达到百米以下需求，同时还研究出一套短时预报系统，对气象预报数据可做到 10 分钟的快速更新。”阎宏亮介绍说。

据了解，在冬奥气象综合监测系统构建中，从 2014 年就开始，阎宏亮和同事们一起到海陀山“拓荒建站”，在没水、没电、没路、没有通讯的艰苦条件下，冒着大风、严寒和酷暑，设备仪器靠人扛骡子驮，在海陀山完成自动气象站和天气雷达的建设；在预报技术储备中，2017 年起组建预报团队，每年冬天驻扎延庆，到海陀山开展实地训练，经过 5 年的不懈努力，不断积累复杂地形下的预报经验，为保障冬奥会打下坚实基础。2020 年 10 月，作为雪车雪橇场地预认证活动的重点服务保障部门，阎宏亮团队带领气象台 24 小时值守，逐小时报送气象实况和预报信息，发布了预认证气象服务专报 67 期，高标准完成预认证活动的气象保障工作。

“冬奥会比赛时，我们现场将每小时发布各个场馆主要点位的气象预报，同时，外围保障服务团队会对核心区设备的日常巡检，若出现故障会第一时间进行处理，并且，做好城市运行，包括交通运输等服务冬奥会气象的保障工作。”最后，阎宏亮说。

记者：华凌，通讯员：石嘉琪

近 20 年首次在大陆性季风气候带办冬奥会
气象服务团队备战迎“大考”

《中国纪检监察报》 2021 年 12 月 13 日

12 月 5 日，“相约北京”2021-2022 国际雪联跳台滑雪洲际杯和北欧两项洲际杯在北京冬奥会张家口赛区的国家跳台滑雪中心“雪如意”和国家越野滑雪中心完美收官。此时，距离冬奥会正式开赛已不足 70 天。作为“冲刺”阶段最后的实战演练，这次“模拟考”机会对于赛区气象服务团队分外珍贵。

冬奥会项目，受气象条件影响较大。降雪、气温、风速、能见度……每一项因素都关系着赛程安排、比赛成绩，乃至运动员的生命安全。为保证比赛的顺利进行，北京、延庆、张家口三大赛区配备了最专业的气象预报团队和最先进的气象监测设备。从气象预报、实况更新到极端天气应对，气象部门拿出了最“硬核”的实力，迎接“大考”。

黑科技专业“捕风”
张家口赛区建成冬奥会历史上布设最多、观测要素最全雪上项目综合气象观测系统

12 月 3 日，跳台滑雪洲际杯和北欧两项洲际杯开赛的前一天。这一天，张家口赛区气象中心的工作人员分外忙碌。当天的工作简报记录了大家繁忙的日程：上午 8 时到达裁判塔工作点位，每隔 30 分钟发布天气实况，向场馆运行报送天气预报，向山地运行团队提供造雪条件天气预报……

从 12 月 1 日开始，古杨树场馆预报中心每日 7 时、11 时和 17 时定时发布越野 2、3 号站以及跳台起点、终点站的中英文精细化站点气象预报。每日 7 时、17 时定时发布中英文场馆通报，预报古杨树场馆群未来 10 天天气。

12 月 3 日上午，跳台滑雪女子标准台公开训练开启。气象中心及时发布了跳台滑雪中心内的天气状况：“气温为 -6.2℃，平均风为偏东风 1～2 米 / 秒，最大阵风为 6 米 / 秒。”其中，两项风力指数成为重点关注的对象。

张家口赛区承担了大部分雪上项目比赛，对这些比赛影响最大的天气因素，是“风”。

尤其是空中技巧和跳台等项目对风的精细预报需求很高：前者要求风速不能大于 5 米 / 秒，后者要求风速不能大于 4 米 / 秒。

往届冬奥会举办地，多为海洋性气候。作为近 20 年唯一一次在大陆性季风气候带举办的冬奥会，北京冬奥会赛区的风速更大，风向变化明显，气象预报服务以风的预报为主。尤其是张家口，本身就是一个“风口”。

为了更好地捕捉“风”，气象服务团队在跳台滑雪中心和云顶赛场架设了多台监测设备。

河北省气象局副台长、张家口赛区气象服务团队负责人王宗敏表示，现在，场馆内的每条赛道都设有固定的自动气象站，整个赛区核心区的自动气象站总量达到 42 套，赛区周边自动气象站达到 70 套。“因为跳台滑雪中心对风速要求较高，所以这里的自动站最多。目前，‘雪如意’的外围山体上一共设有 5 个站点，内部比赛区设有 7 个站点。”

除了自动气象站，赛区还架设了 5 部激光测风雷达。据王宗敏介绍，雷达的主要作用是能够准确监测赛道上风速、风向的变化，及时发现赛道上突发的风向风速风险特征点，提升气象预报预判的效果。

“依托气象站和雷达提供的赛场气象实况数据，我们做了超阈秒的配套综合研判显示软件，通过这些软件，我们可以给出比赛临近时间段，赛场内风速有可能突破阈值的一个风险概率分布。测试赛期间，针对各个场馆预报点位，每天逐小时滚动制作发布 0～24 小时逐小时、48～72 小时逐 3 小时、4～10 天逐 12 小时精度的天气预报产品，以及场馆天气通报。”王宗敏表示。

目前，张家口赛区已建成冬奥会历史上站点密度最大、观测精度最高的雪上项目综合观测网。

“百米级、分钟级”高精度预报
人工智能预报技术在国际上首次应用于冬奥会气象服务保障中

冬奥会对气象预报有着差异化、精细化的需求，“一场一策”和“一项一策”是现场气象服务的一个重要要求。

国家重点研发计划“科技冬奥”项目（气象）负责人陈明轩介绍，北京冬奥会延庆、张家口赛区位于山区，地形复杂，每个赛场的地形和小尺度山地气象特征差异都很显著，因此需要根据不同赛场的地形、气象特点以及赛事举办安排等，进行针对性的气象保障服务，这就是所谓的“一场一策”。另外，冬奥会不同雪上项目对气象条件和潜在气象风险阈值的要求也不尽相同，因此需要根据不同赛事和赛程安排进行针对性的气象保障服务，这就是所谓的“一项一策”。

北京冬奥会的天气预报可以精细到什么级别？答案是“百米级、分钟级”。

例如高山滑雪项目，赛程只有 1～2 分钟，当赛场风速超过 18 米 / 秒时须立即停止赛事。现场定点的分钟级预报是工作人员进行赛事调控、寻找赛事“窗口期”的重要依据。

记者了解到，此次冬奥会，我国气象科技创新首次具备“百米级、分钟级”精准预报能力。不仅建成京津冀区域 500 米分辨率、冬奥山地赛场核心区域 100 米分辨率、逐 10 分钟快速更新的数值预报系统，还研发出从短时临近（0～1 小时）到延伸期（30 天）的无缝隙精细化网格预报产品，在各项测试赛中运行稳定。

高精度的气象预报服务产品，离不开人工智能和大数据技术的支持。比如，气象大数据云平台“天擎”，为冬奥会气象服务保障提供优质数据支撑；以我国自主研发的 GRAPES 数值预报模式为核心的冬奥 0～10 天短中期客观天气预报，以及利用深度学习、大数据挖掘等技术形成的冬奥 0～10 天无缝隙定点气象预报服务产品，为赛期安排提供科学依据。

为满足冬奥会高精度天气预报服务刚性需求，2020 年，中国气象局组织实施了“智慧冬奥 2022 天气预报示范计划”，广泛征集国内优秀高分辨率区域数值天气模式和人工智能等客观预报技术、方法和系统。

值得一提的是，北京冬奥会是人工智能预报技术在国际上首次应用于冬奥会气象服务保障中。陈明轩表示：“冬奥会气象保障服务需要 0～10 天内的高精度气象预报作为支撑，需要做到‘定时、定点、定量’的气象预报，而在地形复杂山区的这种小尺度精准气象预报本身就是国际气象界的一道难题，既有的现代数值天气预报模型和传统技术方法有时存在较大误差，因此需要借助人工智能技术和大数据技术，通过对海量的数值天气预报模型预报数据和大量的气象观测数据进行‘再解读’，从而实现客观气象预报的‘再订正’，提升冬奥气象预报的精准度。”

“三维、秒级、多要素”综合监测
科技创新突破世界级气象预报难题

北京冬奥会延庆赛区位于海陀山，海拔高、温差大，可以说是“十里不同天”。此次冬奥会雪上项目均在地形复杂的山区举办，冬季山区复杂地形下的小尺度精准预报在世界上也是一个难题，这也是此次冬奥会天气预报难点的核心所在。

为了更好服务此次冬奥会，气象部门首次在我国中纬度山区组织实施了复杂地形下冬季多维度气象综合观测试验，实现了“超精细复杂山地 + 超大城市一体、三维、秒级、多要素”的冬奥气象综合监测。

所谓“三维”，指三维气象探测。这是一个系统而庞大的探测“家族”，包括地面自动气象站观测，测风激光雷达的三维风探测，云雷达的云探测，以及风廓线雷达的垂直方向风速风向探测，微波辐射计的垂直方向温湿度探测等。

走进北京冬奥会赛场，在赛道出发点、起跳点、结束点等重要位置，随处可见用于实时采集、定时传输数据的自动气象站。这些设备实时回传的动态气象监测信息经过超级计算机的统一梳理，与常规气象数据进行融合，可以模拟出未来一段时间某一地区的天气变化，为气象预报提供精准依据。

目前，在北京城区、延庆和河北崇礼及周边地区已建成包括自动气象站在内的现代化气象探测设施 441 套。陈明轩表示，这些仪器大部分为国产，实现了气象探测技术的自主可控。

正是这些设备，支撑起北京、延庆、张家口 3 个赛区的气象服务信息网络，形成互联互通、数据共享、相互备份的冬奥气象数据服务格局。

所谓“多要素”，是指探测的气象数据包括与冬奥气象保障服务密切相关的多种气象要素，比如平均风速、温度、湿度、降水、能见度等等。

河北省气象服务中心副主任、云顶场馆群气象服务组组长李宗涛表示，根据“相约北

京”测试活动期间统计，冬奥会和残奥会同期主要的高影响气象风险包括大风、低温、高温融雪、强降雪、沙尘和低能见度。针对这些风险，预报技术人员结合赛事需求开展高影响天气机理及预报指标研究，采用大数据分析等技术研发了温度、风向、风速等气象要素客观预报方法，建立了“冷湖”效应、夜间升温等山地预报模型。最终，构建了赛道高影响天气风险预报模型和预报指标体系，建立了不同天气条件下的赛道雪质和人工造雪气象影响阈值体系和预警机制。

空间上的精细化之外，监测在时间上也向更精准的单位迈进：通过地面自动气象站的建设，气象探测可以做到 1 秒一组气象数据。

记者：王雅婧

赛事延期因受雪情影响　精准预报提供气象保障
把脉冬奥风云雨雪

《中国纪检监察报》 2022 年 2 月 14 日

2 月 13 日，受降雪天气影响，北京冬奥会自由式滑雪女子坡面障碍技巧资格赛等原计划当日进行的赛事改期举行。北京冬奥会张家口赛区云顶场馆群业主方代表、后勤副主任束文介绍，自由式滑雪和单板滑雪坡面障碍技巧场地的落差很大，在当日的降雪天气中，海拔较高的赛段能见度较差，不仅会影响运动员发挥，还将增加受伤风险，推迟比赛是出于对运动员安全的考虑。

“今天三大赛区普降大雪，早在 2 月 4 日我们就得到了气象部门的预测信息，两天前我们已基本确定了每个场馆降雪的时段和量级。”在 13 日举行的北京冬奥会例行新闻发布会上，北京冬奥组委副主席杨树安表示，气象部门的预报工作对赛事的组织运行非常重要，各个场馆收到气象信息后，积极做好应对措施，不断完善预案，在各个方面都做了精心准备。

冬奥会是全世界规模最大的冬季综合性运动会，赛事安排、赛前筹备、外围保障、应急救援、公众观赛等环节都与气象要素密切相关。高效有力的气象服务是成功举办北京冬奥会的重要保障。哪些冬奥项目要看“天”比赛？从气象预报、实况更新到极端天气应对，气象部门如何应对“大考”？如何满足多样化需求，保障北京冬奥会“精彩、非凡、卓越”？记者就此进行了采访。

气象是冬奥会成功举办的核心因素之一，多数冰雪项目需看“天”比赛

气象是冬奥会成功举办的核心因素之一，原因就在于“冰雪”二字。滑冰、滑雪、雪橇、雪车……与夏季奥运会相比，冬季奥运会的特殊之处是其项目与冰雪有着天然的紧密联系。气象因素直接影响着相关赛事能否顺利进行，风力、风速、气温、降雪、雪温、雪质、能见度等，都事关运动员的安全与比赛成绩。

冬奥会所有比赛项目中，冰上项目约占 30%，雪上项目约占 70%。冰上项目在室内，对冰面温度、室内空气温度、湿度、大气压等气象条件要求十分细致。相比于冰上项目，在室外的雪上项目，本身受气象条件影响更大。国家重点研发计划“科技冬奥”项目（气象）负责人陈明轩说：“雪上项目绝大部分都是在地形复杂的山区举办，冬季的气象特征非常复杂，天气变化多端，对冬奥会天气预报服务、保障尤其重要。”

以滑雪项目为例，滑雪赛场往往地处山地，远离城市、直面高寒，是体育项目中对气象条件要求最为苛刻的赛事之一。就气温而言，-12～2℃最为适宜，气温过高雪质会变得松软，摩擦力会增加，甚至导致雪场出现融雪；气温过低雪质则会变硬，比赛选手不仅动作失误率升高，还容易出现受伤情况。

除了气温，风力、风向对于高山滑雪、跳台等项目都有较大影响；能见度会影响运动员、裁判员视线。北京冬奥会高山滑雪技术官员马微娜介绍，当风力过大时，很可能会直接导致暂时取消高山滑雪项目。因为高山滑雪项目运动员比赛时最高速度可达 150 公里每小时。当风阻过大时，身体做技术动作就需要更大力气对抗风阻，这些都会让运动员出现打破滑行平衡的情况，很容易发生意外。

再如跳台滑雪项目，选手需要先跃入空中，再落在雪上滑行，比赛时风力大小、雪面状态如何，都直接影响比赛成绩乃至选手的生命安全。越野滑雪要求风力不得大于 10 米每秒，而跳台滑雪条件最为严苛，要求风力不得大于 4 米每秒。

此外，一旦气温降到 -20℃以下，自由式滑雪、单板滑雪的比赛可以被推迟。雪车、钢架雪车以及雪橇比赛时，下雪、下雨、大风都会直接影响对比赛赛道的控制。

在 2018 年平昌冬奥会期间，因为天气因素调整比赛 17 项，取消比赛 1 项；2014 年索契冬奥会冬季两项男子集体出发项目因大雾两度推迟；2010 年温哥华冬奥会高山滑雪、单板滑雪、跳台滑雪均因雨、雪、雾等推迟……可以说，天气预报和赛场气象实况，也是冬奥体育项目的“发令枪”。

精准的天气预报和气象服务，不仅关乎赛事的举办、成绩评测、运动员的安全，也对赛事周边的保障有重要的影响。面向赛事空中医疗救援提供支撑，面向冬奥组委、国际奥委会及单项组织、政府部门及公众提供保障，面向雪务、交通、电力等专业领域提供服务……覆盖面广、侧重点多、标准极高，做好冬奥气象保障任务艰巨。

近 20 年来唯一一次在大陆性季风主导气候条件下举办，北京冬奥会气象服务筹备工作从零起步，逐一破解保障难题

过去 23 届冬奥会举办地均集中在北半球中高纬度带，且多为海洋性气候。而北京冬奥会是近 20 年来唯一一次在大陆性季风主导气候条件下举办的冬奥会。

事实上，冬季复杂地形下的边界层小微尺度气象学问题堪称国际气象界的难题。而北京冬奥会延庆、张家口两大赛区地形复杂，天气变化快、影响大，局地小气候特征突出，做好赛事精细化预报预警难度极大。

此前，这些区域气象监测积累数据很少，我国在冬季雪上项目气象条件高分辨率预报服务技术等方面研究也非常有限。气象保障工作少有经验可借鉴，几乎算得上从零起步。

为了做好气象服务保障工作，2016 年 7 月，中国气象局就成立了冬奥气象服务工作领导

小组，举全部门之力投入工作。2017 年 6 月，中国气象局冬奥气象中心组建成立。2020 年 10 月，北京冬奥会气象服务协调小组成立，建立跨地区、跨部门、跨军地协调机制。在各方努力下，对标“监测精密、预报精准、服务精细”要求，气象服务保障难题一一破解，充分体现了我国集中力量办大事的制度优势。

观测资料有限，就建设足够精密的观测网络。以冬奥赛场为核心，气象部门在北京城区、延庆和河北张家口及周边建设各种现代立体探测设施 441 套，实现了“超精细复杂山地 + 超大城市一体、三维、秒级、多要素”的冬奥气象综合监测网络。6 年来，冬奥气象中心连续监测收集山区赛道气象数据，编制相关气象报告、气象风险分析报告。

预报存在困难，就钻研愈加精准的预报体系。气象部门聚焦“分钟级、百米级”精准预报要求，建成京津冀区域 500 米分辨率、冬奥山地赛场核心区域 100 米分辨率、逐 10 分钟快速更新的“睿图”数值预报模式体系，研发从短时临近到延伸期（30 天）的无缝隙精细化网格预报产品。

服务需求严苛，就打造千锤百炼的服务团队与高效精细的服务系统。冬奥气象服务核心团队自 2017 年冬季起，连续 6 年在赛区开展实地训练。赛场冬训、出国培训、英语培训、赛事观摩……团队在培训中服务水平不断提高。此外，还打造了冬奥气象综合可视化系统、多维度气象预报预警系统、现场气象服务系统、中国天气网冬奥气象服务网站、雪务专项气象预报预测系统等，并在前期多项赛事保障中应用调试。

攻坚克难的背后，是我国自主气象监测预报服务技术的突破创新，是加快建设气象强国、实现科技自立自强的不懈追求。

2022 年 1 月 1 日，经过一年多的试运行，北京冬奥会气象保障工程重点建设项目之一的河北省张家口新一代天气雷达正式业务运行。作为监测京津冀天气过程影响的“前哨”，该雷达最大探测半径 460 千米，能够有效识别降水粒子相态和大小，每 6 分钟更新一次数据、呈现一张回波图，能够生成风暴、降水、风场等 6 类基本气象应用产品，进一步增强了对京津冀地区上游降水天气发生、发展、演变的精细化监测及预报预警能力，提升灾害性降水天气的监测预报预警准确率。

一张张山地立体加密监测网，一套套高精度、无缝隙、精细化预报服务系统，一项项赛事专项服务产品……围绕复杂山区边界层特征研究、冬季降雪综合观测和数值模拟、山地气象短临数值预报、智能网格预报、空中救援气象保障等，国家级及地方气象科研单位连续多年开展科研攻关，为气象工作提供科技支撑。一个又一个气象保障服务难题破解的背后，是我国自主可控的气象监测预报服务技术的突破创新，是加快建设气象强国、实现科技自立自强的不懈努力。

以“三维、秒级、多要素”冬奥气象综合监测网络为例。所谓“三维”，指三维气象探测。这是一个系统而庞大的探测“家族”，包括地面自动气象站观测，测风激光雷达的三维风探测，云雷达的云探测，以及风廓线雷达的垂直方向风速风向探测，微波辐射计的垂直方向温湿度探测等。

走进北京冬奥会赛场，在赛道出发点、起跳点、结束点等重要位置，随处可见用于实时采集、定时传输数据的自动气象站。这些设备实时回传的动态气象监测信息经过超级计算机的统一梳理，与常规气象数据进行融合，可以模拟出未来一段时间某一地区的天气变化，为气象预报提供精准依据。

“秒级”，是指空间上的精细化之外，监测在时间上也向更精准的单位迈进：通过地面自动气象站的建设，气象探测可以做到 1 秒一组气象数据。

“多要素”，是指探测的气象数据包括与冬奥气象保障服务密切相关的多种气象要素，比如平均风速、温度、湿度、降水、能见度等等。河北省气象服务中心副主任、云顶场馆群气象服务组组长李宗涛表示，冬奥会期间主要的高影响气象风险包括大风、低温、高温融雪、强降雪、沙尘和低能见度。针对这些风险，预报技术人员采用大数据分析等技术研发了温度、风向、风速等气象要素客观预报方法，建立了“冷湖”效应、夜间升温等山地预报模型，构建了赛道高影响天气风险预报模型和预报指标体系和预警机制。

在北京冬奥会，我国气象科技创新首次具备“百米级、分钟级”精准预报能力，高精度的气象预报服务，离不开人工智能和大数据技术的支持。气象大数据云平台“天擎”能够为冬奥会气象服务保障提供优质数据支撑，“睿图”数值预报模式体系提供 0～10 天短中期客观天气预报。值得一提的是，北京冬奥会上人工智能预报技术在国际上首次应用于冬奥气象服务保障中。

“冬奥会气象服务保障需要做到‘定时、定点、定量’的气象预报，而在地形复杂山区的这种小尺度精准气象预报本身就是国际气象界的一道难题，既有的现代数值天气预报模型和传统技术方法有时存在较大误差，因此需要借助人工智能技术和大数据技术，通过对海量的数值天气预报模型预报数据和大量的气象观测数据进行‘再解读’，从而实现客观气象预报的‘再订正’，提升冬奥气象预报的精准度。”陈明轩介绍。

“先有人努力，才有天帮忙”，高标准、高质量的气象服务保障离不开中国气象人的高度负责、精益求精

北京冬奥会延庆赛区位于海陀山，海拔高、温差大，可以说是“十里不同天”。由于高山滑雪赛道对环境的要求较为苛刻，不但地理条件要好，而且对海拔、气温、风速、落差等都有严格的要求。早在冬奥会筹备之初，赛场怎么建，气象数据是非常重要的参考。

延庆区气象服务组组长闫巍介绍：“及早获得气象监测资料，对后面赛道的设计，缆车的设计，包括积累预报经验，都具有至关重要的意义。”

既然是为高山滑雪比赛服务，大部分的气象资料就要来源于高山之上，气象观测站的选址、建站是气象保障团队面对的第一个挑战。“当时没有路，没有网，没有电，没有水，为了寻找符合标准的站点，在选址这个环节，我们几乎是把整个海陀山爬了个遍。”延庆区气象服务组副组长张曼说。

就这样从零开始，中国气象局组建的冬奥气象探测团队的工作人员，通过在延庆海陀山、张家口康保架设 2 部天气雷达和分布在 3 个赛区的立体探测设备，连续 6 年监测收集气象数据，编制相关气象报告，为赛道设计、场馆和缆车建设等提供了重要参考。

赛场一旦建成，也就意味着气象保障工作进入了新的阶段：从为赛场建设服务转向为比赛服务。

2 月 12 日开始，延庆赛区迎来了自开赛以来的首场降雪，延庆气象服务保障团队提前 8 天向延庆场馆群、延庆赛区运行保障指挥部通报此次降雪过程，为各部门调度和应对部署打

好提前量。降雪期间，为国家高山滑雪中心、国家雪车雪橇中心、阪泉综合服务中心、延庆冬奥村等不同点位开展滚动预报服务，提前向赛区提供降水量、风向、风速、气温、体感温度、能见度等天气信息，逐小时发布降雪实况信息，适时发布道路结冰黄色预警信号和暴雪黄色预警信号，以精细的服务为赛事顺利举办提供保障。

北京冬奥会对于气象保障的要求是“一场一策”和“一项一策”，要在时间上精确到“分钟级”，在空间上精准到“百米级”。这份自信不仅来自于自主可控的探测技术保障，更来自于无数气象人无私的奉献。就像他们常说的那样，“先有人努力，才有天帮忙。”

为高标准、高质量做好冬奥会气象服务保障工作，来自全国的老中青三代气象人组成气象服务保障前方工作组，高度负责、精益求精，克服艰苦条件，不断突破气象难题，取得了一系列气象监测、预报、服务成果，积累了宝贵经验。在未来，这些成果和经验，也将在大城市的安全运行、城市防洪排涝、防灾减灾、交通安全等方面发挥更大的作用。

记者：张弛

中国气象局加强冬奥会申办气象服务

《中国气象报》2014 年 11 月 26 日

目前，2022 年第 24 届冬季奥林匹克运动会（以下简称“冬奥会”）申办工作进入关键阶段，气象条件与气象服务对冬奥会的成功申办来说至关重要。近日，中国气象局出台 2022 年冬奥会申办气象保障工作方案，全力做好冬奥会申办期间的气象服务保障工作。

北京、河北张家口于今年 7 月正式成为冬奥会候选城市，由于气温、积雪、结冰期、风速等气象因素均会影响室外雪上项目，两地气象条件成为国际奥委会关注重点，气象服务也将成为冬奥会举办的重要保障。中国气象局、北京市气象局及河北省气象局作为冬奥会申办委员会成员单位，已共同成立 2022 年冬奥申办气象保障工作领导小组、工作组以及专家组，完成《申办报告》气象专题分析报告初稿和冬奥会气象条件分析，并在延庆、张家口两地加强立体观测系统建设，增强观测实力。

为进一步做好冬奥会申办气象保障，中国气象局将带领北京市气象局、河北省气象局多措并举、全力以赴，严密论证，高质量完成《申办报告》气象章节，并加强资料收集工作，细化气象条件分析，为冬奥会申办陈述提供有力技术支持。

作者：贾静淅

河北：以活力和激情为冬奥会申办加油

《中国气象报》2014 年 12 月 18 日

12 月 6 日，“中国·崇礼国际滑雪节”在河北省张家口市崇礼县又一次如期拉开序幕。

今年 7 月，张家口市正式成为 2022 冬奥会候选城市，良好的气候禀赋是这里的优势之一。如何充分展现气候优势、助力申奥？如何为冬奥申办提供更好的决策依据？河北省气象部门迎头而上，全力做好冬奥会申办的气象保障工作。

上下一盘棋

编制冬奥会河北气象服务保障方案，发挥增雪作业作用改善生态环境，完善冬奥期间崇礼气候背景分析、气候风险评估等材料……在河北省气象局冬奥会申办气象服务保障工作调度会上，工作任务被一一明确。

今年年初，张家口市气象局专门成立申办 2022 年冬奥会气象工作领导小组，组建气象监测系统建设与装备保障组、气象信息处理与网络系统组和气象预报预警服务团队。

“从全市气象部门申奥工作的组织规划，到监测设备的布点规划、站点建设、资料收集等，都具体落实到每一个工作组和团队中。”张家口市气象局局长王建平告诉记者，张家口市气象局还投入大量精力进行气象资料处理系统的研发与维护、气象预报预警服务产品制作发布等，为申办地提供及时准确的气象服务保障。

从河北省气象台首席预报员，到张家口市气象台经验丰富的预报员，气象预报预警服务团队凝聚了省市预报精英，全力保障河北省冬奥会气象服务系统建设、气象预报预警服务产品制作、冬奥会天气气候预测与评估等。

仪器装备“就位”

11 月初的崇礼县寒风刺骨，温度降至零下。在古杨树跳台滑雪赛区，4 个测风自动气象站已建成并投入运行。

自动气象站的建设并不容易。“选址位于山上，道路不通，所有基础材料和仪器均需人工运输上山。”崇礼县气象局局长刘剑军告诉记者，工作人员冒着严寒，一趟又一趟地往山上运输相关仪器，严格按照标准完成建设工作。

以这样的方式，崇礼县气象局工作人员陆续完成了崇礼赛区 4 个九要素自动气象监测站的建设，并开始正常运行。“监测站可实现对崇礼赛区主要气象要素的连续监测，丰富赛区气象资料，对成功申办 2022 年冬奥会具有重要意义。”刘剑军说。

目前，崇礼县气象局每天定时通过监控平台对赛场自动站进行监控，确定自动站是否正常运行；将赛场自动站的数据与本站数据进行对比，发现问题及时上报、处理。与此同时，张家口市气象局升级改造了省市县三级天气预报会商系统，进一步完善气象预报预警业务系统。

11 月 23 日早上，崇礼县出现小雪天气。县气象局密切监视天气变化，抓住有利时机，及时进行人工增雪作业，发射火箭弹 6 发，有效增加了降水量。

冬奥会充满激情和活力，河北气象人也将用满腔的激情与活力，协助相关部门打造优越的雪上运动环境，为申办冬奥会加油喝彩。

作者：谢盼 路晓林

专家建议将气象工作纳入冬奥组委规划

《中国气象报》2015 年 3 月 11 日

3 月 3 日，北京市气象局联合河北省气象局召开冬奥会气象服务咨询研讨会，并邀请冬奥组委规划部、北京市体育局和沈阳体育大学冬季运动项目管理专家，以及举办过大型冬季运动会的黑龙江省、新疆维吾尔自治区气象局的有关负责人和专家，共同研讨冬奥会气象服务需求。

专家表示，冬季运动赛事对气象条件的要求高，对气象服务的需求大，气象部门可以根据赛事项目特点、赛事场地条件提供更具有针对性、专业性的气象服务；建议统一将气象观测数据、预报预警产品、现场气象服务等工作内容纳入冬奥组委规划中，使气象部门与冬奥组委对接更加顺畅，建立健全冬奥会气象服务流程机制，尽早组织开展气象科技研发和系统建设工作。

据记者了解，为做好冬奥会气象服务保障工作，京冀两地气象部门将组建冬奥会气象服务筹备组织机构，建立健全相关机制和管理制度，明确职责和任务；编制冬奥会气象服务筹备详细规划方案，启动监测系统建设，并做好相关气象科普宣传等工作。

作者：叶芳璐

气象部门多措并举迎接冬奥会申办考察

《中国气象报》2015 年 3 月 30 日

3 月 22—29 日，国际奥委会 2022 年冬奥评估委员会对北京和张家口赛区进行了实地考察。日前，中国气象局印发方案，全面部署冬奥评估委员会考察期间的气象保障工作，并派出专家组为应答质询提供支持。

由于气温、积雪、风速等气象因素对室外雪上项目有重要影响，两地的气象条件将成为冬奥评估委员会的考察重点。作为冬奥会申办委员会成员单位，中国气象局、北京市气象局及河北省气象局此前已完成《申办报告》气象章节，并成立冬奥会申办气候适应性分析技术专家组，加强资料收集、细化气象条件分析，为申奥陈述提供科学技术支持。

中国气象局还将派出专家组全程参与考察，及时应答质询。近期，专家组将在进一步了解冬奥会气象服务需求的基础上，充分利用新建气象观测站点的资料，深入分析赛区气候适宜性。

气象部门自 3 月上旬起滚动提供考察期间北京、延庆、张家口等地区的气候趋势及空气污染气象条件预测。在考察期间，气象部门还将加密提供针对考察地点的精细化预报预警及气象服务提示，并在必要时提供现场服务保障；加强与环保部门联动，及时提供相关地区空气质量预报。

作者：贾静淅

圆梦冬奥　气象添彩

《中国气象报》2015 年 8 月 3 日

北京！北京！

2015 年 7 月 31 日傍晚，2022 年第 24 届冬季奥林匹克运动会（以下简称“冬奥会”）主办城市终于揭晓，北京携手河北张家口成为最终赢家。

在北京市气象局，得知这一喜讯的气象工作者却并未松一口气。对于他们来说，申办冬奥会的成功，意味着一年多来精心投入气象保障服务的开花结果，更意味着新征程的开始。

基础：完善观测系统增强服务能力

每年 10 月底至次年 5 月初，在延庆小海陀山，山顶上白雪皑皑，“海陀戴雪”奇观让人惊叹。这里将成为冬奥会高山滑雪等项目的比赛场地。

当地气象条件是否有利于开展高山滑雪运动？一套完整、有说服力的气象数据成为北京申办冬奥会的一大“筹码”。“小海陀山此前未经开发，没有任何实测数据。”北京市气候中心副主任王冀介绍道，为了填补这里气象数据的空白，去年 9 月，北京市气象局在此建设自动气象站。

小海陀山平均海拔 2000 多米，山路崎岖，大型设备根本无法用车辆运输。“人背、马驮，能用的办法都用上了，干粮和水也只能自己从家里带。”参与建站的延庆区气象台台长贾怀录回忆道。就这样，在不到一个月的时间里，他们先后建成了小海陀、二海陀、长虫沟、西大庄科 4 个自动气象站，形成了高山梯度气象观测系统。

“该系统可以立体式监测整个赛区的雪深、气温、风力等数据变化情况。”贾怀录说，“梯度气象观测站网的建设，不仅为满足冬奥会赛事需要提供数据支持，还可为今后滑雪场地运行、滑雪爱好者休闲娱乐提供长期的专业气象服务。”

完善基础设施、增强观测能力，只是北京市气象局为申办冬奥会提供气象服务的第一步。积极与冬奥申委服务需求对接，制定全方位气象保障方案，成立专家组分析研判气候优势……气象服务工作稳扎稳打，一步一个脚印。

2014 年 11 月，国际滑雪联合会派出专家实地考察延庆和张家口场地，北京市气象部门派出专家全程陪同并应对专家质询，同时提供分时段的高度精细化气象服务。“这里的气候和赛道条件完全符合冬奥会需求。”国际滑雪联合会专家赞赏有加。

冲刺：气象专业力量为申冬奥加油

北京市气象局局长姚学祥告诉记者，从协助冬奥申委完成申办报告中气象专题的撰写，到赛区气象条件适应性分析，再到为申办报告高水平陈述提供支撑，处处考验着气象专家的专业水平与能力。

早在 2014 年 10 月 30 日，北京市气象局就已正式上报《2022 年冬奥会期间延庆赛区气象条件》专题报告。翔实的数据、有力的论证，成为北京市市长、北京冬奥申委主席王安顺在泰国曼谷参加国际奥协大会时陈述北京申办优势的重要参考。

“赛区气象条件专题报告非常关键，十分复杂，气象专家为此做了大量工作。”王冀告诉记者，“在中国气象局的领导下，冬奥会气象条件适应性分析专家组成立。他们一次次核查数据、反复论证分析方法，最大限度地保证了报告的严谨性与科学性。”

2015 年 3 月，申办冬奥会进入冲刺阶段，国际奥委会 2022 年冬奥会评估团来京考察并听取北京冬奥申委 14 个主题陈述，其中就包括气象保障。王冀作为唯一的气象专家，参与了评估陈述的答辩。

“比赛期间，一旦延庆气温很高，没有出现降雪，有何应对措施？”评估团专家直言不讳的提问让王冀的心提到了嗓子眼儿。

“从思考到回答不能超过 3 分钟。”他告诉记者。在简短思考后，他很快给出了回答：“根据气象监测，延庆历年冬天都有降雪，没有降雪的极端情况从来没有发生过。”这一应答，得到了评估团的认可。

简练、清晰回答的背后，是科学数据的支撑，更凝聚着全体气象工作者的心血。在中国气象局的统筹下，北京市气象部门联合河北省气象部门，建立了现场陈述答疑、后台专家团队支援、会商研判等“一条龙”工作机制，为考察评估活动的顺利进行提供了有力保障。

愿景：重大活动经验与现代化成果共助冬奥服务

成功申办冬奥会，意味着北京将成为历史上第一个既举办过夏季奥运会、又将举办冬季奥运会的城市。

早在 2008 年北京夏季奥运会的气象保障服务中，气象部门就曾交出精彩答卷。“多年来，依托在北京举行的丰富的大型活动和赛事，我们积累了丰富的经验，打造了一支强有力的服务团队，有底气迎接冬奥会气象保障服务。”姚学祥说。

在多次大型活动气象保障中，北京市气象局向来不是“一个人在战斗”。在中国气象局和各科研业务单位的支持下，在军地气象部门、华北区域气象部门的联合中，每一次重大活动的气象保障，都可谓举全国之力。姚学祥表示：“在冬奥会气象保障服务中，上下一盘棋、区域部门共联动的做法将持续。”

当前，北京气象现代化建设正如火如荼地向前推进。在 2014 年，北京市晴雨预报准确率达 91.8%，24 小时最高气温预报准确率达 81.3%。精细化预报预警成效已经在北京经济社会发展中发挥着举足轻重的作用。到 2022 年，精细化预报预警服务能力、气象科技水平都将有质的提升。在姚学祥看来，冬奥会气象保障服务工作在检验北京推进气象现代化建设成果的同时，也为北京市气象事业发展提供了新的契机。

在此次申奥理念中，“以运动员为本”引人关注，这对气象保障工作提出了新要求。室内、室外不同项目比赛的需求不同，各国运动员习惯与需求有别，如何真正做到“以运动员为本”，为运动员提供个性化的气象服务体验？服务方式与手段的创新，都将成为气象部门面临的新考验。

姚学祥告诉记者，申办冬奥会的成功只是开始，如何通过全方位的气象服务，保障北京为世界呈现一场精彩的冬奥会，北京市气象部门已再次启程。

作者：贾静淅 曹冀鲁 杨静超

迈出冬奥服务第一步

《中国气象报》 2015 年 8 月 3 日

北京时间 7 月 31 日 17 时 58 分，随着国际奥委会主席巴赫在马来西亚吉隆坡向世界宣告北京联手张家口赢得了 2022 年第 24 届冬季奥林匹克运动会（以下简称“冬奥会”）的主办权，张家口市进入了一种全城欢庆的状态。

看着眼前欢庆的人群，张家口市申办冬奥会工作委员会办公室副主任张春生感慨万千，他给“老朋友”张家口市气象局局长王建平发去一条简短的短信——“感谢”。而刚刚与庆祝活动现场服务应急车通过电话的王建平表示，这只是万里长征迈出的第一步。

深度融入成为申奥“组织者”

用河北省气象局局长宋善允的话来讲，冬奥会气象保障服务大致可分为三个阶段。第一阶段是从提出申办冬奥会到申办冬奥会主办城市结果公布，气象部门的“戏份”不可谓不重。

让张春生津津乐道的是气象部门在服务申办冬奥会工作中的“提前参与、深度融入”。张家口市气象局专门设立了气象迎评（迎接奥委会评估）活动前方指挥部，直接与冬奥申委对接；此外，更派出气象专家跟随迎评小组现场办公，随时提供气象专业意见。

“在选择滑雪场时，需要着重考虑当地气候条件、气候资源、大气环境，以及是否容易出现气象灾害等，这需要大量有针对性的气象数据。类似雪压、雪密度、积雪深度等数据，以前并没有进行过常规观测。”张家口市气象局观测与预报处处长樊武介绍道。

2014 年 10—11 月，气象部门在崇礼滑雪场陆续建成 4 个九要素自动气象站和 4 个测风自动气象站，崇礼全县自动气象站增至 49 个。其中，测风自动气象站是根据跳台滑雪的赛事需求而建。11 月的崇礼，山上最低气温接近 −20℃，冻土深度达 50 厘米，建站条件极为恶劣。工作人员冒着刺骨寒风，靠人力将设备抬上山，忙碌十余个小时才能建好一个站。

2015 年 3 月，在国际奥委会评估团来到张家口进行实地考察前，气象部门就与冬奥申委进行了深入讨论，双方共同制定了迎评气象现场服务保障方案。气象部门围绕赛场精细化预报、突发性天气预报预警、雪场造雪气象条件预报等方面展现出的气象服务保障能力，给各位专家留下了深刻印象。

紧跟冬奥多元化需求加速能力建设

在宋善允看来，从现在开始至 2022 年冬奥会开幕前，即冬奥气象保障服务第二阶段的工作重点是服务冬奥会的赛事筹备、建设和演练；第三阶段则是冬奥会赛事期间的气象服务。

“在2022年之前，崇礼的滑雪场地需要进一步规划、建设，要新建运动员村、媒体中心等。这些工作需要在气象条件复杂多变的山区进行，气象服务保障任务很重。”王建平说，“在冬奥会筹备后期，各类测试赛、活动演练将在张家口进行，现场服务能力将接受‘真刀真枪’的考验。”

在冬奥会开幕后，气象服务保障面临的压力会更大。张春生表示，这是由冬季室外运动的特点所决定的。比如，当气温过低时，一些滑雪运动将会被叫停；过大的风速会对跳台滑雪等项目参赛运动员安全产生威胁；一些关键气象要素不符合标准时，运动成绩将被判无效。此外，在冬奥会期间，大量游客涌入张家口，公众气象服务需要更加多元化，人们对服务的精细化、交互性、个性化的需求也会更高。

“围绕冬奥会，气象资料分析、加密观测、现场预报以及人工影响天气等方面的工作能力必须加强。如何更好‘用力’，关键在紧抓需求。”宋善允说，“比如，气象预报要精确到什么程度，需要参考赛事组织者、运动员的需求；即将修建的北京至张家口的高铁，需要哪些气象服务做保障。要有针对性地加强软硬件建设。”

抓住契机推动京津冀气象事业协调发展

对于河北气象事业发展来说，服务冬奥会不仅是挑战更是机遇。“北京联手河北张家口提出申办冬奥会，一个重要目的在于推进京津冀一体化重大战略。对于气象部门而言，这也是推动京津冀气象事业协同发展的重要机遇。”宋善允说。

2022年冬奥会比赛在北京与河北张家口两地进行，交通气象服务是关键一环。目前,《京津冀交通气象服务中心建设方案》已经初步形成。此外，推进京津冀大气探测系统一体化、筹建京津冀水文海洋气象服务中心等工作也将逐步落实。

另一方面，冬奥会气象服务的终点远不止是2022年的那场盛会。借此机会，华北地区将探索以冰雪经济为代表的绿色生态发展之路。从崇礼赛场下山至张北县，在走红网络的“草原天路”两侧、一望无际的大草原上，数百架风车是张家口在发展旅游业时烙下的“绿色图腾”。近日，国务院已批复同意设立张家口可再生能源示范区，届时，奥林匹克中心和其他冬奥会赛场的用电将100%来自风电、太阳能发电等绿色能源。

王建平说，冬奥气象服务保障本身就包含有针对绿色能源开发、旅游产业发展的气象服务内容，“这只是一个开始。相信服务冬奥会的经历，可为气象服务华北绿色经济、生态文明建设积累更多宝贵经验。”

作者：段昊书 谢盼 路晓琳

当好冬奥会筹备先行军

《中国气象报》 2017年2月24日

2月的北京春寒料峭，在高山飘雪之时，北京气象工作者往返12个小时山路，在2022年北京－张家口冬季奥运会（以下简称“2022年冬奥会”）赛区海陀山开展高山滑雪赛道气象站安装。

截至目前，北京市气象局已安装 8 套高山滑雪赛道梯度自动气象站，为 2022 年冬奥会筹备提供有力的气象数据支撑。

在 2022 年冬奥会申办成功后，北京市气象局在中国气象局冬奥气象服务领导小组的领导下有序推进冬奥气象服务筹备各项工作，力求当好冬奥会筹备的先行军。

如何更好地满足冬奥组委服务需求？如何更好地服务于冬奥会筹备过程？北京市气象局明确方向，认真开展冬奥会气象服务顶层设计。

北京市政府和中国气象局大力支持这项工作，将"'十三五'时期共同推进冬奥会气象服务保障能力建设"纳入合作协议。双方多次组织专家围绕冬奥会气象服务开展研讨，并赴海陀山进行实地调研。

北京市气象局将冬奥会气象服务作为促进提升北京气象整体实力的契机，编制了"冬奥气象服务保障工程"可行性研究报告，得到北京市发展和改革委员会的认可，工程项目列入北京市"十三五"时期气象事业发展规划项目。"要加快冬奥会气象服务筹备建设，强化冬奥会探测系统建设及数据服务，组建冬奥气象服务团队……"细数今年全市气象局局长会工作报告，与冬奥会气象服务相关的部署多达 10 余处。

同时，北京市气象局积极借鉴"他山之石"，组建专门团队调研温哥华、索契、平昌等冬奥会气象科技及服务工作，实地调研沈阳体育大学、自由式滑雪空中技巧国家代表队等，充分了解不同层面的气象服务需求；与韩国首尔气象局签署气象科技合作协议，并多次邀请国内外专家共同研讨分析，确定了"复杂地形冬季综合气象观测试验研究""冬奥气象服务技术研发"等重点攻关项目，目前均已通过专家论证。

1 月 22 日，在冬奥组委可持续发展部和冬奥组委延庆运行中心，来自北京市气象局减灾处的刘博与各相关单位对接沟通，为即将召开的冬奥会气象服务相关研讨会做好准备工作。

刘博是这里的常驻者之一。为给冬奥组委提供更有针对性的服务，去年 6 月初，他与延庆区气象台副台长杨光焰被专门调入这个运行中心，负责冬奥会气象服务的协调工作。这也成为冬奥组委专门设立冬奥会气象服务机构的重要标志。进驻这里半年多来，他们除了要与中国气象局以及北京市、河北省气象局进行沟通外，还要与国际奥委会相关机构进行对接，多方了解需求，做好协调工作。

冬奥会气象服务筹备工作时间紧、任务重、涉及面广，建立一个顺畅运行的联系工作机制至关重要。在北京市气象局的积极争取下，北京市政府批准将气象服务纳入冬奥会整体筹备工作，统筹规划部署落实，5 项冬奥会气象服务相关筹备任务被明确列入《北京冬奥会可持续性承诺清单》。与中国气象局对接预报、服务、科研等重点工作，与河北省气象局多次联合组织冬奥会气象服务需求咨询研讨，与北京市科委共同研讨相关项目并开展实地考察……在北京市气象局与各兄弟单位的共同努力下，各项筹备工作顺畅对接、有序推进。

完整的冬奥会赛区气象监测数据是开展服务和技术研究的基础。从 2014 年起，北京气象工作人员多次前往海陀山，勘察选址、确定点位、设计方案、建设安装，只为填补海陀山气象数据的空白。

建站过程并不容易，海陀山乱石丛生、崎岖陡峭，所有安装设备只能靠骡驮人背。延庆区气象局局长助理伍永学告诉记者，从山脚到达安装点需要花费两三个小时，一早出发，中午饭只能在山上吃。冬天，准备的面包、矿泉水都冻成了“砖包”“冷饮”。尽管如此，气象工作人员一点不含糊，目前已完成高山滑雪、雪车雪橇赛场8个梯度气象站建设，并针对国际雪联越野滑雪中国巡回赛，在石京龙滑雪场新建4个示范气象站。

日常维护和升级改造是保障设备正常运行的重要一环。北京市气象局在今年1月组织对二海陀自动站进行升级改造。该站是第一批建设的自动气象观测站，采用便携式自动站进行观测采集，经过两年运行，性能下降，数据缺测情况明显增加；改造后，数据采集性能明显提升，实现了全天候的降水量观测，将为海陀山赛区提供更高质量的气象信息。

目前，北京市气象局正在加快推进冬奥会气象服务前期基础设施建设，并积极推进海陀山天气雷达建设，以统一规范冬奥气象服务信息、数据，为冬奥会筹备工作提供气象科技支持。

作者：叶芳璐　沈建红　李竞

2022冬奥会气象服务筹备工作全面启动

《中国气象报》2016年7月13日

7月7日，记者从中国气象局获悉，气象部门已成立筹备工作领导小组，印发《2022年冬奥会气象服务筹备工作方案》，北京市、河北省气象部门已启动气象服务筹备工作。气象部门将从提升综合探测与冬奥专项服务观测能力、提升冬奥专项预报预测能力、提升智慧冬奥气象服务能力等方面加强冬奥气象服务能力建设。

能见度过低会影响运动员、裁判员视线，雪温和雪质对运动员雪板打蜡的种类和多少有影响，雪量能否支持赛事进行也是关键。

北京延庆、河北张家口冬季气象条件复杂，可能出现山地少雪干旱、极端低温、过暖融雪、大风、沙尘暴、雾、霾、积冰或冻雨等不利气象条件，既会影响运动员成绩，更会对赛事安全运行造成影响。准确预报赛事期间天气，深入研究冬奥会气象风险及防控措施，是确保赛事成功举办的重要因素。

据北京市气象局相关负责人介绍，冬奥会雪上项目均在山区开展，山区下垫面复杂，天气预报难度大。因此，气象部门首先将通过地面气象监测站网建设、雷达系统与大气垂直观测网建设、大气环境及交通监测系统建设，进一步认识北京和河北张家口奥运气象服务区天气气候特点和演变规律。

气象部门将开展冬季山地精细化数值预报、区域空气质量数值预报、高影响天气预报与风险预警、冬奥场馆精细化要素预报能力研究。如建立针对山地少雪干旱、极端低温、过暖融雪、大风、沙尘暴、雾、霾、积冰或冻雨等冬奥会比赛高影响天气的预报预测系统，重点改进两地“格点化、精细化”气象要素预报系统，基于雷达、卫星和自动站等资料融合的定量降水估测和预报系统，以及考虑地形和下垫面性质影响的气象要素插值分析系统，强化对数值预报的订正和释用，实现针对冬奥会比赛赛场、奥运村以及其他场馆的定点、定时、定量精细化要素与专业要素的实时监测和预报。

据悉，整个气象保障系统将于冬奥会开幕前 3 个月（2021 年 11 月）正式开始业务化运行。

作者：李一鹏

冬奥气象服务筹备工作扎实推进

《中国气象报》 2017 年 12 月 29 日

随着 2022 年冬季奥林匹克运动会（以下简称“冬奥会”）会徽“冬梦”揭晓，北京冬奥会的脚步也更近了。2017 年，为做好冬奥会气象服务，中国气象局成立冬奥气象服务领导小组，认真谋划、提早动手、研究创新，在服务中下足功夫。

气象条件直接关系到冬奥会比赛场地规划和设计、比赛项目规划和调整、赛事运行等多个方面。为给场馆规划和建设提供更具针对性的气象数据服务，中国气象局多次与冬奥组委体育部、规划部及场馆业主等对接讨论，实地考察北京、延庆和张家口 3 个赛区计划使用的 26 个场馆，确定赛道气象站建设方案，探索开展赛区人工增雪试验。

为了精细化保障赛事安全运行，更好提供有关雪务、交通、应急救援及火炬传递、开闭幕式等方面的气象服务，气象部门加强基础设施建设，在北京海陀山建设天气雷达，在北京及张家口冬奥赛区交通沿线建设高速交通自动气象要素观测站并研发交通气象服务系统；在张家口地区，微雨雷达及车载双偏振多普勒天气雷达等新设备投入应用。

针对冰雪项目服务需求及冬季山区复杂地形的气象预报服务难点，在中国气象局科技与气候变化司的组织下，北京市气象局牵头向科技部提交科技冬奥项目指南“气象条件和冰雪条件预测保障技术”，为冬奥会合理安排赛事日程提供依据。

今年，各国家级业务科研单位主动对接冬奥会监测预报预警服务。国家气象中心安排预报员参加冬奥气象服务团队的冬训工作，共同提高复杂地形下冬季天气预报技术；国家气候中心参加冬奥天气报告（2018 年）的分析工作；国家卫星气象中心开展了 2017 年赛季冬奥赛区积雪高分辨卫星监测分析；国家气象信息中心建成多源实况格点融合分析业务系统，加强通信及实况服务产品支撑；中国气象局公共气象服务中心研发精细化滑雪气象服务、雨雪相态等产品，为冬奥公众气象服务提供支撑。

作者：张宏伟

冬奥“集训队”提前“进场”
——记者赴崇礼一线访冬奥会气象服务保障筹备工作

《中国气象报》 2018 年 2 月 7 日

如今，每逢冬季，河北省张家口市崇礼区这座人口仅 12.6 万的小城竟会时常遭遇堵车，尤其是在周末，小城仅有的两条大街上跑着的车，悬挂着来自全国各地的牌照，有北京的、天津的、内蒙古的以及江浙的，甚至，郭宏还曾看过两辆挂着香港牌照的车。“都是慕名来这里滑雪的。尤其是在 2015 年 7 月北京获得 2022 年冬奥会的主办权后，举办冬奥会主要雪上项目的崇礼，吸引了更多人的关注。”郭宏说。

也是因为这个原因，这个冬天，3 年前从崇礼调任张家口市气象台副台长的郭宏带着新的使命回到这里；许多像他一样的气象工作者，也在这里，留下一段段与迎接冬奥会有关的“小城故事”。

一

从 2017 年 12 月 2 日起，北京 2022 年冬奥会和冬残奥会气象中心河北赛区气象预报服务核心团队分两批次进驻张家口；阳历新年过后，他们就分批进入崇礼进行实战训练。郭宏正是该团队的一员。这支由国家级首席预报员坐镇、抽调河北全省青年业务骨干组成的队伍，4 年后将承担冬奥会赛场气象服务的重任。

与夏奥会相比，冬奥会的雪上项目对气象条件有着明确而严苛的要求。精确掌握赛道的风力、风速、雪温等对于比赛的正常开展尤为关键。

郭宏在手机里存着一张时刻表。1 月 30 日这天，距韩国平昌冬奥会开幕还有 10 天，他说，这意味着，属于中国的“冬奥周期”已在眼前。

时不我待，挑战也在眼前。首要的难题是，冬奥会赛事气象保障的预报环境比较特殊，而国内关于山地气象学方面的理论著作不多，更需要多向国外学习。2017 年 10 月，该团队在北京邀请国内外专家集中授课；来到张家口后，则通过中国气象局远程教学培训中心的课件继续钻研。为了啃下一批全英文的“大部头”，团队采取分组学习、集中讨论的方式。大家轮流翻译教材并按主题备课，相互讲解，不断巩固、加深学习。

此外，团队成员此前很少接触到冰雪运动。为了做好赛事保障，他们请哈尔滨体育学院的老师来讲解雪上运动常识，并初步学习了滑雪技术。尽管学习滑雪的过程很辛苦，甚至难免“惨痛”，但却能让预报员更深刻地了解服务需求。

在崇礼的每一天，都是对模拟实战的“反复打磨”。团队要做的就是检验各类预报模式、分析历史数据，并每天制作 2 次精细至赛道的气象服务产品，其中包括各赛道未来 24 小时内的逐小时预报和未来 3 天内的逐 3 小时预报，并对预报产品进行检验。晚上则是大家集中学习理论知识、开展英语练习的时间。团队中的老大哥、河北省气象台首席预报员李江波说，这种工作强度比平时业务值班还要大。

团队中像郭宏这样的张家口本地预报员面临更多困难。他们既要在原单位参与值班，也要在值班之余参与集训，往往需要“连轴转”。“学习进度就放在那儿，没人会等着你，只能咬牙坚持。”郭宏说。

既然强调“实战”，团队集训期间也要保障崇礼举行的各项雪上赛事。2017 年 12 月，国际雪联自由式滑雪空中技巧及雪上技巧世界杯赛、自由式及单板滑雪 U 型场地世界杯赛在崇礼举行。团队所提供的赛场气象服务得到组委会、各国教练员和运动员的充分认可。夺得女子空中技巧亚军的中国国家队选手徐梦桃便为精准的风力风速预报“点赞”。

直至 2022 年冬奥会开幕前，集训每年都会在这座小城举行。“对于预报员来说，能参与冬奥会服务保障，是荣誉，也是提升能力的机遇。”李江波说，“一做就是 4 年，这是一场考验耐力的‘越野滑雪赛’。但没有什么困难是无法克服的。”

正因如此，他们在这座只有两条大街的小城忍受着繁重与寂寞；正因如此，那些年轻的父亲要与两三岁的孩子每年分开几个月的时间；正因如此，当他们到赛场实地勘察时，在 −20℃以下的低温下，每个人心里都点燃了一团向前奔跑的火焰。

二

这个冬天，在崇礼这座等待奥林匹克的小城，忙碌着的不仅是气象预报员。

1 月中旬，崇礼刚下完一场雪，就呼呼地刮起大风。坝上的风，夏天都能凉到人骨头里，更何况是能带起积雪、冰碴子的“白毛风”。但王旭海顾不了那么多，他一早赶着出门，要忙到天黑透了，才能照看完一遍山上的那些个“宝贝”。

所谓“宝贝”，就是设立在冬奥会赛场、赛道的自动气象站及观测设备。作为崇礼区气象局副局长，王旭海常要带队上山巡检、维护。

崇礼之所以成为滑雪胜地，与其山地地形和局地气候特点有关，但这也决定了其小气候特征明显、气象要素垂直和水平变化大。仅靠原有监测站点根本无法满足赛事需求。

依据统一部署，在 2017 年，气象部门如期完成崇礼赛区 14 个自动气象站的建设工作，赛事核心区的自动站数量已达到 25 个，站点密度已超过韩国平昌。

赛场自动站大多建在山顶或山腰。积雪很厚，一脚下去就没到了小腿肚，遑论攀爬；手一拿出来，不一会儿便冻得发红、发胀，连拧螺丝都成了一件很困难的事情。这让王旭海不由得想起建设这批自动站的经历——当时也已入冬，在山顶，为了不让手冻僵，大家只能把两只手轮流放在兜里焐热，尝试着用单手固定器材。

说起建站，张家口市气象局业务科技处处长樊武最难忘的就是“云顶 3 号站”颇为曲折的建站故事。该站位于海拔 2000 多米的山顶，对于为冬奥会主要赛场之一的云顶滑雪场提供气象数据保障而言，至关重要。

2017 年 10 月 28 日，原本看天气预报并没有降水过程，但当建站设备和仪器运至山脚下，人们却发现滑雪场的经营者进行了造雪作业。山上覆盖了厚厚的白雪，山路变得泥泞不堪。一个站的设备有 30 多箱，车又开不上去，建站遭遇了大难题。

这时，“老朋友”站了出来——张家口市冬奥办闻讯后，出面协调调来了雪地车，这才将设备安全送上山。张家口市冬奥办负责人说，从申办冬奥会时起，气象部门便主动对接、提前服务，双方合作密切，有时一周就要见几次面。有这份情谊在，给予援手自是义不容辞。

但即便设备上了山，施工也异常艰难。樊武精确记录下了当天的最低气温为 −13.4℃、最高气温为 −4.6℃，最大风速为 17 米 / 秒。这种情况下，土已冻得很结实，原计划半天建成的“云顶 3 号站”却整整花了两天时间。在高海拔环境下，人们每施工一会儿，衣服就会被汗水打湿；山风一吹，又会冷冰冰地粘在身上。为了不影响进度，大家在山顶垫一口干粮就当作午饭；累了，便席地而坐，在寒风中喘一口气。

樊武说，这个冬天，从建设自动站、维护自动站，到开展空地联合人工增雨雪实验……来自不同部门、不同岗位的气象工作者都聚焦在崇礼这座小城，付出着心血与汗水。

此刻，人们将目光投向 4 年之后。他们期待那场冰雪盛会，能为小城故事写下最美的章节。

作者：段昊书 马洵 路晓琳 陈婧炜

冬奥气象中心年内推进 9 大类 70 项重点工作

《中国气象报》 2018 年 3 月 14 日

近日，记者从北京 2022 年冬奥会和冬残奥会气象中心（以下简称“冬奥气象中心”）了解到，今年冬奥气象服务筹备工作将重点围绕 9 大类 70 项任务开展。

气象服务筹备是冬奥筹备工作链条中的重要一环。进入冬奥会“北京周期”后，冬奥气象中心将围绕工作机制建设、专项建设计划制定、探测系统建设、预报服务技术提升、科技攻关、气象科普宣传、合作交流等 9 大类、70 项具体任务稳步推进筹备工作。目前，该中心正在组织开展专项计划制定。冬奥气象科技研究也已纳入科技部“科技冬奥”重点专项第一批申报指南。

据了解，自 2017 年 7 月冬奥气象中心正式成立至今，已完成延庆赛区 15 个气象站、北京赛区 4 个气象站、张家口赛区 25 个气象站等年度建设任务；确定了海陀山天气雷达、河北康保雷达选址等；组织预报人员开展冬季野外观测试验；组建并开展冬奥气象服务核心团队实战训练；组织实施冬奥气象科技攻关；加强国际合作交流，实施中韩、中俄双边合作交流项目。

作者：叶芳璐

举部门之力发挥气象技术人才优势
冬奥气象服务筹备工作加速推进

《中国气象报》 2018 年 6 月 12 日

记者近日从中国气象局获悉，随着冬奥会“北京周期”开启，冬奥气象服务筹备工作加速推进。气象部门充分发挥科技人才优势，推动冬奥气象服务保障工作一体化、一盘棋发展，在组织机制建设、团队建设、科技攻关及技术储备等方面取得明显进展。

冰雪项目对气象要素的敏感度远超夏季运动，冬奥赛事、雪务、运行保障等对气象服务提出了更高要求。随着平昌冬奥会的举办，冬奥气象保障的重要性更加成为各界共识。根据冬奥组委要求，气象部门要提供同期世界最高水平的气象服务，服务标准达到“一项一策”，提供气象“百米级、分钟级”的精准微播报。

中国气象局高度重视冬奥气象服务工作，举部门之力开展筹备工作：印发《2022 年冬奥会气象服务筹备工作方案》，成立由中国气象局领导牵头，中国气象局机关职能司室、直属业务单位以及北京、河北等省、直辖市气象局参加的冬奥气象服务领导小组，统一领导和指挥冬奥气象服务行动；中国气象局领导多次赴延庆、张家口，检察推进冬奥气象服务保障工作进展；领导小组成立以来多次召开会议，制定出台《冬奥气象服务 2018 年重点工作任务和分工》等有关文件，统一部署、协调、落实与冬奥气象服务有关的各项工作。

成立于去年 6 月的冬奥气象中心，以京冀气象部门为主体、国家级业务单位为支撑，统筹全国气象部门业务技术力量，广泛吸纳有关部门和国内外高校、科研机构专家参与。目前，该中心已全面进入面向赛时的气象保障筹备状态，与冬奥组委建立定期沟通协调工作机制，明确了首席气象联络官，联合推进气象分析和数据管理等工作；制定了《冬奥气象中心工作规则》，管理制度、决策程序进一步完善。

作为筹备工作的重中之重，冬奥气象团队建设进展显著。自去年 11 月以来，京冀两地冬奥气象预报团队共有 22 人深入延庆、张家口赛区开展冬训，模拟预报赛区天气，积累山区天气预报经验；冬训期间，团队成员观摩国际雪联多项赛事，现场学习冬季雪上项目服务技巧。在平昌冬奥会筹备及举办期间，冬奥气象中心还组织业务科研人员赴韩国观摩气象服务情况，同步分析天气影响，进一步增强了对冬奥气象服务筹备工作的系统性认识。

围绕冬奥气象预报“百米级、分钟级”的精细化要求，气象科技攻关力度进一步加大。在北京，气象部门推进快速更新多尺度分析和预报系统研究，重点加强延庆、张家口赛区 100 米、10 分钟更新的短时预报产品研发，复杂地形冬季气象服务技术研究、快速更新精细化短临数值预报技术与应用研发等课题进展顺利；在河北，省气象局启动了冰雪运动气象专项预报及智能化气象服务技术研究，并成立三支预报服务创新团队，加强对精细化预报、环境气象、交通气象等预报服务的技术攻关。

与此同时，冬奥气象业务服务系统、观测系统建设等一系列基础性工作稳步推进。冬奥气象中心已完成冬奥气象数据实时展示平台开发，并全面梳理气象信息网络、系统框架，启动业务服务系统设计工作；积极与冬奥组委沟通，不断完善冬奥气象探测系统建设方案，根据近期印发的《北京 2022 年冬奥会和冬残奥会综合气象观测系统专项计划》，冬奥赛区及周边将形成涵盖 12 个观测种类、一千余套观测设备的立体化观测格局，为冬奥气象预报和科研提供更有力支撑。

作者：贾静淅

当好冬奥会赛区安全度汛的气象参谋

《中国气象报》 2018 年 8 月 17 日

在距离北京市区 100 多公里外的延庆区小海陀山上，北京 2022 年冬奥会和冬残奥会（以下简称“冬奥会”）核心区施工建设工作紧锣密鼓地进行着。

8 月 8 日 7 时左右，延庆区正下着雨，但施工并未受到太大影响。施工人员已经前往各标段施工地点，开始一天的工作。延庆区气象局提供的精准预报服务，为施工建设提供保障。

在降雨来临时保证冬奥会核心区施工安全，是今年气象和各防汛相关单位重点工作之一。当天5时，一夜未眠的延庆区气象台值班人员正在分析最新时次的降水回波图，画出降雨发展趋势，编写文字服务材料并发送到重大工程气象保障微信群中。“天气系统还没有影响前，每3小时在群里发一次气象预报和提示；降雨开始后，每小时发一次雨量表、回波图。”延庆区气象局局长闫巍说，服务保障要做到及时有序。

这个微信群是延庆区气象局提供气象预报服务的渠道之一。群内的信息将直接发送到各标段工程负责人，再由负责人通过电台等方式通知每位施工人员，保证施工区域防汛安全。

前一天，延庆区气象局已向小海陀专项指挥部各成员单位发送此次降雨天气预测情况。根据“小海陀山不会出现强降雨”的预报结论，各单位启动预响应，保持待命状态，根据天气变化，随时调整响应级别。

8日6时，距小海陀山较近的松山地区降雨明显。随即，延庆区气象局对天气系统进行研判，确定回波将向东南方向移动，对小海陀山影响不大，可以正常进行施工。

“气象信息发送得很及时，服务特别周到！”冬奥会核心区有关工程相关负责人此前高度称赞区气象局开设的微信群。滚动发布气象预报及提示，为施工任务顺利进行提供了重要支撑。

不仅如此，在施工现场也能看到气象工作者的身影。此前，延庆区气象局副局长伍永学就拎着笔记本电脑到施工地临时办公区，针对局地天气，与工作人员进行分析。

当时，现场工作人员还在为是否应该让施工人员下山而发愁。伍永学分析了当时的降水情况，认为降雨对地下施工影响不大，而且现场防汛物资准备充足到位，在确保安全的前提下，管廊隧道建设施工可以正常进行，不耽误施工。

作者：叶芳璐　马姗姗

气象服务助力冬奥会“北京周期”
——河北省冬奥气象服务保障工作探访

《河北日报》2018年10月18日

当前，冬奥会已正式进入“北京周期”。北京2022年冬奥会和冬残奥会筹办工作由基础规划进入专项计划阶段，场馆建设由规划建设转入全面建设阶段。

冬季运动作为器械运动，对气象要素敏感度远超夏季运动。精确掌握赛道的风力、风速、雪温等，对于比赛的正常开展尤为关键。同时，雪务保障和运行保障等也让气象服务面临严峻挑战。面对挑战，气象部门该如何确保提供高水平的冬奥气象服务？

京冀联手，以国际一流标准保障气象服务

9月16日5时30分，天刚蒙蒙亮，蔚县气象局工作人员蔺艳斌就与同事驱车赶往小五

台山二阶岭自然保护区，安装服务 2022 年冬奥会的七要素观测站。

上山没有水泥路，只能步行，安装观测站的设备也只能靠人背上去、骡子驮上去。海拔 2443 米，上山下山往返一趟需要 4 个多小时，运了 3 趟，设备才全部就位。山下是秋天，山上是冬天，午饭是面包加矿泉水，连续工作 17 个小时，观测站安装完成。

2022 年冬奥会张家口赛区共规划建设 8 个场馆，承担冬季两项、越野滑雪、跳台滑雪、单板滑雪、自由式滑雪等大部分雪上项目。

张家口市气象台台长黄山江介绍，崇礼之所以成为滑雪胜地，与其山地地形和局地气候特点有关，但这也决定了其小气候特征明显、气象要素垂直水平变化大，仅靠原有监测站点无法满足赛事需求。

为给 2022 年冬奥会提供气象服务，需要在张家口赛区场馆新建赛道气象站 21 套，升级赛区周边 70 套区域气象站。同时，要建设张家口（康保）S 波段双偏振天气雷达、承德（围场）天气雷达和崇礼 X 波段双偏振天气雷达等多个气象设施。

2017 年，气象部门如期完成崇礼赛区 14 个自动气象站的建设工作，赛事核心区的自动气象站数量已达到 25 个，站点密度已超过韩国平昌。2018 年，河北省进一步完善赛区气象综合探测系统建设。赛区 21 个赛道、场馆气象站及周边 70 个气象站的建设、升级及迁建等工作，康保 S 波段天气雷达、围场 X 波段和崇礼 X 波段雷达将于今年年底前完成。

在建设气象设施的同时，河北省气象局与北京市气象局加强沟通，坚持国际一流标准，按照“统一技术标准，统一服务标准，联合建设业务服务系统，合作开展核心技术研发”思路，针对冬奥会气象保障与冰雪经济发展服务需求，谋划了“冬奥会与冰雪经济气象服务保障工程”。工程项目涵盖观测、预报、服务及人工影响天气能力 4 个方面建设内容。

河北省气象台台长连志鸾说，在精细化预报预测能力建设方面，河北省气象局参与了北京市气象局牵头的“多维度冬奥气象预报预警平台”“冬奥气候风险评估及预测平台”建设，实现系统在河北省的业务部署和运行。同时，组建了冬奥会预报预测技术攻关团队，开展针对张家口冬季山地复杂地形条件下精细化客观分析和预报技术的研究。

气象服务能力建设方面，河北省气象局参与北京市气象局牵头的“冬奥现场气象服务系统”建设，实现系统在河北省的业务部署和运行。完成冬奥村驻场气象台选址与基础建设，购置设备，具备实战工作能力。改造省、市、区三级气象信息网络，张家口崇礼、北京延庆、北京城区三地达到同城用户级别互访能力。

强调实战，根据需求精准提供气象服务产品

9 月 7 日，河北冬奥气象预报服务团队制作发布了 2018—2019 年冬训第一份冬奥站点气象预报。为提高冬奥气象预报准确率，加强团队预报能力，河北冬奥气象预报服务团队分成两组，每周五轮流制作发布冬奥站点气象预报。北京冬奥组委可实时通过网站查询了解由河北冬奥气象预报服务团队制作的冬奥站点气象预报。

从去年 12 月起，2022 年冬奥会和冬残奥会气象中心河北赛区气象预报服务核心团队分两批进驻张家口崇礼区进行实战训练。这些由国家级首席气象预报员坐镇、抽调河北省青年

业务骨干组成的队伍，将承担冬奥会赛场气象服务的重任。

张家口市气象台副台长郭宏是该团队的一员。他说，冬奥会赛事气象保障的预报环境比较特殊，而国内关于山地气象学方面的理论著作不多，更需要多向国外学习。为啃下一批全英文的理论著作，团队成员轮流翻译并按主题备课，相互讲解，以深化学习。

集训期间，团队成员每天都要开展实战训练，检验各类预报模式、分析历史数据，每天制作2次精细至赛道的气象服务产品。“气象服务产品包括各赛道未来24小时内的逐小时预报和未来3天内的逐3小时预报，还要对预报产品进行检验。”郭宏介绍。

既然强调实战，团队在集训期间也要保障在崇礼举行的各项雪上赛事。2017年12月，国际雪联自由式滑雪空中技巧及雪上技巧世界杯赛、自由式及单板滑雪U型场地世界杯赛在崇礼举行。团队所提供的赛场气象服务得到组委会、各国教练员和运动员的充分认可。夺得女子空中技巧亚军的中国国家队选手徐梦桃，更是为精准的风力风速预报积极“点赞”。

2022年冬奥会开幕前，每年都会在崇礼举行集训活动。“对预报员来说，能参与冬奥会服务保障，是荣誉，也是提升能力的机遇。”河北省气象台首席预报员李江波说，集训是一场考验耐力的“越野滑雪赛”，要求参与人员必须克服各种困难。

加强人工影响天气能力建设，实现飞机增雨雪作业全天候调度

近日，在河北省人工影响天气办公室的大屏幕上，人工影响天气地基观测系统示意图上显示着各式各样的设备图标：3部移动式X波段双偏振雷达、49部激光雨滴谱仪、3部地基微波辐射计、2套雾滴谱仪、12部小型作业指挥雷达、56部GNSS/MET站等。

近年来，河北省加大人工影响天气监测基础设施建设力度，各类专业、精细的现代化装备相继应用，逐步建成时空密度适宜、布局合理的人工影响天气综合监测网，为提高人工影响天气动态监测能力奠定了基础。

紧跟服务需求，在适当天气条件下开展人工增雨雪、防雹等人工影响天气作业，利用科学高效的作业指挥系统部署作业过程，能够在服务农业生产、缓解水资源短缺、改善生态环境和重大活动保障等领域发挥重要作用。

河北省气象部门从空基、地基、指挥、科研4个维度建立了现代化的人工影响天气装备体系。这套体系使人工影响天气工作可以在增雨增雪防雹、森林防火、保障重大活动等方面发挥至关重要的作用。

河北省人工影响天气办公室主任李宝东介绍，河北省将在张家口赛区周边地区布设20部火箭作业装置和20部山地碘化银炉，增加部分火箭发射系统。建设冀西北飞机增雨基地，基本具备满足飞机停场和设备发生器维护等综合保障能力，开发建立人工影响天气作业指挥平台，实现飞机增雨雪作业的全天候调度、指挥。开展张家口赛区周边山区冬季降雪云系的宏观微观结构特征与降雪形成发展的概念模型研究，开展规模化地空联合增雪作业试验。

记者：马彦铭　谢盼

冬奥气象服务团队进入三大赛区开展冬训
对接实战服务需求　积累山地预报经验

《中国气象报》 2019 年 1 月 10 日

近日，冬奥气象现场服务团队 2018—2019 年冬季培训工作（以下简称“冬训”）正式启动。50 余名 2022 年北京冬奥会气象服务团队成员，分批次参与技术培训，并赴北京赛区、延庆赛区、张家口赛区开展实战训练。此次冬训旨在进一步提升预报员理论知识水平，了解冬奥会气象服务需求，全面把握赛区复杂地形条件下的冬季天气特征，积累赛道预报经验。

冬奥气象服务团队成员是冬季运动竞赛团队的核心成员之一，其监测预报服务直接关系冬奥会各项赛事的顺利举行。

借鉴往届冬奥会举办经验，在总结 2017—2018 年冬训成果的基础上，气象部门将本次冬训重点聚焦于英语培训、专业训练、专题研讨等方面。

根据北京 2022 年冬奥会和冬残奥会气象中心统一部署，本次冬训从 2018 年 11 月持续至 2019 年 3 月。今年 1 月初，冬训团队已进入三大赛区开展实战训练。预报员实地模拟冬奥会岗位职能，制作测试产品，开展赛区观测试验、赛事服务和赛事观摩，以此积累赛区预报经验与技术，巩固山地天气理论。此后，冬训团队还将对测试产品进行评估，对预报技术开展定期交流、讨论。

此前，冬训团队成员首先集中参与了英语听说能力强化培训。随后，部分团队成员赴美国参加集训，内容包括山地风机理以及预报技术方法、地形降水预报及微物理研究、复杂地形条件下数值模式预报产品应用、冬季雷达资料分析、冬奥赛道定点预报方法等，并听取历届冬奥气象预报员的经验分享。

按照冬奥组委体育部统一安排，冬训期间，部分预报团队成员还与冬奥竞赛团队深入沟通，加强相互了解，强化实战体验，充分熟悉竞赛组织流程及气象服务流程。

作者：段昊书

冬奥气象预报员“上山记”

《中国气象报》 2019 年 1 月 30 日

1 月 25 日，北京延庆，晴。

一群登山队员早早来到 2022 年冬奥会核心赛区小海陀山。他们的装备颇为专业：冲锋衣、高帮鞋、登山杖。

与普通登山队员不一样的是，他们随身携带着手持测风仪等观测设备，因为——他们是带着特殊任务上山的北京冬奥会延庆赛区气象服务团队预报员荆浩、阎宏亮、陶亦为、马学峰。

2022 年冬奥会进入“北京时间”，高山滑雪项目的天气预报需达到“百米级、分钟级”的精细化程度。为此，北京冬奥会延庆赛区气象服务团队再次开启了赛区驻训模式，除了赛区预报测试、山地气象理论学习等日常工作以外，每周一次登山，了解小海陀山地形、天气条件的复杂性，成为队员们的“必修课”。

“昨晚有明显降温，小海陀山在今天上午又迅速回温。我们这次爬山，除了进一步熟悉地形、检查气象站运行情况以外，还想体验这种转折性天气过程中山间的温度、风向风速变化。”荆浩说。

小海陀山地形极为陡峭，即便是风和日丽的好天气，爬山也绝非易事。在延庆赛区，蜿蜒的高山滑雪赛道已现出大致轮廓。预报员需沿着赛道边缘的山石攀爬，平均坡度约 30～40 度。

“看那边的地形，山谷风作用非常明显。”行至半山腰，荆浩与阎宏亮停下来讨论。尽管已反复研究过小海陀山的地形图和小气候特征，去年冬训期间也爬了十余次山，体验了降雪、大风降温、大雾等不同的天气类型，但队员们每次都有新的收获。

山脚、半山腰、山脊、山顶，这些都是阎宏亮的测风点。“在山脚下以东风为主，半山腰却变化多端。”“赛道最陡处以强的西北风为主，两边山体对冷空气阻挡不明显。”……队员们一边攀爬，一边结合观察到的地形、感受到的风向风力变化讨论着。

十余套气象观测站沿着赛道分布，它们传回的观测数据，是冬奥气象预报员精准预报的重要基础。

爬山过程中，大家每路过一个气象观测站，都会仔细检查其观测环境、分析地形与气流的相互作用、察看设备运行状况。

攀爬至接近海拔 2000 米的赛道起点，阵风忽起。阎宏亮赶紧拿出手持测风仪开始观测，因为赛道起点的风力风向变化关乎比赛是否能正常进行，需要重点关注。

“好兄弟，拉一把！”越接近山顶，越陡峭难行。大家相互提醒着注意安全，手脚并用，全力攀爬。

他们此行的终极目标，是接近山顶的一处自动气象站。“近几日观测数据显示，那里会出现明显的偏南风，这与我们的主观预测不太符合，必须现场验证。”荆浩说。

午后 2 点左右，队员们终于到达目的地。山顶视野开阔，寒风也更刺骨。他们仔细观察自动气象站的风向变化情况，分析、讨论在西北风环流背景下，局地地形和热力强迫作用对风向的影响。

一路背到山顶的自发热米饭，就是大家的美味午餐。“有热米饭吃，比建站的时候幸福多了。”阎宏亮说。他曾多次参与赛区气象观测站的建设，那时，建站所需的设备，全靠人扛、马驮才能运到山顶；带上山的矿泉水，常常结成冰块。

帐篷外，冷风呼啸；帐篷内，热气腾腾。大家边吃饭边兴奋地讨论一路心得，不觉疲惫。他们知道，当下付出的辛苦，必将一点一滴积累为精细化预报的宝贵经验，在精彩、非凡、卓越的冬奥盛会中绽放气象光芒。

作者：贯静淅 谷星月

三组镜头记录冬奥延庆赛区气象服务团队冬训现场
——好一场冬奥气象“大练兵”！

《中国气象报》 2019 年 2 月 1 日

2022 年北京冬奥会筹备工作如火如荼；2020 年冬奥会测试赛近在眼前。

时间紧、任务重、挑战多——从场馆建设到运动员备战，这是当下所有筹备环节的共同状态。对雪上项目有决定性影响的气象服务工作，亦是如此。

一如运动员备战比赛，冬奥气象预报员的“大练兵”，也趁着滑雪季火热展开。今年 1 月，一支由 11 名骨干预报员组成的团队再次进驻延庆赛区，开启为期 3 个月的集训。他们的训练状态怎样、面临哪些难题、如何迎接挑战？ 1 月 25 日，记者探访冬奥会延庆赛区，用三组镜头记录冬训现场。

镜头一：山地天气“体验师”

1 月 25 日清晨，风和日丽，4 名“登山者”活跃在冬奥延庆赛区小海陀山。他们在攀爬行进间用手持测风仪观测，每经过一处气象观测站都仔细查看，还一路讨论地形与天气……怎么看，都不像一支普通的登山队。

这群特别的“登山者”，正是参与冬训的冬奥延庆赛区气象预报员。他们每周爬一次山，不为赏景，只为体验山中天气。

“山里天气有啥奥秘，为何非要亲身体验？”面对记者的疑问，预报员发出邀请：“走，一起上山看看。”

事实上，高山滑雪项目对气象条件要求之高，单从“风”这一个因素就能看出：风是平行还是垂直于赛道，2 分钟平均风速是否小于 11 米 / 秒，阵风是否小于 17 米 / 秒，从赛道起点到终点如何变化？这些小细节，直接影响赛事安排、运动员水平的发挥甚至人身安全。

“面对如此精细的预报需求，以往的预报方法和经验不太‘灵’了。山地天气气候异常复杂，到了这里，大家几乎都要从零开始。”冬奥延庆赛区气象服务团队队长时少英说，进山体验天气是冬训“必修课”。

这“体验师”可不好当。目前，施工建设中的赛道已在山间现出大致轮廓：落差 800 多米、长度 3000 米以上、最陡处坡度超过 40 度。赛道两旁堆积的山石，便是他们的“山路”。

从山脚、半山腰到山脊，依次出现东风、东南风、西南风——艰难攀爬中，预报员荆浩一路提醒记者感受不同地形下风的变化。行至赛道最陡处，一阵强风吹来，记者打了个趔趄，攀住一块大石头才稳住双脚。

“是西北风！”这不够“友好”的阵风，却是天气“体验师”的重点捕捉对象。只见荆浩灵活地停在半坡，拿出手机边环绕四周拍摄边自言自语：“大风天气背景下，接近赛道起点的最陡处，谷风与涡流变得不明显，以西北阵风为主，两边山体的阻挡作用微弱，值得关注。”

“这些山中天气的细微变化，预报员坐在屋里是没法体会到的。”时少英说，团队成员目前有限的山地预报经验，皆源自一次次对地形与天气相互关系的切身感受与分析。去年冬训期间，他们 14 次上山，踏遍了每一条赛道，几乎把山中的天气类型体验了一遍。

镜头二：赛事服务“智囊团”

“Let's see the weather briefing（一起来看天气简报）……”1 月 25 日下午，冬奥延庆赛区气象服务团队办公室内，队员赵斐用英文向大家介绍着每一条赛道的天气。尔后，队友们模拟冬奥经理人、裁判员等角色，同样用英文，将一个个“刁钻”的问题抛向赵斐。

冬训期间，这样的实战练习，每天都会在冬奥气象服务团队中上演。

赵斐模拟的岗位，是冬奥气象服务的“最后一公里”——现场天气报告与咨询。当被队友的问题“问倒”，他挠挠头：“还要多加练习。”

“未来的冬奥赛场上，预报员是气象服务最重要的‘窗口’。”时少英说，团队成员曾多次参加国际大型滑雪比赛的见习培训，学习和感受赛事服务流程和经验、寻找差距。“事实上，预报员现场面对的情况要比模拟练习复杂得多。”他们感叹。

复杂到何种程度？曾观摩高山滑雪世界杯阿德尔博登站气象保障工作的荆浩告诉记者，譬如，未来哪个时段适宜造冰状雪，是否根据大风情况调整户外活动，半山腰出现雾的可能性有多大？从赛程调整、运动员策略制定，到雪道维护、后勤与交通保障，皆有天气问题等待预报员现场解答。

他们深知，要能“接得住”这些问题，不仅需熟稔赛区天气和地形、精准预判天气影响，还得流利驾驭英语、快速作出反应、恰当沟通表达。任缺其一，都难以成为赛事服务“智囊团”的优秀一员。

挑战就在眼前，大家一刻也不敢放松：坐住板凳，钻研一本本山地气象理论“大部头”；研发系统，每天轮岗模拟预报赛道站点天气；记录实况，反复验证预报并完善思路；狠练英语，熟悉每一个专业词汇的英文表达……

“令人欣慰的是，冬训以来，队员们总体上的预报质量要明显高于客观预报产品，表现出较好的订正技巧。”时少英告诉记者。

驻训预报员并非“孤军奋战”。在赛区之外的“后台”，举全国气象部门之力，冬奥气象预报核心技术研发、赛场精细化三维气象特征观测与分析等科研工作正紧密推进。时少英说，随着越来越多的研发成果应用于实践，他们有信心啃下山地气象这块“硬骨头”。

镜头三：携手奔跑“一家人”

结束一天的训练，来自内蒙古的团队成员马学峰，和家人通了视频电话。“儿子想爸爸了吗？过年回家给你买玩具！”闻此，屏幕上 3 岁宝宝的眼睛，一下子亮了。马学峰说，自己恨不得钻到电话那头，捏捏儿子的小脸蛋儿。

“80 后”马学峰，每天训练再忙，也会给家人打电话；谈及自己所在的延庆赛区冬奥气象服务团队，“一家人”3 个字又脱口而出。

“一家人”，这也正是每一个团队成员的共同感受。

11 名精兵强将来自全国各地，对他们而言，远离“小家”、持续 3 个多月的冬奥气象“大练兵”，练的是预报技术与服务水平，亦是意志力与精气神儿。从每每有新收获就第一时间分享，到各司其职默契配合，再到登峰验天互相打气，冬训不易，但“一家人”携手奔跑，不觉疲惫。

可是，事非经过不知难。追问起来，这支队伍中，有几个月没抱过孩子的新手爸爸，有妻子预产期临近的丈夫，有这几年刚诞下二胎的母亲，还有即将新婚却无法参与婚礼筹备的未婚夫……在“大家庭”中高强度的训练，让人很难注意到，他们每个人都是各自“小家”中不可或缺的一员。

而同样是这支队伍，除了“骨干预报员”的共同身份，每个队员都有自己的独特标签：经历过 2008 年北京奥运会服务的业务“能手”，善于体察用户需求的专业气象服务专家，能轻松听辨各国口音的英语“大拿”，熟悉赛区地形的靠谱向导……“我对这支队伍很有信心，每一个队员的闪光点加在一起，就是整个团队的光芒。”时少英说。

春节临近，冬训正酣。“到 2022 年，希望能拿下冬奥气象服务这块‘金牌’！”被记者问及新年愿望，预报员的回答质朴而热切。

相信，那些在小海陀山寒风里流过的热汗、比学赶超提高预报水平付出的心力、学习山地气象理论时熬过的夜晚，终将刻进那块梦寐以求的“金牌”，熠熠闪光。

作者：贾静淅 谷星月 伍永学

追风！在冰雪之间——北京冬奥气象服务团队服务现场特写

《中国气象报》 2020 年 1 月 23 日

1 月 18—19 日，2022 年北京冬季奥运会（以下简称“北京冬奥会”）延庆赛区出现大风天气。而原本计划在这天举行的第十四届全国冬季运动会（以下简称“十四冬”）高山雪上赛事，提前到了 16—17 日——正是天空平静、能见度较好的时候。为这一举措提供决策支撑的，离不开气象团队。

出征！披星戴月，打好开年第一场“硬仗”

1 月 14 日，是 2022 年北京冬奥气象服务团队延庆赛区冬训第 3 年的第 115 天，也是他们进入赛事保障状态的第 4 天。这天，他们迎来 2020 年开年以来的第一场“硬仗”。

7 天前，气象部门捕捉到了小海陀山将有大风天气，这对即将在延庆高山滑雪中心举行的“十四冬”高山滑雪速降比赛而言是一个关键信息。

原定 18 号的比赛是否改期？要不要启动及启动何种预案？赛事组织方迫切需要气象部门精准及时的预报和到位高效的服务。

一个月之后的 2 月 15 日，在小海陀山，在新的场馆和赛道上，北京冬奥会首场测试赛——高山滑雪世界杯延庆站同样需要高质量的气象服务。

箭在弦上！对这支在山地气象预报、大型雪上赛事服务领域都尚属“年轻”的团队而言，“十四冬”气象保障服务是他们查缺补漏的重要机会。

3 时 30 分，闹钟的声音划破夜的宁静。

4时，所有值班预报员到岗。

5时，负责预报的队员制作完成并发出第一份天气预报。

6时30分，冬奥延庆赛区气象服务团队队长时少英和副队长荆浩登上大巴，奔赴另一个“战场”。

现场！前后联动，把好预报每一道关

另一个“战场”是位于小海陀山高山滑雪中心旁的气象室。在这里，时少英、荆浩化身为后方预报员们在山里的“眼睛”。

小海陀山地形复杂，山里气候有“百米不同天”之称。对预报员而言，要为这个点上某一高度的坡面赛道制作逐小时精准预报产品，不仅需要依靠沿赛道布设的自动气象站传回的数据，还需要在最贴近赛场的地方有一双敏锐的“眼睛”实时查看风云。

身在延庆区气象局的队友们不停地梭巡着屏幕上竞速赛道旁4个自动气象站传输回来的数据、云图、大涡模拟图，从中抓取气温、阵风等竞速赛事最为关心的气象要素；比对不同模式的预报结论，并根据3年冬训对小海陀山及对每一条赛道环境与气象条件的了解，进行分析、判断和订正。

在大后方，还有北京市气象台为冬奥服务组建的首席团队。他们与现场服务团队随时保持联络，以便前后方更好地聚焦可能影响赛事的小尺度天气系统。在这里，每天两次的专题会商中，中央气象台、北京与河北气象部门也通过加密观测、及时跟踪，集智聚力研判天气过程对赛事的影响。

做好赛事气象服务的决心与信念将前方与后方紧密勾连在一起。一通通电话、一次次会商在彼此间交织出细密的“网”，为“捉”住这场大风天气严阵以待。

冲刺！最后一棒，让预报服务真真切切落地

14日11时左右，时少英、荆浩与身在延庆区局的队友们进行当日预报制作前的最后一次碰头。

“17日清晨可能有零星小雪。18—19日由于冷空气来袭，预计将有大风天气。阵风风速20米/秒，最大风速可达25米/秒。20日相对转弱。”

预报团队对结论“很有信心”，但也格外严谨，每一个用词都经再三斟酌。

这份信心来自12个紧贴赛道的自动气象站，来自顶着凛冽山风，甚至在零下二三十摄氏度的气温中一次又一次体验赛道天气的预报员，来自每一次的会商、每一次交流与讨论……聚沙成塔，最终积累了赛区个例库和赛区预报经验。

“精准预报是生命，精细服务是灵魂。”“没有百分之百的准确率，但有百分之百的努力。”

最终，根据预报结论，经综合考虑，赛事组委会决定将18日的比赛提前至16日举行。原定19日的赛事分成两部分举行，17日举行全能比赛，20日大风窗口期时举行超级大回转比赛。

果然，16—17日，小海陀山风平雪静。18—19日，小海陀山风起，与团队预报结论一致。20日，大风窗口期到来，比赛得以顺利进行。

眼下，这群为“十四冬”追到了风的人，又将目光投向了近在眼前的北京冬奥测试赛，

甚至是 2 年后的北京冬奥会。

作者：叶奕宏 冯子晏

冬奥气象服务与防疫保障两不误

《中国气象报》 2020 年 3 月 11 日

日前，北京冬奥会延庆赛区国家雪车雪橇中心赛道按计划开始制冰，冬奥会雪上项目主要举办地河北省张家口市崇礼区的 5 家滑雪场相继恢复营业。冬奥会在建项目有序复工，京张冰雪产业加速“迎春”，对此，气象部门坚持疫情防控、气象服务两手抓，为冬奥项目建设顺利推进、赛事气象保障服务扎实开展提供支撑。

新冠肺炎疫情期间，延庆、崇礼赛区多次出现降雪、寒潮、大风等天气，气象部门密切跟踪天气形势，加强上下联动、跨赛区合作，通过决策微信群、短信、政府门户网等途径，向赛区所在地政府及相关部门、赛区核心区、雪场负责人等提供天气预报、服务专报等产品，并及时发布灾害性天气预警信号，确保冬奥项目复工、各大雪场铺雪和复滑准备工作安全有序开展。

此外，冬奥气象预报员集训也在线上进行。预报员通过 VPN（虚拟专用网络）、微信、视频等方式进行场馆预报训练，定时发布赛道预报、场馆中英文天气综述，并转发北京冬奥组委及相关单位，不定时组织团队成员会商讨论，强化沟通交流。

作者：叶奕宏 叶芳璐 谢盼 王燕娜 王旭海

【关注冬奥】张家口赛区：追风逐雪提升冬奥气象服务

《河北日报》 2020 年 4 月 2 日

3 月 20 日，河北崇礼乍暖还寒。北京冬奥会张家口赛区气象预报服务团队队员、张家口市气象台副台长郭宏带领 4 名队员和维保人员顶着寒风，深入崇礼云顶滑雪公园，进行例行的设备巡检。当天，2019—2020 年雪季张家口赛区冬奥气象驻训宣告结束。

张家口赛区气象预报服务团队共有队员 36 人，包括河北省气象部门技术骨干 22 人，国家气象中心和黑龙江、吉林、内蒙古等地气象预报骨干 14 人。自 2017 年起，每个雪季，他们都进驻崇礼一线，开展紧张有序的演练、测试工作，2019—2020 年雪季是第三次驻训。

针对冬奥赛事气象预测研究出 4 套方案

“去年 12 月 15 日，我们展开新一轮驻训工作，直到今年 3 月 20 日结束。其间，虽然受新冠肺炎疫情影响，春节后现场观测停了，但为保证设备的完整性以及所提供气象数据的稳定性，我们每个月还是要进行两三次巡检工作。”郭宏介绍说。

在崇礼赛事核心区建有36个气象观测站，这些气象观测站提供的数据是进行冬奥气象预报以及气象研究的基础。

“这些气象观测站大多建在赛道附近，由于环境复杂，需要经常进行维护。”郭宏介绍说，巡检时要对观测站上面的积雪进行清理，对设备是否有破损等情况进行记录，一旦影响数据的稳定，需要及时进行更替。一次巡检下来，他们就要在山上工作四五个小时。

同时，赛区气象预报服务团队坚持疫情防控、气象预报两手抓，制定了值班流程。团队队员通过VPN、微信、视频等方式开展数据分析和天气会商，每天2次定时制作9条赛道的预报产品，定时发布赛道预报、场馆中英文天气综述，服务北京冬奥组委及相关业主单位，确保预报频次不减少，预报质量不下降。

把握每一场雪，对进一步分析赛区山地环境下不同降雪粒子与气象条件的关系，改进赛区预报模型，提高降雪量和雪深预报准确率具有重要意义。

这个雪季，崇礼多次降雪。团队队员利用应急观测车、显微镜、手机拍照等，对5次降雪过程进行了野外观测。

“当雪花呈明显六角枝状时，意味着降雪量较大、积雪较深；同样的降雪量，雪深会因降雪粒子形状不同而各有差异；降雪量和积雪深度超过一定阈值，某些比赛项目将会被延迟或取消。”郭宏介绍说。

除了观测雪花，他们还在太子城开展系留艇对比观测试验，观测气温、相对湿度、风力、风向、气压等，为研究赛场冷池现象、山谷风结构获取了宝贵的一手资料。

针对冬奥赛场预报方法支撑薄弱问题，团队对冬奥同期重要天气建立了冬奥天气个例库。通过一系列研究，明显减小了阵风、平均风速和气温预测中的误差。

“通过不断实战演练，团队预报能力得以显著提升，24小时温度预报2℃以内准确率71.7%，平均风2米/秒准确率87.7%，阵风2米/秒准确率53.2%。”郭宏表示，这个雪季针对冬奥赛事气象预测他们已研究出了4套方案，将在此基础上进一步比较筛选，研究成果计划用于2021年国际雪联自由式滑雪和单板滑雪世锦赛。

圆满完成了10余项赛事的气象服务保障任务

2019—2020雪季，张家口赛区气象预报服务团队先后为10余项赛事提供气象服务，既包括国际雪联世界杯赛事，又包括多项亚洲杯、远东杯及国家级有关赛事。

2019年12月18—22日，2019—2020国际雪联自由式滑雪和单板滑雪U型场地技巧世界杯云顶站比赛在崇礼云顶滑雪公园举行，为赛区气象预报服务团队提供了练兵的重要契机。

他们提前准备并制定了实施方案，提供精细化预报服务。从参赛运动员报到前一天开始，团队就悉心制作中英双语的交通气象简报，为参赛运动队提供出行参考。赛事期间，他们每天2次制作赛道未来24小时的逐小时以及48～72小时的逐3小时预报。在现场的团队队员每天还要参加领队会，全程用英语讲解天气条件并回答相关问题。

根据团队会商研判，22日单板滑雪U型场地技巧决赛当天为大风天气，有明显的降雪，能见度低，对比赛影响非常大。在现场的团队队员提前3天向赛事组委会进行了预警，随后，又反复沟通赛事所面临的风险。组委会根据天气预报调整了比赛日程，使世界杯顺利完赛。赛区气象预报服务团队的工作，得到本站世界杯比赛组委会、赛场运维人员的普遍认可。

2019 年 12 月 27—30 日，赛区气象预报服务团队队员还受邀参加了第十四届全国冬季运动会赤峰赛区气象服务保障工作，共发布气象服务专报（预报类）5 期，低能见度警报 1 期，赛区预警信号 4 期，圆满完成赛事服务保障任务，受到各方好评。

“本雪季的驻训工作圆满结束。期间，大家克服了新冠肺炎疫情影响，积极开展模拟演练、客观预报方法研发、新资料分析应用，强化赛区降雪、大风、低温等高影响天气的预报预警，冬奥会赛事服务保障能力不断增强。”河北省气象台副台长、张家口赛区气象预报服务团队负责人王宗敏告诉记者，接下来，他们将进一步细化团队岗位、流程和产品，编制 2020—2021 年雪季驻训计划，全力做好 2021 年国际雪联自由式滑雪和单板滑雪世锦赛等冬奥会测试赛的气象服务保障准备。

记者：陈华

逆行保障　实训磨炼　科研紧跟
——冬奥气象服务筹备加速跑

《中国气象报》2020 年 4 月 8 日

3 月下旬，冬去春至，但在河北省张家口市崇礼云顶滑雪公园，依旧寒风刺骨。

3 月 20 日，河北赛区气象服务团队成员联合观测设备维护人员，深入赛事核心区云顶滑雪公园，开展气象设备维护和现场观测，确保工作不间断、建设不中断。

同一天，北京冬奥气象服务团队冬训结束。

受新冠肺炎疫情影响，冬奥会首场测试赛高山滑雪世界杯延庆站没能如期举办，但气象部门抓住一切“练兵”机会，确保疫情防控和冬奥气象筹备工作两手抓、两不误，利用信息化手段模拟开展气象保障服务，有效检验了气象预报服务业务系统，锻炼了运行团队，为做好后续测试赛和冬奥会气象保障奠定了坚实基础。

不松劲——“逆行上山”确保观测生命线

观测，是开展气象工作的第一环。数据准确与否决定着预报服务的质量。

2 月 14 日，华北地区出现暴雪，延庆赛区的气象测风仪器被冻住，风速数据缺失，抢修恢复，迫在眉睫。

15 日大清早，北京市气象探测中心和延庆区气象局的 8 人抢修小分队即刻出发前往小海陀山。上山这一路可谓困难重重：20 厘米深的积雪要协调作业车来清理才能通行，大风导致登山缆车无法运行，转乘雪地摩托却因为路面诸多雪包翻了车……但这些困难还只是前奏，几人登上山顶后，发现自动站的风杆被冻得严严实实，裹上了 1 厘米厚的冰层，风杯完全无法转动，甚至固定风杆的纤绳底部，也有一层厚厚的积雪。

见此状，抢修小分队同时启动另一套方案——将携带上山的一套便携式自动气象站，安装到原本的自动气象站附近。当时山顶的风已达 8 级，吹得人根本站不稳，风寒效应明显。

说干就干，抢修队员匍匐在冰冷的雪地上，把雪刨开开始安装。就这样，耗时 3 个多小时，自动气象站终于维修完毕，便携式气象站也进入正常运行。

同样是在不久前，河北张家口云顶雪场也发生了这样一场“逆行上山”的故事。云顶雪场的激光测风雷达因低温出现硬件故障，导致无法正常开展观测，崇礼区气象局协调当地卫生防疫、公安交管和云顶雪场等单位，在做好防疫的同时，驱车近 500 公里赶赴雪场排除故障……

去冬今春以来，气象部门开展包括降雪雷达和微物理观测、冷池观测、系留气艇对比观测等在内的野外观测试验，强化局地天气规律认知。同时，气象部门进一步加强北京延庆、河北张家口等赛场和周边自动气象站以及云高仪、激光雷达、云雷达等众多观测仪器运行保障工作，为预报及赛事天气分析积累了大量宝贵的气象监测数据。

不停歇——保质保量扎实开展预报训练

第十四届冬季运动会延庆杯高山滑雪速度类项目比赛（以下简称“十四冬”）气象保障服务是今年冬训的“重头戏”，这是冬奥气象服务团队首次承担的实战任务。原计划在 1 月 18—19 日举行的十四冬赛事提前到了 16—17 日，这一调整正是基于气象预报。

赛事期间，由中央气象台、北京市气象台、河北省气象台和冬奥气象服务团队组成的预报“智囊团”每天开展联合专题会商，研判赛区天气。冬奥气象服务团队兵分两路，一组驻守冬奥延庆赛区气象服务分中心，一组前往赛场开展现场气象服务，前后联动，把好预报每一道关。根据 14 日作出的“18—19 日有不利比赛的大风天气，20 日中午前后将出现利于比赛的‘窗口期’”的预报结论，赛事组委会将 18—19 日的比赛项目提前到 16—17 日；19 日又根据预报结论，将 20 日比赛推后两个小时，确保了全部比赛的顺利完成。

精细准确的气象服务得到冬奥组委、赛事组委会以及运动员、裁判员、场馆团队、保障人员、媒体记者的一致赞誉。冬奥组委副主席杨树安高度肯定气象服务工作：“这次的预报太准了，比赛的时间都是挑出来最适合比赛的日子。”

受疫情影响，首场测试赛取消，冬奥会北京赛区、延庆赛区和张家口赛区现场预报服务团队全体人员 52 人无法齐聚。不过，这并不影响队员们的训练。他们充分利用信息化手段，远程继续开展预报训练工作——坚持按照原定计划，完成每日预报值班任务，开展每日远程视频会商，定时发布赛道预报。北京冬奥气象服务团队同样按照原计划开展首场测试赛气象服务保障演练，于 2 月 14—16 日每天下午同中央气象台、北京市气象台、延庆赛区预报中心进行视频会商，对天气影响进行模拟研判。同时，冬奥气象服务团队与竞赛组织团队保持密切沟通，随时沟通天气情况，为竞赛模拟提供天气信息。

冬训期间，团队合理安排队员值班和学习，坚持每天两次定时制作赛区 9 个赛点预报产品，队员们充分利用微信群交流预报结论，开展数据分析、对比、检验，确保冬奥气象服务工作不中断。

攻难题——科研蓄力为预报提供坚实支撑

做好冬奥气象服务，山地气象预报是必须攻克的“难关”，要有咬定青山不放松的拼劲儿，更要有针对性地攻克科研难题。

冬训期间，冬奥会气象服务团队坚持在延庆和崇礼开展科技冬奥野外观测试验，抓紧有限的对比研究时间，坚持通过远程访问的方式开展观测资料整理、分析总结、检验评估等科研工作，最大限度地减小疫情对科研工作进度的影响，确保科技研究不松劲。

在加强科研观测的同时，服务团队加强对赛区尺度局地环流特征和赛道天气要素变化特征的分析，深入分析山谷风、背风波等山地环流，不断完善山地天气环流概念模型，并重点深入分析赛区阵风、降雪、低能见度等对赛事的可能影响。

北京城市气象研究院自主研发的新一代快速更新、无缝隙融合与集成预报系统睿思系统已业务运行，可为赛区服务提供京津冀区域 500 米分辨率、冬奥山地赛场核心区域 100 米分辨率、逐 10 分钟快速更新的 0～12 小时气象要素预报产品，在冬训和赛事服务中提供有力科技支撑。

河北省气象局的“冬奥会崇礼赛区赛事专项气象预报关键技术”和“冬奥赛场精细化三维气象特征观测和分析技术研究”项目也取得了阶段性成果。初步建立了冬季崇礼赛区精细化气象要素临近预报系统，开展了崇礼地区地面风数值模拟和偏差订正研究，将重点对崇礼赛区降雪、降温、低能见度、地面大风等高影响天气典型个例进行数值模拟，加强赛区边界层热力和动力结构特征认识。

3 月 20 日，中国气象局启动“智慧冬奥 2022 天气预报示范计划”项目，征集国内优秀高分辨率区域数值天气模式和人工智能等客观预报技术、方法和系统，为冬奥气象预报服务提供强有力科技支撑，切实满足北京冬奥会“百米级、分钟级”精细化天气预报需求。

作者：黄彬 叶芳璐 谢盼 马洵

张家口赛区以赛练兵　保障赛事顺利举行

《中国气象报》 2021 年 3 月 15 日

2 月 16—26 日，张家口赛区，2022 年北京冬奥会及“相约北京”系列冬季体育赛事雪上项目测试活动（以下简称“测试活动”）同步进行。根据测试活动气象保障服务需求，河北省气象局组建 127 人的气象保障服务前方工作组，下设综合协调、媒体宣传、决策服务、赛事服务等 8 个专项工作组，全力做好气象保障服务工作。

考验来临：天气形势复杂多变

2 月 19 日，走进张家口赛区冬奥气象中心，349 天——距离 2022 年北京冬季奥运会开幕倒计时天数醒目地显示在电子显示屏上，一同显示的还有当日值班的首席、预报员，以及激光雷达等观测设备的实况监测资料。

测试活动期间，张家口赛区气象服务中心将预报团队分为两组，一组驻扎冬奥气象中心，负责赛区预报服务的技术把关、站点预报以及场馆简报制作；另一组根据实战需要分别被派往云顶和古杨树场馆一线，提供领队会天气报告、场馆天气预报和现场气象信息咨询。

“2月16—22日，张家口赛区先后经历大风、强降温、快速升温、沙尘等天气，基本涵盖了所有影响赛事运行的不利天气类型。”河北省气象台副台长王宗敏表示。

复杂天气给赛事运行指挥调度带来严峻挑战。19日，受阵风影响，自由式滑雪空中技巧预赛不能如期举行。竞赛团队及时联系现场预报服务团队，提出研判阵风减弱“窗口期”的需求。云顶场馆现场服务团队6名预报员迅速赶到裁判塔，分析发现：高空风速虽然变化不明显，但地面锋区正逐渐东移，加上日变化效应，风速应该会逐渐减小。后方预报团队也给出同样判断。经过反复确认，竞赛团队决定推迟50分钟正常开赛。50分钟后，风速果然减弱。

据统计，测试活动期间，预报团队共发布赛事专报351期、场馆通报156期、专题报告7期，参与“六方”会商26次，参与赛区竞赛运行指挥团队气象会商11次，成功保障了云顶、古杨树两个场馆群15项测试赛的顺利举行，获得河北省副省长时清霜的肯定。

尽锐出战：需求是服务的牵引

优质的气象预报和现场服务离不开稳定运行的观测设备支撑。测试活动期间，冬奥会气象装备保障组每天踩着厚厚的积雪，徒步10小时以上，开展赛事核心区观测设备日常维护。零下20℃的雪场，走一天下来，往往腿脚都会失去知觉。

“为了在赛道不同位置进行观测，我们在崇礼核心赛区建成36套自动气象站。在历届冬奥会中，站点密度达到第一。”张家口市气象局业务科技科科长樊武说。气象装备保障组结合比赛现场管控情况，完成核心区36套气象观测站赛时全部巡检维护及运行监控工作，完成风廓线雷达、云雷达、激光测风雷达等的巡检保障工作。

针对冬奥组委提出的雪温、雪湿和清洁度的观测需求，张家口赛区气象中心从2月18日开始提供关键点位观测数据，报送《古杨树场馆群雪质分析报告》。预报和装备保障人员也同步新增了每日14时定时场馆群的雪温观测任务。

2月21日，河北省气象局副局长、前方工作组组长王世恩在云顶雪场与张家口市市长、云顶场馆主任武卫东面对面沟通赛事服务需求。武卫东对冬奥气象服务非常满意，特别指出气象决策服务对场馆运行调度和赛事调整安排起到重要作用。

决策服务组和交通服务组分别承担城市运行、交通气象服务工作，提供张家口市、崇礼区及周边地区未来3天天气趋势预报和未来24小时天气预报，以及涉奥高速及周边国省干道沿线代表点的气象预报产品和救援直升机停机坪区域的航空气象预报。由张家口赛区冬奥气象工程支持建成的冬奥专项综合探测系统、预报预测系统、气象服务系统和人工影响天气作业保障系统全部投入测试活动，经受住了实战检验。

“接下来，我们将全面总结本次测试活动气象保障服务经验和问题，优化完善各领域运行机制；聚焦冬奥气象保障服务风险防范应对，全面做好各项应对处置准备工作，全力做好冬奥会筹办决战决胜关键期气象工作。”河北省气象局党组书记、局长张晶说。

作者：谢盼　王旭海　王丽霞

圆梦冬奥气象蓄力——写在国际奥林匹克日

《中国气象报》 2021 年 6 月 23 日

6 月 23 日，在第七十四个国际奥林匹克日到来之际，2022 年北京冬奥会进入倒计时 226 天的冲刺阶段。

从 2008 年北京夏季奥运会，到即将到来的 2022 年北京冬奥会，中国精神与奥运精神彼此交融、和谐共进，不仅让世界认识了一个更加开放、自信、从容的中国，也透过奥运会这扇窗，展现出中国“言必信，行必果”的大国风范。

当下，与冰雪运动息息相关的气象保障服务亦进入“冲刺”阶段，而乘势而上涌现出的众多气象现代化成果，也将如 14 年前的北京夏季奥运会一样，接续蓄力气象事业高质量发展。

精细

北京冬奥会是历史上首次在大陆性季风气候带举办的冬奥会，不同于夏奥会，气象保障工作少有经验可借鉴，几乎算得上从零起步。且冬奥会冰雪项目多集中在室外山地进行，地形复杂、局地小气候特征明显，对气象保障服务的要求可谓苛刻。

以跳台滑雪为例，选手需要先跃入空中，再落在雪上滑行，比赛时风力大小、雪面状态如何，都直接影响比赛成绩乃至选手的生命安全。只有在赛区布设密集、立体、多要素的气象监测网，才可能达到赛事实时、定点及特定阈值区间的要求。

而沿高山赛道进行滑降和快速回转的雪上竞速运动——高山滑雪，赛时仅为 1～2 分钟，比赛期间运动员速度最高可达每小时 140 公里，一旦赛场风速超过 18 米 / 秒，须立即停止赛事。定点的分钟级预报直接关乎赛事能否抓准最佳“窗口期”。

2017 年 8 月，中国气象局启动“三维、秒级、多要素”冬奥气象监测网络建设工作。几乎在同时，开始自主发展冬奥气象短临预报核心技术支撑体系。

4 年来，气象部门以冬奥赛场为核心，在北京城区、延庆和河北崇礼及周边铺设出“超精细复杂山地 + 超大城市一体、三维、秒级、多要素”冬奥气象综合监测网络，共布设各种现代立体探测设施 441 套，在冬奥会历届赛事中堪称最为稠密。

以北京睿图模式体系为核心，气象部门群策群力、集中攻关，首次实现复杂地形下 100 米分辨率、逐 10 分钟快速更新的冬奥关键气象要素 0～24 小时高精度客观集成预报；研发了从短时临近（0～1 小时）到延伸期（30 天）的无缝隙精细化网格预报产品，实现了历届冬奥会最高标准的“分钟级、百米级”精准预报要求。

周密

除了比赛专项服务要求极高以外，作为世界规模最大的冬季综合性运动会，冬奥会赛事周边气象保障服务同样需求巨大。

2016 年，京张高铁开工建设，这是 2022 年北京冬奥会的重要交通保障设施。根据冬奥会总体规划，京张高铁将串联北京、延庆和张家口3个赛区，单程仅需一个小时左右，便能实现运动员、工作人员和游客跨区域参赛和观赛。

今年3月，京张高铁沿线体量最大的车站——清河站，上岗了一名“智慧哨兵”。它不仅能全时段实时监测清河站区温度、气压、湿度、风向风速，还能运用人工智能“天脸”识别，全天候智能观测站区天空实景，用户可通过手机客户端实时查看监测数据。

当然，这样的观测设备“生”于奥运，却不止于奥运，寒来暑往，还将惠及往返于京冀的广大旅客。清河站管理办副主任姜振科感慨：“它不仅能为站区防汛、防火、扫雪铲冰、应对极端天气提供一手资料，还能给旅客出行提供精准到点的气象服务。”

针对公路交通，气象服务也深度融入。由于北方冬季气温普遍较低，道路积雪、结冰等引发高速公路限行、关闭等情况时有发生。河北省气象部门与交通、交警等部门共同建立冬季融雪除冰应急保障机制，形成了路警联动、精准管控的三方合作模式。依据定时、定点的气象预报，相关部门可及时开展结冰路段精细化融雪除冰，保障公路交通出行安全和通行效率。

深远

回顾气象与奥运的数次邂逅，除了优质服务保障经受住了来自国际社会的检验外，奥运气象服务经验及科技成果的推广应用，也在更长远的未来帮助提升全国气象服务水平，使奥运气象成果惠及全国人民。

2008年夏奥会后，奥运会发挥的辐射带动作用至今还在影响着全国气象业务发展：奥运精细化预报服务由重大活动保障向常态化业务运行转变；3公里分辨率GRAPES区域模式实现了从局地范围向覆盖全国发展。当初为了保障夏奥会在北京及其邻近地区建设的密集气象探测网，至今仍在高质量运行，并将在即将来临的冬奥会中，与稠密的山地监测网共同见证一场精彩非凡卓越的盛会。

正如气象事业总在继承中创新、在创新中发展，冬奥会气象保障服务工作的深远影响同样值得期待。

比如，去年实施的“智慧冬奥2022天气预报示范计划”，汇集了来自气象部门、科研院所、大学和企业等22家单位的智慧，50余个预报产品同台竞技、取长补短，合力满足冬奥精细化预报服务需求。

在中国气象局的谋划中，这项计划除了要为冬奥会提供科技支撑以外，更将全面推动精细化天气预报技术深入发展，从而提升我国高精度客观天气预报核心技术的现代化水平。

诸如此类关键技术的发展凝练，将不仅为国际大型体育赛事气象保障服务提供中国经验，还将面向助力“三亿人上冰雪”的发展目标，推动我国冰雪运动快速进步，实现冰雪产业配套能力、新时期国家重大活动保障及重大自然灾害应对能力等多个领域的提升。

可以预见，北京冬奥会的到来，将为气象事业发展释放更多红利。圆梦冬奥，气象可期！

作者：张格苗 谷星月

张家口赛区：迎着寒潮，探究山地降雪奥秘

《中国气象报》 2021 年 11 月 11 日

11 月 6—8 日，北京冬奥会雪上项目主要举办地——河北省张家口市崇礼区经历了入秋以来范围最大的雨雪、寒潮、大风过程。

6 日 8 时，崇礼出现降雨，北京冬奥会降雪粒子科学观测实验小组准时守候在冬奥会商室，分析天气形势，等待雪来。

11 时 55 分，降水相态逐渐转变成雪。小组成员 7 人分为 3 组，轮流开展观测实验，从降雪开始直至雪停，每小时进行一次观测。此次观测持续了 24 个小时，累计完成 24 组数据采集。

“本次过程拍摄了 150 余张照片，进一步积累了观测实验数据，得到了不同粒子形状、凇附程度的雪水比，为研究赛区山地降雪机理和开展雪深预报积累了观测基础。”降雪粒子观测实验小组组长范俊红介绍，通过对观测的降雪粒子的尺寸和形状进行整理，团队制作了崇礼赛区地面降雪粒子图集，加深了预报员对赛区降雪的认识，为提高降雪量和雪深预报准确率、开展冬奥科普积累了宝贵素材。

与此同时，X 波段双偏振雷达车已就位，针对此次天气过程开展全方位立体观测。从 6 日 8 时一直到 7 日 10 时，6 名预报员昼夜坚守，全面记录此次降水过程的雷达回波特征。“这对加深赛区复杂地形下降水相态转换原理的认识和提升赛区降雪预报预测能力有重要意义。”古杨树场馆群预报员段宇辉说。

早在 11 月 1 日，张家口赛区冬奥现场气象服务团队 6 名预报员进驻云顶场馆，为“相约北京 2021/2022 国际雪联单板滑雪和自由式滑雪障碍追逐世界杯”气象保障服务做好准备。在这次寒潮来临前，云顶场馆气象服务团队提前发布天气预报，多渠道、多方式提示降雪、大风天气对赛场的影响。服务团队提前制定观测计划，分 3 组 3 个点位开展观测，为后续相态转换条件研究打下基础；对接竞赛主任、竞赛指挥室，全程跟进预报与服务。

“这次寒潮天气后，赛区气温持续较低，这也意味着雪场将迎来长达 240 小时的造雪‘窗口期’。”云顶场馆气象服务团队队长李宗涛介绍。

城市运行气象保障服务“高能在线”，张家口赛区赛会气象保障服务团队 5 日发布气象灾害应急预案（寒潮、大风、暴雪）三级应急响应命令，面向高速交警张家口指挥中心、延崇高速、张承高速、交通运输局、机场、市供电公司发布预警信息及最新预报结论。

为一场精彩的冬奥盛会，把每一步走得更扎实，气象服务团队正努力前行。

作者：谢盼 王旭海

冬奥会“模拟考”，预报员交出优秀“答卷”

《中国气象报》2021 年 12 月 3 日

随着北京冬奥会脚步渐近，相关测试活动推进正酣，气象保障服务亦进入加速“冲刺”阶段，气象人如何争分夺秒在最后的实战中持续实现自我提升？在接踵而至的挑战面前，有何所思所感？在冬奥赛场上如何履职尽责？今日起本报开设“冬奥气象·现场”栏目，走进冬奥一线，近距离感受冰雪世界中的气象热情和气象行动。

11 月 28 日,“相约北京”2021/2022 国际雪联单板滑雪和自由式滑雪障碍追逐世界杯（以下简称“世界杯”）在河北张家口崇礼的云顶滑雪公园落幕。截至发稿前，这是张家口赛区举办的规格最高的北京 2022 年冬奥会和冬残奥会（以下简称“北京冬奥会”）测试活动。

距离北京冬奥会开幕不足 70 天，刚刚参与过“模拟考试”的预报员，有何感受？在世界杯赛结束当晚，中国气象报社记者第一时间专访部分预报员。

雪是赛事成功的关键
——李宗涛：北京冬奥会云顶场馆气象服务团队队长、河北省气象服务中心副主任

世界杯赛事在 11 月底，这一时期张家口地区常年日均气温偏高，地面积雪留存难度大，雪量和雪质很难满足赛事需求。“让造雪效益达到最大，需要合适的天气窗口期。”李宗涛介绍，“为此我们研发了造雪融雪预报模型。”

“在各项气象指标最适宜的条件下启动造雪机，不仅高效节水，还能提高雪质。”云顶滑雪公园场馆运行团队后勤部副主任束文表示。

随着世界杯赛事的临近，赛道风速预报、气温预报、气候预测等需求不断涌来。张家口赛区气象保障团队每天举行两次针对赛场的天气预报演练，同时在国家跳台滑雪中心和云顶场馆防风网建立后开展精细化观测试验。

5 年备战，磨砺蜕变。如今，他们已整装待发，准备接受检验！

山地气象预报从无到有，我们做到了！
——董全：北京冬奥会张家口赛区气象中心总首席、中央气象台副首席预报员

从 11 月 21 日的赛前训练开始，董全及其所在团队每日 7 时、11 时和 17 时都为世界杯赛事提供赛区精细化预报。7 时的那份，需要预报员早上 5 时 30 分左右从驻地赶到冬奥预报中心制作。

此外，每日 10 时，预报员要与赛场预报团队、人工影响天气预报团队、张家口市气象台及综合保障组等会商天气，及时沟通信息，确保预报结论一致；16 时，服务团队队长需向北京冬奥组委体育部部长汇报未来 10 天天气情况，以便主办方安排后期赛事。

在各方努力下，今年入冬以来张家口赛区首场测试活动圆满完成。

“从无到有，再到‘百米级、分钟级’的精准预报，我们见证了山地气象预报在我国的萌芽和发展。”在董全看来，压力也是动力，“我们已精心准备，正严阵以待。”

坚持，让我们成长！
——王颖：冬奥会张家口赛区云顶场馆群赛事服务组（WFC）预报员、内蒙古呼伦贝尔市气象台预报员

为保障测试活动成功举办，张家口赛区气象保障团队的 35 名成员早在 10 月 11 日就全部进驻崇礼。其中，就有一位 5 个月孩子的母亲——王颖。

对她来说，家人的理解支持是她前行最大的动力。

对雪上项目服务而言，赛道定点预报往往是保障赛事顺利进行的关键。王颖介绍，复杂的地形导致不同位置赛道的气象情况差异巨大，因此团队每年会多次徒步走完整个赛场，实地监测每个赛道的情况。

5 年来，基于赛场周边建设的精密监测站网，团队发现了山谷风、夜间增温、冷湖效应等现象；开展了降雪粒子观测试验；结合多家预报模式反复订正和检验预报结论，推动各赛道预报准确率不断提高。

北京冬奥会倒计时的指针飞速划过。气象保障服务团队正向着共同的目标，全力冲刺！

作者：王若嘉

张家口赛区全力以赴做好最后一次加练保障

《中国气象报》 2021 年 12 月 10 日

考验耐力的越野滑雪、落差极大的跳台滑雪……12 月 4—5 日，“相约北京”冬奥测试赛 2021—2022 国际雪联跳台滑雪洲际杯及北欧两项洲际杯在河北张家口古杨树场馆群进行激烈角逐。

本次测试赛是北京冬奥会前，国家跳台滑雪中心和国家越野滑雪中心最后一次实战演练，北京冬奥会张家口赛区气象预报服务团队严阵以待，抓住正式赛之前最后一次“练兵”机会，拼尽全力做好赛事气象保障。

越野滑雪：三年积累探索山谷冷池效应

“玥姐，竞赛办公室主任刚刚告知外国运动员现在要看最新的天气预报。”12 月 5 日 8 时 50 分，负责越野滑雪项目的场馆预报员徐玥刚接完热水走进办公室，便被队友胡赛安叫到电脑前……

越野滑雪被称作“雪上马拉松”，其赛道盘旋在山坡和山谷之间，冷池效应明显。

“这种山地小气候的预报与平原或城市的天气预报截然不同。”徐玥表示。她举例，尤其是日落时山谷气温下降得较快，有时一小时能降温 4～5℃，导致夜间山谷气温比山顶气温还要低，形成冷池。

天气的剧烈变化很容易影响运动员身体机能，因此场地高点和低点的气象预报至关重要。为此，越野滑雪预报服务团队会在每天 7 时、11 时、17 时同时制作、发布场地高点和

低点天气预报，并且每隔半个小时定时发布中英文天气实况。

熟悉越野滑雪的人都知道，越野滑雪运动员 30% 的成绩受到打蜡影响。国家越野滑雪中心竞赛副主任崔英波表示，打蜡师的工作也离不开精细的气象数据。赛前，打蜡师会根据气象数据给雪板涂上不同的蜡，以减小雪板与雪道之间的摩擦力，增加运动员滑雪速度，减少运动员体力消耗。

为了提供更好的气象支持，3 年前，团队便开展了一系列冷池试验，在山坡上放置了多个温度计，连续观测数月温度变化，制作了冷池环流模型。团队还组织队员前往美国培训，系统学习山地气象学知识，进行山地局地小气候实地观测试验。经过这些年的实践积累和理论研究，团队对整个山谷的局地气候特点和预报服务更有底气了。

跳台滑雪：精准预报让风对运动员的影响减到最小

这是勇敢者的游戏——在跳台滑雪古杨树赛场的驻场预报员这样描述现场“观赛”的体会。

跳台滑雪比赛时，运动员利用自体重助滑起跳，在空中“逆风飞翔”，并根据从起跳点到着陆坡的飞行距离、动作姿态，计算评分——这项比赛对风的要求非常高。

“风什么时候增强？”“这次的强阵风大概几时会趋于结束？”……这些问题随时等待着气象预报服务团队的预报员段宇辉、李嘉睿、杨玥、刘昊野来解答。

在现场，后方预报团队作出的预报结论，马上就会接受检验。如果预计高影响天气可能对比赛产生一定的影响，赛事组委会会根据具体的天气影响情况进行赛程的调整或变更，一系列相关工作的时间安排都要随之调整。“预报出现偏差怎么办？”刘昊野也常有压力，但依然觉得，“在冬奥会的场馆一线能积累更多的预报经验”。比如，运动员和裁判员更关注相对于跳台赛道是顺风、侧风还是逆风，这和气象部门平常对风的关注点有很大不同。

根据跳台滑雪的需要，雪道特地建设为逆风环境，当山顶刮西北风、西风时，山脚和赛道则为东风、偏东风。

国外代表团的领队们分不清方向，看到赛道旁有风旗，便想在着陆点也插上风旗，以便观察从山顶传递到山下的风速及风向。李嘉睿说，第一时间收到需求反馈，他们立即更新服务材料，配上赛场图片、指向标，沟通竞赛办公室，在着陆点附近设置风向旗。赛后，国际雪联相关技术官员特意向预报员们表示感谢。

如今，“加练”已经结束，但工作仍在紧锣密鼓地进行，等待着 56 天后冬奥会的实战检验。

作者：刘倩　李悦

北京冬奥会倒计时 50 天　九问冬奥气象服务

《中国气象报》 2021 年 12 月 16 日

12 月 16 日，距离冬奥会开幕还有 50 天。在愈发浓烈的冬奥氛围之下，我们聚焦冬奥气象保障服务一探究竟。

一问：这次中国气象部门开展的冬奥气象服务与往届有何不同？

答：2022 年北京冬奥会（冬残奥会）是我国气象部门第一次处在东道主的角度，为赛事顺利举行及赛事期间的各项活动提供必要的气象保障。这也是奥组委赋予历届冬奥会承办国家的重要职责。而此前历届冬奥会，我国气象部门提供的服务主要是针对中国奥运代表团的专项服务，帮助我国冬奥健儿在异国他乡适应当地天气气候条件，赛出好成绩。

当然，两者有时也存在联系。2018 年，我国为出征韩国平昌的中国冬奥健儿提供赛场气象保障，一方面服务了我国运动员，另一方面也在熟悉冬奥赛事气象服务流程。

二问：冬奥气象服务主要服务谁？

答：狭义的冬奥气象服务是根据奥组委需求，为各项赛事的顺利举行提供服务；广义的冬奥气象服务则延伸至整个场馆群、赛事期间各类活动，乃至保障主办城市的运行。

赛事服务是冬奥气象服务的核心内容。根据奥组委要求，雪上项目和滑行项目的每个场馆，至少要安排两名气象服务人员提供现场服务。此外，在北京、延庆、崇礼等气象服务分中心，也有专职预报员为赛场气象服务人员提供预报产品支持。在每个比赛日，赛场气象服务人员会根据预报产品，在领队会上，向组委会、裁判及各代表队解读赛时天气情况，为是否调整比赛计划提供支撑。

此外，围绕冬奥核心区，即场馆区、冬奥村及赛时主要文化体育活动举办地等，气象部门提供的服务也非常关键。这些服务内容直接对接奥组委，为核心区的人员通勤、物资运输、活动开展、观赛安排等整体调度，以及赛事转播等提供保障。

在外围服务方面，气象部门要面向各相关单位，聚焦城市运行提供服务保障。譬如一旦出现高影响天气，城市运行保障是确保核心区安全、赛事顺利进行的基础。

三问：冬奥气象工作都要做什么？

答：除对赛事、核心区及城市运行提供“一场一策”“一项一策”精细服务外，冬奥气象工作离不开监测、预报、科研等支撑。

雪上项目场地大多存在海拔落差大、小气候环境复杂等客观因素，而赛时对风、气温、能见度等要素的监测、预报精细化需求更高，因此，精密监测是基础。目前，我国已在核心赛区建成 50 多套赛道气象站，加上多部各类天气雷达，形成“三维、秒级、多要素”监测网络。赛时，装备保障人员每天会对观测设备进行常规维护；遇到极端天气时，还要对设备进行应急维护。

在预报方面，气象部门建成了京津冀区域 500 米分辨率、冬奥山地赛场核心区域 100 米分辨率、逐 10 分钟快速更新的中国气象局北京快速更新循环数值预报系统，具备了“百米级、分钟级”精准预报能力，有效提升了冬奥赛区预报准确率。赛时，除了北京、延庆、崇礼等气象服务分中心预报团队，以及派驻北京冬奥会（冬残奥会）指挥中心的气象专家外，中央气象台及京津冀多地气象部门将密切开展会商研判，制作发布各类预报产品。

在科研方面，国家级及地方气象科研单位围绕复杂山区边界层特征、冬季降雪综合观测和数值模拟、山地气象短临数值预报、智能网格预报、空中救援气象保障等，连续多年开展科研攻关，为气象工作提供科技支撑。

四问：冬奥气象工作从何时开始？

答：早在2013年，北京提出申办冬奥会（冬残奥会）计划开始，气象部门就围绕北京、张家口等地气候背景展开研究，为申办工作提供服务。2014年10—11月，根据申办工作的数据需求，气象部门在延庆、崇礼等地陆续建成多个气象站，为成功申办打下基础。

2015年北京成功申办2022年冬季奥运会后，气象部门开始着手组建冬奥预报服务团队。2017年，首批预报员进驻赛事核心区开展长达数月的集中冬训。自此，每年都会进行预报员冬训。

与此同时，监测站网建设、科技攻关也在紧密开展。2019年年底，冬奥赛区三维立体气象观测站网基本建成，包括赛道气象站在内，在北京城区、延庆及崇礼周边，441套现代立体观测设施基本建成；2020年年初，气象部门对“相约北京”测试赛的成功保障，标志着冬奥气象预报服务系统已满足业务运行标准。

五问：参与冬奥气象工作共有多少人？

答：北京冬奥组委新闻宣传部部长、北京市委宣传部常务副部长赵卫东介绍，气象部门抽调了全国最优秀的气象预报服务人员，组建了52人的北京冬奥会气象预报团队。

不过，他们仅是直接面向赛事的预报服务人员。气象部门还有大量工作人员，围绕冬奥核心区（场馆群、冬奥村）、城市运行保障等提供气象服务；也有许多人在设备保障、科技研发、科普宣传等领域，为做好冬奥气象服务添砖加瓦。

六问：冬奥气象预报员来自哪里？

答：冬奥气象预报服务团队成员除来自北京、河北两地气象部门外，还有多名从黑龙江、吉林、辽宁、内蒙古、山西等地气象部门抽调的优秀预报员。作为国家级预报龙头单位，中央气象台派出5名预报员进驻一线。

北京市气象局、延庆区气象局，河北省气象局、张家口市气象局、崇礼区气象局预报员，怀着“我家门口办冬奥”的热情，为场馆区及城市运行、赛时各类文体活动等提供相关预报服务。

七问：冬奥会和夏奥会，谁的气象服务需求量大？

答：与夏奥会相比，冬奥会的特殊之处在于，气象因素直接影响着相关赛事能否顺利进行。风力、风速、气温、降雪、雪温、雪质、能见度等，都事关运动员的安全与比赛成绩。因此，预报员需要帮助赛事寻找适合“窗口期”。

气温过高可能导致雪场出现融雪，气温过低则可能对运动员身体造成损伤；风力、风向对于高山滑雪、跳台等项目都有较大影响，往届冬奥会也多次出现过因为“风”而推迟赛事的情况；一旦出现自然降雪，雪道需要及时清理；能见度会影响运动员、裁判员视线，这是事关高山滑雪等高速滑行项目安全的关键因素。

总体来看，冬奥会对气象服务的依赖性更大，需求更具体，所需的预报精细化程度也更高。

八问：为什么要提出“分钟级、百米级”气象服务目标？

答：这一目标是基于冬奥赛事实际需求及赛场具体环境提出的。

山地气象预报本身就是国际公认难题。海拔落差每 100 米，气象环境就有天壤之别；翻过一道山梁，又是另一番光景。山区天气变化规律也极为复杂。但恰恰这种地形环境，才能满足冬季赛事比赛需求。

以延庆赛区高山滑雪赛道为例，赛场水平距离短、垂直落差大，气象预报面临山区复杂地形下“一天变四季”“十里不同天”的考验。要想精准把握山顶、半山腰、山脚下的不同天气状况，精准判断比赛进程中的天气变化规律，就必须努力做到监测精密、预报精准、服务精细。

通过近年来的技术钻研和模式研发，气象部门目前已能够实现复杂地形下 100 米分辨率、逐 10 分钟快速更新的冬奥关键气象要素预报，满足赛事保障条件。

九问：除预报服务压力以外，冬奥气象人还要经历什么？

答：2022 年冬奥会的特殊之处在于，相关工作要严格遵循防疫工作要求。为此，相当一部分冬奥气象工作人员从 10 月底开始，就进入与家人长期分离的闭环管理阶段，这一时间预计持续近 6 个月。尽管如此，不同岗位的气象工作者仍将为冬奥会的成功举办全力以赴。

作者：段昊书

云顶赛场有群气象“攀登者”

《中国气象报》 2021 年 12 月 24 日

造雪机喷射出漫天细雪，压雪车轰鸣着驶过雪面，穿着滑雪板的工作人员在山坡间穿梭……12 月 21 日，在距离北京 2022 年冬奥会和冬残奥会开幕还有 45 天之际，记者来到张家口赛区云顶赛场，冬奥气息扑面而来。

一铲雪、一小步……上午 9 时，雪白的山腰处，北京冬奥会张家口赛区气象装备保障团队（以下简称“装备保障团队”）队长幺伦韬和队员金龙、何涛、王彦朝、杨津一行 5 人蹒跚着向上攀爬。此行的目的地，正是百十米开外赛道旁的“云顶一号”气象观测站。

数九寒天，去“云顶一号”气象观测站干什么呢？“准确和及时的观测数据是冬奥气象服务的前提。”何涛说，根据预报需求，他们需要在 11 个关键站点增设备用站，为赛时观测预报多加一道“保险”。而“云顶一号”正是其中建站难度较大的站点之一。它位于自由式滑雪空中技巧赛场上方，周围坡度超过 45 度，又陡又滑，连雪地摩托都难以抵达。在没有索道的情况下，队员要想到达站点，只能背着 20 多斤重的装备，套上冰爪，从没过脚踝的积雪中铲出一条路，一步一步爬上山顶，再一点一点向下挪到站点。

出发没一会儿，他们就在“云顶一号”上方30米左右的山坡上停住了脚步。

“再往前就没路了，只有一个坡度近60度的雪坡。”幺伦韬说，一旦稍不留神滚落，可能有生命危险。这样的险境，幺伦韬和队友们不是第一次遇到。从7年前开始，他们就以冬奥赛场为核心，在恶劣的环境中建站、护站，终于将40余套气象观测站布设在赛场各个关键部位。

突然，幺伦韬有了主意。他将安全绳的一头绑在造雪机上，中间让队员拉紧，另一头则缠在自己腰上——他决定先走一步，给大家当开路“急先锋”。只见他拿着军工铲艰难地挖出了一条尽可能平整的“雪梯”，而后，队员们一手拽紧安全绳，一手提着设备，小心翼翼地踩着“雪梯”前行。有些大型设备还需要大家搭起“人梯”往下传。

等到人员、设备全部到位，已过去一个多小时。5人小队马不停蹄地安装设备，显得忙碌而有序。原来，出发之前，5个人根据前期积累形成的“一站一策”保障方案，有针对性地携带了工具、明确了建站步骤。“方案包括自动站设备信息、维修工具、线路等，是大家上山维修的指南。”杨津说。

立杆、固定、测试……不到半个小时，备用站安装调试工作就完成了。“今天天气难得这么给力！”金龙说，相比几周前在−20多℃的环境中建站和巡检，这回已经感到相当幸福了！

再回到山腰处，已是中午时分。“今天冬至，走，回去吃顿饺子！”幺伦韬拍了拍腿上的雪粒，跟队员们高兴地说。

作者：李悦　王亮　贾静淅　王旭海

压线冲刺共赴冰雪之约
——写在北京冬奥会倒计时30天之际

《中国气象报》2022年1月6日

1月5日，对于北京冬奥会三大赛区一线气象服务工作者来说，寻常又不寻常。

说“寻常”，因为早在2021年2月初，从“相约北京”系列冬季体育赛事举办开始，三个赛区预报服务团队就已严格按赛时标准自我要求，对标需求，打磨能力；再往前看，以“一场一策”和“一项一策”为原则，汇聚多地业务骨干的冬奥气象服务核心团队自2017年建成以来，进山追风、苦练英语、驻场冬训……追寻冰雪之梦的脚步一刻不曾停止——今天，只是又一个脚印。

说“不寻常”，因为这一天，距离举世瞩目的盛会拉开大幕只有30天。

最后的“压线冲刺”阶段到了！气象服务“撞线”的脚步，一如既往稳健而有力。

陆续开展闭环管理的赛区和更加精细的城市运行管理服务需求各异，专项服务持续跟进——

面向冬奥组委主运行中心指挥部领导及内设机构，以及不同场馆的服务需求，三大赛区各服务团队有条不紊地提供赛事服务及场馆站点预报、通报。一面夯实“内功”，模拟赛时状态，依托现有平台、科技成果，将预报细化到每一个场馆、每一条赛道；一面打磨“外功”，与其他相关团队、单位细化点位对接，演练不同气象风险下的赛事变更预案等。

同时，预报员更加紧在每一轮过程、每一场赛事、每一次模拟和演练中自我检验和提升：

在北京、延庆赛区，从 2021 年 12 月 6 日开始，预报业务人员开展定点、定时、定量的预报“比武”——每天 17 时前，预报员制作各冬奥场馆预报，并上传至多维度冬奥预报业务平台，再由系统统计评分。在促进精细化预报能力提高的同时，更反复强化了这套业务系统操作流程。

在张家口赛区，针对刚刚结束的国家冬季两项国际训练周中降温大风天气服务情况，场馆气象服务团队总结经验，优化服务策略。在云顶滑雪公园，预报员在不断强化多元气象观测设备应用的同时，针对建成防风网的新情况开展场馆内外风速风力预报试验，为赛时精准“捕风”积累经验。

国家气象中心组织起一支高效协作团队，以现场预报服务为前锋、中央气象台会商支持和决策服务为大本营、预报技术研发和系统平台保障为后卫，随时提供保障。

冬奥梦酣，人心激昂。状态昂扬的“人”身后支撑的，是“技”与“器”的坚实力量——

数年攻关，冬奥气象科技实现多个“首次”：构建了科技冬奥气象“百米级”“分钟级”天气预报技术体系，实现了冬奥山地赛场的 0～10 天“百米级”网格气象预报以及冬奥关键点位的 0～10 天定时、定点、定量气象预报；复杂山地精细化网格数值预报和人工智能技术等新技术新方法广泛应用……多项技术填补国内空白，核心技术完全自主可控。当前，“科技冬奥”项目已纳入世界气象组织高影响天气预报示范项目，将为国际高影响天气预报技术研发和应用提供中国智慧和中国经验。

砥砺前行，织密监测网络，完善预报系统。早在 2019 年年底，冬奥赛区三维立体气象观测站网基本建成，在北京城区、延庆及河北张家口周边，气象部门建成现代立体观测设施 441 套。今年 1 月 1 日，海陀山国家天气雷达站和河北省张家口新一代天气雷达正式业务运行，为复杂山地及超大城市监测服务再添“猛将”。

把“人”“技”“器”拧成一股绳的，是全国一盘棋的机制，和机制中贯穿始终的初心——

早在 2013 年，中国气象局就为成功申办北京冬奥会提供了翔实科学的气象依据；申奥成功后，中国气象局第一时间启动北京冬奥会气象服务筹备工作，2016 年 7 月，成立冬奥气象服务领导小组；2017 年 6 月，成立冬奥气象中心，选派气象骨干入驻北京冬奥组委设立的气象办公室；2017 年 8 月，中国气象局与北京冬奥组委签署冬奥气象服务协议，滚动跟踪了解气象服务需求；2018 年，中国气象局成为第 24 届冬奥会工作领导小组成员单位；2020 年 10 月，北京冬奥会气象服务协调小组组建……

习近平总书记强调：“我们将竭诚为世界奉献一届奥运盛会。世界期待中国，中国做好了准备。”而这用汗水、梦想、执着和信念书写的“准备”中，有气象铁画银钩的笔墨——圆满完成北京冬奥会气象保障服务各项任务，我们有信心也有决心！

作者：叶奕宏　谢盼　叶芳璐

【冬奥之约】5年的付出最终要靠这30天来检验

人民政协网　2022年1月27日

天气可以说是影响冬奥会成功与否的关键一环，细数历届冬奥会，因为天气原因调整赛事的情况时有发生。

如今，北京冬奥会开幕进入倒计时，全世界的目光再次聚焦北京，为护航这场冰雪之约，冬奥气象服务“国家队”历时5年的筹备工作正式迎来检验成绩的关键时刻。

“为赛事提供精准的天气预报，提供专业精细的气象咨询是我们当前的首要任务。”北京冬奥会云顶场馆群气象服务团队队长、河北省气象服务中心副主任李宗涛接受人民政协网《冬奥之约》线上访谈时如是说，此时，为了做好气象服务保障工作，他与同事们早在2021年10月31日就已入驻张家口云顶滑雪公园。

“让每一块金牌都顺利发出”

李宗涛从事气象工作多年，谈及气象变化会给冬奥会带来的影响时，他介绍，温度、风速和能见度都与冬奥会雪上项目密切相关，如跳台滑雪对风速有着严格要求，必须低于4米/秒才可以正常比赛；而越野滑雪、冬季两项等，运动员需要较长时间在户外进行体能和耐力的较量，对温度的要求较高。

“温度过低，会给户外比赛的运动员带来冻伤甚至失温的风险；温度过高，雪上比赛项目又会出现雪道融化现象，同样会影响运动员的安全和赛时水平发挥，甚至会导致雪量不足，直接关系到赛事能否顺利举行。”李宗涛举了个例子，2010年加拿大温哥华冬奥会，就曾因天气升温，达不到人工造雪的条件，组委会动用300辆卡车和数架直升机运雪，以保障比赛的进行。

面对张家口地形复杂，气象多变的严苛条件，极端天气是气象保障工作中严峻的一关。“一旦温度风速等气象要素达到阈值，我们将及时启动竞赛日程变更的程序，全力做好各方面的应急准备。”针对可能出现的各种情况，李宗涛所在的团队已经预演了上千次。

“一场比赛不能因为天气原因轻易取消，这背后承载着运动员们的梦想与汗水。气象服务，就是要做好事前研判工作，力争每一场赛事正常举行，保障运动员的人身安全，更好地发挥实力水平，让每一块金牌都顺利发出！”李宗涛说。

“一辆车上的一颗螺母”

如果“专业”是这支队伍的标签，那“敬业”一定是它的代名词。在前期建立自动气象站时，气象服务团队常常遇到大雪或严重冰冻天气，甚至常常面临失温的危险。在建其中一个跳台自动气象站时，当天白天气温达 -30℃以下，团队在“泼水成冰”的室外足足干了一整天，中午匆匆吃上一碗热汤面又迅速赶往现场。

“只有前期准备做好了，后期工作才能顺畅。”随着冬奥会期的临近，气象团队的“战役”才真正打响。李宗涛介绍，“张家口赛区的气象部团队一共是 35 人，我们分为前后方两支队伍在战斗。从凌晨 5 点开始制作第一份双语气象预报，到晚上 11 点发出最后一份预报，期间每小时发布一次，24 小时轮班值守，工作强度还是比较大的。”

尽管如此，李宗涛在视频里用“一辆车上的一颗螺母”形容自己。“我们的身后是中国气象局、河北省气象局以及全国的气象专家，这样一个庞大的团队在支撑完成冬奥气象服务的保障工作。”

“只要没结束，心就放不下”

“今年是冬训的第 5 个年头了。来到场馆的 87 天，我们最多只回过一次家。”李宗涛谈起个人生活，首先想到的不是自己的小家庭，而是河北气象这支“特殊”的团队。

“我们气象团队女同志多，大龄单身女青年也多。每年 10 月一进入基地集训就得半年，工作强度大，实在是太耽误人生大事了。”李宗涛为此也做了不少努力，“我看这些搞体育的小伙子都不错，一个比一个精神，但是一个个也忙得够呛，配对也很难。”

1 月 30 日，恰好是第一场官方训练的时候，气象预报团队预报会有一股冷空气降临，先后可能会出现降雪、大风以及降温天气。“应该会对官方训练有一定的影响，我们现在正在密切地关注，按时更新气象预报，并跟场馆进行积极对接。”

“只要没结束，心就放不下。”李宗涛用这句话形容了自己此时此刻的心情。

“5 年的付出最终要靠这 30 天来检验。现在是临门一脚的时候，我们最主要的工作才刚刚开始，需要前方后方的大团队共同努力，我们也有信心把它做好。”李宗涛说。

记者：王慧文 杨岚

冬奥气象预报服务团队提前进入“冬奥时间”

北京日报客户端 2022 年 1 月 30 日

凌晨 3 点多，延庆的天空还是黑漆漆一片，冬奥延庆气象预报服务团队的 11 名成员已经准备就绪，奔赴各自的工作岗位了。

每天凌晨 5 点，当天第一份气象预报已经发出，准时送达赛事方和各国教练、运动员以及工作人员手中。

从 1 月 25 日开始，延庆赛区的冬奥预报服务团队制作发布逐小时的预报产品。11 人的预报团队分成 3 组：2 人在高山滑雪场馆、2 人在雪车雪橇场馆，进行现场的预报解读和服务；7 人在冬奥延庆气象服务分中心，提供所有的预报信息，全力做好预报支撑。

北京市气象台副台长于波，在延庆气象服务分中心负责赛事场馆的预报工作。她告诉记者，在延庆赛区开展的高山滑雪和雪车雪橇赛事，预报团队会针对高山滑雪不同海拔高度的场馆以及雪车雪橇场馆，滚动更新提供逐小时的气象预报服务。预报要素不仅包括常规的天空状况、气温等，更为重要的是关注影响赛事的关键要素，如阵风、低能见度、降水相态等。

“高山滑雪赛事对大风尤其敏感，我们在预报中还要着重考虑影响阈值，如果大风风速超过一定的阈值，比赛可能就要暂停或者推迟，那么对这个阈值的考虑就非常重要，阈值卡得准，才能为赛事方提供更有价值的参考。”于波说，把握阈值，反过来说，就是要求预报员寻找不超过影响阈值的“窗口期”。

1 月 25 日开始提前进入“冬奥时间”，也是为了让团队成员提前适应赛事期间的工作节奏，并检验工作流程。“每天凌晨开始工作，一直持续到下午 6 点，等冬奥会开幕后，就要坚持到当天所有赛事结束，工作强度较大，所以必须提前适应才行。”于波说。

从 2017 年开始，这支 11 人的延庆气象预报服务团队就已经组建成型。5 年来的每一个冬天，他们都在延庆赛区驻扎，进行冬训和开展实地预报训练。他们爬过山、滑过雪，为的就是切身体会和掌握山地气象要素的变化规律，做出精准的预报。

“5 年时间的摸爬滚打，现在最后检验我们的时刻即将到来！”于波说，大家的心情既激动又忐忑，每一位团队队员都希望能早日把 5 年来积累的成果和经验用于北京冬奥会的服务当中，最大程度发挥自己的力量，“有压力，但更有动力！”

记者：骆倩雯

最是冰雪映丹心——写在北京 2022 年冬奥会开幕之际

《中国气象报》 2022 年 2 月 5 日

2 月 4 日，随着北京冬奥会圣火点燃，明艳的烟花在国家体育场上空绽放。与现场热烈的掌声呼应的，是为开幕式保障服务倾注心血的气象人。他们或驻守“鸟巢”现场，每 15 分钟开展现场加密预报服务；或紧盯电脑屏幕，跟踪最新天气形势变化；或坐镇会商室，指挥调度、运筹帷幄……

事实上，自 1 月 22 日开始，围绕开幕式的气象保障服务已按下“加速键”，中国气象局相继召开 5 次工作调度会，局党组书记、局长庄国泰等领导靠前指挥，各级气象部门进一步根据专项活动特点挖掘需求，跟进式开展服务——从提前 10 天每日滚动预测 2 月 4 日天气，到 2 天前重点发力提供天气对开幕式各阶段的影响预报和决策建议，1 天前逐小时滚动发布开幕式期间精细预报……

气象人终于迈上北京冬奥会保障服务的第一个台阶——北京冬奥会盛大开幕，这场中国与世界共绘的冰雪长卷即将铺陈开长达 16 天的精彩。

这也意味着北京冬奥会气象保障服务决战决胜的长卷正式铺开。

已经展开的画幅，仿佛也在诉说着对这份浪漫与激情的急切和期待——上面绘着来路峥嵘，数不清有多少人怀着同一腔热血向着同一个目标奔来，将在那未展开的部分挥斥方遒。

丹心染出鲜明底色，脚步踏出遒劲题跋的，来自各行各业，其中当然有气象的铁画银钩。

谋篇
空白画卷上，如椽巨笔勾勒出未来方向

2015 年，北京获得冬奥会举办权，这意味着 2022 年，我国气象部门将以东道主身份扛起赛事期间各项活动气象保障服务的大梁。

一面是党和人民的殷殷期盼——举办北京冬奥会、冬残奥会，是以习近平同志为核心的党中央着眼于我国改革开放和现代化建设全局作出的重大决策，是我国重要历史节点的重大标志性活动。而天气条件是影响北京冬奥会能否顺利举办的重要因素，做好气象保障服务使命光荣、责任重大。

一面是“从零起步”的挑战与艰难——在冬奥气象服务领域，无论技术积淀还是经验积累，都几乎为零。气象部门有的，只是围绕申办冬奥会、冬残奥会计划，在北京、张家口等地开展的气候背景研究积累，和陆续建成的多个气象站。仅靠这些，远远无法满足赛事保障服务需求。

道阻且长，行则将至。在党中央的坚强领导下，在北京市政府、河北省政府以及北京冬奥组委、相关部门的大力支持下，冬奥气象保障服务能力逐步提升，从蓝图走向现实——

2016 年 7 月，冬奥气象服务领导小组成立，拉开冬奥气象服务筹备的大幕。

2017 年 6 月，举全部门之力成立冬奥气象中心，选派气象骨干入驻北京冬奥组委设立的气象办公室。

2017 年 8 月，中国气象局与北京冬奥组委签署冬奥气象服务协议，滚动跟踪了解气象服务需求。

2018 年，中国气象局成为第 24 届冬奥会工作领导小组成员单位。

2020 年 10 月，北京冬奥会气象服务协调小组组建，统筹凝聚跨区域、跨部门的气象保障服务力量。

……

在“冬奥气象”时间的表盘上，每一个刻度都是气象事业砥砺前行的一大步。这些滴答转动的制度“时针”，盘活了全国上下的资源——国家级相关职能司和业务单位，山西、内蒙古等地气象部门纷纷出台工作方案，成立工作专班或专家小组，在高扬的党旗下汇聚科技、人才资源，以制度为纽带拧成一股绳，为办成一届“精彩、非凡、卓越”的奥运盛会源源不断输送气象力量。

随着冬奥脚步渐近，气象服务“压线冲刺”的时刻也到了。“必须全力以赴，必须迎难而上！”从气象服务动员部署会，到慰问一线气象服务团队，从视频连线冬奥北京气象中心，到宣布进入冬奥气象服务特别工作状态，中国气象局局长庄国泰反复强调，做好冬奥气象保障服务是党和人民交给我们的光荣任务，是向全世界展示我国气象科技实力的重要窗口，必须举全部门之力，以饱满的热情和昂扬的斗志做好北京冬奥会赛时气象服务工作。

所有的一切，为打好冬奥气象保障服务关键之战勾勒出清晰的方向和路径。

赋彩
用最硬核的科技，铺上最亮眼的气象底色

做好冬奥会气象服务任务艰巨，需要挑战复杂地形条件下精细化预报的极限，挑战极端天气条件下气象装备稳定运行和保障的极限。从北京冬奥会成功申办以来，广大气象工作者心怀“国之大者”，以高度的责任感、使命感、荣誉感，全力以赴，不断攻坚克难。

“冬奥气象保障服务筹备工作现已全面就绪，气象科技创新实现‘两个首次’。”2021 年 11 月 22 日，北京市政府新闻办公室举行 2022 年冬奥会、冬残奥会北京城市保障服务专场新闻发布会，北京市气象局副局长、新闻发言人梁丰表示。

首次实现赛区高精度气象探测数据的成功获取，首次具备“百米级、分钟级”精准预报能力。对于冬奥气象科技而言，这“两个首次”不是量变，而是质的飞跃。

气象因素直接关乎冬奥会相关赛事能否顺利进行，北京冬奥会又是近 20 年内唯一一次在大陆性季风气候条件下举办的冬奥会。大风多、干冷的气候特征决定了这届冬奥会对山地小尺度风和温度的捕捉更显紧要和艰难。

这也是国际上尚未解决的气象难点问题之一。

历经数年攻关，气象部门以冬奥赛场为核心，用 441 套现代立体探测设施“编织”出一张复杂山地 + 超大城市一体、三维、秒级、多要素的冬奥气象综合精密监测网；建成京津冀区域 500 米分辨率、冬奥山地赛场核心区域 100 米分辨率、逐 10 分钟快速更新的中国气象局北京快速更新循环数值预报系统，使山地气象精密监测、精准预报难题有了响亮的“北京答案”。往届冬奥会，客观气象预报以千米网格为主，时间更新频率是半小时至 1 小时。

还有来自国家级业务单位带着暖意、凝聚着心血的支援：有的拿出“拳头”产品，如智慧冬奥 2022 天气预报示范计划产品、高精度冬奥支撑客观预报产品、覆盖京津冀区域的高分辨近地面要素产品等，精准捕捉赛事敏感气象要素，面向现场预报服务团队和公众推出多种形式的智能产品；有的筑牢“科技堡垒”，或深耕专项服务，或强化定制服务，如开展赛区降温可预报时效分析，并专门为开闭幕式提供日间气温变率；有的强化后方支撑，加强冬奥观测系统装备运行监控、数据质控和产品应用，护航赛区重大装备保障运维工作。

在空中，有风云气象卫星无声守望。它们扫描到的数据经过有针对性的开发，形成夜间可见光、冰雪、雾监测实时产品和更加精细的云图信息。集成冬奥卫星天气服务平台，可为预报员提供高时空分辨率的冰、雪、雾变化监测服务。

在信息奔流的网络世界里，有数据“卫士”忠实守护。基于气象综合业务实时的监控系统已实现冬奥相关服务产品实时统计、分析和靶向推送，在全球 - 区域 - 局地实况分析关键技术的加持下，冬奥数据服务能力进一步强化。

各放异彩的硬核科技，交融迸发出炫目的色彩，犹如钢与火的交融——在“国之重器”的金属光泽上跃动着火一般炽热的初心。

点睛
为业务注入灵魂的，永远是热血和初心

在复杂多变的天气中，无论是默契的前后方联动还是到位的临场发挥，无不彰显出“服务精细”的力量——再缜密的顶层设计也必须落到实处，再硬核的科技也必须具备温度，能做到这一切的，只有人，认真、敬业、坚韧、训练有素的人。

2021 年 11 月 21 日晚上，蜿蜒的“雪游龙”上即将举行 2021/2022 国际雪橇联合会雪橇世界杯收官之战。当天 6 时，延庆赛区气象服务组现场预报服务团队的李琛和陶亦为刚来到现场，抬头就见天边一抹昏黄——提前一天预见的沙尘天气，果然来了。

虽然比赛在夜间，但风沙会污染赛道，严重的话可能加大摩擦力，威胁运动员安全。两人当即与后方联系，告知天气实况。在冬奥会延庆气象服务分中心驻守的其他预报员迅速再分析再研判天气趋势，结论是：中午前后沙尘才会结束。李琛和陶亦为马上将这一信息告知主办方和场馆运维团队。权衡之下，运维团队决定关闭遮阳帘，沙尘过了再打开。

“在一般大风天气下，遮阳帘不随便开，可能被刮到赛道上。”李琛说，正是因此，场馆尤需准确的天气转折期预报，比如风何时减弱、沙尘何时结束，这对于局地沙尘这种小尺度天气系统来说，预报准确殊为不易。

沙尘刚过，还没等主办方舒一口气，紧接着 16 时，天空飘落零星雪花，所有人的心再一次悬了起来。尽管此前的场馆专项预报中提到了下午可能有“零星小雪”，但主办方心里还是没底。身处现场的李琛和陶亦为果断研判：这是气流受地形抬升影响导致的降雪，不会导致赛道积雪，与之前预报结论一致。他们要做的，就是自信、精练、高效地向工作人员解释天气现象和预报理由。

赛事圆满结束后，无论是主办方还是地方领导都对气象服务赞誉有加。

这个故事，只是无数次实战中精细化气象服务的一个缩影。而这样的预报能力，是一线预报员们经年累月用手、用脚、用心一点一点“雕琢”出来的。在山地气象预报这一世界性难题面前，预报员们几乎算得上是从零开始，披星戴月，研读相关理论书籍资料；翻山越岭，连续 5 个冬天驻守延庆和张家口赛区开展冬训，去感受、探究山地天气气候和地形之间的规律，继而把观云追风的心得凝练成产品，持续丰富冬奥气象服务产品体系，为我国尚属“蓝海”的山地气象预报锚定航线、浇筑地基。

赛事预报员身后，有来自全国气象部门的装备运维保障人员、首席预报员、模块技术开发专家、专业小组、联合团队等，还有来自中国科学院大气物理研究所、北京大学等科研院所、高校的专业人才。他们饮冰卧雪，把气象监测站建在最需要的地方，车上不了，就骡子上，骡子也趴下了，就人来扛；他们顶风冒雪，在零下十几摄氏度的天气中上山维护精密设备，甚至为了避免损伤仪器，先用体温焐化细小配件上的冰霜；他们披星戴月，秉持大国工匠精神，钻研技术，突破自我……他们不仅活跃在冬奥核心区（场馆群、冬奥村），还将在城市运行保障、科普宣传等众多领域添砖加瓦。

序幕已启，新章待绘。在世界瞩目的赛场上，气象人将持续用最大的热情和最大的努力，让冰雪之诺应得“简约、安全、精彩”，让光荣与梦想如期绽放。

作者：叶奕宏

（叶芳璐、吕梦瑶、王新、徐娜、陆风、赵现纲、张志强、谷军霞、陈文琴、朱玲玲、张晓、钟磊、郭聪、王英杰、盛黎、唐卫、牛彦元、刘金城、贾良对本文有贡献）

张家口赛区用行动为奥运健儿加油

《中国气象报》 2022 年 2 月 7 日

1 月 31 日一早，在国家跳台滑雪中心，气温 −20℃。

寒风呼呼地吹过，时不时卷起积雪，打到北京冬奥会张家口赛区气象装备保障团队队员的脸上。此时，他们正在向国家跳台滑雪中心大跳台和标准跳台中间的气象站前进。

早上 8 时，团队通过气象监控平台，发现位于国家跳台滑雪中心 K 点的自动气象站数据时断时续，必须尽快去现场检修。一行 6 人准备完配件和工具，经审批后赶忙驱车奔赴现场。

维修点在半山腰，需要登上十几层楼高的钢板台阶才能到达。前一天晚上刚下了雪，再加上负重 20 多千克的设备，尽管他们准备了登山杖，走起来还是步履维艰，有时不得不手脚并用。经过 20 多分钟的攀爬，6 人终于到达目的地。他们顾不上休息，赶紧掏出工具检查维修起来。

通过排除，最终确定是采集器的故障。更换的采集器需要进行重新设置，由于室外温度太低，严重影响笔记本电脑工作，他们换了 3 台笔记本电脑，才最终完成采集器更换和通信设备的故障抢修。为了确保数据传输正常，他们又在凛冽的寒风中待命半个多小时，得到后台收到准确数据的答复后才下山。

“虽然我们的眉毛、睫毛都结了霜，身体被冻僵，但是大家都有一种打了胜仗的成就感。”气象装备保障团队队员蒋涛说，“这个春节，我们将全力做好冬奥气象装备保障工作，让奥运健儿在这柄‘雪如意’上，自由滑翔，取得优异成绩。”

同样牵挂着“雪如意”等场馆天气情况的，还有预报服务团队。2 月 5 日，北京冬奥会开赛首日，张家口遇到了一次比较明显的大风天气过程。这让 4 日 8 时—5 日 8 时值班的张家口赛区气象中心总首席、古杨树赛区预报组组长马梁臣感觉到了压力。

进入赛时状态后，张家口赛区气象预报服务团队分为两组，一组在冬奥气象分中心负责技术把关、站点预报以及场馆简报材料制作，为前方提供技术支撑；另一组按实战需要分别派驻云顶和古杨树场馆群，每天为 2 个场馆群提供 2 次精细至赛道的场馆天气预报，以及现场气象信息咨询等。

2 月 5 日 7 时 30 分，后方值班人员组织云顶和古杨树预报员进行线上加密会商，重点关注当天的风对比赛的影响。因为依据经验，他们认为 5 日天气系统的影响不容小觑。

通过会商，预报员细致讨论了当日大风出现的详细时间，以及逐小时的风速预报及变化等。最终达成一致意见：云顶赛场预报最大阵风风速是12～14米/秒，平均风速是5～7米/秒；中午前后 11 时开始起风，在 14—17 时风比较大，日落后至 20 时，风速会缓慢下降。根据研判，风速在阈值以下，上午的比赛可以顺利进行。

10 时 45 分，云顶赛场单板滑雪女子坡面障碍技巧资格赛按计划开赛，现场风的实况和预报情况基本一致，比赛顺利完成。14 时 20 分，在国家跳台滑雪中心，跳台滑雪男子个人标准台资格赛也进展顺利。

跳台比赛、雪上技巧、坡面障碍技巧对风的要求较高，当运动员做腾空动作时遇到横风或侧风，便可能会出现动作上的失误，甚至可能发生一些危险情况。"总体来看，开幕式当日和比赛首日的预报经受住了考验，与实况基本一致。"马梁臣脸上露出满意的微笑。

张家口赛区预报团队的信心，来自于 5 年来冬训工作经验的积累，以及对崇礼山地天气气候特点的掌握。同时，对每一个天气过程的复盘和总结，都为日后的成功预报提供非常宝贵的资料。

"已经连续 2 年没有回家过年了，但春节值守能参与冬奥会服务，可以深切地感受到一份荣誉和骄傲！"马梁臣说。

作者：谢盼

为国际高影响天气预报技术研发应用提供中国经验
北京冬奥气象保障创多个首次

《北京日报》 2022 年 2 月 10 日

从 2008 年北京夏季奥运会，到 2022 年北京冬季奥运会，14 年白驹过隙，北京的气象预报能力已不能同日而语，气象预报科研能力大幅提升。在北京冬奥会上，气象预报保障实现了多个国际、国内首次。

变化 1　气象条件决定冬奥会能否顺利举办

北京城市气象研究院副院长陈明轩，作为国家重点研发计划"科技冬奥"（气象）项目负责人，曾全程参与了 2008 年北京夏季奥运会和 2022 年北京冬季奥运会的气象保障科技研发工作。提起这相隔 14 年两场赛事的气象保障科技支撑差异，他很有感触，"北京气象预报的科技支撑能力大幅提升了，冬奥会和夏奥会的时候已经大不一样。"

陈明轩对比了夏奥会和冬奥会对气象条件关注的不同：夏奥会在夏天举行，气象保障主要关注强对流天气，像一些短时强降水、冰雹、雷暴、大风等，这些天气一定程度上会影响奥运赛事，但气象并不是决定性因素。

冬奥会则不一样，气象条件是冬奥会能否顺利举办的决定要素之一。因为冬奥会约 70% 的项目都是雪上项目，比赛地点大部分在地形复杂的山区。对气象预报员来说，山区的气象条件复杂多变，难度很大，他们需要关注山区和赛道级别的尺度更小的气象预报，因为这会对赛事安排、赛事保障、成绩评定等产生重要的影响。

“预报需要特别精细，关注的要素也非常多，有些甚至都是夏奥会的时候没有提出来的。”陈明轩说，为了做好冬奥会的气象保障，气象预报要做到“一场一策”，即一个场馆一个策略，“不同的竞赛项目对气象条件的要求不一样，比如跳台滑雪，风速一旦超过 4 米 / 秒，就没法比赛了，气象条件非常重要。”陈明轩举例。

同时，气象预报还要做到“一项一策”，即每一个与气象条件密切相关的比赛项目就需要一个专门策略，因为不同项目对气象条件的要求是不一样的。像这次冬奥会高山滑雪项目的赛前训练，就因为风不符合要求推迟了 2 天才进行，“像阵性风、能见度、降水相态等这些气象要素，都得做出精确的预报。”陈明轩说，阵风、降水相态这些要求，在夏奥会时并没有提出过。

变化 2 气象信息连接赛事、救援、转播……

北京冬奥会期间，气象部门和 999 急救中心实现了信息共享，为的就是赛场的应急救援保障。比如高山滑雪项目，万一有运动员受伤，有可能需要启动直升机救援服务，而直升机对山区气象条件的要求非常高，“直升机对风切变要求极高，它要悬停在空中，放下缆绳，再把伤员拉上去，需要非常稳定的气象条件才可以。”因此，在冬奥会赛事期间，气象服务团队与 999 急救中心可以直接联系，共享气象信息。

赛事的交通保障也离不开气象的服务。

北京冬奥会期间，气象部门为交通保障指挥调度中心专门研发了气象信息服务接口，接入到交通部门的指挥调度平台。通过气象数据接口系统，可以向交管部门提供冬奥三大赛区（北京、延庆、张家口）、19 个场馆、16 个重要交通枢纽（高铁站、机场、客运枢纽等）和 58 个重要酒店（国家会议中心大酒店等）的气象实况、天气预报和预警信息，所有的天气预报预警信息、实况、预报都可以实现共享，每 5 分钟更新一次实况信息，每 1 小时提供一次预报。

甚至连媒体转播，都跟气象条件有着很大的关联。陈明轩说，有国外的电视台询问他应该如何关注三大赛区的气象条件，因为他们需要提前了解当地的气象状况，为转播提前做好准备，“把我们冬奥气象服务的官网发给他们，气象预报实时更新，对方一看非常清晰准确，连连称赞。”

变化 3 突破多个“国际首次”和“国内首次”

从“公里级”到“百米级”“分钟级”的预报，是多大程度的提升？陈明轩说，预报能力水平和精细度，都已无法同日而语。

2008 年夏奥会的时候，北京的气象预报网格大小为 1 公里，“当时做到 3 小时更新一次，在国内甚至国际上都是比较先进的了。”

冬奥会对气象条件有着极高的要求，对具体格点的预报要求就更高。赛区一线的气象预报员，用“一天变四季”“百米不同天”来形容赛区天气演变的复杂度。

陈明轩说，气象科技团队曾做过模拟，在延庆赛区的高山滑雪中心、雪车雪橇中心、冬奥村这 3 个距离相隔仅几百米的区域，模拟得到的风速风向差异却非常大，“雪车雪橇中心风速七八级，同时冬奥村的风只有二三级。”

做细预报精度，必须有科技支撑。“我们做百米级、分钟级预报，最后最细做到了 67 米的网格。”陈明轩说，对未来 24 小时的预报可以实现每 10 分钟更新一次，这是夏奥会当时无法实现的。

这样的精细度，在历届冬奥会上也未曾出现过，在国际上可以说是第一次。往届冬奥会，只做到了 500 米网格的气象预报，并且仅仅是作为参考。

北京冬奥会还在高精度气象预报中，加入了人工智能算法。陈明轩告诉记者，赛道上有很多气象关键点位，比如高山滑雪的起终点、超级大回转的拐点、还有山顶山腰山底这些点位，预报精准度进一步提升，靠的就是人工智能中的机器学习方法。

团队通过构建人工智能算法模型进行海量历史观测和预报数据的拟合特征训练，从而获得历史预报的误差特征并构建误差订正模型，通过误差订正模型实现对未来预报的实时“再订正”。这也是人工智能气象预报技术第一次应用在冬奥会。

北京冬奥会还实现了国内首次的冬季山区加密气象观测试验研究。“这为整个国家山地气象学的研究，包括将来开展一些大型的气象观测试验，都提供了比较好的示范。”陈明轩说。

记者：骆倩雯

“双奥之城·看典”聚焦“太阳照常升起”
3 位嘉宾揭秘冬奥气象保障

《北京日报》 2022 年 2 月 10 日

北京冬奥会每一个比赛项目对气象条件都有着极高的要求，精准的气象预报至关重要。2 月 9 日，2022 北京新闻中心“双奥之城·看典”互动展示活动以“太阳照常升起”为主题，邀请了 3 位嘉宾揭秘气象保障里有关监测、预报和科技创新的故事。

“降雪、气温、风速、能见度等气象要素，不仅对冬奥会赛程安排和比赛成绩有直接影响，甚至关系到运动员的身体和生命安全。”延庆区气象服务组副组长、延庆区气象局副局长张曼介绍，为做好延庆赛区服务保障，北京市气象局组建的团队不仅在“十里不同天”的海陀山建设了 17 套自动气象站、4 套便携自动气象站的地面监测系统，还在赛区建设了 S 波段天气雷达、激光测风雷达的垂直监测系统，完成了延庆赛区周边 38 套自动气象站的升级改造工作。张曼透露，这个“三维、秒级、多要素”的气象综合监测系统，是目前冬奥会历届赛事中最为稠密的监测站网。

北京冬奥会是近 20 年内唯一一次在大陆性冬季风主导的气候条件下举办的盛会，相比海洋性气候，出现大风、低温、寒潮等极端天气的可能性更大。北京城市气象研究院副院长陈明轩介绍，经过近 4 年科技攻关，冬奥气象科技团队研发出了高精度数值天气预报模型、多源气象数据快速集成融合模型、大气涡流尺度数值模拟计算模型，还使用了人工智能技术和大数据技术，形成了冬奥高精度气象预报系统“睿图 – 睿思”。

“2008 年夏奥会时，我们能做到 3 公里的网格、1 小时更新的预报，在国际上已经较为领先，而这次冬奥会却达到了百米级网格气象预报，24 小时预报实现 10 分钟最新一次，这是一次质的飞跃。”陈明轩说，这不仅是“百米级”业务预报技术和人工智能预报技术服务首次服务冬奥气象保障，多项技术还填补了国内空白，核心技术做到了完全自主可控，被纳入世界气象组织高影响天气预报示范项目，可以为国际高影响天气预报技术研发和应用提供中国经验。

在冬奥赛事中，让赛事主办方、运动员等及时了解气象信息，天气预报员在其中的作用不可或缺。北京冬奥会开闭幕式气象预报服务保障团队队长翟亮，和十几位队员刚刚完成鸟巢的服务保障工作。1 月份以来，气候中心就开始对开幕期间天气的分析和预测，每 3 天会更新一次气候预报。1 月 15 日以后进入到中短期预报范围，一天 2 次发布鸟巢区域的精细化、多要素气象服务产品，报告未来天气趋势，从 24 小时到 72 小时是逐 3 小时发布。开幕式当天，预报产品进一步细化，从当天 6 点开始逐小时更新产品和服务，等到正式开幕后对于实况和预报的更新频率还增加到半个小时、10 分钟一次。

“双奥之城 · 看典”是 2022 北京新闻中心的一项重要互动展示活动。活动自 2 月 1 日起开始持续至 2 月 20 日，每天举办一场直播，邀请多名嘉宾结合自己工作在北京、生活在北京、学习在北京的切身经历，讲述在其个人视角下真实感人的北京故事，阐释北京在经济、政治、文化、社会、生态文明等方面的建设成果和发展成就。

记者：任珊

直击北京冬奥会张家口赛区全要素演练气象服务一线
——计日以俟盛会叩门

《中国气象报》 2022 年 2 月 21 日

白雪耀眼，空气清新。1 月 13 日，农历腊月十一，刚刚经历 2022 年第一场瑞雪的河北张家口寒风凛凛。

“请各位组长按此安排明日演练。”18 时 33 分，手机里一条信息跳了出来。正在吃晚饭的北京 2022 年冬奥会和冬残奥会（以下简称“北京冬奥会”）张家口赛区云顶场馆群预报组组长、首席预报员杨杰收到第二天演练的通知。

凝神屏气，尽管接到通知时距离第二天的竞赛服务组第一次全要素实战演练还有不到 15 个小时，33 岁的杨杰却并不紧张。他的笃定来自冬奥气象服务团队的经验积累和冬奥科技加持——剑指“百米级、分钟级”预报，基于 5 年的冬训和赛事演练，每个冬奥气象服务成员均已做好准备。

1 月 14 日，不到 7 时，闹钟未响，杨杰便已起床，洗漱完毕后，推开门，他便一头扎进寒风中。不单单是冬奥预报团队，气象装备保障和赛事服务团队同样紧盯着天气变化和演练进程。

此时，崇礼户外温度 −18.1℃。当距离北京冬奥会开幕还有 19 天，这场跨省市区，涉及各场馆、各领域，外围总人数达到 3300 余人的演练即将开始。

天气条件直接影响冬奥赛事进展和运动员体能发挥及竞赛成绩。演练将情境设置为 22 天之后的 2 月 7 日，根据演练安排，当天张家口赛区模拟出现大风和降雪天气，并将产生 3 块金牌，涉及单板滑雪男子坡面障碍技巧决赛、冬季两项女子 15 公里个人决赛和跳台滑雪混合团体标准台决赛等比赛。

“今天（2 月 7 日）上午全市多云，预计今天下午到夜间天气转阴，我市中北部区域将有小雪或零星小雪，西北风 4～5 级……”9 时，张家口市气象台已初步形成预报结论，负责演练期间赛事服务的张家口市气象台台长黄山江对此表示认同。52 公里之外的张家口赛区气象中心，杨杰已经与晚班值班同事完成交班，并利用崇礼精细化气象要素实时分析系统、冬奥雪务气象预报预测系统、冬奥现场气象服务系统等平台模拟研判当天天气情况。

此时，一直处于“随时出动”状态的气象装备保障团队接到了云顶场馆群气象服务团队队长李宗涛关于气象装备维护的请求电话。接电话的是云顶场馆群气象装备保障组负责人金龙，在和李宗涛确定维修站点、故障现象和进场路线、时间及人数后，9 时 35 分，保障组明确进场人员和任务分工。

其中，何涛负责分析设备通信、电量变化趋势、要素观测值连续性等状况，并将现场情况向装备保障团队组长幺伦韬汇报；张可嘉负责清点备件和模块参数设置；白万负责清点进入场馆所需工具；郭金河负责联系车辆，并准备证件、防疫物品等。

“这样高效有序的分工协作已经成为‘固定流程’！”张可嘉说，张家口赛区赛事核心区现有 44 套气象观测站，自去年 10 月以来，装备保障团队已摸排了“44×3 遍”。

当时针指向“10”时，涉及 WIC（天气信息中心）与 WFC（天气预报中心）值班预报员、场馆首席和赛会服务组值班预报员的会商准时召开，杨杰和同事根据假定的天气背景，会商得出最新预报，WIC 人员第一时间将预报结论发送至场馆主任和竞赛主任手中。

另一个演练地点在云顶滑雪公园，隆冬时节，李宗涛和同事置身其中，感到温度骤降。作为前方的“眼睛”，他们直面赛场天气实况，并将局地天气变化告诉后方预报团队。云顶场馆群和古杨树场馆首席也根据会商结论和实况，分别在 11 时、15 时前制作并发布了最新场馆预报。

大风出现时间、量级，降雪落区、持续时间……14 时，应急加密天气会商召开，2 月 7 日下午的大风和降雪天气成为此次会商的重点。云顶滑雪公园 B 区模拟演练预报指出，大风主要出现在 17—23 时，最低气温 −22℃，阵风可达 17 米 / 秒以上（8 级）。

15 时，张家口市气象台发布大风蓝色预警。赛会服务组随即向赛事组委会和城市运行中心提供最新预报，并提示城市与赛会运行部门注意通信、电力等设施巡查维护，提前做好故障隐患排查；同时及时清除道路积雪，注意防范大风、降雪对城市交通运输的影响。

演练接近尾声，装备保障团队返回驻地后按照惯例做好总结记录，预报团队和赛事服务团队准备复盘等工作。过了腊八就是年。他们说，为举办一届精彩、非凡、卓越的冬奥盛会贡献力量，值了！

暮色四合，崇礼华灯初上，随处可见的“冰墩墩”“雪容融”装饰更添冬奥气息。

结束了与妻子和女儿的视频通话，杨杰收获了更多信心；张可嘉离家近三周，越发懂事的儿子“五岳”让自己感到十分歉疚，他将持续奋战到 3 月底；黄山江今年 51 岁了，作为土生土长的张家口人，他见证了 8 年来家乡的可喜变化。

他们，在队友和家人的支持下，都做好了迎接北京冬奥会更大挑战的准备。

作者：王亮　王旭海

让张北的风点亮北京的灯

《中国气象报》 2022 年 2 月 21 日

在 2022 年北京冬奥会期间，北京、延庆、张家口赛区 26 个场馆实现 100% 绿色电能供应，这在奥运史上尚属首次。

张北的风点亮北京的灯，诠释着绿色办奥理念——河北省张家口市张北县的可再生能源示范项目把风光转化为清洁电力，并入冀北电网，再输向三个赛区。

这背后，离不开得天独厚的气候资源禀赋，也离不开气象部门的保障服务。

作为北京西北部重要通风廊道的张北，风能年均利用高达 2200 小时，年太阳总辐射量为每平方米 68.8 千瓦时。一块 250 瓦的光伏板在阳光下照射 4 个小时，或一座 2 兆瓦的风机以额定速度转半圈，就可以产生一度绿电。

但风电的瓶颈之一是风的不确定性。“因为风机的输出功率与风速呈现指数关系。当风速达 3 米 / 秒时，风机才能转起来，在转的过程中随着风速变化呈指数变化趋势，增长到 12 米 / 秒时达到额定功率，风再大，它的功率都不会再增加了。”中国气象局风能太阳能中心科学主任、中国气象局首席气象服务专家申彦波说。

此外，大风、雨雪等天气对电力保供的影响也比较大。“当出现气温骤降、湿度较大等满足出现冻雨的气象条件时，风机叶片可能出现覆冰而停运，电线覆冰风险区范围会扩大、厚度也会增加，对电力供应和运输造成潜在影响。”申彦波说。

根据中国气象局全力做好冬奥会期间城市生命线运行气象保障服务要求，各级气象部门主动对接能源、电力等部门，强化高影响天气监测预警。

在冬奥会举办前夕，张家口气象部门主动对接电力部门，根据需求，组建服务团队。经过多次调研，团队结合电力行业气象风险特点，在电力气象微信公众号内为一线巡检人员开发设计了专用服务系统。

进入微信公众号终端页面，杆塔、重要线路、变电站等 100 多个红色的“冬奥保障关键点位”紧密分布，气温、降水、风力、湿度、气压、能见度等全要素气象信息实时可见。张家口市气象服务中心主任胡雪表示，根据重要电力用户信息开展基于关键点位气象服务，方便前方电力巡检和运维保障人员随时随地掌握气象实况和预报预警信息。

同时，重要气象风险点、天气实况和格点预报等气象数据也接入张家口电力指挥系统，以色斑图的形式呈现在大屏上，让电力指挥运维人员一目了然。遇重要天气时，气象预警信息也会第一时间在指挥大屏上实时弹出。

“张北县某变电站未来 24 小时，小雪转中雪，西南风 4～5 级，最低气温 −14℃；崇礼区某杆塔预计 13 日 15 时，降雪量 0.8 毫米，最低气温 −13.4℃，平均风速 3.7 米 / 秒，风向南。”2 月 12 日 17 时，精细到县（区）杆塔、变电站的《张家口电力气象服务专报》通过邮件、微信群和微信公众号发出。“气象部门以多种方式满足冬奥供电保障需求，服务特别周到，对我们运维检修冬奥核心区的电力设施，有重要参考意义。”国网冀北电力有限公司张家口供电公司运检处工作人员说。

该专报每天发布一期，涵盖全市天气形势分析预报、各县区天气形势以及未来一周天气提示；出现降水时，将逐小时或者逐 3 小时加密发布。

据测算，到 2022 年冬（残）奥会结束时，冬奥会场馆预计共消耗绿电约 4 亿千瓦时，可减少标煤燃烧 12.8 万吨。

作者：吴彤 路晓琳 王旭海

高山滑雪 7 个项目曾因天气调期
“天气女孩”讲述惊险时刻

北京日报客户端　2022 年 2 月 22 日

短短的 16 天赛期，却经历了无数个“惊心动魄”的时刻。“非常难忘，也是宝贵的预报‘财富’，很受用！”北京延庆赛区冬奥气象现场预报服务团队队长时少英说。

2022 年北京冬奥会闭幕了，但北京延庆赛区冬奥气象现场预报服务团队的预报员们并没有时间休息，他们赶紧总结预报经验，迎战马上到来的冬残奥会，力求将精准的预报服务继续保持。

不是风小了就能开赛

虽然已经在延庆赛区经历了连续 5 年的预报训练，但第一次现场服务冬奥会这样的国际赛事，时少英还是很紧张。

2 月 6 日的男子滑降比赛，因为风的关系，比赛一再推迟，可最后还是延期至 7 日了。“当天场馆风速整体都降下来了，但仲裁们在赛道各关键点位实地体验赛道情况时，感觉阵风明显。”最开始的时候，时少英有些不解。

原来，在这场赛事中，并不是说风速小就行，还得关注风速的脉动大小。“在赛道上有‘呼’的一下的阵风，前一位运动员可能觉得风很大，但到下一位又感觉没风了，这对运动员来说不太公平。”时少英表示，这样的调整让她快速注意到服务的关注点，充分理解了冬奥会参赛的都是各国的顶级运动员，彼此实力差距很小，当风速小的时候，就得考虑风的脉动变化大小，以保证比赛的公平性。

“我本以为风速降下来就可以正常比赛，但其实不然，赛事裁判委员会一直跟我说‘calm（平静）’。”时少英天天盼着平稳天气的出现，因为这种天气才最有利于比赛。

只有不到 2 个小时的比赛“窗口期”

天有不测风云，尤其是在地形复杂的小海陀山。2 月 15 日的女子滑降比赛，就碰上了难题。

刚下过雪的北京，刮起了北风。虽然到了 15 日风力有所减弱，但对比赛来说还是有扰动。“当时很焦虑，仲裁提前检查赛道以后，一直问我们当前风速以及风速变化趋势。”根据赛道上仲裁实地体验和预报趋势，比赛推迟了半个小时。

时少英当时特别着急，因为她知道，在这种天气下，海陀山在中午前后是要起风的，如果不能抓住“窗口期”进行比赛，15 日当天无法完赛，调整的空间就很小了，会影响整体的赛事安排。

经过和同事们紧张的分析、研判，时少英确定：在 13 时之前不到 2 个小时的时间里，风速最小，当天也只有这不到 2 个小时的“窗口期”。当仲裁再次询问天气时，时少英也询问他们在当前赛道上是否感到风速在减小，并肯定告诉仲裁：13 时之前当天风速最小的时段。

比赛在 11 时 30 分准时开始。直到最后一刻，时少英都处于紧绷的状态，“如果对风速研判不准确，错过了比赛‘窗口期’，那我在内心里是无法接受这个结果的。”

对团队确定的预报结果，时少英都会给赛事裁判委员会以充满信心的答复。“我会从我的表情、语气，甚至手势上，给对方足够的信心。”时少英说。

比赛刚结束就山风四起

让人“惊心动魄”的天气状况隔三岔五地出现。冬奥收官战——本应在 2 月 19 日举行的高山滑雪混合团体赛因为连日的大风天气延期到了 20 日，即冬奥会赛期的最后一天。可偏偏这一天，风还是不消停，怎么办？如果再次因为天气原因不能开赛，那有可能成为冬奥史上迄今为止绝无仅有的无法在闭幕之前完赛的冬奥会项目。

2 月 19 日 11 时和 15 时延庆赛区连续聚焦团体赛道风速预报；22 时由中央气象台、北京市气象局、延庆赛区预报服务中心、高山现场服务 4 方预报员共同加密会商第 2 天（20 日）早晨至上午高山团体赛道的风速。

关键时刻，预报员们顶住压力，基于气象监测系统、场馆精细预报模式产品和大数据研判，达成一致预报意见：20 日早晨至上午整体风速小，但中午风速明显加大；早晨天气更稳定性，脉动小些。

2 月 20 日上午 8 时，仲裁们检查完赛道，再次询问时少英风速是否有变化。“当时问我 9 点之后风速是否会快速上升，用的是‘rapidly（急速地）’这个词，我很肯定地回答不会，并用了‘slowly（缓慢地）’，缓慢上升。”时少英说，延庆山区被积雪覆盖，太阳出来后气温不会升那么快，温度差异比较小，风速上升慢；但 11 时之后风速会明显加大。“当时就特别着急，希望风晚点加大。”

这一天，时少英和预报员们成了“神算子”。比赛刚刚结束还没来得及颁奖，就在当天

11 时前后，国家高山滑雪中心突然山风四起，雪花和冰晶漫天飞舞。而在气象办公室里，是一片欢呼雀跃，赛场也到处是祝贺的声音。“所有项目顺利完赛，咱们冬奥高山气象服务总算圆满了！”时少英热泪盈眶。

经过 5 年实地预报训练，北京冬奥会延庆赛区气象服务团队顶住压力，他们成功在冬奥会赛期应对 2 次大风和两次降雪天气，高山滑雪全部 11 项比赛有 7 个因为天气原因调整了比赛日程。

提到冬奥会期间的气象预报服务，主裁判马库斯·瓦尔德纳赞不绝口：“预报非常专业，非常棒！我们叫那位女士‘天气女孩’。我们以为风会大的时候，她说风会小，果然就小了，这简直是不可能的事！”

这位“天气女孩”就是时少英。作为在赛事一线服务的气象预报员，她在与国际雪联的一次次磨合中，展示了中国气象保障团队的实力。“在我的身后，是冬奥气象保障团队 24 小时的轮值和会商，是前方与后方共同联动聚焦赛场，精准的预报服务离不开每一个团队成员的辛苦付出！”时少英说。

记者：骆倩雯

微火绵长，不负春光向未来
——北京 2022 年冬奥会和冬残奥会气象保障启示录

《中国气象报》 2022 年 3 月 30 日

3 月 13 日，伴着《雪花》动人的旋律，“大雪花”造型的北京冬残奥会主火炬缓缓熄灭。

冬奥气象服务保障任务交出一份优异答卷后，似乎淡出人们视野。

但时至今日，你会发现冬奥赛区三维立体气象观测站网依然忠实地观风测云，护卫京冀；冬奥科技结出的硕果又作为种子，在智能网格预报业务发展、新一代数值模式研发等领域孕育希望；刚离开赛事保障现场的工作者，又马不停蹄地投入暴雪应急、春耕春播等服务一线。初心不改，风骨弥坚……每当这些时候，总让人心中涌起豪情——火炬已熄，但火种不灭；盛会闭幕，梦想却从未落幕。

仍有人孜孜以求、砥砺前行。

为了一个更殷切的期盼：冰天雪地也是金山银山。

为了一个更庄重的承诺：用好“奥运遗产”，为气象事业高质量发展贡献延绵能量。

一张蓝图

“有史以来最好的气象服务。”

“气象工作人员完成一件难以置信的事情！”

“一流的竞赛场馆、一流的世界级运动员、一流的气象服务保障、一流的医疗救治服务！”

……

赛事落幕后，来自各方的赞誉再一次印证了，气象工作者在这场大考中，写就了精彩的“中国答案”。

而在申办之前，冬奥气象服务几乎算得上“从零开始”——“赛区观测零基础、冬奥服务零经验、山地预报零积累、冬奥人才零储备”，加之首次在大陆性季风气候带举办冬奥会，其复杂的天气形势前所未见，服务方案也无先例可循；高精度预报模型网格分辨率仍是“公里级、小时级”，离“百米级、分钟级”标准仍有质的差别。

为何最后能够圆满完成任务？

让我们回到梦开始的地方——2013 年 11 月 3 日，中国奥委会正式致函国际奥委会，提名北京市为 2022 年冬奥会的申办城市。从这一年开始，气象部门开始围绕北京、河北张家口等地的气候背景开展研究，“备考”冬奥。

2015 年，北京申办冬奥成功，气象部门随之开始谋划组建冬奥气象预报服务团队。此后，筑基立柱——从成立冬奥气象服务领导小组，组建北京 2022 年冬奥会和冬残奥会气象中心（以下简称“冬奥气象中心”），到组建北京冬奥会气象服务协调小组，跨区域、跨部门的气象保障服务力量逐渐凝聚；冲刺封顶——倒计时一周年，冬奥会气象服务保障各项工作已准备就绪；倒计时 8 天，中国气象局进入北京冬奥会气象服务特别工作状态，一直持续到冬残奥会圆满结束……

一砖一瓦、铢积寸累，“冬奥气象服务”这个系统性工程终于拔地而起，成为气象事业高质量发展路上的标志性建筑。

如此稳扎稳打，归根结底在于有一张完美的“施工图”。

这张蓝图的框架由党中央擘画勾勒。习近平总书记关于冬奥会筹办工作系列重要指示精神和关于气象工作重要指示精神是根本指引，“绿色、共享、开放、廉洁”的办奥理念铺就底色，“简约、安全、精彩”的办赛要求进一步指明方向。

气象部门锚定党中央、国务院的决策部署，紧跟冬奥关键时间节点，深入对接北京冬奥组委，签署冬奥气象服务协议——一边细化蓝图，一边在一次次实战中查缺补漏。

方向对了，路径清楚了，一切的努力才能最终不负所托。

一声号角

在冬奥赛场上，除了伫立地面的观测设备，还有来自高空的“眼睛”——风云气象卫星提供全天候、大范围、无死角、高密度的保障。

风云卫星影像瞄准“提供更清晰的细节、支撑精细化气象研判”目标进行了质量提升。在一张张云图上，赛场风云展现无遗，还可据此反演出雪深、风场、降水量等天气信息，成为“百米级、分钟级”预报的有力支撑。

而为卫星“配眼镜”的团队，不仅有国家卫星气象中心，还有武汉大学测绘遥感信息工程国家重点实验室、北京理工大学集成电路与电子学院等院校的科研人员，他们鼎力相助。

“办好北京冬奥会、冬残奥会是党和国家的一件大事，是我们对国际社会的庄严承诺。”一声号令之下，全国一盘棋、上下一条心，充分彰显了社会主义制度集中力量办大事的优势。

在冬奥气象保障服务领域，气象部门深切地感受到来自社会各界不遗余力的支持。

党中央亲切关怀——多位中央领导同志分别对北京冬奥会气象服务保障工作作出批示，垂问相关进展，在北京冬奥会倒计时 100 天之际，亲至中国气象局调研督导北京冬奥会气象服务保障工作。

北京奥组委、各级政府高度重视，兄弟部门和单位、气象全行业通力协作——北京冬奥组委，北京市委、市政府，河北省委、省政府关心支持冬奥气象服务；《科技冬奥（2022）行动计划》全面展开，国家重点研发计划“科技冬奥”重点专项有序推进，全力支持冬奥气象观测预报核心技术攻关；当中国气象局组织实施“智慧冬奥 2022 天气预报示范计划”时，相关高校、科研院所、企业云集响应，积极提供“拳头产品”。

在集中力量办大事上，气象保障服务是制度优势的受益者，也是发扬者。

在冬奥会各个关键节点，中国气象局党组书记、局长庄国泰等领导坐镇一线，靠前指挥；在冬奥气象中心统一协调下，跨地区、跨部门、跨军地协调机制和赛时组织运行机制不断完善，“三地六方”（北京城区、延庆，河北张家口三地；北京、延庆、张家口三大赛区，北京冬奥组委主运行中心、竞赛指挥组前方指挥部、中国体育代表团团部六方）伴随式气象服务新模式逐步成型。

力量沿着科学、顺畅、高效的机制体制不断汇聚——在服务一线，来自国家级业务单位，北京、河北、内蒙古、山西、吉林、黑龙江等省（自治区、直辖市）气象部门的 52 名优秀骨干组成北京冬奥会气象预报团队，冲锋在前；在保障大后方，还有更多的人或深耕专项服务，或筑牢“科技堡垒”，或护航装备运行，或发挥科普宣传作用，用自己的方式为冬奥气象服务添砖加瓦。

在北京冬奥会和冬残奥会期间，两组数据交相辉映——三个赛区先后经历降雪、大风、沙尘等 9 次高影响天气过程，28 项官方训练或比赛活动受到影响；气象部门共开展专题会商 85 次，北京、河北、山西、内蒙古四地联合加密观测 2089 站次，持续 46 天启动风云四号气象卫星逐分钟加密观测。气象部门提供的精准预报和赛事调整建议，有力确保比赛安全、顺利、精彩。

一次攻坚

要说冬奥故事里最惊心动魄的一折，就不得不提因为连日大风，原定于 2 月 19 日举行的高山滑雪混合团体赛延期至北京冬奥会闭幕当天举行。可偏偏 20 日这天风还不见消停。怎么办？难道这场比赛就要成为冬奥史上绝无仅有因天气原因无法完赛的项目？

预报员们顶住压力，精准预报出 2 个小时的赛事“窗口期”。竞赛组织方根据气象信息，将比赛提前至 20 日 9 时开赛。当天 11 时左右，赛事结束后还未来得及颁奖，风雪就如预报的那样降临了。

类似的气象贡献，在北京冬奥会和冬残奥会期间不胜枚举。背后逻辑一言以蔽之——科技创新与应用落地。

在冬奥气象科研成果中，最引人注目的是三张“网”和一朵“云”。

一张网，网天地。在冬奥核心赛区及其周边地区布设的 441 套现代立体探测设施，实现了超精密复杂山地和超大城市一体、三维、秒级、多要素的冬奥气象综合监测，加上卫星、雷达，地空天联动之下首次在我国中纬度山区复杂地形中实施冬季多维度气象综合观测。

一张网，捕风云。0～240 小时高分辨率数值预报体系，可提供精细到赛区 500 米、赛道 67 米，更新频次最高为 10 分钟，关键点位 10 天内的定时、定点、定量预报，甚至首次实现赛道“秒级”风要素监测，让复杂山地“百米级、分钟级”精细化气象预报，自主可控的小尺度局地精准预报成为可能。

一张网，畅信息。全领域信息网络让三大赛区相关部门、单位间气象信息可以互通、互备、共用，更在冬奥会历史上首次实现了数据采集、传输、整合全流程自动化，有力彰显中国冬奥会赛事气象技术服务的现代化水平。

一朵“云”，托起智慧服务。按照“三个赛区、一个标准”建成 7 大冬奥气象核心业务平台，在“云 + 端”技术加持下，有效提升预报服务精细化、智能化、集约化水平。

这三张“网”和一朵“云”，没有一个是闭门造车所得，没有一个被束之高阁，皆是边研发、边应用，在实战中磨砺、在风雪中淬炼，成为“神兵”“重器”。

这再一次印证了，科技，贵在自主创新，重在应用落地。

一粒火种

冬奥闭幕了，那些很长一段时间几乎以冬奥为全部重心的气象工作者现在在做什么呢?

作为北京市气象台副台长，于波不久前刚结束暴雪应急服务状态，那时她还没从冬奥气象服务节奏中缓过劲来。

回到山西省气象台的邱贵强暗下决心，要结合山西天气气候特征，对本地预报平台功能进行优化、完善。

中国气象局公共气象服务中心的李蔼恂已经投入到交通、火险行业气象服务和业务建设中，准备开展冬奥服务相关研究和总结。

河北省气象台的段宇辉、河北省气象服务中心的李宗涛在居家健康监测的同时，已开始思考、谋划继续推进山地气象科学研究。

……

他们，都曾驻扎各个赛区现场，在预报服务一线燃烧青春、贡献智慧，如今带着冬奥气象“火种”回到原先的岗位，继续散发光与热。

好像什么都没变——一样的岗位，一样的职责，一以贯之的初心，一如既往的信念。

又好像有什么变了——这批以“80 后”“90 后”为主体的气象工作者，数年来舍小家、顾大家，在一次又一次的挑战中迎难而上，凝练出团结一心、紧密协作的工作意识，敢打硬仗、能打胜仗的工作作风，善于钻研、精益求精的工匠精神；数年来披星戴月钻研理论，翻山越岭体验天气，掌握了冬季山地气象预报核心技术，已成为复杂山地条件下气象预报的专家、冬季雪上项目气象保障的行家，为我国尚属“蓝海”的山地气象预报业务浇筑下坚实地基。

他们，为我国气象事业留下了宝贵的冬奥“遗产”。之所以“宝贵”，就在于那根植于他们体内的炽热、可辐射、能传承的“生命力”。

这也是我们复盘、总结一场重大活动气象保障服务最需汲取的养分之一。

若是更进一步，再把这些养分掰开揉碎，不难发现贯穿其中的是这样一种精神——“面向未来”。

凡是过往，皆为序章。从赛事结束的那一刻起，“后冬奥时代”就已开启。

当前，气象部门正在思考和筹谋的是，在冬奥气象服务过程中探索形成的一整套山地观测系统布局及建设技术体系、自主可控的高精度山地预报和服务技术体系，一组核心业务支撑平台，一系列数据服务规范要如何快速调整转化，为冰雪经济提供支撑？已纳入世界气象组织示范项目的“冬奥会气象条件预测保障关键技术”，如何给国际高影响天气高精度预报技术研发和应用提供中国经验？以北京冬奥会、冬残奥会为契机打通的产、学、研、用各环节，如何持续完善？气象与各行业信息深度融合服务机制、汇聚气象行业力量的天气预报示范计划，还有哪些应用场景？

我们期待且努力着，让冬奥气象的火种在高水平冰雪体育赛事服务乃至冰雪产业发展、重大活动保障、韧性城市建设与安全运行、极端天气风险防范等领域，接续燃烧，生生不息，照亮更广阔的未来。

作者：叶奕宏

第三章　科技赋能

北京冬奥会基本形成“多要素、三维、秒级”气象监测网络
精准气象服务为赛事保驾护航

《人民日报》(海外版)　2022年2月14日

2月12—13日，京津冀地区迎来降雪。冬奥遇上瑞雪，各个赛场沐浴在漫天雪花中，格外美丽浪漫。

不过，降雪天气也对部分比赛造成了影响。由于能见度不佳，原定于13日上午举行的自由式滑雪女子坡面障碍技巧资格赛延期举行。谷爱凌在张家口赛区的“首秀”，将推迟到明天上演。

历届冬奥会上，天气时常扮演“搅局”的角色。北京冬奥会比赛项目中有7成在雪上进行，气象保障是冬奥会比赛安全、顺利举行的重要环节。

大雪随下随清　保障赛事运行

自由式滑雪女子坡面障碍技巧资格赛为何推迟？

张家口赛区云顶场馆群后勤副主任束文介绍，降雪天气中，海拔较高的赛段能见度较差，推迟比赛是出于对运动员安全的考虑。

“坡面障碍技巧比赛中，运动员需要做出复杂的滑行动作和空中特技，较差的视线不仅会影响发挥，还会增加受伤风险。”束文说。

从2月12日凌晨开始，崇礼的雪便如约而至。13日，张家口赛区又迎来了降雪。根据国际雪联规定，竞赛场馆要在降雪后对自然雪进行清理，以保证赛道雪质符合高硬度的冰状雪标准。

13日一早，记者在云顶滑雪公园看到，铲雪车正在紧张作业，完成平整雪地等相关工作；保障团队的工作人员排成一排，推动手中雪铲，快速将表面积雪清出赛道。

“下大雪的天气一定不能等，一定要随下随清。凌晨2点开始下雪的时候，所有的机械就到位了，今天凌晨有300多人上岗扫雪。”束文说，针对冬奥会期间有可能出现强风或

大雪天气，张家口赛区做好了相关预案，增加机械和人力铲冰除雪的力量，保障赛事顺利进行。

在延庆赛区，随着纷纷扬扬的雪花飘落，小海陀山一派银装素裹。如此美景，延庆赛区的工作人员来不及欣赏，早早上岗，扫雪、除冰，确保赛场符合比赛要求。

近千米的赛道落差、超百公里的比赛时速……有着“冬奥会皇冠上的明珠”之称的高山滑雪项目，对气象服务保障的要求更为严格。

据了解，高山场馆的赛道按照国际雪联要求，布设了自动监测站，对风实现了三维垂直立体监测。竞速赛道布设了 8 个自动气象站，竞技赛道布设了 3 个自动气象站，对气温、风、湿度、能见度、降雪可实现短时精准预报和未来趋势预报。

天气要素信息 实时监测收集

雪上项目对天气的变化极为敏感，对气象监测的要求严苛。

北京市气象局副局长、新闻发言人梁丰介绍，经多年科研攻关，冬奥气象服务保障方面，建成了支撑北京、延庆、张家口 3 个赛区气象服务的信息网络，以冬奥赛场为核心，气象部门在北京城区、延庆和崇礼及周边地区共建设各种现代化气象探测设施 441 套，提升了冬奥赛区气象综合监测能力。

例如，张家口冬奥核心气象观察站网由 19 套设备组成，覆盖国家跳台滑雪中心“雪如意”、国家越野滑雪中心和国家冬季两项中心，可以实时监测和收集气温、风速等天气要素信息。为应对可能出现的各种天气状况，预报员根据高精度的天气观测网络，提前多年进行实地预报训练，为赛事提供精准的预报服务。

“气象观察站网能够实时获取和捕捉每一个场馆乃至每一条赛道的秒级、分钟级的风向风速，以及温度、相对湿度等气象信息。”古杨树场馆群主任郭英介绍说，“我们还运用一大批高精尖观测设备，基本形成了‘多要素、三维、秒级’的气象监测网络。”

2 月 12 日降雪之后，跳台滑雪男子个人大跳台决赛在“雪如意”顺利展开角逐。北京冬奥组委规划建设部场馆建设二处副处长、古杨树场馆群设施经理王敬先表示：“在大家的共同努力下，‘雪如意’的设备设施运转一切正常。”

随时预判天气 覆盖重点位置

雪上项目因天气原因延期时有发生。

2018 年平昌冬奥会，高山滑雪男子滑降项目因大风推迟；2014 年索契冬奥会，山上的浓雾导致高山滑雪女子超级大回转等项目延迟开赛；2010 年温哥华冬奥会，连日的降雨让高山滑雪男子滑降、女子全能等比赛推迟……

北京冬奥会上，高山滑雪男子滑降项目也出现过因大风延迟的情况。北京市气象台副台长、延庆赛区气象服务组副组长时少英说，高山滑雪赛场可对分布在不同海拔的赛道关键点做出有针对性的预报。

“在风速、降雪量或者能见度等要素的变化达到一定程度时，国际雪联会要求我们实时给出预报，这就不是每小时出一份预报的事了，而意味着我们在现场要随时对天气进行预判。”时少英说。

据了解，国家高山滑雪中心的气象服务由冬奥延庆气象服务分中心提供。中心为赛事方提供未来每小时、各点位的气象预报。滑降起点、终点，赛道中的跳坡、腾空赛段等都会单独预报，覆盖了天气条件可能对运动员安全造成影响的重点位置。

各赛场相关的气象信息是公开的，参与冬奥工作的记者、技术官员、运动员等，都可以从“冬奥通”手机 APP 上看到。13 日晚，中国选手徐梦桃、孔凡钰等参加的自由式滑雪女子空中技巧资格赛因天气原因推迟，记者打开“冬奥通”，空中技巧中点和终点的气温、风速、风向、能见度等要素均清晰可见。

记者：王美华 孙亚慧 刘峣

北京冬奥会张家口赛区建成河北首部激光测风雷达

新华社　2019 年 10 月 11 日

记者日前从河北省张家口市崇礼区政府了解到，近日河北首部多普勒激光测风雷达在当地完成建设。该测风雷达安装在崇礼区气象局观测场内，监测区域呈扇形向东延伸，覆盖整个张家口冬奥赛事区域。

记者采访时了解到，冬奥会和冬残奥会的比赛项目中，7 成左右金牌将在雪上产生。雪上项目受气象条件影响很大，气象预报系统尤为重要，为此我国气象部门很早开始相关工作，以确保达到要求。

崇礼区气象局副局长王旭海介绍，此次装备的多普勒激光测风雷达能够获得高空间和时间分辨率的大气风场，可实现大气风场 40～2000 米范围内风廓线实时探测，目前被认为是精确测量全球三维风场的唯一有效手段。

“该型激光雷达系统运用第三代激光技术，充分发挥激光技术的优势，在满足客户对产品生成要求的同时实现整体系统设备的小型化和模块化，具有低功耗、免维护等诸多特点。”王旭海说，该项目建成填补北京冬奥会张家口赛区无低空测风探测设备空白，基本实现赛区从地面到高空 6 千米风产品无缝隙反演。

今后该激光测风雷达将和已建观测设备一起在北京冬奥会张家口赛区形成更加完善的立体化冬奥气象监测网，为冬奥会精细化气象预报预测研究、智慧气象服务保障及场馆建设气候条件评估等提供支撑，并直接服务于冬奥赛事。

记者：杨帆 秦婧

精准预报　气象为冬奥护航

新华网　2021 年 8 月 17 日

2022 年北京冬季奥运会进入倒计时 171 天的“冲刺”阶段。

与此同时，与冰雪运动息息相关的气象服务保障亦进入加速“冲刺”阶段，而乘势而上涌现出的众多气象现代化成果，也将如 14 年前的北京夏季奥运会一样，接续蓄力气象事业高质量发展。

精细

北京冬奥会是历史上首次在大陆性季风气候带举办的冬奥会，不同于夏奥会，气象保障工作少有经验可借鉴，几乎算得上零起步。且冬奥会冰雪项目多集中在室外山地进行，地形复杂、局地小气候特征明显，对气象服务保障的要求可谓苛刻。

以跳台滑雪为例，选手需要先跃入空中，再落在雪上滑行，比赛时风力大小、雪面状态如何，都直接影响比赛成绩乃至选手的生命安全。只有在赛区布设密集、立体、多要素的气象监测网，才可能达到赛事实时、定点及特定阈值区间的要求。

而沿高山赛道进行滑降和快速回转的雪上竞速运动——高山滑雪，赛程仅为 1～2 分钟，比赛期间运动员速度最高可达每小时 140 公里，一旦赛场风速超过 18 米 / 秒，须立即停止赛事。定点的分钟级预报直接关乎赛事能否抓准最佳“窗口期”。

2017 年 8 月，中国气象局启动“三维、秒级、多要素”冬奥气象监测网络建设工作。几乎在同时，开始自主发展冬奥气象短临预报核心技术支撑体系。

4 年来，气象部门以冬奥赛场为核心，在北京城区、延庆和崇礼及周边铺设出“超精细复杂山地 + 超大城市一体、三维、秒级、多要素”冬奥气象综合监测网络，共布设各种现代立体探测设施 441 套，在冬奥会历届赛事中堪称最为稠密。

以北京睿图模式体系为核心，气象部门群策群力、集中攻关，首次实现复杂地形下 100 米分辨率、逐 10 分钟快速更新的冬奥关键气象要素 0～24 小时高精度客观集成预报；研发了从短时临近（0～1 小时）到延伸期（30 天）的无缝隙精细化网格预报产品，实现了历届冬奥会最高标准的“百米级、分钟级”精准预报要求。

周密

除了比赛专项服务要求极高以外，作为世界规模最大的冬季综合性运动会，冬奥会的赛事周边气象服务保障同样需求巨大。

2016 年，京张高铁开工建设，这是 2022 年北京冬奥会的重要交通保障设施。根据冬奥会总体规划，京张高铁将串联北京、延庆和张家口三个赛区，单程仅需一个小时左右，便能实现运动员、工作人员和游客跨区域参赛和观赛。

今年 3 月，京张高铁沿线体量最大的车站——清河站，上岗了一位“智慧哨兵”。它不仅能全时段实时监测清河站区温度、气压、湿度、风向风力，还能运用人工智能“天脸”识别，全天候智能观测站区天空实景，用户可通过手机客户端实时查看监测数据。

针对公路交通，气象服务也深度融入。由于北方冬季气温普遍较低，道路积雪、结冰等引发高速公路限行、关闭等情况时有发生。河北省气象部门与交通、交警等部门共同建立冬季融雪除冰应急保障机制，形成了路警联动、精准管控的三方合作模式。依据定时、定点的气象预报，相关部门可及时开展结冰路段精细化融雪除冰，保障公路交通的出行安全和通行效率。

回顾气象与奥运的数次邂逅，除了优质服务保障经受住了来自世界的检验以外，奥运气象服务经验及科技成果的推广应用，也在更长远的未来帮助提升全国气象服务水平，使奥运气象成果惠及全国人民。

夏季奥运会后，其发挥的辐射带动作用至今还在影响着全国气象业务发展：奥运精细化预报服务由重大活动保障向常态化业务运行转变；3 公里分辨率 GRAPES 区域模式实现了局地范围向覆盖全国的发展。就连当初为了保障夏奥会在北京及其邻近地区建设的密集气象探测网，至今仍在高质量运行，并将在即将来临的冬奥会中，与稠密的山地监测网共同见证一场精彩非凡卓越的盛会。

“百米级、分钟级”精准预报能力是这样炼成的

新华社　2022 年 2 月 13 日

京津冀地区迎来降雪，本次降雪恰逢北京冬奥会期间，对正在进行的雪上项目而言，气象部门科技含量颇高的冬奥山地赛场核心区域“百米分辨率、逐 10 分钟”快速更新的“北京睿图”数值预报模式体系，在保障赛事中功不可没。

据了解，受东移高空槽和低层偏东风共同影响，12 日夜间京津冀地区开始出现降雪。北京市预警中心、北京市气象台已于 13 日上午相继发布大雾黄色预警、暴雪蓝色预警。

北京市气象台首席预报员张迎新表示，当前至 13 日 23 时，北京市仍有明显降雪，14 日 3 时后降雪逐渐减弱、结束。预计北京全市平均降水量 4～8 毫米，新增积雪深度 4～8 厘米，西部、北部相对明显，局地降水量可达 10 毫米以上，新增积雪深度 6～9 厘米。

北京市气象局副局长、新闻发言人梁丰介绍，经多年科研攻关，冬奥气象保障服务方面，建成支撑北京、延庆、张家口 3 个赛区气象服务的信息网络，以冬奥赛场为核心，气象部门在北京城区、延庆和崇礼及周边地区共建设各种现代化气象探测设施 441 套，提升了冬奥赛区气象综合监测能力。

正在冬奥场馆执行赛事保障任务的延庆赛区气象服务组副组长时少英介绍，高山滑雪，运动员最关心的是风，尤其是阵风，其次是降雪等低能见度天气。

时少英表示，高空风速比较强，通过团流作用到地面后，风的脉动导致一阵风小一阵风大，可能对运动员在起跳后腾空的落地表现产生影响。因此，对风的精准预报，可以给裁判员、运动员、教练员及赛事保障提供重要参考。

据了解，高山场馆几条赛道按照国际雪联要求，布设了自动监测站，对风实现了三维垂直立体监测。“竞速赛道布设了 8 个自动气象站，竞技赛道布设了 3 个自动气象站，对气温、风、湿度、能见度、降雪可实现短时精准预报和未来趋势预报。”时少英说。

此外，为满足冬奥组委“赛事不停、交通不断”通行需求，北京市城市管理委副主任、2022 年冬奥会和冬残奥会北京市运行保障指挥部城市运行及环境保障组办公室常务副主任张岩表示，扫雪铲冰保障工作方案预案实行预警管理，分区控制，涉奥区实施“一馆一策”，坚持“机械扫雪为主、融雪剂融雪为辅、场馆团队社会公众积极参与”原则，按照“雪前准

备、雪中打通、雪后恢复”作业流程，重点做好场馆周边和场馆封闭线内的扫雪铲冰保障。

记者从北京市交通委了解到，北京全市交通行业第一时间启动雨雪天气应急预案，严格落实带班值班、巡查检查、运行监测等工作，储备充足除雪物资，全力保障涉奥道路通行顺畅，加强公共交通运力储备，保障市民安全出行。

记者：倪元锦

我国已建立较为完备的冬奥气象观测网

中央电视台《新闻联播》 2019 年 12 月 9 日

中央电视台《新闻联播》节目报道我国已建立较为完备的冬奥气象观测网。

北京冬奥会科技亮点令人期待

《科技日报》 2021 年 11 月 19 日

北京冬奥会期间，两地三赛区所有场馆及连接场馆的道路将实现 5G 全覆盖；冬奥气象预测系统将实现“百米级、分钟级”精准气象预报；云转播技术赛时将与奥林匹克广播服务公司合作，在“云顶滑雪场坡面障碍技巧”项目上提供制作“子弹时间”效果……

在距离北京冬奥会开幕还有 78 天之际，北京冬奥组委召开新闻发布会，全面介绍新技术在北京 2022 年冬奥会及冬残奥会筹备与赛时的应用情况。北京冬奥组委技术部部长喻红表示，北京冬奥会上的科技亮点让人期待。

科技部社会发展科技司司长吴远彬介绍，在“科技冬奥”专项支持下，今年 2 月、4 月举办的“相约北京”测试活动中，已有 37 个项目的 133 项新技术成果在测试赛中落地应用；从 10 月开始，“科技冬奥”重点专项又有 61 个项目 228 项技术陆续在测试赛、运动员训练及冬奥会相关筹备工作中测试应用。“科技冬奥”参与各方正在努力将北京冬奥会办成科技含量最高的一届冬奥会。

场馆建设是举办冬奥会的基础条件，围绕赛道和场馆设计建造，重点解决了雪车雪橇赛道、国家跳台滑雪中心和速滑馆等场馆设计、建造和运维技术难题。

国家速滑馆（“冰丝带”）是北京赛区唯一新建的场馆，采用世界跨度最大的单层双向正交马鞍形索网屋面，用钢量仅为传统屋面四分之一；被称为“雪游龙”的国家雪车雪橇中心采用“毫米级”双曲面混凝土喷射及精加工成型技术，1.9 公里赛道一次性喷射浇筑成型；国家游泳中心由“水立方”转为“冰立方”，应用装配式快速拆装和调平动态监测技术，20 天内完成“水—冰”场地转换；利用物联网、人工智能技术，鸟巢正在变身为数字、低碳、智能体育场馆……

转播在现代奥运会中不可缺少，它让世界各地的奥运粉丝们无论身在何处，都能感受运动员的精彩表现。由于有了 5G 信号覆盖，转播也有了新的模式。

“通过云转播 5G 背包，可直接将前端设备采集的视频信号实时上传到云平台，实现高清视频即拍即传。在混合采访区，利用远程遥控摄像系统，实现媒体记者跨空间采访。”喻红表示，云转播技术在助力远程编辑制作实现“轻量化”转播的同时，也有利于疫情防控。

“绿色、低碳、可持续”是本届冬奥会的办赛目标之一。为实现北京冬奥会碳中和，80 辆氢燃料电池汽车在张家口赛区进行了测试。记者从发布会上获悉，北京冬奥会与冬残奥会赛时将在延庆、张家口投入 700 余辆氢燃料大巴车提供交通服务保障，试制的氢燃料电池应急电源发电车将替代柴油发电车，已在国家速滑馆、国家高山滑雪中心测试备用。

此外，北京冬奥会境内接力火炬将全部应用氢燃料，以玉米、薯类及秸秆等可再生资源为原材料生产的可降解餐具，将代替塑料制品为冬奥会提供相关服务。

奥运会的组织者也在新技术的应用中感受到工作模式潜移默化的转变。

喻红介绍，运用场馆三维仿真，工作人员可在线上进行业务领域流线、区域的规划和设计，进行媒体摄像机位的模拟部署等，实现在线踏勘，线上协同设计，不仅成为疫情下的技术支撑，也是常态下提高工作效率的技术手段。

同时，视频会议的远程同声传译功能，为疫情下远程国际会议提供了新的解决方案；智能会议翻译系统，支持多语种实时语音转写、多语种互译；语音识别翻译技术可辅助沟通无障碍。

记者：何亮

为刷新冬奥气象服务精度纪录 中国气象人苦练“预言”绝活

《科技日报》 2022 年 1 月 18 日

气象条件对冬奥赛事影响极大。风向、风速、气温、降雪、能见度、雪温、雪质……这些因素，不仅事关比赛成绩，还关乎运动员安全。在即将开幕的 2022 年北京冬奥会期间，一套体现我国气象核心科技、实现“定时、定点、定量”的气象预报技术体系，将迎来最终大考。

“百米级、分钟级”，这是往届冬奥会从未实现过的气象服务目标：在空间上，每隔 100 米甚至更短，就有一个预报数据；在时间上，每隔 10 分钟，就能更新一组预报。

精细化气象服务实现了质的飞跃。

在即将开幕的 2022 年北京冬奥会期间，这样一套体现我国气象核心科技、实现“定时、定点、定量”的气象预报技术体系，将迎来“最终大考”。

看天说话 北京冬奥会的真正发令枪

2018 年韩国平昌冬奥会，有 17 项比赛因为气象原因进行了调整，有 1 项直接取消。

2014 年俄罗斯索契冬奥会，春天来得太早，温度过高让雪质松软，在女子超级大回转比赛中，48 名选手中只有三分之二完赛。在自由式滑雪和单板滑雪比赛中，多名运动员严重受伤。

气象条件对冬奥赛事影响极大。在冬奥会比赛项目中，户外雪上项目占大多数。风向、风速、气温、降雪、能见度、雪温、雪质……这些因素，不仅事关比赛成绩，还关乎运动员安全。

如果风太大，影响滑雪技巧动作的完成；如果降雪，新雪蓬松，不利平衡；若降暴雪，会让雪道变得模糊，让运动员陷入危险；若能见度太低，影响运动员和裁判员的视线……所以，冬奥需要气象服务，其核心内容是赛事服务。

根据冬奥组委要求，雪上项目和滑行项目的每个场馆，至少要安排 2 名气象服务人员提供现场服务。

给冬奥气象服务这张“考卷”额外增加难度的，还有北京本身的气候特点。

北京的气候条件相对特殊。北京冬奥会是近 20 年内唯一一次在大陆性冬季风主导气候条件下举办的冬奥会。气候特征给出了北京冬奥会的特殊难题——山地小尺度的风和温度的精密监测、精准预报。

“科技冬奥”重点专项“冬奥会气象条件预测保障关键技术”项目负责人、北京城市气象研究院副院长陈明轩说，这在国际上都是尚未解决的气象难题之一，国际上也没有成熟的、适用于北京冬奥会的可移植技术方案。

在北京、延庆、崇礼等气象服务分中心，有专职预报员为赛场气象服务人员提供预报产品。在每个比赛日的前一日，赛场气象服务人员会根据预报产品，在领队会上，向组委会、裁判及各代表队的领队解读赛时天气情况，为是否调整比赛日程提供支撑。

服务，精细到“一场一策”甚至“一项一策”。这是因为，不同项目对气象条件的关注重点也有所不同。

张家口气象台副台长、冬季两项场馆气象服务团队负责人郭宏介绍，冬季两项是一项集越野滑雪和射击于一身的比赛，该项目主要关注的是温度和雪温。温度一旦低于 −20℃，运动员在户外超过半小时，裸露的皮肤就有冻伤的风险。所以，温度若低于 −20℃，比赛就要叫停；若低于 −15℃，则由仲裁委员会商定比赛是否要进行调整。雪温将影响打蜡师的打蜡策略。打蜡能帮助运动员在雪面滑行时获得适宜的摩擦力，专业队伍会根据雪温配备十几种不同的雪蜡。

跳台滑雪项目，要盯紧的则是风。

古杨树场馆群气象服务团队负责人段宇辉说，河北崇礼多大风、低温天气，而跳台场馆和北欧两项比赛，风速需要低于每秒 4 米。“要求非常苛刻。”

风力过大，会影响运动员的空中飞行姿态、着陆动作和比赛成绩，甚至会对运动员的安全造成威胁，使得训练、比赛中断、推迟、延期，甚至取消。有时，预报员需要在未来 1～3 个小时大风天气条件下，寻找适宜比赛的、风速小于每秒 4 米天气条件的赛时“窗口期”。“这是最大的难点。”段宇辉感叹。

所以有人说，气象条件，是冬奥会赛事真正的发令枪。

与天争锋 北京冬奥会的气象追梦人

怎么打好这发令枪?

预报的准确，仰赖于气象资料的获取。

2013 年之前，北京延庆西北区海陀山的气象资料几乎为空白。

为获取准确气象数据，2013 年开始，气象人进山，从零起步，在地形复杂的海陀山一点点建起综合气象站网。

“无路，无水，无电。”冬奥北京气象中心延庆区气象服务组副组长张曼回忆起当年的“开路”，已经显得“云淡风轻”。“大型设备和仪器就用骡子驮，精细仪器就靠手拿肩扛。”

那时的海陀山，向他们展现出最为原生态的一面。山岩崎岖陡峭，树林密密匝匝。为了找到适宜的、符合标准的监测点，“我们把海陀山爬了个遍”。感受过刀割般的风，吃过冻硬的面包，嚼过冻成冰块的矿泉水，鞋破过，衣服破过，身上被荆棘划出过道道伤痕……他们就这样，把历届冬奥会中最为稠密的监测站网建了起来。

在河北，气象探测员同样在低温大风中“拓荒”，骡驮人背运设备，获取各赛道气象资料。

布站并维护，是摸清老天爷脾气的第一步。收集信息后，还要解读；解读之后，才有预测。

北京冬奥会不同赛区的气象预报团队，都经历了 4～5 年的冬训。

每年冬天，他们进入赛区，一待半年，感受当地的小气候。以探测设备收集的数据为基础，以理论知识为依托，叠加自己的切身体验，去观云，去追风。

延庆赛区现场预报服务团队有 11 人，都是精兵强将。从山西、内蒙古等地抽调而来的预报员，每年冬训，就得暂时放下小家。

让冬奥北京气象中心延庆区气象服务组副组长时少英觉得最为棘手的，还是风。

风不好报。

风，天天都有。延庆赛区盛行西北风。但是阵风，倏忽而起，方向不定。在城市中，你也能发现，穿行在密集楼房之间和站在楼房前的广场上，感受到的风速截然不同。而海陀山，山势陡峭，山连山，山套山，那么，当风经过，究竟会发生什么?有时，它会一鼓作气冲下来；有时，它会在背风坡形成空腔，冷空气会补充来，形成一个环流。

一开始，大家都不了解海陀山，那就一遍遍去爬。感受它的“任性”、神秘与多变，感受它的浪漫与严酷。

时少英常讲起最开始时的训练方法：先按照理论知识和经验，做出预报。比如，预计第二天上午 11 点会下雪，那么第二天一早，就迎着风爬到山上去，等着，看是不是 11 点下雪，从哪里开始飘雪，降雪量如何。然后，复盘、总结。

赛场冬训、出国培训、英语培训、赛事观摩……预报员团队一年年加深着对山地气象的了解。

用预报员自己的话说，做预报，是一项特别容易“打脸”的工作。报得对不对，过一两个小时就见分晓——老天爷有自己的脾气。

此前数年，他们一直在努力，努力摸清赛区这么小小一方天地上，老天爷的脾气。

每座山都有它的性格，预报员必须用时间去和它磨合。现在，他们已经从几年前的“偶尔报得准”进化到了现在的“偶尔报不准”。

“刚来的时候是真的摸不透。现在我们对赛区的天气已经比较有把握了。”来自内蒙古自治区气象台的马学峰说。可能更没把握的，是自己的孩子。刚开始冬训时，孩子还小，每年中的半年，父亲都缺席了；现在，冬奥会开幕在即，孩子也上小学了。“孩子对我可能还有些生疏。”马学峰有片刻的情绪低落，又立刻说道，“好在家人非常支持我。”

倚天长剑 北京冬奥会科技显锋芒

即使是“偶尔报不准”，但问及担忧，时少英仍脱口而出：“报不准是我最大的压力。”

其实，她也知道，赛事方能够理解天气预报上的误差，但她个人期待，能做得尽可能跟实况一样。时少英笑：“我也知道这不可能，哪有 100% 准确呢？这是天花板，要向天花板努力。”

从大气科学可预报性角度来说，空间越精细、预报时段越长，预报难度越大，更何况在地形复杂的山区，还要提供冬奥会关注的阵性大风、能见度、降水相态、雪面温度等特殊要素的气象预报，挑战重重。

为了触摸天花板，硬件和软件都要跟上。

张家口赛区装备保障团队负责人、河北省气象局装备中心副主任幺伦韬介绍，在北京城区、延庆和河北张家口崇礼及周边地区共建设有各种现代化气象探测设施 441 套，它们是国内最为先进、也是中国气象局业务许可的新型气象探测设施，由传感器系统、采集处理系统、供电系统、传输系统组成。

在传感器使用上，为保证风传感器在低温、造雪环境下仍能正常工作，增加了自动加热功能，大部分站点还采用了超声式测风传感器，更适用于赛时风速风向的观测。在供电系统上，大部分采用太阳能和市电双供电机制，确保设备稳定运行。在传输系统上，均为无线通信，采用 4G 全网通通信模块，确保数据传输稳定可靠。

对数据的分析，也不止由人脑完成。

“我们预报员有大后方的支持。”时少英向记者演示着预报团队用的气象服务系统，“可以说，是集全国的气象力量来给冬奥会提供技术支撑。”

电脑上，不同颜色展示风速大小，不同流线显示风向变化，点击不同时间，模拟预测结果自动呈现：下一个小时，滑降起点 1，风速每秒 20 米，超级大回转起点，风速每秒 16 米，第三起跳点，风速每秒 15 米……

这就是“百米级、分钟级”预报系统，采用了高精度数值天气预报模型和多源气象数据快速融合技术。

数值天气预报，是指根据大气实际情况通过大型计算机对大气运动状态和演变规律作数值计算，求解大气的动力、热力学和微物理方程组，来预测未来一定时段的大气状态和天气现象。“百米级”，指的是网格的大小。假设在赛区上空覆盖了一张看不见的网，每隔 100 米就有一个计算点。当网格足够小，才能对面积本就不大的冬奥核心赛区天气情况做出精准预报。

在往届冬奥会期间，客观气象预报基本以千米网格为主，时间更新频率是半小时至 1 小时。而北京冬奥会，空间网格分辨率最高可达 67 米，时间更新频次最高达到 10 分钟。

数值预报，千米级别和百米级别，难度不可同日而语。

为了更好描述大气边界层，团队研发出了大气涡流尺度数值模拟计算模型。陈明轩介绍，低层风场受地形影响较大，具有高度非均匀性。观测数据所能代表的范围非常有限，在这种情况下，就要用数值模拟方法获得复杂地形条件下高分辨率的近地层风场资料。千米级的数值预报，对大气边界层可以进行参数化近似处理。但当空间网格分辨率精细到了百米级别，再用参数近似处理，误差会非常大。此时，就需要处理大气边界层内不同尺度大小的涡流，并且采用更高分辨率的地形高程数据。于是，大气涡流尺度数值模拟计算模型应运而生。

为冬奥做的预报，时效至少需要达到 10 天。为了提高预报准确率，技术团队开发出了人工智能订正模型。这也是人工智能预报技术在国际上首次应用于冬奥会气象服务保障。借助人工智能技术和大数据技术，通过对海量的数值天气预报模型预报数据和大量的气象观测数据进行“再解读”，从而实现客观气象预报的“再订正”，提升冬奥气象预报的精准度。

由于要处理的数据量庞大，该系统跑在冬奥气象服务中心的超级计算机上。要支撑这一系统在三个赛区六个赛场的“全覆盖”正常运行，需要一万核的计算机算力。

其实，百米级天气预报，在国外主要用作科学试验。但这次，在冬奥赛场，它要实现的是实时业务化运行。从试验到真刀真枪应用，又是一重考验。“分辨率高，数值天气预报模型的计算精度和稳定性就会差。”陈明轩说。可以将它理解为一种过载。为保证模型的稳定性，技术团队在逼真模拟和减轻计算负荷间找到平衡点，考虑了一些必要的简化，着重刻画复杂地形、辐射、摩擦对温度和风的影响。

一系列关键技术方法，最终构建了冬奥气象“百米级”预报技术体系，形成了冬奥高精度气象预报系统“睿图－睿思”，多项技术填补国内空白，核心技术完全自主可控。

“我们预报员现在已经很信赖这个产品了。”时少英说。

陈明轩则坦言，一开始，技术团队也不是特别有信心。几年来，他们不断和预报员团队沟通磨合。“我们团队里的年轻博士们，刻苦钻研，发挥大国工匠精神，真的是把各种技术细节抠到极致。”陈明轩感慨。

科技成果的诞生，也得益于相关部门的支持。

科技部优先设立科技冬奥项目，重点支持冬奥会气象条件预测保障关键技术研究，北京市科委、河北省科技厅等部门先后设立科技冬奥项目支持冬奥会气象保障关键技术研究。

如今，复杂山地精细化网格数值预报和人工智能技术等新技术新方法在北京冬奥会气象服务中得到广泛应用。未来，新时期国家重大活动保障、大城市安全运行、灾害天气预报预警和极端灾害天气应对……为冬奥而生的高精度预报技术，还会用于更多民生场景。

“我们所有科研人员，所有观测和预报团队，都有种使命感，有股不服输的劲头，下决心要把这件事做好。”陈明轩说，“我们常说，只有人努力，才有天帮忙。”

只有人努力，才有天帮忙。来吧，北京冬奥会，中国气象人已做好准备，静待接招。

记者：张盖伦，策划：刘莉，付丽丽亦有贡献

人工智能让冬奥会气象预报更精准

《科技日报》 2022 年 2 月 9 日

2 月 8 日，当看到中国队选手谷爱凌以漂亮的高难度动作夺得自由式滑雪女子大跳台金牌时，北京大学重庆大数据研究院博士张焜忍不住欢呼起来。她对于冬奥会比赛的关注相比普通观众更多了一份关切，因为她所在团队的研究成果正保障着冬奥会的气象预报。

在中国科学院院士、北京大学副校长、北京大学重庆大数据研究院首席科学家张平文领衔下，该院研究团队参与了国家重点研发计划“科技冬奥”重点专项项目“冬奥赛场定点气象要素客观预报技术研究及应用”课题研究，开发出人工智能 MOML 算法赋能天气预报模型，使预报更精准。

相比夏奥，冬奥会的举行受天气影响更大。其气象保障是冬季复杂地形条件下的中小尺度边界层气象问题，为了让奥运健儿在赛场上有良好发挥，往往对预报的精细度要求更高，甚至达到“百米级、分钟级”，这一直是国际气象界的难点。

“我们的研究是通过人工智能算法，对天气预报模式的结果进行订正，让其更精准。”张焜是北京大学重庆大数据研究院智能会商与人工智能天气预报实验室的博士，她介绍，气象业务中会产生海量的气象数据，目前全球广泛采用的数值天气预报模式，是通过大型计算机作数值计算，用物理方程表达天气演变的物理过程，从而预测一段时间内大气运动状态和气象要素。全球数值天气预报能力不断提高，基本上可以解决大部分区域的大尺度预报问题，但针对小尺度、精细化的预报需求，数值计算存在误差，预报员还需要通过会商给出预报结论。

以往会商对预报员依赖度很高，需要综合各方数据并结合自身经验对模式输出数据偏差进行订正。而人工智能算法在融合、处理信息中的先天优势，它在一定程度上可以代替预报员在会商中整合、分析信息的过程，通过数据挖掘、学习，将预报员的经验内化在算法中，实现智能、高效的预报。由张平文院士领衔的研究团队开发出预报员的人工智能算法 MOML，实现了智能订正，提高了预报效率的同时进一步提高预报的准确率。

“对于模式输出数据偏差的订正方法，国内外均开展了广泛研究。”张焜介绍，如以前采用的 MOS 方法，主要针对单站进行订正，如果想得到较理想的订正结果，需要人工进行参数调整，准确率提高有限，而通过人工智能算法，可以实现对格点进行预报。目前，MOML 算法在温度、湿度、风速、风向等天气要素上已取得突破，不仅可以很好地辅助预报员，大幅减少预报员的工作量，相比常规方法来说，它将预报的准确性提高了 10% 以上。

据了解，北京冬奥会已经实现了气象短时临近预报“百米级尺度、分钟级更新”，可快速生成覆盖冬奥山地赛场的 100 米分辨率、逐 10 分钟更新的网格化温、湿、风、降水等天气要素客观分析以及 0～12 小时预报产品。

张焜表示，除了服务冬奥会，他们团队也正在对 MOML 算法在气象预报中的应用进行进一步研究，针对重庆更加复杂的山地环境，他们正在与重庆市气象局合作，让相关研究成果在重庆应用。

记者：雍黎

北京冬奥会气象科技研发专项计划出台

《中国气象报》 2018年9月27日

近日，《北京2022年冬奥会和冬残奥会气象科技研发专项计划》（以下简称《计划》）出台。《计划》明确，气象部门将以复杂地形条件下冬季天气精细化预报等技术为重点，突破冬奥会冰雪运动服务中精细化、格点化气象预报技术的科技瓶颈，构建一套冬奥会气象无缝隙天气预报保障体系，为高质量冬奥保障服务提供科技支撑。

精准气象服务是冬奥会成功举办的重要条件。北京冬奥会赛区地形复杂、气象监测难度大、赛事项目安排紧，而气象条件直接影响着比赛安排、设施维护甚至运动员成绩等方方面面。北京冬奥组委对冬奥气象保障提出了"一项目一策"和"国际最高标准"的需求。这对本届冬奥会气象服务保障的科技属性提出了更高要求。

为此，《计划》明确了复杂地形冬季综合气象观测技术和试验研究、冬奥精细化数值天气预报技术应用研发等7个方面重点研究任务。气象部门将加强气候风险评估、高山复杂地形下综合气象观测技术、冬季天气气候机理及预报技术、精细化天气预报预警技术、专项保障技术等方面的科学研究，形成复杂地形冬奥气象立体监测、精细化预报预测、智慧气象服务等科研成果。

到2020年，气象部门将建立0～24小时快速更新多尺度分析和预报系统，提供冬奥赛区12小时内100米分辨率、10分钟更新的赛事气象条件预报；为赛场提供24—72小时内3小时更新、72—240小时内6小时更新的定点气象条件预报，包括风向风速、能见度、相对湿度、雪温、雪深等定点精细化气象要素。

不仅如此，人工智能、云计算等技术也将用于冬奥气象服务。气象部门将加强冬奥全流程监控及分发系统、智慧冬奥气象服务系统设计研究，为公众、交通、媒体等提供有针对性的赛事专项服务产品。

值得一提的是，通过建立冬奥会气象无缝隙天气预报保障体系，气象部门在为冬奥会提供高质量气象保障服务的同时，也将为冬季冰雪运动气象保障制定标准和范例，推动提升国家重大活动气象服务能力和水平。

作者：刘若馨 贾静淅

"冬奥会气象条件预测保障关键技术"启动

《中国气象报》 2018年12月6日

日前，国家重点研发计划"科技冬奥"重点专项"冬奥会气象条件预测保障关键技术"在京启动。项目将通过系统技术研发和产品应用，解决制约冬奥气象保障的核心技术问题，为冬奥赛事运行、公众服务等提供精准气象预报服务。

项目确定了研究目标、重点任务和需要解决的关键技术问题。未来，项目组将重点开展山地赛场立体气象观测试验与数据分析技术研发，获得复杂地形下精细化三维气象场模式，为深刻认识赛场小尺度天气特征及赛场精细化天气预报技术研发提供基础；开展局地资料同化、高分辨率模拟和集合预报、复杂地形下多元数据融合及模式偏差订正等技术拓展研发，集成建立分钟级更新、百米级尺度的冬奥气象短临预报技术和系统，建立冬奥气象短中期数值预报系统；在稠密立体观测及网格数据基础上，结合冬季天气解释应用、机器学习和大数据挖掘等技术，研发直接支持冬奥气象保障的无缝隙定点预报及风险预警产品、智能化服务技术和系统。

项目下设冬奥赛场精细化三维气象特征观测和分析技术研究、冬奥高分辨率快速更新短临预报预警技术应用研发、冬奥中短期精细数值天气预报技术应用研发、冬奥赛场定点气象要素客观预报及风险预警技术研究及应用、冬奥气象专项影响预报及智能化气象服务技术研究与应用 5 个分课题。

作者：叶芳璐 江川

冬奥会筹办张家口赛区气象服务保障工程今年将全部完成
赛事核心区已建成 29 个气象观测站

《河北日报》 2019 年 3 月 24 日

从张家口市气象局获悉，今年，冬奥会筹办气象服务保障工程建设将主要做好精细化预报预测系统安装调试、冬奥会智慧服务系统开发部署等服务保障工作，张家口赛区所有气象服务保障工程建设项目将全面竣工。

按照河北省冬奥办印发的《2022 年冬奥会张家口赛区水电气信及其他配套设施建设规划》《张家口市 2022 年冬奥会气象服务保障规划》，张家口赛区实施了气象综合观测系统建设、精细化预报预测系统建设、气象服务系统建设和人工影响天气能力建设 4 个配套基础设施建设类项目，目前大部分建设内容已完成。

气象综合观测系统建设方面，目前张家口赛区赛事核心区已建成 29 个自动气象观测站，其中，云顶滑雪公园 13 个，冬季两项中心 5 个，北欧中心越野滑雪场 3 个，北欧中心跳台滑雪场 7 个，太舞滑雪场 1 个。建成京藏、张承高速公路交通气象观测站 12 个，这些气象观测站将为预报服务提供支撑，为赛时提供实况数据。

精细化预报预测系统建设方面，已开发完成“2022 北京冬奥会预报制作系统（测试版）”和“北京冬奥会智能气象保障系统（测试版）”。气象服务系统建设方面，已完成省级气象数据资源环境部分升级改造，建成北京市气象局至河北省气象局 50M 点对点专线，完成张家口、崇礼与北京市气象局网络互连互通等。人工影响天气能力建设方面，完成了冀西北飞机增雨雪基地业务用房改造及作业指挥中心和业务平台建设。

记者：陈华

张家口加快建设冬奥气象综合观测系统

《中国气象报》 2019 年 5 月 7 日

随着天气回暖，冬奥气象综合观测系统建设已全面复工，并进入冲刺阶段，预计到今年年底将形成更加完善的立体化冬奥气象监测网。

据了解，气象综合观测系统建设项目于 2016 年 9 月开工，截至 2018 年底，北京冬奥会张家口赛区已基本建成全球站点布设最多、气象观测要素最全的雪上项目赛场综合气象观测系统。其中，在天气监测系统方面已完成崇礼 X 波段双偏振天气雷达建设；在地面观测系统方面已完成赛事核心区 29 套多要素自动气象站，以及赛区周边 70 套七要素自动气象站和 12 套高速公路交通气象观测站建设；在垂直探测系统方面已完成崇礼 GNSS/MET 站、微波辐射计、云雷达建设。

目前，张家口康保 S 波段双偏振天气雷达、航空气象观测站、交通气象观测站（二期）及移动应急监测系统等项目建设正在加速推进中，预计到今年年底，冬奥气象综合观测系统将完成全部建设任务。届时，这些观测系统将和相关科研项目观测试验设备，一同形成更加完善的立体化冬奥气象监测网，为冬奥精细化预报研究、气象服务保障及场馆建设提供支撑，服务于冬奥赛事。

作者：王旭海 王海英

冬奥会河北赛区航空气象服务保障系统建设启动

《中国气象报》 2019 年 5 月 20 日

近日，由河北省气象部门承担的 2022 年冬奥会河北赛区航空气象服务保障系统项目建设正式启动。该项目将通过对山区复杂地形条件下，气象要素对直升机起降、飞机结冰、飞行颠簸等影响开展专项研究，旨在提供针对性产品，服务赛事期间的直升机救援、通用航空飞行，保障运动员安全。

直升机是野外紧急救援中最快速、便捷的交通工具之一。在冬奥会雪上项目比赛场地远离城市、山地地形复杂的客观条件下，保障直升机飞行是确保第一时间将受伤运动员送医救治的关键。航空气象服务保障系统项目将针对直升机救援以及通用航空飞行高度较低、机动性强等特点，研发 3000 米以下垂直分层的航空气象服务产品。

据介绍，此项目将汇集京津冀区域地面高空观测资料、卫星雷达资料、网格预报、数值预报产品等，并结合其他行业的航空气象资料开展相关研究。涉及的内容包括风、云、能见度、气温、相对湿度、降水、强对流天气，以及飞机积冰、飞行颠簸、低空风切变等影响因素。

项目建成后，气象部门可实现冬奥会赛区场地应急救援起降点、京津冀区域范围内任一备降点、飞行沿线的气象服务信息查询、监控，并制作、发布相关服务产品。

作者：马洵 路晓琳

为科技冬奥注入点睛之笔

《中国气象报》 2019 年 6 月 12 日

精准气象预报是历届冬奥会成功举办的最重要条件之一。作为近 20 年唯一一次在大陆性冬季风气候条件下举办的冬奥会，北京冬奥会不同于往届气候条件及中小尺度天气特征，因此气象预报服务的关注重点也有所不同。此外，中国在冬季雪上项目气象条件高分辨率预报服务技术等方面研究很少，在很多方面甚至是空白。

初步分析表明，对于温度、湿度、能见度、极端风等气象条件准确可靠的预报预警，是保障北京冬奥会、冬残奥会赛事运行和运动员表现的重要外部因素。

2018 年 11 月，国家重点研发计划“科技冬奥”专项“冬奥会气象条件预测保障关键技术”项目组在《世界气象组织公报》上发表论文，向世界气象同行介绍北京 2022 年冬奥会气象保障服务的科技研发及预期成果应用情况。

据该项目负责人、北京城市气象研究院副院长陈明轩研究员介绍，项目执行时间为 2018 年 8 月到 2022 年 6 月，重点关注北京 2022 年冬奥会精准气象预报服务，通过多项与国际接轨的关键技术研发，集成建立冬奥气象保障服务支撑系统，解决制约冬奥气象保障服务的核心科技问题。根据北京冬奥组委“一项一策”保障需求，气象部门将为北京冬奥会提供赛场、赛道、转场交通通道及其他关键区域高时空精度的气象监测、客观预警预报及赛事专项服务产品。截至目前，项目研究取得一系列阶段性成果，为后期深度研发和成果应用奠定了坚实基础。

项目组在冬奥赛场建立气象观测基地，开展冬奥赛场复杂地形冬季观测试验。北京城市气象研究院牵头的项目观测试验团队在北京海陀山西大庄科建成冬奥气象超级观测基地，针对山地赛场局地小、微尺度气象要素变化特征，对延庆赛区不同天气条件下山地赛场精细边界层结构、风场特征等进行分析，初步揭示山区风场、地形云的复杂性与影响机制。河北省气象台牵头的项目观测试验团队将张家口赛区观测布局划分为核心区、中尺度天气系统影响区和大尺度天气系统影响区 3 个区域，依据不同区域特点设计科学合理的综合立体观测布局，目前，观测站网建设已完成。

针对冬奥短临精细预报服务需求，北京城市气象研究院牵头的项目研究团队初步研发了新一代快速更新、无缝隙融合与集成预报系统——睿思。目前，基于睿思系统进一步研发的冬奥山地赛场短临预报产品即将实时试验运行，为 2019—2020 年冬奥测试赛气象保障服务提供支撑。

睿思系统利用加密自动站、雷达实况观测和高分辨率数值预报等多源气象数据，采用传统气象算法和机器学习技术，可快速生成覆盖冬奥山地赛场的 100 米分辨率、逐 10 分钟更新的网格化温、湿、风、降水等天气要素客观分析和 0～12 小时预报产品。“我们正致力于将睿思系统的预报时效从 12 小时拓展到 24 小时。”陈明轩说。

北京市气象台牵头的项目研究团队核心成员均为冬奥气象服务团队成员。“我们针对冬奥赛期的赛区气候特征进行分析，开展地形和实况观测对模式偏差订正的技术研究，对冬奥赛期延庆和张家口赛区的气象风险进行评估。结果表明，对比赛日程影响较大的气象风险主要是低温、高温融雪和大风。”北京市气象台台长季崇萍说，相关研究成果已应用于“2022年冬奥预报制作系统”建设，效果良好。

国家气象中心牵头的项目研究团队主要聚焦1～10天冬奥数值预报关键技术及系统研发工作。基于自主研发的GRAPES模式系统，研究人员从卫星资料同化、模式动力框架和关键物理过程、产品后处理等方面发力，不断提升GRAPES全球预报模式针对冬季天气，特别是冬奥赛场天气的中短期预报能力。

中国气象局公共气象服务中心牵头的项目研究团队基于人工智能、大数据等技术，开展冬奥智慧气象服务技术及系统研发。研究人员在冬奥交通气象、直升机救援气象保障、气象服务产品智能化加工等方面已取得初步研究成果，部分产品将在中国天气网“冬奥专栏”上线。

作者：宛霞 楚艳丽 江川 孙丹

河北首部激光测风雷达落户北京冬奥会张家口赛区

《中国气象报》2019年10月14日

9月25日，河北首部激光测风雷达正式落户河北省张家口市崇礼区气象局，标志着北京冬奥会张家口赛区立体化气象监测网更加完善。

多普勒激光测风雷达能够实现对大气风场40～2000米范围内风廓线的实时探测，能够获得高时空分辨率的大气风场，被认为是精确测量全球三维风场的有效手段。该雷达运用第三代激光技术，具有可重复性好、探测误差小、低功耗、免维护等特点，实现了整体系统设备的小型化和模块化。

多普勒激光测风雷达项目基本实现了从地面到高空6000米风产品的无缝隙演变，填补了张家口赛区无低空测风探测设备的空白。届时，该激光雷达将直接服务于北京冬奥会赛事，为北京冬奥会精细化气象预报预测研究、智慧气象保障服务及场馆建设气候条件评估等提供有力支撑。

作者：杨劲波 白连忠

河北：加快冬奥气象科技攻关成果转化应用

《中国气象报》2020年3月13日

3月6日，河北省气象局印发《冬奥会筹办气象领域2020年重点工作推进方案》的通知。其中要求，加快现有观测试验、预报技术研发、交通气象服务技术研发等方面的研究成果在实际保障中的转化应用，有效提升预报服务能力。

该方案提出，到今年10月，开发建立河北张家口赛区赛场科学观测试验展示和监控平台，完成观测数据质控、传输处理系统开发，实现冬奥观测设备实时运行状态监控；完成张家口赛区 2019/2020 年冬季综合立体气象观测试验任务，整理形成观测数据集，并提供初步数据分析报告，供冬奥预报服务团队参考使用；优化更新睿图大涡模式对张家口赛区精细三维气象场模拟数据集，按照冬奥数据统一规范，在相关冬奥气象服务系统（平台）业务系统上进行更新；研究赛场定点气象要素主观预报、检验方法，开展 0～240 小时主客观气温、风向风速、阵风、降水量、降雪量、低温、快速升温、降水相态等高影响天气要素的站点预报、网格预报、落区预报等检验；优化改进赛事关键气象要素阈值概率预报模型，研发赛场赛道 0～10 天 24 小时内逐小时、24～72 小时逐 3 小时、72～240 小时逐 12 小时的无缝隙赛事气象条件预报产品；完成各类预报技术研究成果在冬奥气象服务系统（平台）上的应用优化。

据悉，2019 年，河北省气象局启动了“2022 年冬奥会河北赛区航空气象保障服务系统项目”，主要是为实现冬奥会赛区场地应急救援起降点、京津冀区域范围内任一备降点、飞行沿线的气象服务信息查询、监控的功能。今年，河北省将加快交通气象服务所需的格点化实况和预报产品开发力度，推进直升机紧急救援及张家口赛区主要高速公路、国省干道除雪气象服务技术研发，完成陆面、航空气象服务系统优化。

作者：马洵　王旭海

冬奥雪务专项气象风险评估系统通过验收

《中国气象报》 2020 年 7 月 8 日

近日，由河北省气候中心承担的中国气象局冬奥专项冬奥雪务气象保障系统的子项目——雪务专项气象风险评估系统，通过了由国家气候中心等单位相关专家的验收。该研究成果可为冬季造雪气象条件遴选、评估赛事气象条件风险、评估雪层冻结与融雪风险等提供依据。

据介绍，雪务专项气象风险评估系统自实施以来，完成了北京冬奥会张家口赛区云顶滑雪公园两个年度观测周期的雪道人造雪特性观测试验，形成了一套包含雪温、雪粒径、密度、含水率、硬度等雪特性的专项数据集；建立了造雪适宜性指标、雪层质变和赛事气象条件风险指标，构建了雪层质变模型和雪质等级判别模型；完成了张家口赛区赛事期间大风、低温、高温融雪等气象风险的精细化评估并形成了评估报告。

接下来，河北省气象部门将依托省科技厅有关项目和现代产业气象保障工程，持续开展雪质观测和研究，修订雪层质变评估模型，为冬奥赛事保障和全省冰雪产业发展提供气象科技支撑。

作者：马洵

冬奥核心赛区气象科技攻关成效显著

《中国气象报》 2020年9月17日

9月10日，记者从国家重点研发计划“科技冬奥”重点专项项目“冬奥会气象条件预测保障关键技术”中期进展研讨会获悉，冬奥会北京、河北核心赛区气象科研工作取得显著进展，部分研发成果已在冬奥前期筹备、预报员冬训及冬奥测试赛气象服务中投入应用。

目前，项目下设的5个课题均完成中期考核指标，构建以“小型超级站+地面试验站”为基础的立体加密观测站网，并连续两个冬季开展加密观测试验，获取了中、小、微尺度三维气象场特征的关键数据，形成观测试验数据集。其中，延庆赛区已形成“区域中尺度+赛区小尺度+赛道微尺度”的基本观测格局。此外，项目组开展了冬奥高寒环境下非常规气象仪器运行监控平台研发及数据质控技术研究，进一步提升观测数据质量。

在冬奥0～24小时高精度天气预报技术研究方面，团队研发完成覆盖京津冀区域500米分辨率、覆盖冬奥山地赛区100米分辨率、10分钟更新的“睿图－睿思”系统，集成降水地形高度依赖参数化方案、边界层风场融合技术、雷达气候校准技术、基于高斯模糊三维插值方法等最新研究成果。此外，团队还构建了冬奥山地赛场三维气象特征37米分辨率离线数据集，并进行100米分辨率在线大涡模拟系统的研发。为使模式预报产品更加贴合赛区复杂地形，团队还基于“睿图－临近”系统研发了冬奥百米级风温0～24小时降尺度预报技术，实现对风场的高精度模拟。

在冬奥短中期天气预报技术研究方面，团队以GRAPES模式体系为核心，发展形成了冬奥24～240小时无缝隙客观天气预报技术体系；以多源观测和各类数值预报数据为基础，利用传统释用、机器学习等技术，研发形成冬奥关键点位0～240小时定点预报技术及产品。同时开展了冬奥气象智能服务系列技术研发，以及赛事气象风险评估预警技术研究。

目前，大多数冬奥科研产品已接入冬奥多维度气象预报平台、冬奥气象综合可视化系统等服务平台，并投入实战应用。后续团队将继续优化升级核心技术，并重点针对成果应用开展检验工作，边研发边应用边完善，为2021年冬奥会测试赛气象保障服务蓄力。

作者：冯子晏

河北发布首个冬奥滑雪气象服务规范地方标准

《中国气象报》 2020年12月17日

近日，河北省市场监督管理局通告新批准发布的河北省地方标准，其中，由河北省气象台、张家口市气象台起草，针对冬奥会气象保障服务的《跳台滑雪气象服务规范》发布，并将于今年12月19日实施。这标志着河北也是国内首个针对冬奥气象单项滑雪气象保障服务的地方标准将正式应用于跳台滑雪气象服务中。

此项地方标准的发布、实施，弥补了国内、河北省内指导或规范跳台滑雪赛事气象服务工作的空白，适用于冬奥会跳台滑雪赛事气象保障，以及冬奥会前后的各种跳台滑雪训练、赛事服务。

目前，北京延庆、河北张家口冬奥会赛区现场气象服务团队已启动驻训工作，并将持续到明年 4 月。张家口赛区冬奥气象团队驻训聚焦“相约北京”系列冬季体育赛事，以赛促训。

作者：段宇辉

冬奥雪务气象保障系统通过验收

《中国气象报》 2020 年 12 月 18 日

12 月 7 日，河北省气象局牵头承担的冬奥雪务气象保障系统建设项目通过业务验收。项目建设成果将全方位应用于第十四届全国冬季运动会赛事保障、冬奥会核心场馆降雪天气预报服务等，为决策气象服务、公共气象服务提供重要支撑，提高赛事用雪、景观用雪综合气象服务保障能力。

冬奥雪务气象保障系统结合雪务工作特殊气象服务需求，实现了赛道雪质气象监测、专项气象预报预测、气象风险评估、数据可视化及流程监控、冬奥气象公众服务、降雪云系实时监测及人工影响天气三维决策指挥等功能。该项目由国家气象中心、中国气象局公共气象服务中心，以及河北、北京气象部门相关单位共同建设。

作者：马洵 张金龙

模拟冬奥赛道攻关冰状雪技术

《中国气象报》 2020 年 12 月 21 日

12 月 15 日，在接近 −20℃的黑龙江亚布力体育训练基地滑雪场上，活跃着几个特殊身影。只见他们在赛道上挖出半人高的雪坑，一边采集测量赛道雪，一边记录并讨论。

这是“科技冬奥”重点专项内容之一、冰状雪赛道制作关键技术的试验现场。12 月上中旬，由中国气象科学研究院青藏高原与极地气象科学研究所及有关高校、科研院所组成的专家团队，抓住适宜天气时机开展此项试验攻关。

在滑雪比赛中，赛道上雪的状态可对赛事产生直接影响。攻关团队带头人、青藏高原与极地气象科学研究所研究员丁明虎介绍，符合国际滑雪标准的高山赛道要求雪具备性质稳定、强度强、有弹性、有抓地力等特点，目前团队正制造一条模拟赛道并测试，希望在关键技术上取得突破，使赛道符合国际标准。阶段性试验预计持续到明年 2—3 月。

作者：孙维君 李一鹏

构建冬奥赛区三维立体观测网

《中国气象报》 2021 年 1 月 21 日

1 月 5—14 日，由河北省气象台牵头的“科技冬奥”第一课题组在冬奥崇礼赛区周边 20 公里范围内，建成 5 个从地面到高空全要素观测的小型“超级站”。

此次站点建设及观测试验涉及微波辐射计、激光雷达等。新设备新资料可强化赛区三维气象要素监测，特别是实现赛道三维风场的实时监测，为构建崇礼赛区及周边精细气象要素分析场，以及研究“百米级、分钟级”气象要素预报方法奠定基础。

作者：田志广 谢盼

用显微镜为冬奥雪花“体检”

《中国气象报》 2021 年 1 月 22 日

北京冬奥会降雪粒子科学观测实验小组由河北省张家口赛区气象服务团队 12 名成员组成。其任务是在云顶雪场和崇礼区气象局采集雪花，通过显微镜观察雪花粒子形状、尺寸和凇附程度等特征，并拍下照片、做好文字记录，同时进行降雪量和雪深观测，以进一步分析赛区山地环境下不同降雪粒子与气象条件及雪深的关系，提高降雪量和雪深预报准确率。

真的是哈口气都成雾的时节！ 1 月 8 日清晨，刚刚经历 2021 年首场强寒潮的河北省张家口市崇礼区，格外寒冷。

8 时，−26℃，雪落崇礼。冬奥降雪粒子观测实验小组组员按照既定计划开始新一轮观测实验。“预知”降雪量较小，为了不错过这轮降雪过程，我们提前将观测地点由冬奥雪场“挪”到崇礼区气象局。

4 人小分队分为两组，轮流到院子里开展观测实验，从降雪开始为起点，以雪停为结束，每小时进行一次观测。当天的观测持续了 11 个小时，累计完成 11 组数据的采集。

这般严寒的天气也不是实验小组第一次遇到，今冬以来最难忘的是 2020 年 11 月 17 日的那次雪场观测。当日傍晚，我们一行 4 人乘车赶赴云顶滑雪场。根据预报，17 日夜间到 19 日，崇礼会迎来今冬以来首场明显降雪。面对今冬首次开工且是雨雪转换过程，大家都格外重视。

夜里，一条条雪道犹如银龙盘踞在山岭间，蔚为壮观。行走在雪道之上，寒风猎猎，吹在脸上如刀割般疼。

观测实验租用的公寓位于雪道旁，一楼的开放式阳台正好方便观测。由于长期无人居住，公寓内冰冷无比，更糟糕的是，空调居然也坏了。

为了不耽误观测实验，队员们加快手上动作——将仪器一个一个从箱内小心取出，组装和调试显微镜、显示器、照相机等观测设备。为了获取实验点位的降水量，队员们还特意带上了崇礼区气象局提供的雨量筒和台秤。

等雪的过程总是格外漫长。我们 4 人轮流到门外查看是否有雨雪落下，渐渐地，夜深了。临近夜里 2 点，雨如约而至。与后方做预报的同事交流后，得知 18 日上午雨才会转为降雪，我们决定先休息，为后续观测积蓄能量。

为了研究海拔高度和雨雪转换时间的关系，18 日一早，大家“兵分两路”，一组到山顶（海拔 2098 米），一组留在观测点（海拔 1825 米）记录雨雪转换时间和观测粒子形状。整个上午，山顶的 2 名队员轮流用衣袖采集雪花，判断雨雪相态，观测雪花形状。

几个小时下来，两人的袖子湿透，帽子也在滴水。降雪稳定，山顶队员下山汇合并采集雪花，观测雪花形状、尺寸、凇附程度，同时进行雪深、降雪量的测量，一忙活就到了 19 日凌晨。

采集雪花、观测形状、测量降水量和雪深、更换雨量筒、称重、拍摄照片和视频、换洗载玻片……看似简单的流程，过程却不轻松。为了保证雪花完整，观测要在户外进行，大多数时候，夜间的温度都低于 −20℃，队员要克服低温的困难。为了操作灵活，雪花采集、使用显微镜观测和记录等过程都要在不戴手套的情况下进行，几分钟的时间，手指就会冻僵。用载玻片采集雪花，队员要屏住呼吸，并尽可能让载玻片远离身体，因为一不小心就会造成雪花融化。这样一来，仅一次观测实验就需要多次采集才能完成。每次大功告成后，窝在沙发上的大被子里取暖，成了大家最狼狈却也最暖心的时刻。

自 2019 年底迄今，我们已深入赛区雪场 10 余次，累计进行昼夜不间断观测 200 余小时，记录照片 2000 余张——积累了丰富的观测实验数据，系统性总结了不同降雪粒子的温度、湿度、上升运动条件，特别是崇礼地形云降雪粒子形状及对应的温湿条件，得到了不同粒子形状、凇附程度的雪水比，为研究赛区山地降雪机理和雪深预报积累了观测基础；通过对观测的降水粒子图片的尺寸和形状进行整理，制作了崇礼赛区地面降雪粒子图谱，加深了冬奥预报员对赛区冬季降雪的认识，并为冬奥科普积累了宝贵的素材。

作者：范俊红 张曦丹 王旭海 王亮

冬奥预报示范计划集成显示平台上线

《中国气象报》 2021 年 1 月 27 日

1 月 25 日，智慧冬奥 2022 天气预报示范计划（以下简称“预报示范计划”）集成显示平台正式上线，可对参与预报示范计划的 22 家单位预报产品进行实时展示和检验评估，为冬奥气象服务团队开展“百米级、分钟级”预报服务提供科技支撑。

当前，22 家单位 50 余个预报产品已全部在平台上测试运行和显示。各家预报产品还将经过严格的测试考评和一段时间的实时检验，在确保基本合理后，再由冬奥气象服务团队通过实时试验应用评估，确定最终应用于冬奥气象服务的预报产品。

北京城市气象研究院副院长陈明轩介绍，预报示范计划集成显示平台设置格点分析、格点预报、冬奥场馆定点预报、检验评估及数据监控等模块，由大数据云平台“天擎”、气象综合业务实时监控系统“天镜”以及支撑平台集成显示、高效运行的多种技术提供后台支撑。

2020年，中国气象局组织实施预报示范计划，征集国内优秀的高分辨率数值预报模式和客观预报系统，并配合机器学习、大数据挖掘等人工智能客观预报技术方法，通过开展天气预报示范的方式，为北京冬奥会气象服务团队提供强有力的气象科技支撑。

预报示范计划也可对国内不同高分辨率数值预报模式、多源数据融合技术、人工智能天气预报技术及系统方法等进行对比检验，推动精细化天气预报技术深入发展，提升我国高精度客观天气预报核心技术的现代化水平，促进在新时期国家重大活动气象保障及气象防灾减灾服务等方面的深化应用。

作者：谷星月 李冉

冬奥气象预报服务系统建成

《北京日报》2021年2月4日

近日，冬奥气象中心召开相约北京系列冬季体育赛事气象服务保障动员部署会，全面检查冬奥气象服务保障准备情况，部署相约北京系列赛事气象服务保障工作。

北京市气象局介绍，目前三维、秒级、多要素的冬奥气象监测网络和“百米级、分钟级”的预报服务系统已建成，冬奥气象服务保障各项工作准备就绪，将在今年相约北京系列冬季体育赛事中接受检验。

记者了解到，以冬奥赛场为核心，在北京城区、延庆和河北张家口崇礼及周边建设各种现代立体探测设施441套，实现了超精细复杂山地＋超大城市一体、三维、秒级、多要素的冬奥气象综合监测。以科技部科技冬奥项目为重点，开展冬奥气象预测保障关键技术研究，聚焦“百米级、分钟级”精准预报要求，建成京津冀区域500米分辨率、冬奥山地赛场核心区域100米分辨率、逐10分钟快速更新的“睿图”数值预报模式体系；建立从短时临近（0～1小时）到延伸期（30天）的无缝隙精细化网格预报产品，人工智能技术在冬奥核心区风力预报中发挥作用。实施“智慧冬奥2022天气预报示范计划”，来自气象部门、科研院所、大学和社会企业的22家单位在冬奥天气预报大舞台上同台竞技，取长补短，合力保障冬奥。

此外，冬奥气象综合可视化系统、多维度气象预报预警系统、现场气象服务系统、中国天气网冬奥气象服务网站、雪务专项气象预报预测系统等完成试用版建设，并在前期多项赛事气象服务保障中得到应用。建成以国家气象信息中心为枢纽，辐射北京、河北，支撑北京、延庆和崇礼三大赛区的信息网络。建成“专网＋云端”中央气象台、北京市气象局、河北省气象局及三大赛区现场多点灵活的视频会商系统。建成异地实时备份的高性能计算资源，整体性能大幅提升。

目前，以北京和河北气象部门为主体，从国家气象中心、公共气象服务中心和内蒙古、山西、黑龙江、吉林抽调业务骨干人员组成的冬奥气象服务团队正分别在三大赛区进行冬训，积累冬奥气象服务保障经验。

记者：骆倩雯

从短板到“硬核”，冬奥气象尽显科技范儿

《中国气象报》 2021 年 2 月 19 日

“‘三维、秒级、多要素’冬奥气象监测网络和‘百米级、分钟级’预报服务系统建成。”“冬奥预报示范计划集成显示平台正式上线。”“冬奥会气象服务保障各项工作准备就绪。”……捷报频传，振奋人心！

面向北京 2022 年冬奥会和冬残奥会（以下简称“北京冬奥会”），气象工作者以一张张山地立体加密监测网，一套套高精度、无缝隙、精细化预报服务系统，一项项赛事专项服务产品，破解了一个又一个气象服务保障难题，形成一套自主可控的高精度山地气象监测预报服务技术，以实际行动践行加快建设气象强国、实现科技自立自强的目标与初心。

锚定监测精密——补短板

冬季奥运会的冰雪项目多在室外进行，对气象条件要求苛刻。在此之前，北京冬奥会延庆、张家口赛区气象观测数据严重不足，特殊赛事所需的观测要素、数据更是一片空白。

面对复杂地形和极端天气气候条件，赛事服务保障的第一环——实时精细观测数据获取迎来挑战。

2017 年 8 月，中国气象局冬奥会气象服务领导小组将“探测系统专项计划”确定为冬奥会气象服务行动计划的首项任务，“三维、秒级、多要素”冬奥气象监测网络建设启动。

4 年来，赛道自动气象站、S 波段天气雷达、激光测风雷达、微波辐射计等探测设备相继落成。

“赛道出发点、起跳点、结束点等重要点位均设有探测设备，监测数据可为分析赛区气象要素空间分布特征、开展预报服务及赛事调控提供重要支撑。”北京市气象探测中心副主任张曼说。

以冬奥赛场为核心，气象部门在北京、延庆和张家口赛区及周边建设各种现代探测设施 441 套，实现了超精细“复杂山地 + 超大城市”一体的“三维、秒级、多要素”冬奥气象综合监测。

在此基础上，气象人精益求精。以张家口赛区为例，跳台滑雪、空中技巧等高腾空、高难度、高风险项目对气象立体监测提出更高要求，但赛区极端天气条件对设备稳定运行影响极大，探测系统专项计划负责人王宗敏经多次比对，决定将风廓线雷达更换为极端条件下稳定性更好的激光测风雷达，确保监测数据准确可靠。

依托探测设备开展的冬奥气象立体加密观测试验也在同步进行。通过试验，气象部门掌握了山地赛区及周边山谷局地尺度和赛道微尺度的立体加密气象观测资料，可用于揭示山地赛场复杂地形下中、小、微尺度的三维气象场特征。

锁定预报精准——破难点

北京冬奥会是历史上首次在大陆性季风气候带举办的冬奥会，气象保障工作少有经验可借鉴，几乎算得上零起步。

事实上，冬季复杂地形下的边界层小微尺度气象学问题堪称国际气象界的难题。而北京冬奥会两大赛区地形复杂，天气变化快、影响大，局地小气候特征突出，做好赛事精细化预报预警难度极大。

如何达到奥组委提出的“百米级、分钟级”精准预报要求？

“一项一策”破难点。

围绕不同赛事对气象条件要求和风险阈值区别，气象部门在国家重点研发计划“科技冬奥”专项项目的支持下，以北京睿图模式体系为核心，自主研发了冬奥气象短临预报核心技术支撑体系，首次实现复杂地形下100米分辨率、逐10分钟快速更新的冬奥关键气象要素0～24小时高精度客观集成预报。以高山滑雪项目为例，赛程仅为1～2分钟，运动员速度最高可达每小时140公里，当赛场风速超过每秒18米时须立即停止赛事。定点的分钟级预报对赛事调控，以及寻找赛事“窗口期”的支撑作用十分关键。

山地雪上项目对光照、强风、低能见度及山区不同海拔高度降水类型及其转换时间等均有极高要求。因此，以我国自主研发的GRAPES数值预报模式为核心的冬奥1～10天短中期客观天气预报，以及利用深度学习、大数据挖掘等人工智能技术形成的冬奥0～10天无缝隙定点气象预报服务产品，可为赛期安排提供科学依据。

攻关难题，气象人群策群力。1月25日，冬奥预报示范计划集成显示平台上线，22家单位50余个预报产品上线测试运行。气象部门通过征集国内优秀的高分辨率数值预报模式和客观预报系统，为冬奥气象服务团队提供“智力”保障。北京城市气象研究院副院长陈明轩介绍，各家预报产品还将经过严格测试考评和一段时间的实时检验，再由冬奥气象服务团队通过实时应用检验评估，优中选优确定最终应用于冬奥气象服务的预报产品。

对标服务精细——提质增效

冬奥会是世界规模最大的冬季综合性运动会，赛前筹备、赛事安排、外围保障、应急救援、公众观赛等环节与气象要素密切相关。既要面向冬奥组委、国际奥委会及各单项组织、媒体、运动员、全球公众等群体，又要兼顾雪务、交通、医疗救援等专项，气象服务覆盖面广、侧重点多，要求极高。

如何满足多样化需求，保障北京冬奥会“精彩、非凡、卓越”？

创新科技，提质增效。

立足保障冬奥气象服务生命线，气象部门建成以国家气象信息中心为枢纽，支撑北京、延庆、河北张家口三大赛区的信息网络，实现冬奥数据服务互联互通、数据共享；建成异地实时备份的高性能计算资源，整体网络性能提升5～15倍；建设“专网＋云端”视频会商系统，实现中央气象台、北京市气象局、河北省气象局及赛区现场实时会商。

围绕公众观赛、交通保障、直升机救援、专项服务产品等需求，气象部门重点开展了冬奥气象智能服务及风险预警技术研发，如依托人工智能技术开发的冬奥气象服务智能化图文表加工技术，能自动生成专项服务材料，极大提升了各类专项服务的工作效率。面对复杂地形，气象部门开展固定目标区小尺度人工增雪作业条件监测识别研究，建成冬奥雪务专项气象预报预测系统及高分辨率云降水显示预报系统，为赛区雪务保障提供10～30天的定制化延伸期预报服务。

保障北京冬奥会“精彩、非凡、卓越”，气象人独具匠心。陈明轩表示：“我们将打磨核心技术、优化支撑系统，用丰硕成果为冬奥气象保障服务提供最好的科技‘底气’。”可以预见，这些经过冬奥检验的珍贵成果，也将成为助推气象事业发展宝贵财富。

作者：谷星月 谢盼 张静

聚力打造冬奥核心科技支撑

《中国气象报》 2021 年 3 月 25 日

随着北京冬奥会开幕进入一周年倒计时，国家重点研发计划“科技冬奥”重点专项“冬奥会气象条件预测保障关键技术”备受关注。

这个由北京城市气象研究院牵头，河北省气象台、国家气象中心（中央气象台）、北京市气象台、中国气象局公共气象服务中心等 15 家科研与业务单位联合攻关，科研业务骨干 200 余人参与研发和应用试验的项目，旨在通过对冬季山地高分辨率气象探测、预报和服务关键科学技术开展研发和示范应用，为冬奥会气象保障服务提供核心科技支撑，是气象部门集各自所长、聚多方合力的重要履职担当。

多方面取得重要进展

2018 年 8 月，“科技冬奥”重点专项“冬奥会气象条件预测保障关键技术”立项实施，历时两年多，在 2020 年 9 月迎来中期考核评估。

中期报告显示，该项目在冬奥气象立体加密观测试验研究、冬奥高影响天气高精度分析研究、冬奥气象智能服务及风险预警技术研发等方面取得重要进展，并在冬奥前期筹备、预报员冬训及冬奥测试赛气象服务中获得实际应用。项目及各课题研发工作进展顺利，均按计划圆满完成中期研发任务，达到中期考核指标要求。

据担任项目负责人的北京城市气象研究院副院长、研究员陈明轩介绍，针对高影响天气监测精密、预报精准和服务精细，是冬奥会成功举办的最重要条件之一。根据北京冬奥组委和国际奥委会的冬奥保障需求，气象部门要为北京 2022 年冬奥会赛场、赛道、转场交通通道及其他关键区域提供高精度的气象监测、预警预报及赛事专项服务产品。为此，项目团队精细分类、重点突破，主要在冬奥气象外场加密科学试验、冬奥气象 0～24 小时高精度预报体系、冬奥气象 24～240 小时无缝隙天气预报体系、冬奥气象 0～240 小时无缝隙定点预报及风险预警体系、冬奥气象专项服务产品体系 5 个方面集中发力，并取得重要成果。

项目团队通过冬奥山地赛区立体加密观测试验，开展山地赛区中、小、微尺度三维气象场特征分析研究，建立冬奥复杂地形下多种高影响天气高精度预报概念模型和关键指标。团队自主研发的快速集成与无缝隙融合预报技术体系和预报系统，可提供复杂地形下 100 米网格、10 分钟更新的冬奥关键气象要素 0～24 小时高精度实况分析和预报产品。以 GRAPES 模式为核心，建立冬奥 24～240 小时无缝隙客观天气预报技术体系，为冬奥短中期气象预报服务提供“自主可控”的关键科技支撑。

项目团队还结合机器学习、大数据挖掘等技术方法，在高精度短临客观预报和多尺度数值预报的基础上，研发形成冬奥关键点位 0～240 小时无缝隙定点气象预报和赛事气象风险评估预警体系；构建以人工智能和大数据挖掘为核心的冬奥气象智能服务技术体系，形成面向冬奥气象服务的智能化图文表加工、智慧气象服务虚拟现实可视化推演、交通气象和直升机救援等专项气象服务关键技术成果。

成果应用示范意义凸显

陈明轩介绍，助力北京冬奥会实现“精彩、非凡、卓越”的目标，项目团队为满足北京冬奥组委“一项一策”气象保障及国际奥委会举办现代冬奥会的刚性需求提供了核心科技支撑。时值三月，伴随冬奥会开幕进入倒计时一周年的脚步，项目各项成果的重大应用示范意义也越来越凸显。

项目构建了北京冬奥会 0～10 天无缝隙气象预报服务保障体系的科技核心，实现了我国现代气象预报和智能化气象服务与国际重大体育赛事深度融合的示范应用模式，为国际大型体育赛事气象保障服务科技支撑提供了中国经验；率先在国内研发构建的复杂地形下“百米级”快速集成与无缝隙融合预报技术，对多源稠密气象探测资料和多模式预报数据的综合应用能力及精细气象预报水平的提升起到促进作用；系统性地将机器学习和大数据挖掘等人工智能新技术，应用于复杂地形下 0～10 天的定时、定点、定量气象预报和专项气象服务，可为国际上类似应用提供有益借鉴。

当下，项目成果逐步实际应用，预期经济社会效益也较为显著。项目团队形成的《北京 2022 年冬奥会和冬残奥会赛区气象条件及气象风险分析报告》已提供给冬奥团队和北京冬奥组委。项目团队核心技术成果和形成的产品，已在冬奥预报团队冬训和前期冬奥测试活动中获得试验应用，并直接应用于今年 2 月的“相约北京”系列体育赛事活动气象服务保障。

“项目研发成果将弥补我国冬季小尺度山地气象监测、预报、服务的不足，核心技术研发保持与国际先进技术接轨，对我国冬季山地天气精细化观测特征技术研发具有示范意义。”陈明轩说，相关科研和技术成果为冬奥气象高质量保障和服务的同时，也将为未来国内重大活动气象保障提供范例，并适时推广应用于其他冰雪运动气象服务保障中。

作者：宛霞　楚艳丽

精研赛场气象特征力求预报最优解法
——透视“冬奥崇礼赛区赛事专项气象预报技术”项目

《中国气象报》 2021 年 5 月 31 日

北京冬奥会崇礼赛区位于大陆性季风气候区，气温、降水年际差异较大，其所属地形山连山、沟套沟，局地小气候也极其复杂。

国家重点研发计划“科技冬奥”专项“冬奥崇礼赛区赛事专项气象预报技术”（以下简称“冬奥专项”）于 2019 年 8 月启动，由河北省气象台联合中国科学院大气物理研究所、张家口市气象局和河北省气象科学研究所共同完成。该专项结合崇礼气象特征，从精细化赛场气象特征研究、“百米级、分钟级”预报分析模式、智能冬奥客观预报系统、智慧赛事服务模型 4 个方面开展研究，着力解决赛事气象预报难题。

聚焦百米、分钟级的竞赛服务要求

在 2 月份举办的北京冬奥会测试活动正赛期间，河北赛区气象服务团队提前预报出大风过程，冬奥团队根据预报结果备好应急预案，原定 3 项比赛均延期举行。

雪上赛事受气象条件影响很大，冬奥专项项目负责人、河北省气象台台长连志鸾介绍，“冬奥专项通过静态数据更新、模式初值优化、多层嵌套、动力降尺度、参数改进等方法，构建了冬奥会河北赛区百米级监测和预报子系统（以下简称“子系统”）。”

子系统同化了自动站、探空观测、微波计、雷达、卫星等多源观测资料，进一步输出百米级格点实况场，实现均一网格监测分析；还增加了 WRF 中尺度天气模式模块，融合同化分析场的中尺度预报，从而得到覆盖京津冀的中尺度数值预报场；利用 CALMET 模式对赛场及其周边区域再进行动力降尺度，使模式空间分辨率达 50 米，时间分辨率达 15 分钟，极大提升冬奥会精细化气象保障能力。

在日常训练中不断完善

通过冬奥专项，河北省气象部门在崇礼成功研发了温度、风向、风速等气象要素客观预报方法，完成了张家口赛区冬奥高影响天气个例库建设，构建了张家口赛区百米级监测和预报子系统。

从 2019 年开始，这套监测和预报子系统为国际雪联等多家雪上赛事机构提供了气象服务，积累了丰富的赛区气象预报数据资料。

河北赛区气象服务团队在崇礼驻训期间，建立了“冷湖效应”“夜间升温”“地形降雪”等山地天气预报模型，在此基础上开展赛区高影响天气精细化模拟，通过对典型个例的模拟和敏感性试验，揭示山地天气中小环流特征以及变化发展规律，增强预报员对赛区典型天气的了解和认识。

基于多模式集成偏差订正、机器学习、MOS 等技术，研发了温度、风向、风速等气象要素客观方法，并对各类预报效果进行检验分析；构建赛道高温融雪、强降雪、降雨、大风、沙尘暴等高影响天气风险预报模型，综合赛事风险等级与高影响天气分级，建立赛事用雪风险分级预警方案。建立不同天气下赛道雪质和人工造雪影响阈值体系，并对不达标的赛段和时段发布预警。

可靠性在实战中得到检验今年测试活动期间，河北赛区经历了大风降温、明显升温、沙尘、降雪、低能见度、冰冻等几乎所有可能对赛事造成高影响的天气，在恶劣天气下实现了高影响天气“零漏报”，服务保障“零差错”。

依托冬奥专项，冬奥服务团队还建立了针对张家口赛区复杂地形和雪上项目专项预报需求的高分辨数值预报系统，从 2 月 6 日开始一天 2 次提供全要素的气象精细化客观产品，提前 4 天预报测试活动开赛第一天的大风降温天气过程，对后续大风、高温融雪等天气均预报准确。

各类预报方法在实战中均有不俗表现，基于机器学习逐小时降水预报方法对云顶场馆群晴雪准确率为 96.5%，其中对降水时次的命中率为 100%；古杨树场馆群晴雪准确率为 96.8%，对降水时次的命中率为 83.3%。

"接下来，我们将结合测试活动各个客观方法的表现，完善动态偏差订正、多模式集成以及机器学习等各类客观预报技术，重点提升短临客观预报方法，并实现接入集成到河北冬奥专项预报预测系统以及冬奥多维度预报平台中，确保赛时赛区气象保障服务达到最优效果。"连志鸾说。

作者：张亚男　马洵　买文明

冬奥气象科技创新实现"两个首次"

《中国气象报》 2021 年 11 月 23 日

11 月 22 日，北京市政府新闻办公室举行 2022 年冬奥会及冬残奥会北京城市宣传系列新闻发布会——城市服务保障专场。记者从发布会上获悉，冬奥气象保障服务筹备工作现已全面就绪，气象科技创新实现"两个首次"。

2016 年以来，中国气象局相继成立冬奥气象服务领导小组、冬奥气象中心，举部门之力做好北京冬奥会和冬残奥会气象保障工作，气象服务工作全方位深度融入北京冬奥会各项筹办工作。

其中，气象科技创新实现"两个首次"——首次在我国中纬度山区组织实施复杂地形下冬季多维度气象综合观测试验，并据此在北京城区、延庆和河北张家口崇礼及周边地区建设现代化气象探测设施 441 套，有效提升冬奥赛区气象综合监测能力；首次具备"百米级、分钟级"精准预报能力，建成京津冀区域 500 米分辨率、冬奥山地赛场核心区域 100 米分辨率、逐 10 分钟快速更新的中国气象局北京快速更新循环数值预报系统，有效提升冬奥赛区预报准确率。

按照"一场一策"和"一项一策"的服务要求，中国气象局以北京和河北气象部门为主体，在全国范围内抽调气象业务骨干组成 52 人的冬奥气象服务核心团队。气象部门已连续 5 年向国际奥委会提供赛区天气分析报告及天气风险分析报告，并在此前圆满完成"相约北京"系列测试赛气象保障工作。

下一步，气象部门将以 2021 年冬季系列测试赛气象保障为抓手，全面检验筹备情况、分析各类风险隐患、落实疫情防控措施，全力以赴完成好冬奥会赛时气象保障服务。

作者：叶奕宏

持续迭代升级产品支撑冬奥气象保障

《中国气象报》 2021 年 11 月 30 日

近日，国家气象中心天气预报技术研发室在完成“相约北京”系列冬季体育赛事测试活动技术支撑（即冬奥示范计划 FDP 第一次技术横评遴选，以下简称“第一次横评”）基础上，践行“我为群众办实事”实践活动，做好冬奥预报保障，持续开展相关技术迭代升级研发。

研发团队组织了多轮技术讨论和协作研发，开展了第一次横评支撑复盘总结、技术路线改进方案调研、批量实验检验诊断、高山站点针对性改进、短临支撑产品强化研发、实时业务运行测试、技术应用推广培训等工作。在第二次冬奥示范计划正式开始之际，研发团队完成了面向冬奥赛场从短临到延伸期全时效覆盖预报和山地赛区滚动更新 1 公里格点预报的全面升级，并联合清华大学完成研发基于 Autoformer 深度学习技术的站点预报产品。

目前，相关产品目前均已上线国家气象中心业务内网冬奥保障栏目、MOAP 冬奥保障栏目、冬奥示范计划集成显示平台以及 MICAPS4 数据服务，供预报员实时参考，研发团队也将继续跟踪支撑应用效果和需求，持续迭代改进支撑技术，全力做好 2022 年北京冬奥赛事保障。

作者：宫宇

探秘冰状雪赛道制作检测前沿技术：给雪道上的“橡胶跑道”做体检

《中国气象报》 2022 年 1 月 7 日

核心阅读

冰雪粒径测量仪和冰雪硬度测量仪的研发，将以往以人工经验为主的主观判断变为清晰可见的客观科学指标，进而更加精准地掌握不同天气气候下冰状雪赛道的制作方法，为滑雪运动员提供更加安全舒适的高品质赛道。

2022 年北京冬奥会和冬残奥会圣火即将点燃。在赛场的冰雪世界中，充足完善的雪务保障工作作为冬奥会筹办的基础，是雪上项目赛事成功举办的关键。而冰状雪以其硬度大、不易破坏等特点备受国际竞赛特别是冬奥会比赛青睐。那么如何才能判断一条冰状雪赛道是否合格？

由中国气象科学研究院、中国科学院西北生态环境资源研究院、中国科学院南京天文光学技术研究所、山东师范大学、河北省气候中心、黑龙江省亚布力体育训练基地等单位组成的科技冬奥雪务保障研究团队（以下简称“雪务保障团队”），承担了国家重点研发计划——“科技冬奥”专项“赛事用雪保障关键技术研究与应用示范”下的“不同气候条件下冰状雪赛道制作关键技术”项目，合作研发了可以对赛道雪冰物理特性参数实施检测的专用仪器设备——冰雪粒径测量仪和冰雪硬度测量仪，将以往以人工经验为主的主观判断变为清晰可见的客观科学指标。通过对这些物理数据的科学分析，掌握不同天气气候条件下冰状雪赛道的制作方法，满足对冰状雪赛道质量开展快速、便捷检测和判定的需求。

给滑雪赛道铺上“橡胶跑道”

冬奥会滑雪比赛项目运动速度快、危险系数大，尤其在高山滑雪项目中，一般速降滑雪最高时速可达 130～140 公里。为了保证比赛的公平性，前后出发的滑雪运动员滑行赛道的雪质状态需要保持一致，因此对赛道有着严苛的要求。中国气象科学研究院雪务保障团队成员赵守栋介绍，冰状雪可以减小赛道表面与滑雪板间的摩擦力，保证雪道表面不易变形，因而可以近乎完美地解决这一难题。

冰状雪，是指滑雪场雪质的一种状态，工作人员根据不同赛道地点及气候因素等调整注水方案，使雪道表面保持结晶状态，近似于裹着一层薄薄的硬冰壳，能够保证赛道既有一定强度又有足够的弹性，就像在雪上铺设一条“橡胶跑道”，有效提高运动员滑雪的舒适感以及成绩的稳定性。

以往，检测冰状雪雪质的方法是裁判员在赛道上踩一踩，根据人工经验主观判断雪道够不够硬、能否进行比赛，所以往往主观性较强。冰雪粒径测量仪和冰雪硬度测量仪的研发初衷就在于能从粒径、硬度、密度等更多角度来描述赛道的状态，用更加科学的方法和简便的仪器对雪道进行定量化判断。

主观变客观 科学保障赛道质量

积雪颗粒的形状及大小是影响雪的力学性质的主要因素。赵守栋介绍，如同乌鸦填石子喝水一样，石子间孔隙越小，水越容易溢出。简单来说，雪也是这个状态，如果雪粒尺寸合适，相互间的孔隙小，空气就更容易被挤出雪层，形成致密的结构，密度也会更大，因此检测雪的粒径是确定雪层结构的重要手段。粒径测量仪主要利用反射率与积雪表面的粗糙程度相关、积雪表面的粗糙程度则由粒径大小决定这一关系，通过光电手段及温度补偿算法测量雪面反射率，再进一步结合雪密度计算雪粒径，判断雪的强度。

此外，雪的硬度检测是反映冰雪强度的重要指标之一，国外类似的硬度仪产品量程小，只能检测普通压实雪的硬度，并不能检测冰状雪的硬度。在此背景下，研发团队通过使用更大功率的电机和改进机械结构等，将探头打入冰状雪赛道内部，由传感器读取探头受到反作用力的大小来判断冰状雪的硬度条件。

通过两个仪器来获取不同深度粒径的变化图以及不同深度硬度的曲线图，进一步了解冰状雪赛道的均匀性，研究团队分别在北京冬奥会和冬残奥会举办地北京延庆赛区、河北张家口赛区以及黑龙江哈尔滨亚布力体育训练基地，针对不同天气气候条件、不同注水强度的冰状雪赛道进行了雪粒径和雪硬度测试，提高测量精度，节省时间和人力成本，并且实现了“就地展开”和“指哪测哪”的目标。

未来，研究团队还计划将冰雪粒径测量仪和冰雪硬度测量仪应用到极地冰盖，在科学考察站建设等工作中发挥更大的作用。

作者：王婉

打蜡师看天“利其器”

《中国气象报》 2022 年 1 月 20 日

在滑雪比赛中，滑雪板良好的滑动性能是取得优异成绩的基石。滑雪板性能的高效发挥离不开滑雪板本身的材质、塑型以及雪蜡的帮助。

滑雪板的板底由 P-Tex（聚乙烯塑料）材料制成。P-Tex 如同不粘锅中的铁氟龙材料一样，摩擦力非常低，因此适用于在雪上滑行。而给滑雪板打蜡可以让滑雪板速度更快。

首先，雪蜡最基本的作用是保护滑雪板板底。虽然 P-Tex 非常耐用，但长时间使用会刮擦磨损，导致板底木芯露出来。附着在滑雪板板底的雪蜡可以减少雪面对板底的磨损和因过度摩擦导致的板底刮痕。

P-Tex 的另一个属性是多孔性，当融化的雪蜡冷却后，这些孔会收缩并把雪蜡锁在板底。如果用一块没有打蜡的滑雪板滑雪，在板底会形成非常小的雪结晶，就像砂纸一样，让运动员的速度慢下来。为了远离这些小结晶，必须要给滑雪板打蜡。

世界单板联盟 WSF 国家级裁判员、极限运动博主闫子奇表示，“我们需要‘看天打蜡’，这个‘天’主要是指温度、湿度和风。”

天气时刻都在变化，打蜡师会事先到比赛场地，根据运动员的体重、滑行速度，比赛当天天气情况（湿度、温度、风）、雪况（含水量、雪温、硬度）等气象特征，再结合个人经验，形成一个完善的现场比赛打蜡方案。其中雪蜡对温度要求最为严格，稍有变动便需要换蜡。

在雪上竞速项目中，正确使用雪蜡是在比赛中取得优异成绩的关键之一。北京冬奥组委越野场馆竞赛副主任崔英波表示，打蜡正确与否会影响运动员 30% 的成绩。“世界杯、奥运会级别的赛事，运动员都是在毫秒上分伯仲的，合理用蜡可以助运动员一臂之力。”法国 VOLA 雪蜡中国区技术总监潘云龙说。

虽然雪蜡能提高滑行性能，但不合理的打蜡处理会导致滑雪板吸附雪道中更多污垢，导致摩擦阻力更大，滑行能力降低。

“大家都以为滑雪是滑的雪，其实滑的是滑雪板板底和雪表面摩擦后，雪表面融化后薄薄的水膜。”潘云龙表示。滑雪时，滑雪板板底因摩擦生热使雪融化，形成一层水膜推动滑雪板滑行。而水膜厚度与雪温相关，0℃的雪含水量更高。过厚的水膜会增加摩擦阻力，不利于雪板滑行。因此，要根据滑雪时的温度选择合适硬度的雪蜡，分离滑雪板与雪面之间凹凸不平的接触面，进一步促进水膜生成，以“固液接触”代替滑雪板与雪面之间的“固固接触”，从而降低摩擦。

“生活中，有粉状雪、人工雪、雨夹雪等 60 多种不同雪质，我们的工作就是结合不同的气温、雪温和雪质选择不同型号的蜡。”担任中国越野滑雪队以及北欧两项（越野滑雪运动和跳台滑雪运动）队打蜡师的李智辉在接受媒体采访时表示。雪越硬越冷，就要相应地选择硬度大的雪蜡，否则，不均匀的雪面会划伤滑雪板，造成不必要的能量损失，增大摩擦系数；而潮湿的雪况下，需要使用一些含有特殊添加剂的、硬度小的雪蜡，这是因为软蜡在软雪上具有最好的拒水性和最低的摩擦系数。

作者：刘倩

海陀山冬奥气象综合观测体系实现“N”个创新

《中国气象报》2022 年 1 月 21 日

2015 年 7 月 31 日，国际奥委会在马来西亚吉隆坡投票决定由北京举办 2022 年冬奥会，申奥成功的喜悦过后，冬奥气象观测成为气象部门面临的一个挑战。彼时，冬奥外场主赛场之一的北京市延庆区海陀山尚处于“待开发”状态，不仅没有标准的气象观测站，连最基础的道路和电力供应都没有。

一切从零开始，历时 7 年，如今的海陀山早已今非昔比，S 波段雷达矗立在海陀山顶，覆盖全赛道的观测站、云能天综合观测系统、精细化三维风场观测系统均已建好，一个具备中、小、微尺度观测能力的冬奥气象综合观测体系搭建完成，静待冬奥会开幕。

因地制宜科学布局

海陀山位于北京市延庆区与河北省赤城县交界处，山顶海拔高达 2241 米。冬奥延庆赛区就位于海陀山区，这里作为两个室外赛场之一，承担了多项外场雪上项目。

地形复杂，山高坡陡，赛区核心区海拔落差接近 900 米，观测难度大、气象数据少，使得气象部门之前对该地区局地环流、边界层、云的发生演变特征和机理认识严重不足，这些制约着赛区精细化预报的发展和改进。

“科技冬奥”重点专项“冬奥会气象条件预测保障关键技术”项目负责人、北京城市气象研究院副院长陈明轩介绍，气象保障是冬奥会成功举办的重要条件，北京冬奥会是近 20 年内唯一一次在大陆性冬季风主导的气候条件下举办的冬奥会，不同于以往冬奥会举办地海洋性气候条件雨雪多、能见度差的特点，本次冬奥会山地赛场主要受大风、干冷天气的影响。海陀山显著的气候和地形差异，意味着把任何特定情况下的外场观测和数值试验直接搬过来，都存在适用性和代表性差的问题。

科学布局观测设备，获取该区域三维精细化气象场资料，为实现冬奥赛区“百米级、分钟级”气象保障服务提供科技支撑迫在眉睫。在中国气象局、北京市政府和国内外专家的支持下，北京城市气象研究院联合北京市气象探测中心、北京市人工影响天气中心、延庆区气象局等多家单位，开始构建三维立体实时综合气象观测体系。

七年磨剑综合观测体系问世

观测体系的建立，并非一蹴而就。在起步阶段，海陀山上没有道路，观测人员就背着设备上山；没有电力，就选择便携式设备和太阳能……终于获得了宝贵的第一手山区气象资料。采取“走出去，请进来”的方式，派人赴往届冬奥会举办城市学习，联合国内外山地气象专家研讨，棘手问题一个个得到解决，为构建科学观测体系筑牢了根基。

七年磨剑终成锋，冬奥会开幕在即，集中尺度、小尺度、微尺度等三大尺度观测于一体的三维、秒级、多要素冬奥气象综合观测体系已在海陀山建立起来。

北京城市气象研究院冬奥观测团队负责人权建农介绍，这三个尺度的观测系统共同组成了海陀山冬奥气象综合观测体系，为海陀山降雪、低云、雾、大风等高影响天气研究以及模式改进、提升预报预警能力等提供数据支撑。

中尺度观测主要由 S 波段天气雷达（海陀山顶）、X 波段天气雷达（怀来、怀来东花园和延庆千家店）、Ka 波段云雷达（海陀山西大庄科、闫家坪）、微雨雷达（闫家坪）以及风廓线雷达（闫家坪）组成。多波段雷达的“强强联合”，消除了海陀山区中尺度和山谷局地的云、降水系统监测盲区，为不同尺度云和降水系统的发展演变机制研究、更精准的预报预警提供有力的数据支撑。

覆盖山谷的小尺度观测由闫家坪、西大庄科和佛峪口三个观测站点组成，观测设备包括全天空成像仪、云高仪、雨滴谱仪、微波辐射计、大气辐射干涉仪、涡动相关仪和自动气象站等。多种仪器均可相互补充，实现对海陀山区大气状态的全天候监测。

覆盖赛道的微尺度观测则由沿赛道自下而上建设的 15 个自动气象观测站组成，观测设备包括多普勒测风激光雷达、自动气象站、三维超声风速仪及水汽 / 二氧化碳分析仪等。其中，多普勒测风激光雷达分别布设在竞技 1 号站、竞速 3 号站和竞速 6 号站，形成覆盖主要赛区的重叠扫描，可获取赛场上空风场的精细三维结构，“描绘”过山气流或局地环流在赛区上空的发展演变特征。

多项创新夯实冬奥预报服务

去年 10—12 月，“相约北京”系列冬季体育赛事陆续在北京冬奥三大赛区展开，作为本届冬奥会开幕前最后一次实战检验的宝贵机会，测试赛备受关注。冬奥气象综合观测体系也经受了多项测试赛的考验，使冬奥气象保障团队提高了对赛区气象要素特征和变化趋势的科学认识。

权建农说，这个首次在我国中纬度山区（海陀山）建立的复杂地形下多维度气象综合观测体系，具有气象要素多、涵盖尺度跨越大、站点密集等特点，而它的最大亮点还在于研发过程中的多项创新。

冬奥气象综合观测体系形成了同一要素多手段协同观测新模式，实现了初生云团 - 山区地形云 - 中尺度云和降水系统的全过程无盲区监测，以及秒级到分钟级、单点到三维的风场实时监测和对大气状态的全天候监测，并实现了观测服务一体化；在协同观测方面，气象部门建立观测产品清单，构建综合观测数据集，开发多源数据评估技术，提供高质量实况产品；在数据融合应用方面，高分辨率、精细化服务产品可实时显示在冬奥观测平台，业务人员可根据冬奥预报和服务需求反馈，不断优化观测方案。

负责复杂地形下三维风场产品研发的程志刚介绍，在研发新技术与科技创新方面，基于 3 台测风雷达组网观测，已发展精细化的三维风场反演新技术，投入冬奥业务平台使用后，将为小微尺度复杂风场演变特征分析和进一步揭示地形动力、热力和背景风场对海陀山局地环流的影响机制提供数据支撑。

作者：宛霞 王倩倩 楚艳丽

雪中观天解山地降水预报难题

《中国气象报》，2022 年 1 月 28 日

精准预报降水，无论在常规业务还是专项服务中，都是一大挑战。而对于地处山区的北京冬奥会张家口赛区，难度更大。为解决这一难题，张家口赛区冬奥气象服务团队通过各种观测试验来加深对山地降水过程的认识，天气雷达正是降水监测的重要工具之一。

从 2019 年起，该团队利用 X 波段车载天气雷达的灵活性，结合常规天气雷达，获取了大量观测数据。通过雷达观测数据，可以清晰地了解降水的强度变化趋势、降水区移动方向、降水相态的转换时间等重要信息，为冬奥赛区降水预报积累了宝贵的经验。

崇礼的冬季总是来得格外早。2021 年 11 月 5 日 20 时，已经可以在空气中闻到潮湿的气息，室外气温为 4℃。冬奥降雪雷达观测小组的成员们将厚厚的羽绒服放进车里，前往冬奥赛场附近开展雷达观测试验。根据预报，崇礼即将迎来一次大范围的降雪、寒潮、大风天气。

6 人小分队来到了观测地点附近的酒店，围坐在一起，开始探讨观测的具体分工和安排。虽然经过长期合作，大家已经非常默契，但每一次观测前确认分工已经成为常规程序。

次日 6 时，小分队的成员穿戴整齐，前往观测地点。因为雷达和周边地形的局限性，队员们需要根据降水情况和观测需求，实时调节雷达的扫描方式，还要保证发电机燃料充足。

队员们高度警觉，避免错过珍贵的观测资料。这个团队已经在崇礼连续度过了 5 个冬季，但依然“珍惜”每一次降雪观测机会，此次观测试验瞄准的天气过程范围广、量级大，更是不容错过。

打开发电机、天线罩，接通雷达的电源，队员们对每一道工作程序都了然于胸。好在前期气温并不那么低，大家此前十分担心的问题没有出现。在 2020 年的一次观测中，因为气温过低，发电机无法启动，雷达天线的升降系统出现问题。几个人轮流手摇，半个多小时才把天线升高到预定位置。

接近上午 8 时，赛区开始出现零星小雨，但这种程度的降水，雷达是无法观测到的，队员们通过上游雷达、自动站观测数据和卫星云图判断降水区的位置，并互通消息。

此时，其他观测项目的队员也已经就位，就等雪花飘落崇礼。

随着气温下降，赛区的小雨转为了小冰粒，跟雷达观测自动识别的粒子状态相吻合，实时雷达图上也可以观测到 0℃层亮带，这对于 0℃层高度的判断和降水相态转换的研究非常有帮助。

天色也渐渐黑了下来，气温降到了 −15℃，但是湿度较大，体感温度已经接近 −26℃，身上厚厚的羽绒服也无法抵挡阵阵寒意。大家挤在控制雷达的小车厢内抱团取暖，边用手机查看实况数据，边通过工作群和其他观测小组交流观测信息。

一天一夜后，降雪渐止，降雪量也不负众望突破纪录。而辛苦收集的数据和相关研究成果，有望在即将举办的冬奥赛事中发挥作用。

作者：洪潇宇

四个多小时，全身都快被冻麻了
——张家口赛区气象装备保障团队除夕维修记

《河北日报》 2022 年 2 月 2 日

1 月 31 日，除夕。

清晨 6 时，天还未亮，张家口赛区气象装备保障团队成员王旭海和同事们就陆续起床，核酸采样、吃饭，然后开始一天的工作。

临近冬奥，气象保障工作这根弦，绷得越来越紧了。“早上 6 时起床，是我们的常规工作时间。如果遇到下雪、大风、寒潮、大雾等恶劣天气导致设备故障，即使半夜也得上山。”王旭海说。

张家口赛区气象装备保障团队成立于 2020 年，由全省气象部门中具有雷达运行保障、计量检定、自动气象站保障等专业特长的 16 人组成，分成古杨树场馆群和云顶滑雪公园两个组别，每组 8 人。王旭海所在的是古杨树场馆群组。

北京冬奥会是第一次在大陆性冬季季风气候条件下举办的冬奥会。为了实现“百米级、分钟级”的精准预报目标，保障冬奥会顺利进行，张家口赛区部署了历届冬奥会密度最高、种类最全的冬奥会气象综合观测系统。

仅在国家跳台滑雪中心周围的自动气象站就有 11 个，这些自动气象站的监测数据是精准预报的基础。赛区气象装备保障团队正是这些可靠数据的守护者，是冬奥气象保障的“排头兵”。

早上 8 时，通过气象监测平台，王旭海和同事们发现位于国家跳台滑雪中心 K 点的一个自动气象站数据时断时续。

通过分析，他们判断，可能是采集器或者通讯模块出现了故障，必须尽快去现场维修。

王旭海和其他 5 名同事准备完配件和工具，经过审批后，就赶紧驱车奔赴现场。

这个气象站位于国家跳台滑雪中心大跳台和标准跳台中间，虽然只是在半山腰，但也要登上十几层楼那么高的台阶才能到达。

这些台阶全都是钢板搭建的，且前一天晚上下了雪，再加上背着 20 多千克重的设备，尽管他们准备了登山杖，走起来还是步履维艰，有时不得不手脚并用。风渐渐大了起来，发出呜呜的声响，时不时卷起积雪打到他们脸上。

经过 20 多分钟的攀爬，6 个人终于到达了自动气象站所在的位置。他们顾不上休息，就赶紧掏出工具检查维修起来。

通过排除，最终确定是采集器的故障。换新的采集器需要进行重新设置，由于室外温度太低，严重影响笔记本电脑工作，他们换了三台笔记本电脑才最终完成采集器更换。为了确保数据传输正常，他们又在凛冽的寒风里原地待命半个多小时，得到后台收到准确数据的答复后才下山。

在零下二十多摄氏度的室外待了 4 个多小时，他们的眼镜结了霜，全身都快被冻麻了。

回到驻地，已经是下午 2 时多了。简单收拾收拾，吃过“午饭”，他们又开始了日常的观测和巡检。

“尽管这个春节不能和家人团聚，能参与到冬奥气象保障服务工作中，我们还是感到很荣幸。我们都在全力以赴，有信心做好冬奥气象装备保障工作，时刻准备接受检验。”王旭海信心满满地说。

记者：陈华

为赛事把脉“风云”

《河北日报》 2022 年 2 月 8 日

2 月 5 日，北京冬奥会正式开赛首日，张家口赛区遇到了一次比较明显的大风天气过程。这让当时正在值班的张家口赛区气象中心总首席、古杨树场馆群预报组组长马梁臣感觉到了压力。

进入赛时状态后，张家口赛区气象预报服务团队分为两组，一组在冬奥气象分中心负责技术把关、站点预报以及场馆简报材料制作，为前方提供技术支撑；另一组按实战需要分别派驻云顶和古杨树场馆群，每天为 2 个场馆群提供两次精细至赛道的场馆天气预报以及现场气象信息咨询等。

2 月 5 日 7 时 30 分，后方值班人员组织云顶和古杨树场馆群预报员进行线上加密会商，重点关注当天的风对比赛的影响。

通过会商，预报员细致讨论了当日大风出现的详细时间，包括逐小时的风速预报及变化等，最终达成一致意见：风速在安全阈值以下，上午的比赛可以顺利进行。

10 时 45 分，云顶赛场单板滑雪女子坡面障碍技巧资格赛按计划开赛，现场风的实况和预报基本一致，比赛顺利完成。14 时 20 分，在国家跳台滑雪中心，跳台滑雪男子个人标准台资格赛也进展顺利。

跳台滑雪及雪上技巧、坡面障碍技巧比赛对风的要求较高，如运动员做腾空动作时遇到横风或侧风，便可能会出现动作上的失误，甚至可能发生一些危险。“总体来看，比赛首日的预报经受住了考验，与实况基本一致。”马梁臣终于满意地笑了。

从 2017 年 10 月开始，张家口赛区气象预报服务团队每年在崇礼开展长达四五个月的驻训，为赛时气象预报服务积累了丰富经验。

“已经连续 2 年没有回家过年了，但能参与冬奥会服务，感到特别骄傲和自豪！”马梁臣由衷地说。

记者：陈华

磨利冬奥气象预报的“金刚钻”

《中国气象报》 2022 年 3 月 3 日

在北京 2022 年冬奥会期间，冬奥气象工作者磨利科技“金刚钻”，助力做好保障服务

“瓷器活”，为冬奥会铺上最亮眼的气象科技底色。

直面难题——200 余名科研人员贡献智慧

冬奥气象科技的力量，发轫于多年的积淀。在 2018 年，由北京城市气象研究院牵头，河北省气象台、国家气象中心（中央气象台）、北京市气象台、中国气象局公共气象服务中心等 15 家科研与业务单位联合攻关，200 余名科研业务骨干参与研发和应用试验的项目——国家重点研发计划“科技冬奥”重点专项“冬奥会气象条件预测保障关键技术”正式立项。

“大家献策献智，聚焦冬季山地高分辨率气象探测、预报和服务关键科学技术开展研发和示范应用，为冬奥会气象保障服务提供核心科技支撑。”项目负责人、北京城市气象研究院副院长陈明轩说。

最初摆在他们面前的难题，一个接着一个。冬奥会约 7 成是室外项目，赛程安排、赛事举办、观赛、交通、媒体转播等诸多环节都与气象条件密切相关。以在延庆赛区举办的高山滑雪项目为例，虽然每位运动员从出发到结束只需 1～2 分钟，但赛道垂直落差近 900 米，每个赛段瞬息万变的风速、风向都可能影响运动员的发挥，甚至威胁其人身安全。

“北京冬奥会是近 20 年内唯一一次在大陆性冬季风主导的气候条件下举办的冬奥会。”陈明轩坦言，没有可复制的科技成果和预报经验，“且这种条件下的小尺度山地气象监测预报，是国际上尚未解决的难题之一。”

更何况，冬奥气象服务对时空分辨率要求极高，比如需要未来 10 天的百米级分辨率预报。但从大气可预报性的角度来说，分辨率越高，预报时效越长，预报难度就越大。

自主可控的科研成果，给了气象保障服务巨大支撑。齐心协力、全力以赴之下的冬奥气象团队硬是啃下了时空分辨率要求极高的预报这块“硬骨头”。

不负众望——首次实现“百米级、分钟级”预报

“‘百米级、分钟级’预报技术通俗来说，就是赛区范围内，每隔 100 米的水平距离，就可以获取到精细的天气预报；每隔 10 分钟，都会将最新的观测资料融合集成，并更新未来 0～24 小时的精细预报。”陈明轩说。

往届冬奥会，客观气象预报基本以千米网格为主，时间更新频率是半小时至 1 小时。我国常规的高精度数值天气预报模型的网格分辨率最高是 3 公里，部分发达地区的网格可达 1 公里，时间更新频率基本是 1 小时或 3 小时。

气象部门在延庆、张家口赛区连续 4 个冬季开展加密观测试验，第一次在我国中纬度山区复杂地形下开展冬季中、小、微尺度三维气象观测试验及分析研究，获得更加细致的天气数据，成为冬奥气象服务和精细化气象预报技术研发的重要支撑，并促进了我国山地气象学研究进展。

这背后是冬奥气象人的不懈努力——

前方，预报团队到赛区追风捕雪，实地观测感受天气变化特征；后方，科研团队深化机理认识，探寻赛区中、小、微尺度风场等关键气象要素预报的复杂性与影响机制，建立供预报团队参考的赛区风、温度、降雪、降水相态、大雾等高影响天气预报关键指标和预报概念

模型。

近4年的科技攻关，研发出多源气象数据快速集成融合、实时大涡数值模拟预报、人工智能气象预报等关键技术方法，构建了冬奥气象“百米级”预报技术体系，形成了冬奥高精度气象预报系统，实现了冬奥山地赛场的0～10天“百米级”网格气象预报以及冬奥关键点位的0～10天定时、定点、定量气象预报，多项技术填补了国内空白，核心技术完全自主可控。

“高精度预报的空间网格分辨率最高能达67米。”陈明轩介绍，人工智能预报技术也首次在冬奥气象预报中应用，通过对海量气象观测数据和数值天气预报数据再解读，对客观气象预报再订正，进一步提升了冬奥气象预报的精准度。

拭目以待——冬奥气象“财富”将造福千家万户

2月19日，因大风天气，原计划19日上午举行的高山滑雪混合团体比赛，延期至20日9时并最终顺利举行；2月16日，国家越野滑雪中心，由于低温天气，原定17时至20时20分举行的越野滑雪女子和男子团体短距离资格赛和决赛，提前于18时20分完成比赛……根据精准的气象预报，冬奥会期间，多项赛事进行调整并顺利举行。

“一流的气象保障服务。”北京冬奥组委副主席杨树安给予高度评价。

“Amazing（很棒的）”“Helpful（有帮助的）”“Professional（专业的）”……来自国际雪联技术代表等各方一致赞誉。

“目前，冬奥会气象条件预测保障关键技术项目已纳入世界气象组织高影响天气预报示范项目，可为国际高影响天气高精度预报技术研发和应用提供中国经验。”陈明轩说，在后冬奥时代，冬奥气象科技成果及其在冬奥会的应用经验、解决方案等，还能在气象预报服务精准度提升、重大活动保障、大城市安全运行、极端灾害天气应对等方面发挥重要支撑作用。

不仅如此，冬奥气象科技成果既可用于国内冰雪运动气象保障，促进冰雪产业配套服务能力提升，还能助力新能源开发和应用，为国家能源结构低碳化、推动“双碳”目标愿景实现贡献气象力量。

作者：叶芳璐

“国之重器”显锋芒 洞悉风雪啸长空

《中国气象报》 2022年3月7日

2月13日，北京和河北张家口，雪花飘飞而至。

这场降雪早在意料之中——2月4日，气象部门已对本轮降雪已作出预测；降雪前2天又确定了各场馆降雪的时段和量级，并提前发布了天气预警信息。

气象部门之所以能进行如此精准的预报，还得从2年前的一个计划说起。

“英雄会”汇聚各方力量

这个计划就是“智慧冬奥 2022 天气预报示范计划”（以下简称“示范计划”）。

近几届冬奥会主办国开展气象保障服务的示范计划几近成为传统。为充分利用整个气象行业的资源，集聚全行业智慧，2020 年 3 月，中国气象局也为北京冬奥会量身打造了示范计划。

示范计划的目标很明确——汇集先进气象科技，为冬奥气象监测、预报和服务提供支撑。

这是一场汇集最先进高精度天气预报技术方法的“英雄会”。除气象部门外，来自气象行业相关高校、科研院所、企业和军队等 22 家单位纷纷拿出自己的“看家本领”，在示范计划这个平台上一展身手，在 2021 年北京冬奥测试赛和 2022 年北京冬奥会正式赛中检验“各家绝技”。

从高分辨率模式预报到智能网格预报，从赛场站点预报到特色预报，为了精准预报风、温度、湿度、能见度等关键气象要素，帮助冬奥组委找到赛事赛程最佳“窗口期”，参与示范计划的各机构纷纷向“百米级、分钟级”精细化天气预报冲刺。

示范计划可对国内不同高分辨率数值预报模式、多源数据融合技术、人工智能天气预报技术及系统方法等进行对比检验，推动精细化天气预报技术深入发展，提升我国高精度客观天气预报核心技术的现代化水平，促进气象预报在新时期国家重大活动气象保障及气象防灾减灾服务等方面的深化应用。

“示范计划的实施，不仅为冬奥预报提供支持，也将进一步推动精准预报深入发展，对展现我国气象预报核心技术现代化能力、提高奥运气象科技水平、提升我国气象国际影响力都具有重要意义。”中国气象局预报与网络司司长毕宝贵说。

“国之重器”精准捕风捉雨

在示范计划的推动下，堪称“国之重器”的数值预报面向冬奥气象服务需求，向时空分辨率更加精细化和快速循环同化的预报方向发展。

往届冬奥会期间，客观气象预报基本以千米网格为主，时间更新频率是半小时至 1 小时。

而北京冬奥会，空间网格分辨率最高可达 67 米，时间更新频次最高达到 10 分钟。

要实现“百米级、分钟级”预报，精准捕捉风雨变化，提升定时、定点、定量预报能力，高分辨率数值天气预报模式是最不可或缺的核心技术。

数值预报，千米级别和百米级别，难度不可同日而语。

为了更好描述大气边界层，气象部门研发出了大气涡流尺度数值模拟计算模型。

千米级的数值预报，对大气边界层可以进行参数化近似处理。但当空间网格分辨率精细到了百米级别，再用参数近似处理，误差会非常大。此时，就需要处理大气边界层内不同尺度大小的涡流，并且采用更高分辨率的地形高程数据。大气涡流尺度数值模拟计算模型应运而生。

冬奥的预报，时效至少需要达到 10 天，为此，气象部门开发出了人工智能订正模型。

这也是人工智能预报技术在国际上首次应用于冬奥会气象保障服务。借助人工智能技术和大数据技术，通过对海量的数值天气预报模型预报数据和大量气象观测数据进行“再解读”，从而实现客观气象预报“再订正”，提升冬奥气象预报的精准度。

除大气涡流尺度数值模拟计算模型和人工智能误差订正模型外，自 2018 年开始，历经 4 年科技攻关，冬奥气象科技团队还研发出了高精度数值天气预报模式、多源气象数据快速集成融合模式等关键技术方法，构建了冬奥气象“百米级”预报技术体系，形成了冬奥高精度气象预报系统“睿图 – 睿思”，实现了冬奥山地赛场的 0～10 天“百米级”网格气象预报以及冬奥关键点位的 0～10 天定时、定点、定量气象预报，多项技术填补国内空白，核心技术完全自主可控。

在此基础上，针对冬奥气象保障中短期无缝隙天气预报需求，基于自主研发的全球及区域一体化数值天气预报模式，气象部门开发了种类丰富的冬奥气象保障中短期精细数值预报产品。

这些产品在冬奥会期间稳定及时地提供给预报员作参考，圆满完成了冬奥会期间赛事保障服务工作，尤其是在开幕式和闭幕式中为气象保障提供了有力支持。

“倚天长剑”通关“试金石”

北京冬奥会期间，大风、骤雪、升温、降温，每一次天气突变都是对气象预报的重大考验。数值预报犹如“倚天长剑”，让风雪无处遁形。

冬奥赛事是一块“试金石”，而作为“国之重器”的数值预报模式显然经受住了考验。不仅如此，经过这次磨炼，这把剑变得更加锋利。

就气象预报业务和技术发展而言，近几年，通过实施区域模式发展计划，区域模式分辨率和预报能力明显提升；通过实施智能网格预报行动计划，基于气象预报理论研究和人工智能、大数据分析等现代技术，形成一批智能预报技术成果并在业务中应用，预报精细程度和准确率稳步提高；通过实况业务的建设，多源高密度观测资料融合实况分析技术取得明显进展，客观、综合、立体的气象实况产品在业务服务中逐步应用。

这些成果在冬奥气象预报中得到了进一步的发展和完善，复杂山地精细化网格数值预报和人工智能技术等新技术新方法也在冬奥会气象服务中得到广泛应用。

以北京冬奥为契机，我国数值预报业务能力建设在 2021 年步入新纪元，锚定“卡脖子”技术持续攻关，多项核心技术取得突破性进展。

自主研发的第一代全球大气 / 陆面再分析系统（CMA-RA）及产品业务化应用，第三代气候模式预测系统（CMA-CPSv3）准业务化运行，自主研发的中国气象局全球同化预报系统（CMA-GFS）升级；台风、沙尘暴、雾、霾、海浪、核及环境应急响应等数值预报系统不断升级，显著提升了我国在灾害性天气应对、重大活动保障和服务地方经济社会发展等方面的气象支撑能力。

目前，冬奥会中研发的气象条件预测技术得到了国际专家的认可，纳入世界气象组织高影响天气预报示范项目，可为国际高影响天气高精度预报技术研发和应用提供中国经验。

“我们将对标国际先进水平，聚焦关键技术，补齐业务短板，夯实自主可控的数值预报业务模式体系基础，推动我国数值预报高质量发展。”毕宝贵表示。

未来，数值预报这枚国产气象“芯片”将在“蝶变”中变得更加闪亮。

作者：吴鹏

气象数据信息托起“一站式”保障平台

《中国气象报》 2022 年 3 月 9 日

“在奥运会历史上，我们第一次实现了气象信息报告全自动化，这是一件值得祝贺的事。”2 月 20 日，一条北京冬奥组委技术部专家发来的短信，让冬奥北京气象中心信息技术保障团队（以下简称“团队”）由衷地感到自豪。

副队长孙成云感慨：“我们主要把工作做在了‘前面’。”这“前面”二字，指的是气象信息技术保障人员历经 7 年攻坚、打磨，为冬奥气象服务全力做好通信专线建设、网络安全保障、基础资源配置、视频会商调度、统一数据服务、全流程综合监控等各项工作付出的努力与淌下的汗水。

数据信息集约高效——未雨绸缪敢突破

根据冬奥组委及国际奥委会对冬奥气象数据的需求，团队需要参照奥委会的冬奥气象数据标准，提供统一标准格式的气象实况、预报、预警等信息和产品，为电视评论员解说系统、冬奥赛区显示大屏及世界各地订阅 ODF（奥运会数据源）的客户等提供实时服务。奥组委称赞的“气象信息报告全自动化”，便是团队利用技术实现 ODF 等冬奥气象数据从数据采集、传输、生成、发布的全流程自动化运行。

“全流程自动化，能让我们的对外数据服务更及时、更集约、更智能。”北京市气象局信息中心高级工程师黄明明介绍，往届冬奥会在气象数据生成或发布流程中主要依赖人工，不仅需要专人值班，还存在延时的可能性。全流程自动化，既节省了人力资源，又确保了数据服务的及时性。同时，数据采集、传输、生成、发布各个环节，均处于冬奥全流程实时监控系统的监控下，过程中一旦出现问题，将第一时间向相关环节负责人示警，确保面向冬奥组委及国际奥委会的气象信息服务安全高效。

2 月 7 日下午，存储系统硬件发生故障，导致系统数据传输中断，值班人员迅速启动应急预案，核查处理故障，同时联系冬奥组委启用备份措施继续传输。一小时后，系统恢复，冬奥组委反馈：故障期间信息传递及时，对比赛没有影响。

事实上，针对核心业务、核心网络，气象部门做了多份信息技术保障应急预案，气象大数据云平台进行了数次主备系统切换演练；中国气象局全球天气模式在北京市气象局备份运行，国家级高性能计算机“派”与北京市局高性能计算机“睿”同城互备，冬奥核心业务系统形成以北京为主、河北为备的互备模式……这些“做在前面的事”，都为冬奥气象保障服务提供稳定优质的信息资源基础支撑，确保出现故障后能快速响应并作出应急处置。事实证明，这些“做在前面的事”确实成为气象保障冬奥会“精彩、非凡、卓越”的有力支撑。

支撑冬奥预报服务——集约创新践承诺

在反复调研京冀现有气象预报预测及服务业务系统的基础上，气象部门确定了冬奥气象预报服务系统“北京开发、京冀互备、三地共用”的集约化建设部署工作思路。按照涵盖冬奥气象服务全流程的功能定位，建立了冬奥多维度预报业务平台、冬奥现场气象服务系统、冬奥气象可视化系统、冬奥全流程实时监控系统、冬奥智慧气象 APP、冬奥航空气象服务系统等核心业务系统。

统一的技术架构体系、数据支撑环境、运维监控，不但有效保障了系统安全稳定运行，解决了预报服务人员需要熟悉多个系统环境时面临的困难，系统功能的便捷性、灵活性也得到了用户的认可。

其中，国家气象信息中心运用二维、三维可视化表达技术，整合 100 多种气象服务产品，融入 16 个业务系统，实现历史气象数据分析、多源气象实况对比分析、实况与预报一体化分析等服务的冬奥气象指挥平台，在冬奥会开幕式这天，成为气象保障一站式“挂图作战”服务平台，支撑中国气象局冬奥气象服务领导小组对开幕式全程进行气象保障服务指挥。

汇集中国气象局、京冀本地冬奥业务及科研数据建立的京冀主备数据中心，建立了统一的冬奥气象数据环境，可为冬奥业务系统及对外气象服务提供稳定、高效的数据服务。而服务方式的一大亮点——变“文件传输”为接口服务，得益于团队在优化数据传输流程、调整业务服务方式、缩短数据时延等方面做出的不懈努力。据统计，冬奥统一数据环境日均访问量约 1000 万次，本地数据毫秒级响应，异地数据访问请求等待时间最长不超过 1 秒，有效满足了实时数据高效服务的需求……这些，都是气象部门保障兑现“简约、安全、精彩”办赛承诺的生动实践。

与在赛场提供预报服务的气象保障人员不同，团队大多隐身幕后。正是这群扎扎实实“钉”在岗位上的人，利用当前最新技术，攻关网络安全、数据服务等科技难题，搭建起一个又一个集约平台，连接起前后方、各赛区，以及气象与政府部门、冬奥组委的信息传输通道，支撑起了监测预报服务等全流程冬奥气象保障工作。

北京冬奥会已闭幕，但基于冬奥会发展起来的气象信息技术、运维保障模式、数据服务方式、跨区域业务系统集约建设机制等冬奥遗产，还将续写“准确、及时、创新、奉献”的气象人精神，推动气象事业踏上新征程。

作者：谷星月　王子瑞

慧眼“锁定”赛区风云

《中国气象报》 2022 年 3 月 14 日

“我的眼睛就是尺！”北京冬奥会期间，中国短道速滑混合接力队拿下中国代表团首金，在武大靖冲过终点后，解说员王濛道出金句。16 天竞赛比拼中，在解说员、裁判员和亿万观众的注目外，还有一双双气象慧眼从地面、高空、宇宙中“锁定”赛区风云。

盛会背后——气象工作者直面世界性气象监测难题，从 8 年前开始布局谋划，在我国中纬度山区组织实施复杂地形下的冬季多纬度气象综合观测试验，构建了延庆和张家口赛区立体加密的“三维、秒级、多要素”气象监测网。

盛会背后——气象工作者对标监测精密要求，北京、河北 9 部新一代天气雷达启动“31 天 ×24 小时”模式，风云四号 B 星逐分钟加密观测获取 23435 幅冬奥赛区云图，持续为赛会举办提供有力支撑。

这届必将载入奥林匹克运动史册的奥运盛会背后，离不开气象部门在冬奥赛场的“火眼金睛”！

441 套——建成“三维、秒级、多要素”立体综合监测网

观测是预报、服务的基础，气象观测更是冬奥会气象保障的第一步。

冬奥会约 70% 的竞赛项目是雪上项目，其中大部分雪上项目在地形复杂的山区举办。在大陆性季风气候带举办冬奥会，在冬奥会历史上也是第一次。

要想深入了解赛区海陀山的气象状况，当务之急是构建适应冬奥会所需的立体稠密的山地气候监测网，像 CT 一样“扫描”整座山的小气候。面对延庆赛区和张家口赛区此前复杂山地地形和气象观测基本空白的情况，气象部门早在冬奥会申办和前期筹备阶段就开始在山上架设仪器。

8 年来，无论在海拔 2198 米、垂直落差 900 米的海陀山，还是在海拔 1800 米的张家口赛区云顶滑雪公园，延庆赛区外围气象服务团队副队长高猛和张家口赛区气象装备保障团队队长幺伦韬都直言建站的不易。

8 年来，气象探测团队克服重重困难，在延庆和张家口这 2 个无水、无电、无路、无信号的山区，气象工作者采用马拉、骡子驮、人扛等原始方式搬运，逐步将气象仪器一套一套安装到位。

最终，在冬奥赛前，以冬奥赛场为核心，首次在我国中纬度山区组织实施了复杂地形下的冬季多维度气象综合观测试验。在北京城区、延庆和河北张家口及周边共建设各种现代立体探测设施 441 套，实现了超精密复杂山地 + 超大城市一体、三维、秒级、多要素的冬奥气象综合监测。

“场馆内每条赛道都设有固定的自动气象站，整个赛区核心区的自动气象站达 44 套，赛区周边自动气象站达 70 套。”幺伦韬指出。

传统的气象站点观测只能得到近地面的数据，那么空中的数据该怎样获取呢？“自 2018 年来，张家口气象团队每年冬季都在赛区部署测风雷达和微波辐射计，监测赛区三维风场。”河北省气象台副台长、张家口赛区气象服务团队负责人王宗敏表示，最多是在 2021 年，赛区部署了 11 部激光测风雷达、5 部微波辐射计、6 部三维超声波风速风向计。

然而这一切仍然不够。“赛时运动员从起跳到降落时间以秒为计，对气象数据的需求必须是秒级的。”张家口赛区气象服务团队预报员晋亮亮指出。为此，团队搬来激光测风雷达，这款具有测量精度高、分辨率高、探测范围广、响应速度快等特点的激光测风雷达发挥了重要作用，能提供更为精细的小尺度天气系统的三维风场结构。

除了地面这些气象卫士之外，还有一双“眼睛”也在一刻不停地盯着冬奥赛场的风云变化，它就是远在太空的风云气象卫星。本届冬奥会，我国 3 颗风云气象卫星参与了气象保障服务，它们与地面装备一起，搭建起冬奥会天地气象监测网络。

31 天 × 24 小时——启动卫星、雷达加密观测，强化地空天联动

白雪耀眼，空气清新。从小海陀山山顶俯瞰，国家高山滑雪中心 7 条赛道似 7 条巨龙，蜿蜒于山林之中，山脚下的国家雪车雪橇中心在山林间若隐若现，险峻秀丽。一旁，自动气象站比邻而立。

2 月 6 日，由于天气因素，原定于当日 11 时开始的高山滑雪男子滑降赛推迟举行。7 日，延庆气象团队严密监视天气动向，为赛事提供精准气象服务，最终高山滑雪男子滑降赛于当日 12 时顺利举行。赛后，冬奥会高山滑雪主裁判马库斯·瓦尔德纳为赛事的气象服务竖起了大拇指。

结合重大活动时间节点及高影响天气，中国气象局采用“定时 + 临时”2 种方式启动雷达、卫星、高空和地面加密观测。截至 2 月 20 日北京冬奥会闭幕，北京、海陀山、张家口等 9 部新一代天气雷达已 31 天连续 24 小时观测；风云四号 B 星更是逐分钟加密观测，获取了 23435 幅冬奥赛区云图。

往常，雷达通常仅在主汛期（6 月 1 日—8 月 31 日）24 小时开机运行，其余日期主要是在每天的 10—15 时运行 5 小时，剩余时间为关机状态。“启用 24 小时运行能够更精细地发挥其短临预报作用。”幺伦韬介绍。

今年 1 月 1 日正式业务运行的“新兵”——张家口新一代天气雷达也在其中发挥作用。

2 月 13 日 7 时，作为监测京津冀天气过程的“前哨”，最大探测半径 460 千米的张家口新一代天气雷达敏锐“嗅”到了风雪的信号。正在值班的晋亮亮也从 6 分钟更新一次数据并呈现一张回波图中，密切关注着降雪天气过程走势。他表示，该雷达能够有效识别降水粒子相态和大小，并能够生成降水、风场等 6 类基本气象应用产品。同时，借助卫星云顶高度产品，晋亮亮对降雪过程的结束时间有了更明晰的判断。

14 日，一份涉及“风云四号 B 星红外 1 分钟间隔动画”“模式预报温度场检验”的材料从国家卫星气象中心遥感应用室传到国家气象中心，结合这些卫星资料，值班首席马学款进一步研判降雪天气过程及影响。

北京冬奥会期间，国家卫星气象中心研发的冬奥专用卫星新产品以及风云四号 B 星逐分钟加密观测资料的实况直播系统，受到预报员的普遍欢迎。7 类 17 种冬奥卫星产品主要从“看大气”“看地表”“看极涡”“看污染”“看云系”等方面强化卫星实况观测作用，地表温度、积雪、赛区 100 米观测云图、大气温度综合分析、极区温度分析、大气污染分析、云分析等产品一图可见。

确保“三维、秒级、多要素”立体综合监测系统稳定运行也是观测保障的重要任务。秉持“提前预判、定向维修”的思路，无论是赛前对张家口赛区赛事核心区 44 套气象观测站的“44 × 3 遍”的细致摸排，还是北京市气象局和华云升达（北京）公司 7 名小伙子肩扛 300 斤蓄电池等工具完成设备修复，抑或是在雪停后最低温 −27℃里完成观测站太阳能板积雪清理……这些“捕风者”“攀登者”始终都在。

此外，北京冬奥会期间，根据预报服务需求适时启动地面、高空加密观测。据统计，北京南郊观象台、河北张家口开展探空加密观测 42 站次；北京地区开展地面加密观测 1228 站次，山西、河北、内蒙古三省（自治区）启动 117 个国家站地面人工加密观测 819 站次。

作者：王亮

我国首个冬奥气象科普馆建成

《中国气象报》 2022 年 3 月 19 日

3 月 15 日，我国首个冬奥气象科普馆在河北省张家口市崇礼区完成建设并通过验收。

崇礼冬奥气象科普馆通过内容丰富、形式多样的布展和新颖独特的造型设计，将沉浸感、科技感和知识性有机融合，全方位、多角度展示气象现代化建设成果、冬奥气象保障服务工作及冬奥比赛气象条件、崇礼气候优势及冰雪旅游、冰雪经济等科普内容。下一阶段，该科普馆还将增加投影、大屏、VR 互动体验等板块，让公众在学习知识的同时，通过互动充分领略冰雪运动的魅力。

崇礼冬奥气象科普馆建成后，将结合崇礼区气象局现有的气象业务系统和相关的设施场所，作为重要的气象科普阵地，为公众了解气象工作和冰雪运动提供体验场地和科普学习平台。今年世界气象日期间，崇礼冬奥气象科普馆将首次与公众见面，并开展线上云直播活动。

作者：王旭海 胡雪 王丽霞

聚焦冬奥山地气象加密观测　气象织就观测网科技添彩冬奥会

《中国气象报》 2022 年 3 月 21 日

“莺啼妫畔杨柳飘，云压海陀雪意高。”前不久，北京西北部的崇山峻岭间，汇聚全球冰雪健儿的一场场“速度与激情”在此上演。这里是北京 2022 年冬奥会和冬残奥会举办地之一——延庆赛区。

这几年，“速度与激情”也在赛场之外进行，让我们看看这个赛场“角逐”的战果：

赛区核心区气象监测几近空白，对局地天气特征知晓几近为“零”——这是前几年的窘境。

首次在我国中纬度山区复杂地形下实施冬季多维度气象综合观测，山地精密气象观测技术取得长足进步——这是如今的成绩。

自 2014 年 9 月以来，气象部门先后在海陀山“空白区”、北京城区新建和改造各类冬奥气象立体探测设施 148 套，形成 24 小时“三维、秒级、多要素”立体天气监测体系，一张“气象网”越织越密。

其中，延庆赛区承担高山滑雪、雪地雪橇雪车比赛项目，气象保障服务要求高、难度大，比如高山滑雪赛道从出发至终点处的垂直落差超过 900 米，坡面长度达 3000 米，地形复杂，具有明显的局地小气候特征——山脚烈日炎炎酷热难耐，山顶也许就是风雨交加冰雹砸落。

数年前，海陀山被确定作为延庆赛区的赛场时，由于这座山的历史气象数据几乎完全空白，气象预报员对这座山的小气候“脾性”缺乏了解。就如同医生接诊一名陌生病人，需要借助“拍片”，才能对病灶进行准确诊断。对气象预报员来说，要深入了解了这座山的天气状况，才能对当地天气做准确的分析判断。

当务之急是构建适应冬奥会需求的立体、稠密的山地气象观测网，像 CT 一样“扫描”整座山的小气候，发现天气“密码”。

作为“气象 CT”安装者，由北京市气象探测中心、延庆区气象局、设备厂家等组成的气象探测保障团队，早在 2013 年便先后多次前往海陀山勘察、寻找符合标准的监测点。没水、没电、没路、没网的恶劣自然条件，对观测站网布局、建设、运维和海量多尺度、多要素探测数据的实时应用提出巨大挑战。2014 年首批梯度气象观测站建成，为成功申办冬奥会提供了准确的气象数据，得到国际雪联的肯定。

气象部门根据赛事关注的高影响天气（大风、降水、低能见度等），结合延庆赛区受到西南、东南及东北 3 个主要天气系统来向的影响，在赛区周边 50 公里范围内共同设计、打造 3 个尺度（中尺度、小尺度、微尺度）综合监测网，建设完成 16 类 42 套垂直观测设备，实现三维风场、温湿度场、云宏微观结构等多要素观测。为做好延庆赛区高山滑雪、雪车雪橇场馆气象预报保障服务，填补海陀山观测“空白区”，提供地面气象要素“分钟级、秒级”风监测数据支撑，沿赛道梯度建设 26 个多要素气象站。此外，在北京赛区，为满足首钢滑雪大跳台不同高度风的监测需求，建设一个地面气象观测站、3 个高度的测风塔站。为实现冬奥会和冬残奥会开闭幕式精密监测，逐步建成国家体育场冠层、场内观礼台、舞台地面“4+4+1”的观测布局，数据实时传输至指挥部智慧场馆平台。

在密织的气象网中，新型观测产品研发应用成果丰硕：

——依托 3 个测风激光雷达对延庆赛区 2 千米 ×2 千米范围开展协同观测，数据精度达到垂直分辨率 50 米、水平分辨率 100 米。直接观测得到单点垂直 4 千米内风廓线产品，反演获取三维风场、两点之间水平面的水平二维风场、斜剖面的垂直二维风场等产品，为山地风场预报与直升机救援服务提供资料支撑。

——综合应用云雷达、云高仪、微波辐射计、天气现象仪等新型观测设备，实时获取山地温湿度廓线、水凝物廓线、云高、总云量、云状等观测数据及融合产品，增强了云能天精细监测对预报服务的科技支撑。

——联合相关设备厂家利用现有关键站点的天气现象仪、降水现象仪及 ISOS 软件自动判识的视程障碍现象等多源观测数据，合理设计识别规则，获得关键站点逐小时天气现象信息，自动形成 ODF（实况）报文。在冬奥历史上首次实现了从数据采集、数据包制作和传输全流程自动化，实时向国际奥委会的奥林匹克网站和电视频道、北京冬奥会官网等 8 个应用场景提供服务，得到冬奥组委技术部的高度肯定。

依托协同工作机制，北京市气象局联合相关单位开展冬奥各类测试赛、冬奥会及冬残奥会开闭幕式、赛时期间的京、冀、晋、蒙四地联合加密观测达 2000 余次；联合华北区域相关省份开展降雪、沙尘等高影响天气期间的地面加密观测；联合国家卫星气象中心，启动高分卫星、风云四号 B 星加密观测持续近 50 天。

七年织密一张网，气象工作者在国家需要的时候勇挑重任，坚毅前行，默默添彩冬奥盛会，为北京书写“双奥之城”新的历史华章贡献了智慧与力量。

作者：丁张巍 秦彦硕

聚焦冬奥雪场赛道雪质监测
造雪打蜡有讲究 “窗口”选择有依据

《中国气象报》 2022 年 3 月 22 日

北京冬奥会和冬残奥会张家口赛区所承担的均为雪上项目比赛，离不开造雪，无论是古杨树场馆群还是云顶滑雪公园，都采用了智能化造雪系统。在同样雪量前提下，相对于传统造雪，智能化造雪可以节水 20%，同时可自动生成造雪相关数据，供下一雪季造雪前参考。

而在造雪前，进行雪道雪质监测至关重要。通过对雪硬度、雪密度、雪表温度等雪道雪质的监测、判定，对赛事不同项目的用雪进行可行性分析，以提升不同气候条件下的造雪和赛道制作效能。

为此，河北省气象部门成立了雪质保障工作小组，从 2022 年 1 月 30 日开始进行雪质监测，共获得 43 天坡面障碍技巧、越野滑雪和冬季两项国际赛事的雪道表面以下 5 厘米、10 厘米和 15 厘米的超过 4000 条的原始雪质资料，为雪质演变和风险判别模型积累了丰富的实测资料。北京冬奥会和冬残奥会期间，累计发布 23 期《雪质风险服务专报》，预报结果的实时检验表明，雪表温度 11—16 时准确率达到 100%，全时次为 85%～90%。

2022 年 1 月 27 日，北京冬奥开幕在即，冬奥河北气象中心在《雪质风险服务专报》中提出，预计张家口赛区冬奥会比赛期间气温较常年同期偏高，依据精细化高分辨率气象要素逐日小时预测和雪质风险判别模型，赛道雪质因温度偏高存在不同程度湿化的风险，建议做好储雪准备和雪质实时监测与维护，防范雪质湿化影响赛事的正常进行。

雪质风险是指雪质随温度升高而急剧变化的风险，温度升高导致赛道含水率增加、雪质湿化甚至泥化，会对比赛造成不同程度的影响。

服务专报对赛事用雪提出了具体建议：云顶赛区和古杨树赛区在人工造雪无法实施的情况下，提供赛道备用雪；越野赛道需要加密压实作业，关注雪温变化，做好打蜡选择；U 型场地赛事后需关注雪表含水率的变化，做好塑形处理等。“古杨树场馆群共配备 40 台造雪机，全程采用全自动造雪系统进行造雪，可在泵站电脑上实时监测雪质、雪量、风速、风向、温度、湿度等，也可控制造雪机的启动、关闭及造雪方向。”张家口奥体建设开发有限公司场馆部副部长刘亚军介绍说。

2019 年开始，河北省气候中心陈霞及其团队在云顶滑雪场连续开展 3 个雪季的雪特性观测试验，获取了一套雪温、雪粒径、雪特性专项数据集和相关气象要素数据集，分析了雪特性（密度、含水率、硬度）与气象要素之间的定量关系，确定了影响雪质的敏感气象要素。获得的雪层 5 厘米、10 厘米、20 厘米、30 厘米、50 厘米、60 厘米和雪层底部 7 个层次的逐日 4 次连续数据，不仅可以为冬奥赛事提供雪道雪质风险参数，还可以为运动员雪板打蜡、赛事安排、赛道压实时段等提供参考。

“雪质监测不仅可以帮助不同场馆选择一天中不同项目适宜造雪的‘窗口期’，还可以帮助不同项目运动员提前做好准备，有效进行滑雪训练，为科学进行赛事安排提供决策依据。”陈霞表示，冬残奥会期间，基于河北气象中心和北京城市气象研究院的天气预报结果，河北省自主研发了雪质演变模型和雪质等级判别模型，滚动进行张家口赛区未来 72 小时雪温和雪质等级逐时预报，为部分赛事调整时间、运动员滑雪器材打蜡品种选择等提供了决策依据。

作者：马洵 杨铭

聚焦冬奥观测装备运行质量监控“一张图” 站好气象服务第一道岗

《中国气象报》 2022 年 3 月 23 日

冬奥核心赛区地面气象观测站稳定运行率达到 99.97% 以上，赛场周边天气雷达“异常监测—排查—修复”时间仅为全国雷达平均故障维持时长的 23.8%，发送设备监控短信约 150 条、1.3 万人次，通报装备运行维护维修信息和设备运行异常信息 55 次……引入机器学习和人工智能模型、算法，并利用 AR/VR 开展远程技术支持的装备运行一张图，圆满完成了冬奥核心赛区重点气象装备运行保障和观测数据保障服务任务。

北京冬奥会和冬残奥会期间，装备运行一张图就如同一位“健康监测员”，忠实记录着各类地面、遥感等观测设备状态，守护着设备的健康运行，为赛事服务站好第一道岗。

气象观测数据质量是赛事预报和服务的前提，而探测设备状态决定了观测数据质量。气象部门在北京城区、延庆和河北张家口及周边共建设各种现代立体探测设施 441 套，实现了超精密复杂山地 + 超大城市一体、三维、秒级、多要素的冬奥气象综合监测。如何实时监控这些设备及其数据状态？针对北京冬奥会气象保障服务需求，中国气象局气象探测中心“量身”打造了装备运行一张图实时监控系统。

中国气象局气象探测中心高级工程师秦世广介绍，该系统基于全国业务运行的“综合气象观测业务运行信息化平台”，选取北京、延庆和张家口核心赛区 53 套地面气象观测站，赛场及周边重点区域 9 部新一代天气雷达以及风廓线雷达、激光雷达和探空等装备，以简洁和可视化方式集成展示核心赛区气象装备运行情况。

在装备运行一张图页面，冬奥赛区、非赛区及场馆的地面、探空、垂直类观测设备一一显示，分别用“绿”“黄”“红”三色代表设备“正常”“报警”“不可用”逐小时不同状态，用户可以一目了然掌握设备运行状态，精准定位设备问题所在，并通过监视 - 保障及国省业务联动平台，实现气象装备高效调度和故障快速修复。

秦世广介绍，在北京冬奥会和冬残奥会期间，值班人员监测到核心赛区跳台滑雪起点、超级大回转起点等 4 站气象观测数据缺测或部分数据质量异常，立即联系北京、河北赛区技术保障人员核查，协助快速诊断和维护，确保了核心赛区数据连续和准确。

2 月 5 日 10 时 50 分左右，值班人员通过装备运行一张图发现，赛场外围的天津雷达出现“黄色”报警，立即按照装备运行异常处理流程联系天津市气象局相关单位，并将相关信息发送至后方技术保障部门。技术保障人员采用机器学习和人工智能算法模型对天津雷达运行参数和信号进行分析，发现该雷达发射系统运行特征异常。11 时 30 分左右，天津市气象局也在排查后反馈雷达发射系统故障。随即，国省站联动开展远程会诊，雷达保障专家利用远程在线技术和 AR/VR 技术，指导台站人员进行维修。经过前后方协调配合、保障人员紧急排查和维修，11 时 50 分，雷达运行恢复正常。“异常监测—现场排查—远程支持—故障修复”整个过程仅用时 1 小时，远低于全国雷达平均故障持续时间 4.2 小时（2021 年数据）。

2 月 6 日 15 时左右，值班人员通过装备运行一张图发现，张家口赛区跳台滑雪起点站正点数据缺失，随即联系赛区现场保障人员核查原因，同时将异常消息报告业务领班，由领班向中国气象局北京 2022 冬奥会气象服务网站通报。

约 15 分钟后，现场保障人员反馈，因分钟数据上传延时，现场保障人员进场维修，造成正点数据缺测，并告知观测数据已恢复正常。“仅用时 15 分钟，从发现、定位到精准解决问题，装备运行一张图实时监控系统为‘抢’时间打下了坚实基础。”秦世广说。

作者：简菊芳

聚焦冬奥赛区天气仿真实况　沙盘三维仿真实景
让天气数据“活”起来

《中国气象报》 2022 年 3 月 24 日

天气现象可能产生的后续影响与地形有着重要的关系，在车水马龙的大城市和地形多变的山区，相同的天气系统也会产生不同天气影响。而北京冬奥会不同赛区、不同场馆之间地形和天气特点差异较大，不同高度风向风速、温度湿度、云雨情况都可能不一致。为了提高精细化服务能力，生动直观展示天气状况，中国气象局气象探测中心创新性地将“沙盘”引入气象业务中，让气象保障服务从看图说话、看数字说话，延伸到利用三维仿真实景判断天气状况。

天气仿真实况沙盘是探测中心开展冬奥保障服务的 VR 虚拟仿真天气系统，沙盘里搭建了高分辨率地形、建筑、场馆、赛场、赛道等模型和场景，同时将气象站点数据和气象融合分析格点数据在虚拟仿真环境中展示，形成云、雨、雪等近乎真实的天气场景，通过与冬奥赛区的天气实况实时（近实时）联动，为冬奥期间重大活动保障提供可交互、可视化并且集天气实况分析监测于一体的在线服务模式，为冬奥气象保障工作保驾护航。

根据天气仿真实况沙盘研究团队介绍，国内之前仅做过较小场景降水和风场模拟沙盘，且要素较少。而天气仿真实况沙盘以北京赛区、延庆赛区、张家口赛区为载体，构建了基于实景的冬奥城市、赛区和场馆，并将 53 个冬奥赛区观测站点数据和探测中心 1 公里高分辨率实况分析场格点数据等多源数据融为一体，力求实现云、降雪、风等天气现象基于真实数据的模拟，以便形成真实场景和天气景象相对应的实景虚拟空间，为赛事天气实况监测和分析提供辅助。

从局地到涵盖全部赛区，从低分辨率到 1 公里高分辨率，从单一要素到多源数据融合、多要素监测，其难度不可同日而语。那么，如何将沙盘这一传统工具与现代化气象相结合，构建冬奥城市、赛区和场馆虚实结合的天气仿真实况沙盘？

天气仿真实况沙盘研究团队多管齐下，首先通过不断优化计算资源，为保证站点数据的实时性提供可能；其次，基于探测中心 1 公里分辨率实况分析场三维云数据、降水数据等，利用粒子系统技术研发基于空间格点数据的云模拟算法等，精确模拟云、雪等要素的空间覆盖范围、层次分布和持续时间，以便提供更加真实的场景模拟；同时，为了实现早预警、早行动，团队前期调研了影响赛事的各类观测要素的警戒值，当实况数据超过警戒值时，站牌数据对应变换，以示警戒。

团队成员介绍，天气仿真实况沙盘最大的特点就是直观性。据悉，为了更准确反映场馆等位置与信息，天气仿真实况沙盘建立了 10～30 米高精度、高分辨率的仿真地形地貌场景及 8 个场馆高清模型，较高质量地完成了真实城市和场景环境的搭建与映射。用户可以从任何角度围观和观察，相较于平面地图，更能容易理解地形信息。此外，天气仿真实况沙盘可实时渲染包括站点数据、三维云数据、地面风场数据、降水数据等在内的实况数据并实现实时更新，服务期间最久延迟 3 分钟更新数据。为提高工作效率，天气仿真实况沙盘还提供基于既定路线的全场景自动巡游和基于鼠标、语音交互的定点定位漫游，精准、快捷地完成特定场景的监测分析。

这套天气仿真实况沙盘作为冬奥保障可视化现代业务体系的一部分，已在今年北京冬奥会和冬残奥会气象保障服务中得到充分应用。此后，该系统也将作为科普系统，为全国中小学提供科普学习场景。

作者：王佳 张艺博

聚焦垂直温湿云廓线融合解剖术　分毫之间精准“解剖”天气

《中国气象报》 2022 年 3 月 28 日

在北京冬奥会和冬残奥会的赛场上，奥运健儿不断向人类竞技极限发起新的冲击和挑战。

在另一个“赛场”，每一阵风吹起、每一场雪落下、每一次气温转折，中国气象局气象探测中心垂直观测技术创新团队也在冲击气象观测领域新高度——垂直温、湿、云廓线融合解剖术。

如何对天气进行立体精准“解剖”

冬奥赛场上，一场雪可能即将到来，那么气象保障服务人员面前会摆着这样一份多重难度的题目——

首先是降水相态预报——相比降雨预报，降雪预报复杂太多了！在垂直高度达几千米的大气层面，气温的分布并非均匀。在不同的高度层、不同的温湿状态下，降水粒子的形态拥有多种多样的变化，降水相态也会发生非常复杂的转变。

其次是山地地形——海拔每升高 100 米，气象环境就有很大差别。翻过一道山梁，又是另一番光景。

当然还有更高的要求——雪上项目易受天气影响，特别是像高山滑雪项目等对天气预报的要求更加严苛。北京冬奥气象预报目标水平是“百米级、分钟级”，这需要在最前端提供更加精细的天气信息，而云粒子相态作为主要的云微物理参数，其分布和演化过程能够精细刻画天气的演变过程。

这时候，手握如手术刀一般精准的垂直温、湿、云廓线融合解剖术便从容许多。与地面气象观测站观测地面空气的温度、湿度等要素类似，天气监测也同样需要实时观测地面至高空垂直大气不同高度处的温度、湿度及云层等要素。不同设备根据其观测原理不同，可得到不同的观测要素，比如微波辐射计可实现垂直大气的温度、湿度廓线观测，毫米波云雷达可实现云的垂直剖面观测。融合解剖就是对同一个对象的不同要素特性进行多方位解析。

现在回到开头的那道难题，有了这项技术，可实现云粒子相态分类。当从云粒子相态时序图中观测到垂直上空有较深厚的过冷云层，并且上方识别有雪花粒子相态存在时，结合垂直温度廓线和天气形势，可提前分析得知降雪过程信息，从而根据天气情况重新安排比赛项目开始的时间，保障对天气要求苛刻的比赛顺利进行。

解剖天气“利器”由什么锻造而成

一把让人惊艳的“利器”，必然不是轻易锻造而成的。

要“解剖”天气是非常困难的。每一个气象要素都是天气系统在某一方面的特征反映，如果想对天气系统进行更为全面细致的解剖，往往需要将多个气象要素进行融合分析。

垂直温、湿、云廓线融合解剖术就是将云雷达和微波辐射计进行同址观测，充分利用多波段气象观测设备对天气系统进行不同方面的特征描述，实现更为精细的观测。

例如，就冬奥保障服务中对降水的观测需求而言，需要知道云粒子相态信息，而云粒子相态与云雷达输出云廓线的回波强度、径向速度、速度谱宽这些雷达产品相关，同时还与高空大气的温度和湿度有密切关系。多个气象要素进行数据融合才能够精细区分降水粒子相态，进而满足对降雪的观测需求。

在这背后，中国气象局气象探测中心垂直观测技术创新团队，通过重点攻关温、湿廓线和云关键技术，为新型观测设备业务化应用奠定基础。同时，研发出大气垂直廓线综合质控和融合算法，形成高质量“5 条廓线”数据产品，由此才打造出该技术。

中国气象局气象探测中心高级工程师胡树贞介绍，在冬奥气象保障服务中，该技术更为精细地刻画了高影响天气垂直大气实况信息，提供分钟级观测数据。例如，在 2 月 13 日北京降雪天气过程中，从0时起，延庆微波辐射计就观测到近地层大气湿度开始增加。同时，伴随温度下降，2000米以下转为弱暖平流，暖空气由低层向高层输送，水汽冷却凝结，同一时刻毫米波云雷达观测到云层，高度逐渐降低，垂直温、湿、云廓线融合云粒子相态产品显示云层中下部云粒子相态主要为雪花，为降雪过程监测服务提供了有力的决策服务支撑。

当奥运盛会落幕，气象人员对该技术的探索依然在路上。实际上，云粒子相态作为主要的云微物理参数之一，获取其分布和演化过程对于定量降水预报、城市精细化服务等具有十分重要的意义。未来，该技术团队将收集整理更多样本对算法进行优化验证，进一步提高云粒子相态识别精度。

作者：赵晓妮

聚焦气象激光雷达　赛区空气质量预报再添“精准”砝码

《中国气象报》2022年3月29日

气溶胶和风的观测对于北京冬奥会、冬残奥会开闭幕式以及保障各项比赛顺利进行尤为重要。2月20日，北京冬奥闭幕式前几个小时，激光雷达“家族”中的气溶胶激光雷达和测风激光雷达再次大显身手：气溶胶激光雷达观测到当日14—17时，近地面大气气溶胶浓度较低，空气质量较好；测风激光雷达则通过每半小时实时风速、风向垂直廓线等观测资料，向冬奥组委会等相关方面提供闭幕式期间的风羽图（风羽是风速填图符号，在天气图上表示风速大小和风向的短直线），保障活动精彩举行。

激光雷达具有高精度、高时空分辨率、可连续观测的优势，通过发射的激光与大气中粒子产生相互作用，得到多种大气信息。气象激光雷达主要包括气溶胶激光雷达、测风激光雷达、拉曼测温激光雷达、臭氧激光雷达等。

中国气象局气象探测中心工程师代雅茹介绍，气溶胶激光雷达可探测大气气溶胶的垂直分布特征，实时获得高垂直分辨率的分钟级产品。其发射的激光与大气中气溶胶和大气分子产生散射、吸收等作用，通过望远镜接收后向散射回波来获得气溶胶、云等信息。气溶胶激光雷达可以实时获得不同高度的气溶胶后向散射系数、消光系数、云底高度等信息，一般情况下，气溶胶浓度越大，其后向散射和消光越强，因此也可定性反映气溶胶浓度的垂直分布。

在北京冬奥会和冬残奥会期间，气象探测中心利用布设在海淀、延庆和南郊的3部气溶胶激光雷达每日提供两期《冬奥气象服务监测快报》和一期《冬奥气象服务监测日报》，为相关部门掌握赛事区域的空气质量状况提供了有力支撑。

在比赛现场，风的影响亦不容小觑。为此，测风激光雷达派上了用场。代雅茹介绍，测风激光雷达将大气中的气溶胶作为探测对象，利用运动的气溶胶粒子产生的多普勒频移反演大气风场；在晴空条件下可以连续观测，实时获取不同高度的水平风速、水平风向、垂直风速等廓线产品，对于灾害天气预警预报、民航机场保障、风电行业等领域具有较大的应用价值。

在北京冬奥会和冬残奥会开闭幕式期间，气象探测中心利用两部测风激光雷达，为开闭幕式会场的风场保障提供了数据支撑，充分发挥了观测服务效益。

气象激光雷达探测作用的发挥，得益于标定体系的建立。气象部门借鉴欧洲气溶胶激光雷达网的先进技术，创新形成了一套气溶胶激光雷达标定体系，解决了国内气溶胶激光雷达入网技术瓶颈问题，为中国气象局开放该类设备的行业列装许可评估提供了支撑；针对测风激光雷达，气象部门依托气象梯度塔和 L 波段探空雷达建立比对标定方法，为测风激光雷达的推广应用奠定了基础。

气象激光雷达标定体系的建立，对于推动国产设备投入业务化应用具有重要意义。代雅茹介绍，标定后的激光雷达数据精度满足监测和预报的要求，在国家级气象预报决策服务、北京冬奥会和冬残奥会等重大活动服务保障中作用凸显。

作者：宛霞

聚焦冬奥数值天气预报 冰雪开刃淬重器 敢向苍天问风云

《中国气象报》 2022 年 3 月 30 日

根据大气实际情况，在一定的初值和边界条件下，当足够的计算资源支撑海量观测数据在描写大气运动的方程组上奔流不息，勾勒出天气演变过程的方法，就是数值天气预报。

在北京冬奥会之前，“百米级、分钟级”预报听上去还遥不可及，但以冬奥气象服务保障为契机，不论是国家级还是各地的数值预报“拳头产品”都有了质的飞跃。

捕捉天气变化潜势的“网”更密了

2 月 20 日，北京冬奥会赛期最后一天。

因连日大风天气，原定于 19 日举行的高山滑雪混合团体赛被迫延期到了这一天，如果再次因天气原因不能开赛，那它很有可能载入史册，成为冬奥史上迄今为止绝无仅有的无法于闭幕之前完赛的冬奥会项目。

当天，不肯“消停”的风仍困扰着延庆赛区气象服务组现场预报服务团队。

当天比赛还有没有窗口期？如果有，是什么时候呢？

数值预报模式较为清晰地勾勒出当天风的变化：20 日早上阵风较小、上午风速呈逐渐增加趋势。这为预报员做出判断增添了底气。

其中，就包括由中国气象局地球系统数值预报中心（以下简称“数值预报中心”）牵头研发的冬奥保障 3 公里高分辨率区域集合预报业务系统。

如果将天气演变发展过程比作一尾游动的鱼，以现有的技术条件直接定位难度较大。但若是通过许多方法提前预判鱼儿可能出现的地方并布下渔网，哪怕不能一击命中，也能把鱼儿的位置圈定在一个相对较小的范围。这就是集合预报的价值。

该系统研发的牵头人、数值预报中心集合预报室正研级高级工程师邓国介绍，作为我国为数不多具备集合预报业务系统研发能力的单位，中心此前已有相关积累。这一次，以北京冬奥会服务需求为抓手，他们向更高分辨率的集合预报系统发起挑战，最终首次在区域集合预报系统中实现地面、探空、卫星等高时空分辨率的常规和非常规观测资料的分析同化功能，研发建立了基于三维变分技术的冬奥保障多尺度云可分辨集合预报系统，成为国内第一个可以分辨或者预报超级单体等一些强对流系统的实时集合预报系统。

在对 2 月 20 日天气的研判中，这一系统充分发挥概率预报在赛事高影响气象要素阈值预报方面的优势，为提高比赛风险管理和评估能力作出了贡献。

更高精度预报模式“剑指”未来

冬奥核心赛区面积本就不大，只有预报的格距足够小，才能精准计算出未来赛区不同地点的天气情况，这就要求预报工具由“炮弹”换“导弹”——用尽可能快的速度，锁定小的“靶心”上发生概率最大的天气过程。

以北京冬奥会为契机，我国自主研发的高分辨率观测资料快速更新同化预报循环系统的时空分辨率跃升至 1 公里、1 小时。负责研发的团队组织者之一、来自数值预报中心模式技术室正高级工程师黄丽萍回忆，团队接下这个研发任务时，3 公里分辨率逐 3 小时快速循环同化预报系统才刚刚建立。

从 2019 年下半年到 2022 年 3 月，设计、调整、优化、实战……即便站在之前研究成果的基础上也让一千余天的时间满满当当。

一方面，团队通过引进更为精细的下垫面资料、改进模式动力框架等，提高模式动力框架计算精度和稳定性；另一方面，开展地面资料的同化应用，研发高分辨同化湿度控制变量，发展分析增量更新初始化技术循环噪音技术，改进优化大尺度混合同化方案，整体提升观测资料的应用能力和效果，最终建立了覆盖京津冀区域逐小时循环 1 公里分辨率的快速循环同化预报系统，明显提高对温度、风场和降水的预报质量，为 0～240 小时无缝隙数值天气预报系统提供有力支撑。

另一边，北京城市气象研究院牵头建立了高精度天气预报模型支撑体系，每 10 分钟就可提供的覆盖冬奥山地赛区的百米级气象场快速分析和 0～24 小时时段预报产品，大幅度提升了冬奥复杂地形和下垫面条件下关键气象要素的预报准确率，有效支撑了冬奥气象预报服务团队提前 24 小时开展精细化服务。

同时，各地气象部门牵头研发的高精度数值预报模式也在冬奥气象服务的舞台上大放异彩。

上海市气象局建立了上海冬奥公里级模式，在地面温度预报、地面相对湿度预报、降水预报等领域具有一定的优势。

中国气象局广州热带海洋气象研究所牵头研发冬奥 3 公里模式预报系统和冬奥区域 500 米模式预报系统，借此在模式近地层物理参数化研发、微物理过程研究中取得突破。中国气象局广东区域数值天气预报重点实验室副主任陈子通介绍，其研究成果可转化至将在广东举办的亚青会预报系统，其中模式物理、模式框架改进、陆面分析和资料应用等，可应用于下一代业务模式中。

让“平面”数据立体鲜活

数值模式“引擎”驱动下的智能网格预报结果往往反映的是某一高度平面上的气象状况，但这对于山地气象预报来说多少有点不够用。

以高山滑雪为例，海陀山山地气候特征明显，海拔相差百米，实况可能就是“两个天地”，而国家高山滑雪中心设置 7 条雪道，其中男子速降赛道长 3085 米，起点海拔 2190 米，终点海拔 1360 米。因此直接采用模式预报结果往往无法代表站点情况。

具体到点位的服务需求呼唤更加立体的预报。这就需要对结果进行“后处理”。

数值预报中心业务运行室正高级工程师佟华牵头开展的就是此类工作。她带着团队从详细评估预报结果、探查误差来源开始寻求解决办法，最终完成了基于自适应的动态误差订正方案和贝叶斯模型平均技术的多尺度模式集成技术研发，开发了 CMA 多模式订正集成产品系统，显著减小了复杂地形条件下不同分辨率的确定性和概率预报产品误差，提升了针对极端天气的预报能力。

正是数值模式本身的“自主可控”，才让精细处理成为可能。

作者：叶奕宏

聚焦智慧冬奥 2022 天气预报示范计划
汇聚行业精英同台竞技献智献策

《中国气象报》 2022 年 4 月 1 日

以往历届冬奥会，气象预报的空间尺度只做到了“公里级”，时间更新频率是半小时至 1 小时，而北京冬奥会气象预报空间尺度达到了京津冀区域 500 米分辨率、冬奥山地赛场核心区域 100 米分辨率，同时逐 10 分钟快速更新，实现“百米级、分钟级”精细化天气预报。

中国气象局“智慧冬奥 2022 天气预报示范计划”（以下简称“示范计划”）的组织与实施在其中发挥了重要作用。

2020 年 3 月 20 日，中国气象局启动示范计划，面向国内征集优秀的高分辨率区域数值天气模式和人工智能等客观预报技术、系统和方法，共同参与天气预报示范，为冬奥气象预报团队提供更多更好的科技产品支撑。自 2021 年 10 月起，示范计划正式运行，达到“范围广、方案全、措施实、效果好、影响大”的预期目标，相继为 2021 年北京冬奥测试赛和 2022 年北京冬奥会气象预报提供支撑。

北京冬奥会改变了以往几届奥运会、冬奥会的做法，气象保障核心技术完全自主可控。示范计划充分利用行业资源，集聚众智，国家气象中心、北京市气象局等部门，清华大学、南京信息工程大学、成都信息工程大学等高校，中国科学院大气物理研究所等科研院所，墨迹、彩云等企业，以及军队等 22 家气象行业单位研发的 38 个系统同台竞技——

中国气象局地球系统数值预报中心的CMA-GFS、CMA-MESO模式为冬奥会短、中期气象预报提供了重要支撑。

北京市气象局研发构建了依地形衍生的高精度气象预报系统CMA-BJ（睿思），集多源气象数据快速融合、复杂地形自适应、大气涡流模拟、机器学习订正和天气客观分类等技术方法为一体。睿图—短期模式预报产品，睿思京津冀全域500米分辨率、冬奥山区100米分辨率、逐10分钟更新的实况分析和未来0～24小时预报产品，以及冬奥3个赛区6个赛场67米分辨率0～10天高精度预报产品等，为预报员和其他用户提供数据支撑和产品服务。

人工智能预报技术在国际上首次应用于冬奥会气象保障服务，通过预报示范计划大放异彩。借助人工智能和大数据技术，通过对海量的数值天气预报数据和气象观测数据进行“再解读”，从而实现客观气象预报“再订正”，提升冬奥气象预报的精准度。

国家气象中心将天气学诊断分析技术与机器学习技术结合起来，运用到站点和格点预报，优化了温度和风预报，预报产品最高时间分辨率为10分钟，最长时效达15天。

示范计划还构建了“数据—产品—显示—评估”全链条衔接贯通运行机制。建立冬奥观测数据及产品专题库，依托气象大数据云平台“天擎”的基础设施资源，为22家单位提供无差别数据服务。围绕服务需求，重点提供预报员可直接参考的预报产品。打造包含项目介绍、实况分析、格点预报、场馆预报、检验评估、数据监控六部分的“预报示范计划产品综合可视化平台”，供冬奥气象预报团队使用。团队在会商中，对示范产品应用效果实时评估、交流反馈。

示范计划的实施，不仅在北京冬奥会上展示了气象智慧，而且为后冬奥时代气象服务积累了技术与经验。通过预报示范计划，组织对国内不同的高分辨率数值预报模式、降尺度技术、人工智能天气预报技术及系统方法等进行对比检验，推动了精细化天气预报技术的深入发展，利于冰雪产业的配套气象服务能力提升，并为我国举办重大活动、“双碳”目标推进、大城市安全运行、防洪排涝等提供了坚实的气象服务支撑。

作者：张明禄 叶芳璐 唐健

聚焦智能化气象服务 AI技术全方位助力北京冬奥

《中国气象报》 2022年4月11日

以科技创新为驱动，面向公众、赛事组织管理及一线气象业务人员，由中国气象局公共气象服务中心牵头，依托国家重点研发计划“科技冬奥”专项课题“冬奥气象专项影响预报及智能化气象服务技术研究与应用”，研发多项气象服务产品及智能化产品加工系统，为北京“科技冬奥”写下了生动的气象注脚。

举办重大国际赛事，尤其是有多个赛区的本届冬奥会和冬残奥会，离不开畅通的公路交通。而大风、低能见度等天气，则是冬季制约北京至张家口公路交通畅通的重要因素。为此，课题组研究多项AI技术助力公路交通专项服务产品研发，针对冬奥交通低能见度观测站点稀少问题，研发基于深度学习语义分割技术的卫星白天和夜间雾区域识别技术和产品，融合地面能见度观测来判别低能见度风险；针对路面结冰难以监测预报的问题，研发基于热谱地图的路面温度监测预报技术；针对风雨预报精细化问题，研发应用了基于深度学习超分辨的时空降尺度预报和预报误差订正技术；此外，为提升降雪预报准确率，课题组研发了多源数据融合机器学习的降雪预报技术。据了解，冬奥公路交通专项服务产品涉及 2021 个桩点及 17339 个格点实况，推出 0～40 分钟逐 10 分钟短临、1～72 小时逐小时短期和风险预报，为北京市、张家口市气象服务中心以及冬奥交通网站，提供冬奥交通定制化的实况、预报、风险预警交通服务产品。

冬奥气象影响预报指数产品首次在冬奥赛事活动中实现针对公众观赛需求的影响预报服务，为公众提供赛场及周边出行、健康、户外感受和穿衣等预报服务提示。该产品先后在中国天气网冬奥科技专题服务、中国天气新媒体平台、CCTV5《天气体育》节目等多类传播平台，以数据产品、可视化页面、AI 气象服务机器人播报视频产品、图文产品等多种形式应用，丰富了冬奥公众气象服务产品的种类和形态，推进了人工智能技术在冬奥气象服务场景中的应用。

除了多项冬奥服务产品外，智能化气象服务文字图形产品加工系统在为冬奥现场服务团队提供支撑方面也成效突出。冬奥智能气象服务文字产品生成系统以高效、精准和标准化为目标，综合知识图谱、机器学习、自然语言生成等 AI 技术，参照国际冰雪赛事气象服务文本要求，对涉及文本生成的基础语料、描述内容、句式结构和篇章结构等进行提取分析，构建冬奥智能气象服务文字产品生成模型。在北京冬奥会和冬残奥会期间，课题组面向冬奥 13 个场馆，采用“一馆一策”策略，构建冬奥智能气象服务文字产品生成模型，面向场馆的综合天气中英文服务专报实现了自动化、智能化和按需生成；面向 MOC（冬奥主运行中心）及北京、延庆、张家口等三大赛区，实现冬奥赛事场馆气象服务的全覆盖，在多次开幕式演练及正式比赛期间发挥了重要作用，有力保障了场馆通报的正常发布。同时，课题组研发了冬奥气象智能化图形产品加工系统，提供赛区复杂地形高精度三维风场预报产品，以及温度、降水、相对湿度、风、能见度等 5 种预报产品，日产品数量达 348 张。

作者：罗澜

聚焦风云四号 B 星观测　不畏浮云遮望眼

《中国气象报》 2022 年 4 月 12 日

浩瀚星空，有一颗拱卫地球的“新星”，云团、积雪、涡旋在它眼中无处遁形。虽然其观测范围西达印度洋，东逾太平洋国际日界线，但这一次，它将目光聚焦到北京冬奥赛场。

远隔万里温暖守望

冬奥赛场上，当运动健儿在冰雪中挥洒汗水之时，远在万米高空中有一个“守护神”，正默默注视着赛场风云的一举一动。

这个“守护神”，就是风云四号 B 星。

事实上，在冬奥场馆周围已经有成群林立的“气象卫士”——地面自动气象站，对这片区域进行严加“看护”，避免雨雪等高影响天气对赛事造成不利影响。

然而，奥运赛场面对的是大面积山区监测，下垫面复杂、时效要求高，地面观测很难做到大范围、无死角、高密度保障。这时，卫星的优势便体现出来了——卫星从天上往下看，视角广、无死角，山地监测的每一个点都能兼顾。简而言之，不管赛场多大、多崎岖，这个最牛“守护神”扫一眼即可搞定。

“风云四号卫星是天气卫星，主要提供天气监测预警观测服务，在冬奥气象保障服务中，其服务重点是对赛区上游天气系统的发展和赛区上空的三维大气进行实时监测，提供‘分钟级’、大范围的观测。监测获取的地面积雪、三维大气温度、大气风场以及云快速变化信息，可有效突破测站点观测的局限性。”风云四号静止气象卫星光学星地面系统总设计师陆风说。

长剑在手直指风云

2 月 4 日，立春，北京冬奥会开幕。

律回岁晚冰霜少，春到人间草木知。当观众沉浸在二十四节气倒计时飘散出的浓浓中国风时，在距离地球 3.6 万公里外太空的地球静止轨道上，风云四号 B 星也在用它独特的方式书写着“气象人的浪漫”。今夜，它全情为冬奥守护。

根据加密观测方案，风云四号 B 星进入 24 小时 1 分钟高频次观测模式，以冬奥赛区为中心，开展“百米级”真彩色快速成像观测、500 米分辨率卷云和冰雪观测处理，以及 2 公里分辨率红外观测。观测获取的资料生成高频次监测产品，对冷空气影响下温度、风速风向和云的影响进行评估，应用卫星实时监测对数值模式的温度预报结果进行分析，为开幕式保障服务提供观测支撑。

一分钟观测一次意味着什么？

百万平方公里区域“分钟级”连续观测成像，为强降水、强对流等短时极端天气提供小于 1 分钟间隔的区域高分辨率昼夜连续监测数据，从而有效监测极端天气的生成、发展和消亡过程，为数值天气预报、短临天气预报提供更高频次的观测数据。

而这个太空“守护神”之所以能做到“分钟级”观测，是因为其携带了一把“倚天长剑”——快速成像仪。

“该卫星所搭载的快速成像仪是世界首台在静止轨道上提供 1 分钟间隔、持续昼夜高频次成像的仪器，可提供 2000 公里 ×1800 公里区域的 1 分钟间隔多谱段连续观测，对台风、暴雨和中尺度灾害性天气的监测更加灵活、精密。”陆风说，这让人们不仅能清晰地看到“分钟级”的“风起云涌”变化过程，实现“哪里有灾害迅速看哪里”的愿望，还为科学研究提供全新的观测手段。

此外，辐射成像仪、干涉式红外探测仪等载荷的高精度、高灵敏度观测，使风云四号 B 星可在 3.6 万公里距离精确感知到地球大气 0.05℃的温度变化，其探测结果与真实值偏差小于 0.5℃——这些都是风云四号 B 星的“神器”。

雪中“亮剑”心系一方

“从这张云图中可以明显看出，冷空气正自西向东移动，积雪在地面不断积累的动态变化过程也清晰可见。”陆风指着风云四号 B 星获取的 1 分钟快扫云图说。

从 2 月 12 日夜间开始，冬奥赛区出现明显降雪。2 月 13 日，北京冬奥会原定 10 点在张家口赛区云顶滑雪公园举行的女子自由式滑雪坡面障碍技巧资格赛，因为持续降雪而被迫取消。

为了对整个降雪过程进行精准预报，太空“守护神”再次“亮剑”。

事实上，冬奥期间遇到重要天气时，气象部门都会提前一天确定观测区域，对卫星轨道姿态进行精确计算，评估卫星电源、仪器状态和地面设备状态，然后编制卫星观测任务时间表和卫星观测指令，由地面系统向卫星发送控制指令。随后，快速成像仪根据指令指向预定区域开展观测，地面接收处理及分发系统切换至紧急观测状态，集中所有资源在运行控制中心的统一控制下开展快速成像仪数据处理和服务。

为了支持预报员更快捷地分析层云和雾的变化动态，风云四号地面系统团队应用人工智能技术新开发了夜间可见光图像产品，突出冰雪动态发展信息，支持降雪态势分析。团队重点针对快速成像仪 250 米云图动画、大气温度、大雾等冬奥气象产品开展研发，全新研发的多通道融合夜间雾监测以及可见光和红外融合对流监测等图像产品投入了冬奥气象保障服务，风云四号 B 星真彩色合成图成为冬奥气象服务重点保障产品。

冬奥期间，风云四号 B 星多次亮出“倚天长剑”——共执行 55007 个任务，发送 257616 个指令，获取 2014 幅云图，快扫仪获取 19770 幅冬奥区域云图。根据卫星云图制作的冰雪实时卫星监测天气过程演变和冬奥赛区降雪监测分析报告，为预报员精准预测天气提供了重要支撑。

作者：吴鹏

聚焦卫星应用天气平台为预报员搭“一图可见”智慧通道

《中国气象报》 2022 年 4 月 13 日

2022 年北京冬奥会的赛场上，冰雪运动的速度与激情精彩上演。冬奥赛场外，风云卫星在一刻不停地盯着赛场的风云变化，扫描到的数据经过有针对性的开发，形成夜间可见光、冰雪、雾的实时监测产品和更加精细的云图信息，集成在冬奥卫星天气服务平台上。

该平台通过平台功能建设与科学算法集成应用相结合，支持获取风云气象卫星冬奥监测专题图以及风云三号、风云四号气象卫星数据，实现卫星、云图、产品等资料显示叠加等功能，为预报员提供交互式高时空分辨率的冰、雪、雾变化监测服务。

为了做好冬奥会气象保障服务工作，国家卫星气象中心结合北方冬春季天气气候特点，研发 SWAP-OWG，提供了高效丰富的卫星数据综合处理、显示、分析应用功能。

国家卫星气象中心遥感应用室首席、正研级高工王新介绍：“冬奥卫星天气服务平台主要从看地表、看大气、看极涡、看污染、看云系 5 大方面强化卫星实况观测数据应用，共涵盖 7 类 17 种冬奥卫星应用产品，地表温度、积雪、赛区 100 米观测云图、大气温度综合分析、极区温度分析、大气污染分析、云分析等产品一图可见。”

在卫星应用产品专题图表现方式方面，冬奥卫星天气服务平台充分考虑了冬奥天气定点服务区域、冬奥赛区场馆分布、赛区大气关键要素的时序变化，同时针对图像表现形式、规格大小等方面，进行了细致的需求调研。预报员通过该平台可以方便快速获取和分析静止气象卫星资料。

为了实现“百米级、分钟级”的精准预报目标，冬奥卫星天气服务平台采用超分的方法提高图像分辨率，使得云图达到了“百米分辨率”。这样一来，预报员便可从赛区 100 米云图上清楚看到地表积雪分布。尤其在张家口赛区，雪道一般呈树条状，通过赛区 100 米云图，便可清晰看到新增积雪分布范围等细节。

在“云 +”廓线综合图中，平台创新采用立体化思路，将云和温度廓线相结合，通过分析二者相交的地方便可了解云顶位置和凝结高度，进一步进行降雪诊断分析。通过赛区 24 小时变温的垂直分布图，还可以分析冷空气来临的过程。王新介绍，利用实时温度减去 24 小时同期温度，查看温度的垂直分层变化情况，便可判断边界层冷气团的来临过程。此外，从气候背景和大尺度环流条件来看，通过极区温度图分析北极涡旋的南北变动，便可推测冬奥保障期间是否受寒潮天气影响。

在保障服务期间，开发团队通过与中央气象台、北京市气象台和河北省气象台首席预报员密切联系，在设计阶段贯穿“全流程大业务”思想，从卫星数据到产品到服务，每一个节点都有人具体负责。团队在 1 月 30 日的沙尘天气、2 月 4 日冬奥会开幕式、2 月 12 日降雪天气以及每次天气会商中，利用冬奥平台的产品和诊断分析，进行天气实况、气候背景和地表状况分析，并通过演练迭代等形成业务流程和应用系统的改进和优化，为短期、短时临近天气预报业务提供了有力的技术支撑。

作者：王婉 李慧

第四章　气象人风采

致敬冬奥盛会保障人员

《人民日报》 2022年2月17日

一身身明亮的"天霁蓝"，一张张灿烂的笑脸，一次次悉心的服务……北京冬奥会各项比赛正在有序进行，志愿者奔忙的身影成为赛场内外一道亮丽的风景。在竞赛场馆里，引导观众、维持秩序；在主媒体中心，为来宾答疑解惑、提供帮助；在闭环驻地，悉心接待、事无巨细……志愿者用专业的服务和饱满的热情迎接四海宾朋，为保障简约、安全、精彩的奥运盛会贡献着自己的力量。

不仅是志愿者，从提供"百米级、分钟级"精准气象预报服务的预报员，到为涉奥人员提供交通服务的交通保障人员，再到保障运动员安全参赛的医疗防疫人员……赛事保障人员以细致入微的服务、尽职尽责的奉献，为冬奥会助力添彩。冬奥会赛事精彩纷呈，离不开运动员的奋勇拼搏，也同样离不开这些幕后人员的周到服务和精细保障。所有为冬奥会默默奉献的人，都值得敬佩和赞美！

在冬奥村，不少志愿者的工作证挂绳上都别满了来自各个国家和地区的徽章，这既是来自世界各地的运动员对志愿者辛勤工作的一份谢意，也是志愿者努力付出最直观的证明。志愿者的倾情付出、周到服务，将被人们铭记，被奥林匹克历史铭记。

作者：何娟

北京冬奥会，除了"冰墩墩"还有这些可爱的人

"人民日报经济社会"微信公众号　2022年2月9日

北京冬奥会如火如荼，冰雪健儿挥洒汗水斩金夺银，精彩纷呈的奥运盛会背后有一群人默默保障服务。北京冬奥会期间，预计全市城市运行各领域保障人员达18万人。运动员受伤如何救治？滑雪场天气如何预报？笔者和您一起走近医疗、气象保障工作者。

滑雪医生：3 年培训提升滑雪、急救技能

2 月 7 日，高山滑雪男子滑降比赛举办。滑雪医生、中日友好医院神经外科医生李锐站在赛道旁的医疗站，手持望远镜，紧盯着运动员的滑行和动作。耳边，手台传来播报：“运动员通过第一观察点”“通过第二观察点”……直到运动员的身影消失在自己的视野中，李锐才稍稍放下心来。

在这场比赛中，运动员瞬间时速高达 139.71 公里。速度与技巧的比拼背后，也潜藏着危险。

据历届冬奥会统计，运动员在训练和比赛中受伤的比例为 15%～30%，其中重伤超过 1%。滑雪医生在比赛现场为运动员提供医疗保障至关重要。李锐是北京冬奥会高山滑雪赛场的滑雪医生，冬奥会开始后，他一直坚守在赛场医疗站。

“我在国家高山滑雪中心，为滑降、回转等项目的运动员提供医疗保障。”李锐说，国际滑雪联合会要求，一旦运动员受伤，滑雪医生必须在 4 分钟内赶到出事地点，对运动员进行施救。考虑到其他运动员还需要比赛，实际上滑雪医生要在 1 分多钟时就赶到现场。

李锐说，到现场后，滑雪医生需要第一时间判断病人的意识、呼吸、脉搏，必要时进行气管插管、心脏复苏等急救措施，还要判断是采用直升机还是其他方式转运。

为了提升滑雪技能和急救技能，李锐进行了长达 3 年的培训。在最大坡度达到 70% 的专业赛道上熟练滑行，并停下采取急救措施，对本身具有丰富滑雪经验的李锐来说，也是不小的挑战。“冰状雪赛道，雪硬且冰，与大众熟悉的雪道很不一样。寒冷天气下，医生还要迅速处理伤员，不然手冻僵就没法操作了。”李锐说。

李锐介绍，训练比想象中要辛苦很多。参与培训的滑雪医生，有不少人摔伤、冻伤，但大家都没有放弃，康复后继续参与训练。“因为疫情防控，这届冬奥会除了正常急救设备，还要穿上个人防护装备，加大了救治的难度。但经过这么长时间训练，我们都能完全胜任滑雪医生的工作。”

气象服务团队：精细服务保障气象需求

每天，在各大比赛场馆，现场预报员 7 时、11 时、17 时发布赛会天气预报，向体育领域竞赛办公室、场馆运行中心等提供中英文天气预报材料；每日向场地运行团队提供造雪气象条件预报，根据情况提供实况资料；每日参加天气会商，向竞赛团队提供天气预报；根据赛事安排，参加领队会，英文介绍比赛期间天气情况并张贴天气预报；在比赛期间，为技术代表和竞赛团队提供短临预报。

针对每一次赛事不同的气象服务需求，现场预报员需关注不一样的气象要素，提供“一场一策”“一项一策”气象预报服务。比如对跳台滑雪项目来说，比较关注风速，赛时风速不能大于每秒 4 米的大风风险阈值。

张家口气象台副台长、冬季两项场馆气象服务团队负责人郭宏介绍，气温对冬季两项比赛的影响较大，当气温低于 −20℃时，运动员在户外超过半个小时裸露皮肤就有冻伤风险，气温低于 −20℃时比赛就要停止。

北京冬奥会是近 20 年内唯一在大陆性季风气候条件下举办的冬奥会，赛区属于复杂山

地地形，对复杂山地气象的精细预报技术，几年前我国的预报经验几乎是零。

2017 年 6 月，中国气象局成立冬奥气象中心，选派业务骨干入驻北京冬奥组委气象办公室。北京冬奥会 3 个赛区共选派 52 名专职气象预报员，负责赛区气象服务中心、各个场馆现场预报服务。

历经数年攻关，气象部门以冬奥赛场为核心，用 441 套现代立体探测设施“编织”出一张复杂山地 + 超大城市一体、三维、秒级、多要素的冬奥气象综合精密监测网；建成京津冀区域 500 米分辨率、冬奥山地赛场核心区域 100 米分辨率、逐 10 分钟快速更新的中国气象局北京快速更新循环数值预报系统，实现了山地气象精密监测、精准预报的质的飞跃。

在硬核科技技术支撑下，再加上 5 年赛区实地冬训经验，预报员可以为赛事提供精细化的气象服务。

感谢这些可爱的人！北京冬奥会，加油！

作者：李红梅 杨彦帆 申少铁

备战冬奥气象“观天”忙
——探访 2022 年冬奥会张家口赛区气象保障服务团队

新华社 2020 年 1 月 24 日

清晨的坝上草原寒气逼人。即使太阳早已升起，河北省张家口市崇礼区的气温也只有 −17℃。已经在雪地里工作了一夜的郭宏跺了跺脚，跳上气象雷达监测车，在工具箱里翻出一把扳手，开始了长达一个半小时的纯手工作业。

“由于气温太低，油箱里的油被冻住了，控制雷达升降的电机在启动的那一刻负载过大，彻底‘罢工’了，现在只好手动摇雷达。”郭宏一边说着，一边动手操作起来，时不时还要停下来搓一搓已经冻得麻木通红的手。

作为 2022 年北京冬奥会张家口赛区气象保障服务团队的主要成员，郭宏来崇礼的时间最早，工作经验也更为丰富。“北京冬奥会大部分雪上项目比赛都将在崇礼举办，而雪上项目对气象条件的依赖非常大，一次不期而至的阵风都可能影响运动员发挥，甚至导致运动员受伤。”郭宏说，他们的工作一刻也不能停歇。

2017 年冬天，一支由 36 名气象观测人员组成的团队入驻北京冬奥会张家口赛区气象服务中心，开始了长达 5 年的气象保障“接力”。

从气象服务中心开车到达位于崇礼太子城站上方的气象观测点，大约需要 50 分钟，中间隔了好几个乡镇。由于公路还没有完全修通，碎石、砂砾遍布乡道，沿途路程十分颠簸。

面对这样的工作环境，郭宏和队员们显得十分淡定。“一开始也适应不了。就刚才来的这段路，以前开车过来，还没到地方呢，半车人先晕车了。”郭宏说，虽然山路难走，但时间长了大伙也就习惯了。

到达监测地点，郭宏和队员们立即启动雷达监测设备，观风向、记数据、测风速、看变化……这些工作，对他们来说再熟悉不过。日复一日，年复一年，从初冬到大寒，郭宏他们从未落下过一次监测。“越是遇到大风、大雪、大雾这样的恶劣天气，越要加强数据监测，这样才能为冬奥组委制订极端天气应急预案积累经验。”郭宏说。

根据气象预报，第二天崇礼要经历一次强降雪天气。为了更好地收集数据，这一次，他们要 24 小时坚守在野外监测地点。跟随队员们在雪地里站了不到 1 个小时，裹得严严实实的记者就已经感到手脚冰凉、浑身发抖。

郭宏见状，立即打开了汽车的空调暖风系统，邀请记者上车取暖。“现在还行，等到后半夜的时候，外边气温能降到 −30℃，即便车里开着暖风，也只能勉强维持在 0℃左右。”郭宏说。

“要在野外工作一宿，那你们晚饭怎么办？”面对记者的提问，郭宏指了指放在汽车后座上的一箱方便面和十几个冻得硬邦邦的凉馒头。“旁边滑雪场大厅有开水，我们泡一泡就行。”郭宏说得轻描淡写。而他们每个月有一周左右的时间是在野外这样度过的。

张家口赛区位于坝上，山峰交错、沟壑纵横，气象条件比平原地区更为复杂。此外，由于崇礼此前从未举办过大型赛事，基本气象条件和历史观测资料相对匮乏，队员们只能在开赛前的这几年里积累数据和经验，以便为冬奥组委提供赛事条件的精确预判。

崇礼云顶雪场是北京冬奥会雪上项目的比赛场地之一，沿着比赛赛道每隔 50 米采集一次气象数据，是队员们的一项日常工作。“从山脚到山顶，赛道的不同位置都要监测，为的是熟悉雪场的气象环境，积累数据和经验。”郭宏说，一趟往返下来，需要四五个小时。有时遇到坡陡的测量段，雪地路滑打出溜，连滚带爬，磕着、碰着是常事儿。

“如果是在平地测量，还能使用三脚架。但问题是有的赛道是斜坡地，我们只能手持测量。”郭宏说，由于仪器设备的按键比较小，戴上手套不方便操作，即便是这样寒冷的天气，队员们也只能“裸手”作业。

跟随队员们爬了一个多小时，记者明显体力不支，双手按在膝盖上，大口喘着粗气。而对于气象保障服务团队的队员们来说，这种休息也只能是“奢望”，因为大口呼吸也可能导致仪器测量温度的变化，影响最终监测结果。

为了更好地对大风、低温和降雪天气进行对比观测，队员们有时还需要到野外放探空气球。郭宏说，要保证实验数据的全面性，他们有时不得不把实验地点选在山的阴坡。由于光照时间短，加上天气寒冷，下过一场雪，几个月都不化，遇到积雪比较松软的地方，一脚下去半条小腿都陷进去了。队员们行走在长满灌木杂草的山间，一两个月就会磨破一双鞋。

有一次，傍晚时分天气变化，他们从下午 5 点开始野外作业，一直持续到凌晨 12 点半，有的队员回到宿舍之后倒头就睡，连脸都没有洗。虽然工作辛苦，但他们没有半点怨言。“能为在自己家门口开的冬奥会保驾护航，这是我的荣幸。”郭宏说，“到 2022 年，我们团队一定要拿下冬奥气象保障服务这枚‘金牌’！”

采访即将结束的时候，郭宏向记者指了指位于观测点不远处的一个塔吊。“你看，那里就是正在修建的国家跳台滑雪中心，也就是俗称的‘雪如意’。我们平时在这观测，一抬头就能看到它。”郭宏说，“雪如意啊，雪如意。相信有它在，我们今后的观测工作也都能顺利如意。”

记者：冯维健　高博

加油！冬奥追风逐雪“算天人”

中央电视台《焦点访谈》 2021 年 12 月 17 日

中央电视台焦点访谈栏目播出《加油！冬奥追风逐雪“算天人”》。

冬奥雪场“风云守望者”

《经济日报》 2019 年 1 月 30 日

1 月 26 日上午，正在河北省张家口崇礼区气象局驻训的预报员刘华悦接到紧急通知，队友张宇在崇礼雪场进行野外观测时，被观测仪器砸伤，不得不前往医院检查治疗，接下来的观测任务需要他顶上。“其实张宇前两天就被砸伤了，可他一直忍着，带伤坚持工作。”刘华悦说。

这两年，在崇礼冬训的不止有运动员，还有气象预报员。2022 年北京冬奥会将在北京、张家口举行。这届冬奥会也将是设项最多的一届，共有 109 个小项。其中，冰上项目占比约 30%，雪上项目约占 70%。张家口（崇礼）赛区承担了大多数的室外雪上项目。

“气象条件是冬奥成功举办的一个关键因素。”河北省气象台副台长王宗敏说，尤其是在室外举办的雪上运动项目，受气象条件制约较大，风速风力、气温雪温等都有可能影响赛事安排、运动员成绩和人身安全。不仅如此，与往届冬奥会举办地的海洋性气候不同，这也是首次在大陆性季风气候城市举办冬奥会。张家口市气象台副台长郭宏坦言，气象服务与保障难度较往届只增不减。

2018 年年初，第一批张家口赛区气象预报服务团队就进入崇礼开展实战训练，如今团队已扩充至 36 人。他们都是来自国家气象中心及河北、黑龙江、吉林、内蒙古等地的中青年气象预报技术骨干。

1 月 6 日—3 月 18 日，张家口赛区 2019 年冬训紧锣密鼓地开展。团队每 12 人分成红黄白 3 支队伍，每 12 天在河北省气象台（石家庄）、张家口市气象局和崇礼区气象局 3 个驻地进行转场训练。

“山连山，连绵不断。沟套沟，其数无穷。”这是当地人口中的崇礼。除了极其复杂的地形条件外，崇礼周边地区均为半干旱区，崇礼却属于半湿润区，独特的地理位置造成了当地特殊的“小气候”，低温、大风等恶劣天气每天都在这里上演……

在崇礼区云顶雪场，身着防寒服、戴着雪镜和防风口罩的红队成员姬雪帅正用红外测温仪测量雪温后记录下数据。紧接着，他还要和队友用手持气象测量仪测量风速、气温、相对湿度等多个项目。“各个赛道的不同位置都要测，为的是熟悉赛场气象环境，积累数据和经验，不断完善天气预报产品。每次上山观测四五个小时，行走将近两万步。”姬雪帅说。

“崇礼的山路很特别，石头连着松软的土，间杂生长着灌木杂草，有时候一趟山路走下来，鞋子都烂了。手拿着测量仪器没几秒钟就冻僵了，但我们必须坚持住。”高强度的工作让刘华悦倍感压力，临近春节，家在石家庄的他还没心思考虑回家过年的事。

如今，这支气象预报服务团队已正式开始为 29 个赛区站点提供天气预报；面向气象保障服务科技攻关需求，河北省气象局已建成赛区高影响天气个例库，正在开展赛区预报指标体系研建工作。这些都让我们在迎接 2022 年北京冬奥会时有了更多信心和底气。

记者：郭静原

冬奥会崇礼雪场气象人“观天”正忙

《科技日报》 2019 年 1 月 28 日

1 月 24 日，河北省张家口市崇礼区云顶雪场——2022 年冬奥会雪上项目举办地，下午 2 时 30 分，气温是 −13℃。

“− 13.5℃，−13.1℃……”见到刘华悦时，她正在和同事王玥一边用红外测温仪测量雪温，一边记录数据。“今天天气算好的，冷的时候手拿着测量仪器没几秒就冻僵了。”刘华悦说。

除了测量雪温，另外两个小伙子还要用手持气象测量仪测量风速、温度、湿度等多个要素。“风大的时候，三角架都支不住，我们都要趴在地上用手牢牢抓着。一个赛道平均长 400 米，各个赛道不同位置都要测，为的是积累数据和经验，为精确预报打下基础。”其中一个小伙子姬雪帅说，“一天下来要在山上工作四五个小时，行走将近两万步。”

说着，他们要前往下一个测量点。只见屁股往下一坐，哧溜一下就滑下去了。“对我们来讲，连滚带爬是常事儿。”刘华悦笑言。

气象条件——冬奥成功与否的关键

“气象条件是冬奥会成功举办的关键因素。”河北省气象台副台长王宗敏说。

运动爱好者应该知道，2018 年初的平昌冬奥会上，女子单板滑雪资格赛因天气原因取消，高山滑雪男子速降赛也因天气原因改期。

王宗敏表示，冬奥会所有比赛项目中，冰上项目约占 30%，雪上项目约占 70%。张家口赛区承担了大多数室外雪上项目，这些项目能否举办关键在气象条件。风速、风向、气温、雪温等对比赛项目的时间安排、成绩影响都很大，甚至会危及运动员的人身安全。

“空中技巧关键看风。如果风大，我们就会降低训练难度。”正在云顶雪场带队训练的自由式滑雪空中技巧国家青年队教练陈洪斌说，他们每时每刻都在关注天气情况，适时调整训练计划。

不仅如此，何时造雪、何时铺设赛道、赛道该选在哪个山坡以及造多少雪，都需要气象工作者前期做大量的数据积累和分析研判。

山地小气候预报难度极大

在崇礼，当地有一句俗语说：“山连山，连绵不断。沟套沟，其数无穷。”正是这种复杂的山地地形条件，让气象人压力倍增。“复杂的地形使得这里的气象风险极高，低温、大风是气象预报工作的难点。”河北省气象台海洋预报科科长李宗涛说。

除了复杂的地形，“与往届冬奥会举办地的海洋性气候不同，这是第一次在大陆性季风气候城市举办，难度更是空前加大。”张家口市气象台副台长郭宏说。

观测是预报的基础。郭宏表示，为更好地服务冬奥，他们已经在赛场建成了 29 个自动气象观测站，年前还要再建 12 个。“这也是历届冬奥会赛场建设气象站点最多的。”郭宏说，预报的关键在于人，1 月 6 日—3 月 18 日，气象服务团队集中冬训，每队 12 人，分别驻在河北省气象台（石家庄）、张家口市气象局和崇礼区气象局。三队驻地轮换，每 12 天进行一次转场。一个月仅休息 4 天。

李宗涛介绍，石家庄团队需要总结赛区预报经验，改进要素预报方法，完善冬奥业务系统，强化英语综合能力；张家口团队承担驻训期间赛区各类赛事天气预报产品制作工作；崇礼团队则需定期赴赛场实地观测考察，承担赛区雪季观测试验相关任务。

正是由于前期做了大量观测工作，目前，团队已经能做到逐小时 1 公里的天气预报。“但对冬奥会还是不够的，我们的目标是‘百米级、分钟级’的精细化预报。”李宗涛说。

尽管有的团队成员孩子才几个月，有的孩子即将出生，他们依然选择了加入团队。“有困难也要坚持，对一线预报员来讲，一辈子能为冬奥服务一次，值了。”团队成员段宇辉说。

记者：付丽丽

冬奥会崇礼雪场“看天人”

《工人日报》 2019 年 1 月 26 日

“−13.5℃；−13.1℃……”1 月 24 日下午，在河北省张家口市崇礼区云顶雪场，气象职工姬雪帅一边用红外测温仪测量雪温，一边记录下数据。

身着彩色防寒服，戴着雪镜、防风口罩，捂严实了的姬雪帅和同事们还要用手持气象测量仪测量风速、空气温度、相对湿度等多个项目。“各个赛道的不同位置都要测，我们每天要上山工作四五个小时，走将近两万步”。

第 24 届冬奥会将于 2022 年在北京和张家口举行，张家口是雪上项目的主要承办地。与往届冬奥会举办地的海洋性气候不同，这是世界上第一次在大陆性气候城市举办冬奥会，气象保障工作挑战更大。

在中国气象局支持下，河北省气象局遴选全省气象部门优秀中青年技术骨干职工 22 人，选调国家气象中心以及黑龙江、吉林、内蒙古等冰雪气象保障能力较强的三省（区）气象预报骨干职工 14 人，组建了 36 人气象服务团队，为 2022 年冬季奥运会提供气象保障服务。

气象保障对冬奥会很重要

2018 年初的平昌冬奥会上，女子单板滑雪资格赛因天气原因取消，高山滑雪男子速降赛也因天气原因改期。这让普通观众再次意识到，冬奥会举办城市虽由国际奥委会经过严格考量选定，但赛事能否如期举行仍需“看天”。

“气象条件，对于冬奥的成功举办是一个很关键的因素。”河北省气象台副台长王宗敏说，尤其是在室外举办的雪上运动项目，受气象条件影响较大，风速风力、气温雪温等有可能左右赛事安排、运动员成绩。

冬奥会所有比赛项目中，冰上项目约占 30%，雪上项目约占 70%。不同赛事对气象条件各有要求，滑雪比赛的人工造雪要求雪温低于 0℃，高山滑雪和自由式争霸赛要求能见度大于 2 公里……

我国的传统优势项目自由式滑雪空中技巧要求比赛时段内 1 分钟平均风速小于 3 米 / 秒。“空中技巧关键看风。”正在云顶雪场带队训练的自由式滑雪空中技巧国家青年队教练陈洪斌说，他们每天都非常关注天气情况。

目标是精细化预报

2019 年 1 月 6 日—3 月 18 日，是气象服务团队的冬训时间。团队分成红黄白 3 支队伍，每队 12 人，分别驻在河北省气象台（石家庄）、张家口市气象局和崇礼区气象局。三队驻地轮换，每 12 天进行一次转场。

河北省气象台预报科副科长段宇辉是黄队队员，正在张家口市驻训。他介绍，石家庄团队需要总结赛区预报经验，改进要素预报方法，完善冬奥业务系统，强化英语综合能力；张家口团队承担驻训期间赛区各类赛事天气预报产品制作工作；崇礼团队则需定期赴赛场实地观测考察，承担赛区雪季观测试验相关任务。

在崇礼的团队面临着寒冷的挑战。姬雪帅是正在崇礼驻训的红队队员，每天基本是下午 1 时上山观测。他告诉记者，实地观测有助于预报员熟悉赛场气象情况，并可以累积资料进行进一步分析总结。

“虽然有模式，但我们还得进行订正。”来自黑龙江省齐齐哈尔市气象局的红队队员王永超说，这既包括客观订正，也包括主观订正，需要预报员的工作经验。大家也会互相讨论研究，分钟级、百米级的精细化预报是他们的目标。等“轮岗”结束，每个预报员将会在固定岗位，细化到每个人负责某个具体赛道。

在冬训期间，预报员一个月只有 4 天休息时间。王永超今年春节正好可以休息 4 天，他准备赶回黑龙江老家过年，路上来回奔波，时间匆忙。“说起来其实真的挺辛苦的，时间周期也长。”他说，保障冬奥对于他们一线天气预报员也是难得的机会，“困难都是可以克服的”。

准备工作突出一个“早”字

“山连山，连绵不断。沟套沟，其数无穷。”这说的是崇礼，这个位于河北西北部的山区，自 2015 年冬奥会申办成功后一夜成名。

崇礼地处内蒙古高原与华北平原的过渡地带，海拔从 814 米到 2174 米，冬季平均气温约为 −12℃，存雪期 150 多天。

崇礼周边地区均为半干旱区，崇礼却属于半湿润区，独特的地理位置造成了当地特殊的“小气候”。河北省气象台海洋预报科科长李宗涛说，复杂的地形使得这里具有较高的气象风险，低温、大风是气象预报工作的难点。

在申奥成功后，河北省气象局第一时间深入分析研判冬奥气象保障服务工作面临的困难和挑战，邀请国内外专家开展交流，实地调研平昌、索契冬奥会赛事运行保障流程，提出了“气象工程早开工”“核心技术早攻关”“服务团队早组训”“保障工作早开展”等具体工作要求，为保障冬奥进行了超前准备。

一切准备工作都突出一个“早”字。目前，张家口赛区气象工程已基本建成全球站点布设最多、气象观测要素最全的雪上项目赛场综合气象观测系统，赛事精细化预报与智慧服务系统 1.0 版本已开发完成并用于雪季驻训，全部工程将于今年完成。

自 2017 年起，河北省气象局组织气象服务团队开展为期 5 个月的脱产专题培训与赛时现场驻训，先后进行了体育英语、赛事规则与运行、滑雪专项技能等培训项目，并选派 10 名团队成员赴美国参加“冬奥山地气象预报培训”，选派 7 人赴挪威、瑞士、捷克、意大利、美国参加专项培训。

也是在 2017 年，京冀两地气象服务团队启动《冬奥会场地气象条件年度分析报告》编制工作，为赛区场馆布局规划提供科学依据。提前 5 年提交该报告，这创下冬奥会历史最早纪录。目前，气象服务团队已正式开始提供赛区站点天气预报。

记者：吴丽蓉

抬头，等一场雪——走近冬奥气象服务团队

《工人日报》 2020 年 1 月 19 日

暖黄色灯光下，冬奥气象服务张家口赛区预报团队刘华悦和她的三名同事，密切注视着已经暗下来的天空。

2020 年 1 月 5 日傍晚 6 时 30 分，北京冬奥会张家口赛区云顶滑雪公园 2020 年的第一场雪缓缓飘落。刘华悦和同事们立刻忙碌起来……

16 小时彻夜观测取得 19 组雪花数据

两年后，在离他们不到 5 米距离的赛道上，将举行自由式滑雪和单板滑雪 20 个小项的比赛。

观测团队中年龄最小的刘华悦拿起玻片放到阳台的栏杆上，“迎接”2020 年的第一场雪，一旁的显微镜早已准备就绪，今夜注定无眠。

这是冬奥气象服务张家口赛区预报团队的一次降雪形态观测实验。参与此次观测的预报员范俊红在电脑上记录下降雪粒子的形状、雪片大小、降雪疏密程度等信息。

一片雪花的形状如何能影响一场滑雪赛事？范俊红告诉记者，同样的降雪量，由于降雪粒子形状不同会造成积雪深度各有差异；冬奥会赛时如果出现降雪天气，降雪量和积雪深度若超过一定阈值，某些比赛项目将会被延迟或取消。

经过 16 个小时的彻夜观测，至 6 日上午 10 时，4 名队员取得了 19 组观测数据，队员们

发现，当雪花呈明显六角枝状时，降雪粒子比较大，意味着雪深较深、降雪量较大。记录雪花的形状，有助于在赛时反演雪深，为赛事组委会提供更为精准的决策气象服务。

同样等待这场雪的另一个小分队，驻守在古杨树场馆群，这里将承担越野滑雪、跳台滑雪、北欧两项、冬季两项等共 31 个项目的比赛。车顶上的雷达不停旋转，气象服务团队成员郭宏和 3 名同事坐在内部温度仅 −5℃的移动雷达车中观测。

郭宏告诉记者，一有明显的天气过程，雷达车就会派上用场，因其便携性可弥补复杂地形条件下对赛区天气监测能力的不足，同时加强对张家口多个方位赛区天气过程的监测和预判。

这两支小分队，只是冬奥气象预报团队冬季驻训的缩影。

岗位关键承压大

为何要进行这样的集训？已经在气象预报岗位上工作了 28 年的时少英最有发言权。

当记者问及曾经参加过 2008 年北京夏季奥运会气象服务的她，哪届奥运会的气象服务筹备工作更让人紧张时，作为冬奥延庆赛区现场气象服务团队队长的时少英稍稍思忖了一下，笑着说：“还是冬奥会压力更大。”

“压力”并不是随口说说。北京作为世界上第一个既举办夏奥会又举办冬奥会的城市，吸引了全世界的目光，气象服务是其中必不可少的环节。

这一点，北京冬奥组委体育部副部长杨阳深有体会。他告诉记者，夏季奥运会比赛日程定在几点就是几点，而天气预报是冬季奥运会比赛日程编排的决定性因素。

“由于冬季奥运会 70% 的项目是雪上项目，雪上项目和在场馆里举行的比赛项目有非常显著的差异。到底几点开赛，几点运动员可以上到山顶，都依赖于前一天晚上和第二天一早气象部门提供的气象数据信息。”

人人会滑雪

只有真正深入赛道，才能做好精准气象保障服务，对此，冬奥气象服务张家口赛区预报团队的 36 名成员心中有数。

于是，队员们开始琢磨新技能——滑雪。预报团队成员孔凡超告诉记者，经过两轮培训，这支平均年龄 35 岁的预报团队人人都掌握了滑雪技能，为做好雪上现场保障做了充足的准备。

年过五旬的范俊红身着大红色工作服从赛道上疾驰而下，来不及看清正脸，“嗖”地一下从记者眼前闪过。

“95 后”李彤彤告诉记者，刚参加滑雪培训时摔得心有余悸，她最佩服的就是人称“范姐”的范俊红，经过短短 9 天的刻苦训练就掌握了双板滑雪的基本技巧，在雪场上早已行动自如。

孔凡超告诉记者，参与实地体验增添了队员们对雪上项目气象保障服务的信心。

记者：李逸萌　史宏宇

冬奥会赛场上“追”风雪的人

《中国青年报》 2022 年 2 月 14 日

2 月 13 日，北京迎来虎年“第一场雪”。当市区居民享受雪景之美时，天气状况也引发了人们关注：冬奥会雪上项目比赛是否还能按原计划举行?

冬奥会中，雪上项目占约 7 成，这类比赛易受能见度、雪温、雪量、气温、风速等气象条件要素影响。北京冬奥组委官方信息显示，原定于 13 日举行的自由式滑雪坡面障碍技巧女子及男子的资格赛和决赛、自由式滑雪女子空中技巧资格赛等比赛均推迟。

在冬奥会历史上，因受天气影响推迟、取消比赛的情况并不罕见。据有关资料，此前的 23 届冬奥会中，只有 4 届冬奥会没有因天气原因推迟或取消过比赛。

此次冬奥会正式开赛之前，冬奥组委就已经进行了各类准备。据北京冬奥组委副主席杨树安介绍，组委会提前做好了各类应急预案，并已针对各赛场的具体情况，专门组织了清扫团队，及时清除赛道上的浮雪。

杨树安说，2 月 12 日早上 5 时，工作人员就已经到赛道上清理浮雪，但是雪下得太大太急，不满足能见度的要求。因此，为确保运动员的安全，比赛延迟举行。

在下一个比赛日开始之前，工作人员仍然需要清扫赛道上的浮雪，组委会已经“确保足够的力量”完成这项工作。

雪，同样飘洒在距离北京 200 多公里外的河北张家口。

望着窗外洋洋洒洒的雪花，张家口气象台台长黄山江感叹：“这场雪，如约而至。”

几天前，张家口气象台就给冬奥组委和相关部门做出了预报，云顶场馆群也提前启动了应急预案。

特殊天气会对赛事产生影响，但是气象预报员会努力从中寻找“窗口期”。黄山江以跳台滑雪为例解释赛时“窗口期”的测算。该项目对风速有着极为严苛的要求，当风速超过每秒 4 米的风险阈值时，不仅影响运动员的比赛成绩，甚至还会影响安全。气象预报员需精准找到风速小于每秒 4 米的“窗口期”，供奥组委对比赛时间进行优化和调整。

2 月 13 日，谷爱凌在张家口赛区的“首秀”因天气原因推迟。据张家口气象台台长黄山江研判，2 月 14 日将基本以多云天气为主，自由式滑雪坡面障碍技巧比赛应该能够正常举行。

北京冬奥会是在大陆性季风气候带举办，这在冬奥会历史上还是“第一次”。这也意味着，过往冬奥的气象预报经验，无法直接复制。尤其，山地气象预报向来是国际公认的难题。

“一天变四季”“十里不同天”，黄山江介绍，张家口赛区复杂的地形地貌形成了显著的局地小气候特征，每 100 米海拔落差，气象环境就有很大差异，精准、精细预报的难度极大。

如今，气象部门已在张家口冬奥赛事核心区及周边地区建成包括 160 多个各类自动气象站和十多部雷达的“三维、秒级、多要素”立体气象观测网，这成为历届冬奥会最完备的气象综合观测系统。历经 6 年多的技术钻研和模式研发，张家口冬奥崇礼预报团队目前已能够实现复杂地形下100米分辨率、逐10分钟快速更新的冬奥关键气象要素预报。

除冬奥赛场的气象预报外，黄山江还和中青报·中青网记者分享了场外服务的“战绩”：2月3日，冬奥火炬在张家口地区传递，气象预报团队在传递时段对5个点位的天气预报，逐小时温度误差仅1.4℃，风速预报准确率则达82.5%；2月4日，张家口大境门举办文体演出活动，团队预报当天风大气温低，风寒效应明显，提醒相关部门为临时搭建物提前做好安全加固。最终，实况与预报吻合，逐小时温度预报误差不到1℃，风向完全一致，平均风速基本正确。

每一阵风、一场雪的背后，都是一群人的坚守。张家口气象台“90后”气象预报员黄若男就是其中一员。

因为工作需要，黄若男的爱人——和她同单位的石文伯被抽调至崇礼云顶，而她则继续留在闭环外的工作岗位上。除夕前后，黄若男忙于火炬接力点位的气象预报准备工作，石文伯也在为赛区赛时天气预报而忙碌，几乎处于随时待命状态的他们，仅匆匆打了个视频电话给对方送上新年祝福。

“能够为冬奥出份力，我俩都挺骄傲的。”黄若男说，等爱人从闭环里出来，已是春暖花开的时节，“到时候，我们要一起大吃一顿，去看看彼此的父母，把缺席的节日都给补上”。

记者：黄丹玮 胡宁

胡雪：行业+气象，为冬奥奉献巾帼力量

《中国妇女报》2022年2月13日

2月13日早晨，张家口市再次迎来降雪，城区银装素裹，白茫茫一片。作为冬奥会举办地之一，降雪给张家口冬奥赛事、城市运行及赛事保障工作带来了挑战。上午，记者一行来到张家口市气象局采访，这里也是张家口市气象服务中心所在地。据介绍，气象服务中心主要承担城市运行交通、直升机救援及供电气象保障服务工作。

“为了保障服务冬奥会，气象服务中心预报产品结合行业特点，推出‘行业+气象’的服务产品。”中心主任胡雪告诉记者，“拿交通气象服务专报来说，在和张家口赛区综合交通运行指挥中心进行充分调研后，确定了11个在张家口赛区的关键点位，如：张承、京礼高速，张家口、太子城高铁站以及核心赛区道路，进行逐点、24小时的预报。针对本轮降雪天气，从昨天开始，我们的气象服务进行了加密，改成每3小时发布一次，滚动预报更新。”

胡雪在接受本报记者采访时表示，市气象服务中心参加本届冬奥保障服务值班的一共8人，其中女性5人。“大家为做好冬奥保障服务，克服了不少困难。她们有的春节前就从省会石家庄赶来支援，有的把生病的孩子送回老家照顾，还有的放弃回男友家认亲，有的生病了依然坚守岗位。”同事们的付出让胡雪很感动，她说，“作为中青年业务骨干，我们将以高度责任心，以细致、严谨、求实的工作态度，以精细化服务，做好交通、直升机救援和电力等冬奥气象保障服务，为冬奥会顺利举行奉献巾帼力量。”

记者：樊文军

探雨雪观风云，她们精准研判冬奥气象

《中国妇女报》 2022年2月13日

从2月12日开始，河北省张家口市迎来降雪，银装素裹，白茫茫一片。作为冬奥会举办地之一，降雪给张家口冬奥赛事、城市运行及相关保障工作带来了挑战，也给张家口市气象服务中心带来了压力。

张家口市气象服务中心主要承担城市运行交通、直升机救援及供电气象保障服务工作。为保障冬奥气象工作，展现大国气象现代化发展水平和精细化服务效果，他们充分运用气象智能网格预报成果，按照行业提供的关键点位，制作24小时精准天气预报，并给出风险提示。

“为了保障冬奥会顺利进行，在交通气象服务方面，我们中心和张家口冬奥赛区综合交通运行指挥中心进行充分调研后，中心确定了11个张家口赛区的关键点位，如：张承、京礼高速，张家口、太子城高铁站以及核心赛区道路，赛事期间会进行逐点，24小时预报。”张家口市气象服务中心主任胡雪向中国妇女报全媒体记者介绍。

为做好2月12—14日降雪过程的保障服务，气象服务中心加强了天气研判频率，早在8日就给各行业发出了重要天气报告，12日，大雪如期而至，中心工作人员自11时开始调整制作专报频次为每3小时一次，按时发送至张家口市交通综合运行协调与应急指挥中心、高速管理处等部门，为其提早部署人员设备物资提供了有效参考。“虽然眼睛熬红了、精神高度紧张，但听到冬奥运行保障各部门反馈的效果，能做到‘外围保核心、核心保赛事’，所有的辛苦付出都是有意义的。”气象服务中心工作人员对记者说。

张家口市气象服务中心工作紧张而忙碌，为保障冬奥顺利进行，很多工作人员春节期间依然坚守在自己的岗位上，其中不少是中青年女性业务骨干。

张家口市气象服务中心主任胡雪，从事气象工作20年。自冬奥申办成功，作为河北省气象局冬奥前方保障工作组成员，她带领中心积极备战冬奥城市运行交通、直升机救援、电力、旅游、安保等行业专项气象服务，采取动员、调研、规范、演练和测试“五步走”方式，年复一年，日复一日，按照运行计划为达成保障任务做着准备工作；落实国家、省、市“简约、安全、精彩”的办奥目标和任务，提升技术服务水平。2021年12月，接到电力部门急难险重的气象保障任务，高效率组建服务团队，一边研究行业气象风险特点，一边开发设计一线巡检人员适用的电力气象微信公众号，使其可以随时随地了解掌握气象实况、预报预警信息。这两年，她放弃了春节的合家团聚，坚守在冬奥服务的岗位上。

今年春节前，河北省气象服务中心首席专家武辉琴就从石家庄赶来支援，她的心情既激动又忐忑。她说：“能为冬奥会提供气象服务是作为一名气象人的光荣。”今年是武辉琴儿子上大学的第一年，半年没见的儿子放寒假回家，因为她要去张家口服务冬奥会，又要和儿子半年不见，心中万分不舍，但保障冬奥气象服务的工作是自己义不容辞的责任。临走前，武辉琴把做好的儿子最喜欢吃的饺子和烙饼塞满了冰箱。

因为冬奥，今年26岁的李幸璐在2018年选择入职张家口市气象局。2021年，冬奥测试赛开始了，带着兴奋的心情，李幸璐和团队工作热情满满，从早上6时开始的加密发报，到晚上结束一天工作，充实而有意义。工作交班时，偶尔会听到队员感叹："天呐，我昨天一晚上醒了6次，生怕错过了6点发报！"2022年，冬奥正式比赛开始，经过了测试赛的"考验"，他们的工作得心应手，不管各方需要什么服务材料，都能应对自如；气象相关服务的速度和准确率，都能达标。"冬奥开始之后，李幸璐就一直在上班！其实是满负荷的工作让她觉得充实，兴奋和沉浸。"李幸璐的妈妈十分理解女儿的工作，言语中透露着自豪。

气象中心工作繁忙，在承担科室常规业务的同时，李越迎来了新的挑战。她从最基础的业务工作学起，在冬奥城市运行保障服务岗位上度过了一个又一个紧张繁忙的工作日，在专业气象服务方面也得到了全面锻炼。2022年春节期间，为顺利完成冬奥气象保障服务工作，她将订婚延期，为的是在岗位上全力以赴、努力绽放。

赛场比拼正酣，保障服务有力。活跃在冬奥气象服务领域的众多"她"的身影，探雨雪、观风云，她们用自己的责任和担当正在为家门口的冬奥赛场保驾护航，贡献巾帼力量。

记者：周志飞

又见时少英——她在山间，守冬奥之约

《中国气象报》 2019年4月4日

3月26日，我所在的党支部组织与冬奥气象服务延庆赛区团队临时党支部共同进行党日活动。

这天，我又见到了时少英。这是2018年3月21日以来，我第四次见她了。

之前，我并不知道这次能见到她，也并不知道她是冬奥气象服务延庆赛区团队临时党支部的书记，只知道她负责冬奥气象预报服务工作。

下车后，时少英看见我很高兴，兴高采烈地上前与我握手。我问她受伤的腿是不是彻底好了，她像个孩子一样在地上蹦了几下，笑着说："你看，彻底好了。"

两个支部党员进行交流时，我才知道冬奥气象服务延庆赛区团队临时党支部成立仅仅20天。

冬奥气象服务延庆赛区团队有11名成员，临时党支部由8名党员组成，分别来自山西省、内蒙古自治区气象局和中央气象台、中国气象局公共气象服务中心等单位。他们比较年轻，看上去精神状态都很好，神色间透露出对这份工作充满了信心。我能从他们的言语和状态感觉到他们对于自己能参与重大国际活动气象保障服务工作的自豪感。就像他们说的，"躬逢其盛，与有荣焉"。

作为党支部书记，提起工作，时少英说："临时党支部的成立正逢其时，党支部将团结带领全体党员不辜负期望，发挥好党支部的战斗堡垒作用和党员的先锋模范作用。不忘初心、牢记使命，克服困难、勤奋学习，把支部建设与业务相融合，不断积累山地天气预报经验，提高预报能力，为2022年冬奥会和冬残奥会的气象保障服务工作圆满成功全力以赴。"时少英在介绍支部情况与冬奥气象保障服务工作时，我能感觉到，面对这次全新的挑战她胸有成竹。她的言语中无不"流淌"出她对海拔2198米、号称中国十大"非著名山峰"之一

的“小海陀”的感情。我猜想，她是不是在第一次登上“小海陀”时就对其一见钟情了呢？时少英是不是酷爱登山，我没有问过她，也不清楚。但是，我相信她一定很喜欢运动，向往高山、大海。也许，投入“小海陀”的怀抱，是她那扎实的天气预报专业水平对她的赠予，才让她有了这片施展才能的阵地。

2015 年 7 月 31 日，北京申奥成功，“小海陀”成为 2022 年北京冬奥会高山滑雪场地。它位于延庆区西北部，属军都山系。海陀山主峰“大海陀”居北，海拔 2241 米，为北京市第二高峰；“小海陀”居“大海陀”南侧，海拔 2199 米，具备打造国际一流高山滑雪场的先天条件。

登山是一项勇敢者的探险活动，是人类向更快、更高、更强方向发展的进取精神的体现，更是一个民族、一个国家积极向上的表现。同时，登山也是一种挑战，登山者要备尝艰难困苦，更有甚者，还要冒生命危险。

时少英已无数次登上“小海陀”，在山脚和山顶之间往返，体验着各种天气。虽然谈起这些时，她表现得很轻松，但谁都知道，冬奥会对天气预报的空间精细程度要求达百米级，这要求一点儿都不轻松。况且目前，北京冬季山区天气预报仍然是“短板”，此前，观测数据少得可怜，预报经验就更少了。

“小海陀”很美，但时少英无暇观赏风景。她眼巴巴地仰望天空，低头随着山势起伏，感受着风和体感温度的变化，然后摊开笔记本记录数据。

等风来，是人们受霾困扰时的期盼。但是，风对体育比赛的影响特别大。时少英必须上山去体验呼啸而过的风。当然，山风与平原和城市的风不同，它可以让你摇摆，也可以让你跌落山谷。大风来时，人只能艰难地挪着步子，而且冬天的狂风带着寒气，把人的脸冻得发紫，耳朵冻得麻木，就连手机和仪器有时候也被冻得停止工作。

夜已经很深了，时少英这才回到山下。在山上折腾了一天，时少英睡不着，她打开电脑，写下了一篇又一篇“上山日记”。这是她给自己和团队成员布置的作业，每天都要记录天气的变化，并分析难点、积累资料、查漏补缺。

我在网上查到了她的“冬训日记”：“下雪时，山顶能见度不好，但赛道尚可。”“云如帽子扣在山顶，雪量很小，风很大，卷着雪吹散在四处，预报时可报零星小雪。”“降雪 4 点多才结束，比预报晚了一个多小时。”

纸上得来终觉浅，绝知此事要躬行。2020 年高山滑雪测试赛很快就要到了，届时，时少英团队就要像奥运会正式开始一样提供天气预报服务。“留给我们的时间并不多了。”时少英笑着说。这笑容，饱含压力之下的自信。

我不由得想起 2018 年 3 月 21 日优秀女职工报告会，时少英作为代表第二个出场作报告。她拄着双拐，却提前近 1 个小时到了会场，黑色上衣，配了一条小花丝巾，个子不高，说话声却洪亮有力，看着特别精神。我与她简单聊了几句，才得知她的腿是在延庆赛区工作时不小心受伤的。

那是我第一次见她。之后，我找她问过几次北京的天气，给中央和国家机关几个单位运动会提供参考。也偶尔见过两次面：一次是在中国气象局机关办公楼遇见了，说了几句话；一次是在紫竹院路的一个天桥上遇见了，她与弟弟两个人挽着胳膊。

支部活动结束，与她告别，她仍然握着我的手笑嘻嘻地说：“欢迎您有时间再来。”我开玩笑说："有时间在这里住几天，体验一下你们的工作。"

走出了一段路，回头看，时少英仍一直向大家挥手告别。我忽然发现，她的上衣与去年报告会上穿的上衣是一个颜色，都是坚定沉稳的黑色。我相信，未来她一定能带领她的团队出色完成任务，拿到属于她的金牌，为国争光，为气象人争光。

车窗外，时少英的身影已经看不见了。我却想起了当年我负责牵头组织撰写申办 2022 年冬季奥运会气象决策服务材料时的情景：有外部门负责人笑说，"许多事情我们都能搞定，唯独搞不定'老天爷'，希望你们气象局能搞定。"

时少英和她的团队未来能搞定"老天爷"吗？如果搞定"老天爷"指的是准确的精细化气象预报服务，我看行！谁看见时少英灿烂又自信的笑容，也都会觉得行！

作者：郭战峰

驻扎延庆、服务冬奥，他们将赛事气象预报网格提升至百米级

北京日报客户端　2020 年 12 月 8 日

在海陀山下的延庆区气象局，延庆赛区冬奥气象现场服务团队的 11 名成员再次入驻。今年冬季，是冬奥会正式举办前最后一次实战演练的机会，团队将力争进一步提升气象预报服务水平，为冬奥会赛事气象服务打下坚实的基础。12 月 8 日，记者来到延庆区气象局，探访了冬奥气象服务团队。

山区地形接触少是预报最大挑战

延庆赛区冬奥现场气象服务团队一共有 11 名成员，有 5 名来自北京市气象局，2 名来自内蒙古自治区气象局，1 名来自山西省气象局，2 名来自中国气象局公共气象服务中心，1 名来自国家气象中心。北京市气象台副台长时少英任队长。

11 个人的团队组成了最前方的气象服务团队。时少英说，在团队成立之初，考虑到冬奥山地气象预报服务的特殊性，队员也经过特别挑选，"年轻、学习能力强的，还必须有一定的气象预报经验。"

由于在日常气象预报中，气象预报员很少接触到山地预报，这方面的气象观测资料比较缺乏，加上山地复杂的地形条件，都成为冬奥气象服务团队面临的挑战。冬奥会本身就在室外举行，又是山区，大风、强降雪这些天气情况对赛事影响很大，而冬奥会的赛期只有 16 天，如果能做到提前预测，那么对赛事方来说，就可以及时根据天气情况调整赛事安排。

预报精度提升至百米级

冬奥会在延庆赛区将要举办的赛事，其中包含最受关注的高山滑雪，这在雪上项目中被称为"皇冠上的明珠"，是最精彩、最刺激的一项。高山滑雪赛场往往地处山野，远离城市、直面高寒，也是所有冬奥会比赛项目中对气象条件要求最为苛刻的赛事之一。比如能见度过低，就会影响运动员和裁判员的视线；雪温和雪质对运动员雪板打蜡的种类和多少有直接影

响；风速和雪量则决定赛事是否能够进行。

高山滑雪有两条赛道，山顶和山脚的落差超过了 900 米，风速差异很大。不仅如此，具体到整条赛道的各个点位，风速也是随时变化的，这对预报的精准度提出很高的要求。

今年，北京市气象局数值预报模式团队把赛区尺度的数值模式空间分辨率再次提升，在涵盖国家高山滑雪中心和国家雪车雪橇中心的区域范围内建成百米分辨率的“睿图”数值预报模式体系。

时少英说，分辨率越高，就越有可能更精确地还原山地的地貌，像山脉上那些沟沟壑壑，如果是一公里的分辨率，那几乎是看不出来的。如果气流过来，是平稳地越过山脉，还是以较快的速度翻山冲过去，或者是被山脉阻挡压根没过去，这些都得具体情况具体分析，再做总结积累经验。

但仅仅依靠数值预报模式的结果是远远不够的，预报员还得根据山地实地考察的经验和预报的经验，来及时修订和调整预报结果。

2021 年 2—3 月，延庆赛区将举办系列测试活动，这对冬奥气象服务团队来说，是北京冬奥会前的最后一次的实战服务。时少英也将带领团队更好地、更准确地提供气象预报服务。

今冬继续进山追风逐雪

今年冬季，是气象服务团队在冬奥会正式举办之前的最后一次冬训。10 月 11 日开始，团队就又驻扎在了延庆。时少英说，经历了前三年的冬训，团队对延庆赛区的地形已经非常熟悉了，对不同天气类型下气象要素的变化和影响也已经心里有数，但随着赛道基础设施的不断调整，今年冬训期间，还将带领队员们定时上山探测地形，观察不同天气条件下的影响，争取进一步提升团队的气象预报能力。一旦遇上大风或者雨雪，他们必定进山追风逐雪。

冬训期间，团队要对过去三年冬训工作进行梳理和总结，对一些天气个例再进行复盘，进一步凝练经验。“我们的目标是当看到同样的天气类型出现时，就要想到在赛区的环境下，各个天气要素可能产生的变化和影响。”

团队成员的英语学习也没有落下。“要想未来竞赛团队用好我们的天气预报，前提是要有良好的沟通。比如裁判问天气什么时候好转，什么时候可以比赛，没有翻译，咱们得马上解释清楚。”时少英说，团队成员都必须努力更加熟练地用英语汇报，要做到及时有效地沟通。

记者：骆倩雯

探访北京冬奥会张家口赛区气象服务一线
——因它结缘为它逐梦

《中国气象报》 2021 年 2 月 8 日

深冬，破晓前的河北张家口崇礼，冷风呼啸，寒星满天。

凌晨5时15分，刘昊野按停了闹钟。此刻，崇礼户外温度 −13℃。身旁，妻子李彤彤还在熟睡。刘昊野紧了紧衣领，推门，一头扎进寒风中。

刘昊野和李彤彤都是北京2022年冬奥会和冬残奥会气象服务团队的成员。4年前，两人因承担冬奥气象服务任务相识相知。2020年5月，他俩携手步入婚姻殿堂。

1月31日这天，他们都肩负重任；其中一位，心里还藏着个“秘密任务”。

交班1月31日，作为北京冬奥会最重要的测试活动——“相约北京”系列冬季体育赛事将举行张家口赛区第二次实战演练。这天恰好也是刘昊野的生日。为庆祝婚后丈夫第一个生日，李彤彤精心准备了一份礼物。

另一边，毫不知情的刘昊野正值着夜班，从参与预报讨论，到编译预报内容，再到制作预报产品，他一刻不得停歇。

7时，晨曦微露。经过气象预报员、气象服务人员制作，首席、总首席研判分析，当天第一份中英双语的冬奥气象服务专报顺利发出。实战演练当天的阵风风速、72小时累积雪深等事关雪上赛事的重要预报信息，在专报上一目了然。

作为冬奥气象服务人员，驻训的每一天，他们都按照赛时流程、标准开展服务，不仅要制作发布各类预报产品，还要实战检验“三维、秒级、多要素”的冬奥气象监测系统，推动各项冬奥气象科技新成果落地应用。所有人的目标只有一个——实现“百米级、分钟级”赛场气象预报！

9时，李彤彤来到张家口赛区气象中心，接替了刘昊野手中的工作。她与刘昊野分属“日班”和“夜班”。匆匆道一句“生日快乐”后，李彤彤开始了忙碌。刘昊野则着手为此后几天进驻古杨树场馆群的预报服务做准备。“4年来，尽管已经踏遍云顶滑雪公园和古杨树场馆的每一个角落，但大家仍不敢有一丝一毫的懈怠。”他说。

2017年10月，两人都参加了在北京举行的冬奥气象预报员培训班。当时，这批预报员是从全国各地气象部门选拔而来的。刘昊野来自河北省秦皇岛市气象台；李彤彤来自邯郸市气象台，也是团队中年龄最小的一名“95后”。

“那一批的16个人中，只有彤彤1个女生。”刘昊野回忆着。

故事的开端，源自两人的《山地气象学》远程课程。山地气象科学在我国气象领域属于短板，却决定着许多雪上赛事的气象服务水平。这门课程是纯英文的，大家大多“零基础”。

在学习过程中，刘昊野和李彤彤分别负责前后两个章节的分享，并都啃下了这块“硬骨头”。那段时间，他们彼此帮助，也逐渐彼此吸引。

在李彤彤眼中，刘昊野特别有钻研精神。作为气象预报员，他甚至自学了系统研发。如今，崇礼团队的一些系统本地化应用，就有他的贡献。

而在刘昊野心里，李彤彤不仅业务能力强，还能吃苦。每年，他们要在冬奥赛场集训5个月。这里的工作强度极大，预报、服务、科研都要参与，甚至还要学习滑雪。

生活中，帮一把；工作中，扶一下。就这样，两颗年轻的心，都找到了彼此的依靠。

礼物

在冬奥气象团队中，刘昊野和李彤彤确实有些“与众不同”。对于大部分抽调来参加冬奥气象服务的预报员来说，每年集训的5个月，可谓“抛家舍业”。但对于原本工作单位相隔 700 多公里的他俩来说，集训反倒是“团圆的时刻”。

然而，很多人并不清楚，这份“团圆”背后饱含酸甜苦辣。就像这天两人分别值“夜班”“白班”一样，有时候一整天只能见一面，但他们依然格外珍惜这段集训的日子。“既然冬奥会给我俩牵了‘线’，服务好它，就是我俩共同的心愿。这段备战的时间，一分钟都不能浪费。”李彤彤眼里有光。

11 时、16 时、17 时 30 分……时钟滴答，各期预报产品准点推出。工作告一段落，她急匆匆地跑了出去——去拿她 7 天前为丈夫订的生日蛋糕。蛋糕取了回来，入夜后的冰雪小城归于宁静，丈夫却没在宿舍。原来，为了全组成员和气象设备及时入驻古杨树场馆群，刘昊野去帮忙“搬家”了。

“吱呀”——门开了。丈夫的脸庞在 −10℃的天气里被冻得通红，而一个拥抱，便温暖了所有。

烛光中，“雪上气象情侣”共同许下愿望。这愿望，有的事关他们彼此；有的则属于一年后——十几亿人共同的冰雪之梦。

作者：段昊书

河北省气象台预报员段宇辉：风雪无阻筑梦冬奥

《中国气象报》 2021 年 11 月 3 日

10 月 20 日，在河北北部小城崇礼，人们已经按捺不住迎接北京冬奥会的热情。

来自河北省气象台的段宇辉，是 2022 年冬奥会张家口赛区气象服务团队的成员。2021 年是他和队友们第五次到崇礼驻训，不一样的是，在距离冬奥会开幕 3 个多月之际，团队已经进入了赛时运行状态。

从事天气预报 15 年，在多次重大活动气象预报服务中，段宇辉都凭借出色的专业素养履行应尽之责。2022 年北京冬奥会的到来，又将段宇辉与崇礼联系在了一起。

2017 年团队组建之初，摆在面前的问题严峻而现实：崇礼是自由式滑雪、单板滑雪、越野滑雪等比赛项目举办地，天气预报时空精细程度要求达到“百米级”和“分钟级”。张家口赛区山峰交错、沟壑纵横，气象条件复杂，且历史观测资料相对匮乏，队员必须在开赛前的这几年迅速积累数据和经验，为冬奥组委提供赛事条件的精准预判。

2018 年，36 人的团队成员陆续配齐。“2022 年冬奥会大部分雪上项目比赛将在崇礼举办，雪上项目对气象条件的依赖程度非常大，阵风会影响运动员的成绩，还可能导致运动员受伤。”段宇辉介绍，“按照任务分工，我担任古杨树场馆群的首席和组长，3 个场馆群，10 个气象站点位、业务内网专线的布设及业务平台的平稳运行，每一个细节都要烂熟于心。”几年间，特别是驻训期间，大家都在争分夺秒，几乎没有节假日和周末的概念。

为了解和掌握复杂地形对冬奥古杨树场馆群气象要素的影响，段宇辉和队员通过无人机观测实验，在高寒、艰苦环境中完成地形冷池、夜间观测试验，研究山脉高度对风向风速和温度层结的影响，努力提高赛场的精细化预报水平和预报准确率。

“从山脚到山顶，走一路测一路，主要是为了熟悉气象环境，分析数据特点。赛道本就有角度，三脚架立不住，而且仪器设备的按键比较小，戴上手套不方便操作，所以即便在严寒天气里，大家也只能‘裸手’作业。”段宇辉说。

2020年，段宇辉带领小组同事顶风冒雪，基于国家跳台滑雪中心的实际预报服务需求，主持编制并正式发布《跳台滑雪气象服务规范》，这标志着国内首个冬奥气象单项滑雪保障服务地方标准正式应用于实际跳台滑雪服务，弥补了国内指导或规范跳台滑雪赛事气象服务的空白，适用于冬奥会跳台滑雪赛事服务及冬奥会前后的各种跳台滑雪训练、赛事服务。

作为张家口赛区第二临时党支部的纪检委员兼组织委员，段宇辉始终坚持促进支部建设与业务相融合。2019年新年刚过，第二届全国青年运动会北欧两项比赛在崇礼举办，他参与了全部比赛项目的气象保障服务工作，发布场馆服务材料和通报30余期，圆满完成2019年、2020年雪季的冬奥赛区预报核心团队冬训实战演练，以及国际雪联在崇礼举办的相关比赛现场服务工作。

2021年2月19日17时，冬奥会张家口赛区的“雪如意”迎来了“相约北京”系列测试活动的第一场比赛。决赛前遇到较大的阵风和紊乱的风向，作为跳台场馆的竞赛气象预报员，段宇辉在前一日的领队会和当日赛时的气象服务信息中，明确了“大风天气在傍晚前后减弱、比赛有明确‘窗口期’”的预报结论，并将竞赛场地小时预报和短时临近百米级预报信息进行了精细、准确报送。

“奥运圣火顺利抵达北京，2022年冬奥会离我们越来越近，坚持赛场驻守，数年冬磨一剑，气象人挺直脊梁迎考验。”段宇辉信心满满。

作者：马洵 买文明

让每一个气象设备稳定运行

《北京晚报》 2021年11月9日

2021年11月8日9时，海陀山雪后初霁，阳光洒在棉花糖一样的积雪上，寒风依旧刺骨，刮起丝丝雪花直往人脖子里钻。海拔2190米的高山滑雪中心山顶出发区，5个身影沿着山坡手攀脚登，奋力朝着海拔最高的竞速1号自动气象观测站前进。

北京冬奥会延庆赛区所在的海陀山，海拔近2200米，山势高、温差大，“十里不同天”。整座海陀山上，建设了23套自动气象站，这些由温度湿度、称重降水、雪深等17个气象观测仪器组成的自动气象站，能为海陀山提供立体、快速、多要素的气象探测服务，是保障赛区正常运行的关键之一。

上周末的雨雪、大风、降温天气，使山顶、背阴处10个自动气象站的风传感器陆续冻住，机械风数据缺失；22个站的辐射、能见度、温度、雨量等各类传感器被积雪覆盖，检测数据有误。昨天，延庆赛区外围气象服务团队高猛、常晨等5人组成抢修组，攀山检修。

海陀山顶，阵风高达12级、最低气温 −15℃。虽然几位小伙子厚棉裤、羽绒服、帽子、围巾、手套等保暖装备俱齐，但在山顶奔走几分钟后，仍被冻得瑟瑟发抖。

“果然冻住了！”到达竞速 1 号自动气象观测站，高猛和同事们抬头一瞧：6 米长的风杆顶端，风传感器上的风杯已停止转动，上面结着晶莹的冰晶。“我来！”常晨说着，手抓风杆、脚踩凸起的石块，越过一个稍矮的机箱，站在了近两米处的一个机箱上。接过同事递来的长杆，常晨轻轻敲打传感器的横臂，眼睛观察着风杯、手上变换着角度，积雪、冰晶簌簌落下。直到肉眼看不到冰晶，风杯才开始转动，手机端，1 号站的机械风数据恢复正常。与此同时，其他几位小伙子登高爬低，逐一用手套将辐射、能见度、温度、雨量等各类传感器上的积雪、冰碴子拂去。经过观察，1 号站的各类数据都恢复了正常且保持稳定，5 人便背起装备，赶往下一个自动气象观测站。

“11 时 30 分，1 号站机械风恢复正常”“12 时 25 分，2 号站机械风恢复正常”……听着后方监测平台传来的好消息，5 人劲头更足了。山上没有热水、没有食堂，他们靠饼干等补充能量。直到下午 4 时，他们完成了 6 个站的风传感器除冰工作；11 个站的太阳能板、温湿罩以及辐射、雪深、能见度等设备除雪工作；同时更换了天气雷达的天线减速机。直到下山后，5 人才终于吃上了一口热饭。

“做气象工作，我们一定要走在时间前面。我们将继续提前预判、实时监控，尽力让赛区的每一个气象设备稳定运行。”高猛说。

今天，抢修队还会再次上山，完成其他自动气象站的检修维护，确保延庆赛区冬奥气象监测系统的稳定运行，为冬奥赛区提供高质量的气象数据保障。

记者：李瑶

冬奥气象服务，我们准备好了——冬奥气象工作者的心声

《气象知识》 2021 年第 6 期

复杂地形气象精准预报是个世界性难题，2022 年实现北京冬奥会和冬残奥会“百米级、分钟级”精准气象全要素预报，是中国气象对冬奥赛事保障的庄严承诺，是中国气象对能力提升的郑重宣言。全面实现“精彩、非凡、卓越”的办赛目标，一点都不能变。气象工作者迎难而上、同心协力、顽强奋战，监测精密、预报精准、服务精细的步伐坚实有力，越迈越大。

无论是在烈风酷寒下一次次的场外试验，还是在深夜凌晨一丝不苟的预报服务，处处都跃动着奋斗的身影，时时在向着困难前进。道路畅通时，靠着现代车载运送各种观测仪器和设备，车辆难以通行时，靠的是人抬肩扛，逐步建成了完整的赛场观测体系，不仅包括传统的地面温压湿风等观测设备，还布设了三维超声风、激光雷达、微波辐射计、风廓线雷达、云雷达等一系列高空探测仪器，完美呈现了立体三维的气象观测网，填补了高空探测时空分辨率低的空白；基于常规气象观测的基础，冬奥气象工作者执着于每一次高影响天气过程，及时赶赴赛场，抱着“一个冬季不放松，一次过程不放过”的理念，人工加密观测雪花形态、密度、量级，加密布设用于“冷池”研究的温湿探测仪，借助无人机和系留汽艇探测山地山坡风和背风波的发展演变，利用移动双偏振雷达探测雨雪相态转变以及山地影响降水

变化等；基于机器学习、随机森林、卡尔曼滤波和回归分析等现代数学分析方法，建立起完整的各个气象要素的河北客观赛场预报方法，借助于局校合作、局院合作等平台逐步完善了冬奥场馆的客观预报方法，这样极大地提高了天气现象、温度、湿度、风向、风速、能见度、降水量和雪面温度等场馆气象要素逐小时预报准确度，给予预报员以极大的客观预报支持；尽管各种全球模式和区域模式以及各类客观方法支持着赛场的气象预报，但是冬奥气象工作者并不满足，毕竟模式还有其自身的缺陷，冬奥气象工作者成立了各个攻坚小组，包括降雪观测预报小组、云顶场馆大风观测预报小组、跳台场馆风场和环流观测预报小组、古杨树场馆“冷池”分析小组等，有针对性攻坚各个场馆的天气变化特性，解决预报中的难点和痛点，争取预报的更高准确率；统计分析 4 年来赛区场馆各类气象要素的变化规律，每年都会形成赛区的气象条件报告及气象风险分析报告等，赛区的天气和气候特点，地形影响天气变化等都烙印在每一个冬奥气象工作者的心田；赛事就是命令、气象风险就是挑战，面对命令，冬奥气象工作者不管天寒地冻，也不顾白天黑夜，实时进行会商天气研判，各个岗位恪尽职守，包括小数点后边的数字也要进行精准的预报，只为冬奥赛事的圆满进行。

冬奥服务中的我们，正在以愚公移山的精神，黄土变成金的信心，用自己的双手，一笔一笔书写着生动的冬奥气象服务故事，发展着中国气象事业。因为我们现在所做的工作前人涉及较少，山地气象的“百米级、分钟级”精细化预报和研究在我国目前尚属首次，冬奥气象工作者现在所做的都在填补着这一领域的空白，也启迪着后来人不断深入，争取更大的进步。

能够亲身参加冬奥气象服务一线战斗，我们感到无比骄傲、无比自豪。骄傲是因为人生能有几次搏，是因为国家已经给了我们足够高的施展才华的空间；自豪是因为我们所从事的工作意义非凡，是因为我们有强大的后援团作为支撑。最强大的国，最可爱的人，如今已经建成的各种观测设备无时无刻不在向我们传送着气象的音符，跃动着天气变化的旋律；无数次的赛场实验使得冬奥气象工作者对于赛场天气的认知内化于心；各种精细化的预报方法加上统计分析的结果使我们对于赛场的预报更加游刃有余；各种系列比赛的进行，也推动着专业化气象服务水平的成长。

时不我待，只争朝夕，不负韶华，激励着我们百尺竿头再加力，以百米冲刺的劲头，攻克最后的预报堡垒。把山地气象作为新工作、新奋斗的起点，奋力谱写山地气象预报和服务的最美篇章，共同完成这项对中国气象具有重大意义的伟业。

作者：李禧亮 张晓瑞 张曦丹

枕戈待旦把脉冬奥天气
——记北京冬奥会张家口赛区“80 后”预报团队

《中国气象报》 2022 年 1 月 13 日

北京 2022 年冬奥会和冬残奥会承办地河北省张家口市，将承担大多数雪上项目的比赛。雪上项目能否顺利进行，赛场的天气情况极为重要。冬奥会期间，这里的冷空气活动频繁，有测试活动时，预报员经常清晨 5 时天还没亮就开始了一天的工作。这样的习惯源于深刻的责任认知，从 2017 年冬季开始，各预报团队便开始为实战打基础，每年约有半年在各自赛区进行冬训，以期更好地根据局地气候特点精准预报。

在后方，全市气象工作者也一如既往地做好城市运行气象服务。城市运行和环境气象服务组选派业务骨干驻场冬奥城市运行指挥中心；各区气象局做好防汛、森林防火、交通运输等气象服务；北京市气候中心适时同兄弟单位进行联合会商，开展气候预测。

精神的传承

北京市委市直属机关工委副书记徐斌曾率领市直机关“永远跟党走”宣讲团走进北京市气象局开展专题宣讲。作为宣讲团成员之一的气象工作者讲述了北京市气象局 2014 年以来开展冬奥气象服务过程中的感人事迹。之后，气象宣讲员又加入相关冬奥宣讲团，并在市直机关、部委院校继续宣讲冬奥气象故事，许多听众感动得流下了热泪。

2021 年，《筑梦冰雪　奋斗有我》视频讲述了北京气象人服务冬奥的事迹，获得中国气象局“致敬建党百年气象人讲气象故事”短视频征集展播活动十佳作品。《中国气象报》、“北京机关党建”公众号、中央和北京主流媒体等对相关情况进行报道。北京市气象局还通过演讲、道德讲堂等形式，宣传冬奥气象服务一线事迹，并在“北京市气象局团委”公众号开设《对话冬奥——倾听北京气象“青”声》栏目，采访一线服务人员，目前已出刊 6 期。

“在决战决胜的关键时刻，我们一定拼尽全力！”延庆区气象局局长闫巍在年度述职会上的表态代表了首都气象党员干部的心声，他们将用实际行动围绕中心践行初心使命，为举办一届“简约、安全、精彩”的奥运赛事贡献气象力量。

作者：王子瑞

国家卫星气象中心将党建与冬奥保障工作融合：整装待发赴冰雪之约

《中国气象报》 2022 年 1 月 18 日

北京冬奥即将开赛，一幅冰雪画卷正徐徐展开。国家卫星气象中心党委加强党建引领，将党建与北京冬奥会保障工作融合，把思想和行动统一到贯彻落实有关冬奥保障工作的部署要求上来，落实冬奥服务管理各项工作组织安排，做好风云气象卫星运行管理和数据服务与冬奥遥感服务牵头工作，开展遥感卫星数据服务平台支撑协调以及风云四号 B 星观测协调工作，制定相关工作方案和应急预案，并建立健全长效机制。

勇担当稳保障　做奥运力量的凝聚者

国家卫星气象中心党委提高政治站位，坚持“一起谋划、一起部署、一起落实、一起检查”，将党中央要求落实到与冬奥相关的工程和业务工作中，树立“优质工程出稳定业务、稳定业务需要优质工程”的理念。

北京气象卫星地面站高度重视工程建设和业务有效衔接，该支部与运行控制室支部总结2008年北京奥运会保障的经验，在各站点建设了备份天线，极大提高了数据接收、测距、数据广播业务运行的可靠性，同时制定了相应的应急预案，明确了保障服务的相关制度以及责任人，保证系统稳定运行，为静止气象卫星保障服务冬奥打下了坚实基础。

同时，国家卫星气象中心围绕冬奥工作制定了详细的服务应急预案，积极开展安全演练，进一步提升了卫星数据、遥感监测以及产品服务在北京冬奥会与冬残奥会期间的安全保障能力。

在数据服务工作中，卫星数据与资源室党支部积极推进一张业务底图建设，面向冬奥赛区数据及产品展示系统需求，党员同志积极承担任务，在一周时间内完成了平台资源配置，打通了从外部到内部的全流程数据链路，积极调动资源并及时提供了6种外部数据获取和服务方式。

在遥感应用服务中，遥感应用室党支部总结重大活动保障服务经验，提前部署，保证了每项任务有计划、有落实、有检查。遥感应用室深入挖掘风云卫星在冬季寒潮、冰雪监测中的潜力，实现了静止气象卫星垂直探测仪对寒潮和极地涡旋的动态发展过程、垂直立体结构的可视化应用。支部党员王新和高洋通过线上线下等多种方式对中央气象台、北京市气象局一线预报服务需求开展调研，融合多源数据，建设针对冬奥天气保障服务的卫星天气应用专题服务平台，实现了冬奥服务产品业务化运行，并配合国家气象信息中心开展了卫星数据与冬奥天气指挥平台的对接和服务。

讲奉献出产品　作奥运工作的推动者

着力将风云气象卫星产品应用到冬奥保障服务中，是国家卫星气象中心里每一位卫星资料产品责任人的心愿，也是大家共同的目标。

卫星气象研究所党支部第一时间成立了由10人组成的冬奥服务产品研发小组，团队目标明确、齐心合力，针对冬奥具体的时间和区域范围评估气象卫星业务产品，对相对成熟的科研产品进行了验证和测试。

支部党员徐娜说：“北京2022年冬奥会是一场万众期待的盛会，团队每个成员都怀着自豪的心情参与，每次提交冬奥相关材料、汇报冬奥工作进展时，大家都尽力克服各种困难，将最好的结果呈现出来。”

面对冬奥保障服务工作，国家卫星气象中心全体党员在实战探索中不断前进，努力打造了一支党性更强、业务更精、作风更硬的技术队伍，让党旗在保障服务冬奥一线高高飘扬，让风云气象卫星在保障冬奥赛场中稳定运行。

作者：贾煦

中国气象科学研究院：筑牢“科技堡垒”　服务“智慧冬奥”

《中国气象报》2022年1月25日

当科研尖兵遇到重大任务会如何？

是创新，是结出硕果。自北京冬奥气象保障服务工作启动至今，中国气象科学研究院（以下简称“气科院”）党委坚持以科技创新助力气象保障服务工作，组织开发无缝隙分析预报前沿系统，在“智慧冬奥 2022 天气预报示范计划”平台实现业务化运行；自主研发冬季气温次季节至季节一体化预测模型，服务冬奥气候预测会商；推动冬奥环境气象预报模式研发升级，为冬奥提供全国和华北区域雾－霾、能见度、污染形势预报和减排防控措施建议……

当科研尖兵形成战斗堡垒会如何？

是拼搏，是一往无前。自 2019 年 12 月起，气科院党委出台推进党建和业务深度融合示范建设实施方案，以气候与气候变化研究所、灾害天气国家重点实验室两个党支部作为“先锋队”，从示范建设、形成经验到广泛铺开，统筹推进、稳扎稳打。两年来，气科院以示范建设支部为点，带动各党支部深入推进党建与业务融合，战斗堡垒全面夯实，保障服务冬奥会科技支撑任务全面落实。

示范支部冲锋在前、勇担使命。“重大任务磨尖兵，尖兵引领勇创新”，这是气候与气候变化研究所党支部在实践中摸索出的“尖兵引领”支部工作法。作为“最紧急、最紧迫”的冬奥科技保障任务，气候与气候变化研究所党支部安排冬奥保障带班、值班研究人员，建立适用于冬奥会气温的统计预测模型，密切追踪重要气候事件开展复盘分析，及时为 2022 年冬奥会提供赛区气温的次季节至季节预测产品。“要知史担责，提高政治站位、实践研究型业务，奔着最紧急、最紧迫的问题去。”全国重大气象服务先进个人、气科院优秀共产党员刘伯奇同志在党史学习教育专题党课上这样说。作为冬奥气象预报预测专家组成员，他组织开展冬奥气象条件气候预测会商，注重科研业务结合，及时调整改进预测方法，为冬奥气象中心提供了准确可靠的赛区气象要素次季节至季节预测结果。

以政治素质好、业务能力强为原则，自 2020 年 8 月起，灾害天气国家重点实验室北京冬奥气象保障服务临时党小组成立，党员团队囊括了大气科学、应用数学、计算机科学与技术等多种学科领域。临时党小组党员原新鹏的专业是应用数学，刚到岗时面临调整科研方向。通过政治理论学习，他深刻认识到要将个人理想融入国家发展需要，融入气象事业发展需要。现在的他致力于将数学理论融入数值预报效果改进中，并应用于冬奥会气象保障服务。秉持着“自主创新是核心竞争力”这一信念，包括原新鹏在内的党小组全体党员以实际行动诠释责任担当，实现了模式预报后处理方法理论方面的创新，有效对风、温度、降水、能见度等多气象要素进行订正。目前，该系统在“智慧冬奥 2022 天气预报示范计划”中实现业务运行。

“新生”支部团结一致、鼓足干劲。2019 年刚刚调整成立的青藏高原与极地气象科学研究所党支部，成立了科技冬奥“雪务保障”研究项目组临时党小组。党小组成员分别前往崇礼密苑云顶乐园、亚布力国家滑雪训练基地和国家高山滑雪中心，开展了高温天气条件下冰状雪赛道制作试验，为应对冬奥会和冬残奥会可能遇到的春季回暖天气做好预案。在试验过程中，项目组遭遇了开展试验的时间窗口期有限、大风原因致设备难以到达等困难。临时党小组成员充分发挥党员先锋模范作用，周密计划、分工协作、攻坚克难，完成了各项既定试验任务，获取了不同天气下赛道制作和维持的丰富数据，掌握了相关技术的关键要点和实施细节，为冬奥会、冬残奥会的雪务保障工作积累了宝贵的经验。

步入2022年，冬奥倒计时从读年、读月、读日到读分、读秒，可以见到，从未停歇的，是一张规模浩大的保障之网越织越密；从未更改的，是高扬的党旗和炽烈的初心。

作者：牛彦元 赵妍 任宏利

国家气象信息中心：精益求精助力冰雪梦想

《中国气象报》2022年1月25日

北京冬奥会即将举行，这是属于全人类的盛会。国家气象信息中心（以下简称“信息中心”）各级党组织不断完善工作机制，将做好北京冬奥会气象保障服务作为深入贯彻落实习近平总书记关于气象工作重要指示精神的具体实践，实现党建业务同谋划、同部署、同督察、同考核。

统筹谋划 筑牢预报“零时刻”实况基础

信息中心气象数据研究室党支部对标“政治功能强、支部班子强、党员队伍强、作用发挥强”的要求，形成以党员同志为主体的技术攻关和业务建设核心力量，精益求精、潜心攻关“全球－区域－局地”实况分析关键技术，高频次推出气温、湿度、风、雨雪、云、积雪、$PM_{2.5}$/PM_{10}、雾和霾、沙尘等与北京冬奥会高影响天气相关的实况分析产品，实现全球10公里、中国区域1公里、赛区百米产品实时稳定提供冬奥会气象保障服务应用，筑牢预报“零时刻”实况基础。

该支部以提升冬奥精细化实况保障能力为出发点，聚焦关键技术问题，自觉提高政治站位，将任务分解成每个党小组的主攻方向。目前，4个党小组分别在质量控制与评估、多源数据融合分析等不同方向重点发力，基于新发展理念指导冬奥会实况分析产品研发技术协同攻关，推动“全球－区域－局地”多圈层要素实况分析产品研发协调发展。支部把政治建设融入日常工作各方面，通过“三会一课”引导党员、干部增强政治自觉，在气象现代化建设实践中历练政治品格。

随着冬奥的临近，气象数据研究室认真贯彻落实中国气象局和信息中心关于冬奥重大活动气象保障要求，成立研究室重大活动保障工作小组，制定重大活动实况分析业务应急预案，发挥支部战斗堡垒作用，严格落实各岗位值班值守职责，严查每个产品质量，保障实况分析产品质量稳定。

求真务实 气象信息业务保障高效有序

气象数据是保障北京冬奥会成功举办的核心因素之一。信息中心运行监控室党支部围绕冬奥数据保障开展了大量工作——落实中国气象局关于冬奥会和冬残奥会气象保障服务的系列要求，积极与北京市气象局、河北省气象局深入交流，明确保障需求，以求真务实的态度，高效、有序地组织气象信息业务保障工作，确保冬奥气象服务期间信息系统稳定运行。

在数据方面，为支撑北京冬奥会“百米级、分钟级”精细化天气预报需求，收集冬奥观测数据和产品，为冬奥气象中心建立快速数据服务流程及服务接口配置；在监控方面，针对冬奥服务需求，实时监控 4 类冬奥观测资料及 FDP 预报产品的时效和完整性，建立支撑冬奥数值预报业务的全球观测及卫星数据监视流程，并实现面向用户的告警靶向通知和报表发布；在平台方面，提供稳定的基础平台支撑智慧冬奥监控系统、冬奥预报系统的运行；在应急方面，分别针对相关风险事件，开展应急演练，模拟不同故障场景下的应急切换流程及切换方案，提高突发事件的应急处置能力。

发挥模范作用 提供全天候支撑服务

信息中心系统工程室党支部充分发挥青年科技人才的先锋模范作用，主动作为，积极配合部门内外 22 家参与单位，实现了地面、高空、雷达、卫星、模式等 32 种冬奥基础数据的存储管理和数据同步服务，为做好基于访问控制的精细化数据服务打下了坚实基础。

此外，基于气象综合业务实时监控系统（“天镜”）功能，团队实现了冬奥相关服务产品完整性、时效性的实时统计和分析，冬奥产品告警可以通过微信和自动语音呼叫功能实时靶向推送给 16 家业务单位的用户，为冬奥赛事保障提供 7 × 24 小时业务支撑服务，增强赛时气象保障服务的针对性和有效性。

当前，冬奥已进入“倒计时”，信息中心将积极做好应对极端天气等风险挑战的业务支撑服务工作，进一步完善应急预案，强化责任落实和协作配合，高标准、高质量做好气象保障服务各项工作。

作者：张志强 谷军霞 陈文琴 朱玲玲 张晓 钟磊 郭聪 王英杰

国家气象中心（中央气象台）：初心映照党旗服务冬奥盛会

《中国气象报》 2022 年 1 月 25 日

2022 年 1 月 14 日，冬奥会气象预报服务一线团队在半个月前已进入赛时闭环管理。自北京获得 2022 年冬奥会举办权以来，国家气象中心（中央气象台）深入贯彻落实习近平总书记关于北京冬奥会系列重要指示精神和党中央决策部署，时刻保持“一刻也不能停、一步也不能错、一天也误不起”的工作状态，通过党委带动党支部、党支部带领党小组，推进党建与业务深度融合，全体干部职工凝心聚力、担当作为，为确保办成一届“简约、安全、精彩”的奥运盛会贡献气象力量。

强化组织领导 增强使命感责任感紧迫感

做好北京冬奥会气象服务是向全世界展示我国气象科技实力的重要窗口，而精细化气象预报服务可以为冬奥比赛提供有力保障。

国家气象中心党委切实提高政治站位，把做好北京冬奥会气象服务工作作为一项重要政治任务，深入学习领会习近平总书记重要指示精神和中国气象局党组的工作部署，自觉心怀

"国之大者"，全力以赴做好北京冬奥会气象保障服务。通过政治理论集中学习、冬奥气象服务专题研讨会、深入业务一线调研等，教育引导全体干部职工发扬中央气象台"铁军"精神，增强做好冬奥气象服务工作的使命感、责任感、紧迫感，切实把党的政治优势、组织优势、密切联系群众优势转化为深入贯彻落实习近平总书记关于北京冬奥会系列重要指示精神的生动实践。

发挥战斗堡垒作用 不断提高气象预测预报精准度

国家气象中心各党支部按照党委工作部署，通过开展"人民至上、生命至上"主题党日活动等方式，教育引导党员干部立足岗位、担当作为。

天气预报室党支部与北京市气象台党支部、延庆区气象局党支部、冬奥气象服务延庆赛区团队临时党支部多次开展支部联学共建，深入推进党建与业务融合，切实将党史学习教育成果转化为干事创业、攻坚克难的实际行动。在 2021 年下半年"相约北京"系列冬季体育赛事气象保障工作中，中央气象台专家组团结协作，在中期天气趋势和中短期关键气象要素预报等方面发挥技术指导作用，共主持和参加会商 18 次，对高影响或关键时间节点的天气做出较准确的指导预报。

中央气象台的冬奥技术攻坚团队成立于 2021 年初，依托"智慧冬奥 2022 天气预报示范计划"，团队中党员干部研究精细到比赛场馆及赛道不同地点的赛事气象风险预报预警技术；研发了涵盖风、阵风、温度、相对湿度等常规气象要素和雨雪相态转化、沙尘等异常天气预报服务产品，研发了新增积雪客观产品、冬奥赛区赛道级集合预报产品、极端天气影响产品和冬奥赛事风险阈值影响产品等，改进更新机器学习算法模型和可视化产品等，为完善冬奥客观预报产品和服务体系提供强有力支撑。

党员冲锋在前 党旗光芒闪耀

关键时刻冲得上去，危难关头豁得出来，才是真正的共产党员。自 2017 年以来，中央气象台 3 名党员同志，连续 4 年冬半年分赴张家口赛区、延庆赛区进行冬奥驻训。冬季山地天气恶劣，党员们身处艰苦而单调的工作环境，专注于预报结论检验、地形实地考察、气象站维护、防风网观测试验等工作，在相关项目测试赛中参与长达 2 个月的封闭工作……长时间蹲守一线，他们充分了解了赛区的天气实况和天气系统演变特征，积累了宝贵的赛区预报经验，开发了冬奥赛区基于集合预报的异常天气预报等客观预报产品，在实战中检验了预报效果。

在 2021 年下半年"相约北京"系列冬季体育赛事气象保障工作中，根据赛区赛事气象保障服务需求，中央气象台 5 名党员同志分赴北京冬奥主运行指挥中心（MOC）、张家口赛区、延庆赛区、北京赛区参加现场预报服务和首席把关。首席专家陈涛在 MOC 竞赛指挥小组参加现场调度保障服务值班工作，制作 MOC 气象服务专报、首都机场天气预报专报等；进驻北京赛区的首席专家符娇兰，测试赛期间参与北京赛区首钢场馆现场服务、造雪保障等值班，每天为 BigAir 首钢造雪团队提供未来 10 天预报服务材料；副首席陶亦为进驻延庆赛区国家雪车雪橇中心，副首席董全、领班李嘉睿进驻张家口赛区，他们始终怀着炽热初心做到守土尽责。

北京冬奥会期间正值新春佳节，一线驻场业务服务人员封闭工作任务重、时间长，承受着巨大的工作压力和精神压力。但他们在冬奥气象服务现场坚定表示："作为天气预报员，作为共产党员，接受这一光荣的任务无比荣幸！"

作者：赖芬芬

深入海陀捕捉每个点位气象要素 学习滑雪切身感受运动过程 气温影响冬奥 气象预报队雪道上攒经验

《北京日报》 2022 年 1 月 19 日

"预报员连雪都不会滑？那不行，只有亲自滑了，才能感受到运动员的真实感受。"2018 年一次研讨会上的这样一条建议，让冬奥气象预报员们走进了滑雪场。

延庆赛区冬奥气象现场预报服务团队共有 11 名成员，5 名来自北京市气象局，2 名来自内蒙古自治区气象局，1 名来自山西省气象局，2 名来自中国气象局公共气象服务中心，1 名来自国家气象中心，都是经验丰富的行业骨干。

山区精细预报是世界级难题。小海陀山海拔 2198 米，山区地形复杂，针对局地赛区的小尺度天气预报，需要预报员们重新积累经验。

每年冬天驻扎在延庆海陀山，是气象预报团队的必修课。几乎每个星期，北京市气象台副台长兼队长时少英都会带着队员们上山，实地感受山里的气象要素，尤其遇到大风、下雪等高影响天气，预报员们第一时间就会往山里跑。"在冬季山地复杂的地形下，哪怕是一公里的赛道，不同点位的气象要素都会不同。"

高山滑雪赛场是所有冬奥会比赛项目中对气象条件要求最为苛刻的赛事之一。赛场地处山野，直面高寒，能见度过低就会影响运动员和裁判员的视线；风速和雪量则决定赛事是否能够进行。具体到赛道各个点位，风速更是随时变化，这就对预报精准度提出了更高的要求。

时少英说，山里的风和气温变化非常快，起点和终点、上午和下午，都不太一样，预报员们只有到了赛道上，才能切实感受到其中的变化。

进入 3 月，出现降水天气时，还要关注山顶到山脚降水相态的差异。"有可能山顶是雪，山脚是雨，这种复杂的降水相态对赛道的冰状雪会造成损坏，必须精准预报。"

最初有人提出预报员应该学滑雪，时少英还有些不解，走进滑雪场学会滑雪后，才意识到这种感受还真不一样。两年的专项冬训期间，11 名预报员都走进了滑雪场学滑雪。每次连续学习 5 天，每天都在雪道上，预报员们就像滑雪运动员一样，在高速中切身体会气象要素的变化。

"比如太阳落山时，山里的风速瞬息万变，滑雪过程中立马就能感受到气温在快速下降。"时少英说，从滑雪运动员的角度感受气象要素变化，也更明白了为什么这项运动对气象预报的要求那么高，"预报的时候，我们就能更感同身受，一定要把天气报得更精准，给运动员提供更好的服务。”

目前，气象部门已经建成了京津冀区域 500 米分辨率、冬奥山地赛场核心区域 100 米分辨率、逐 10 分钟快速更新的中国气象局北京快速更新循环数值预报系统，具备了“百米级、分钟级”精准预报能力。而冬奥气象预报员们，也积累了丰富的山区气象要素变化的预报经验。

“心里有底了，相信在冬奥会期间一定能提供精准的预报服务！”团队成员信心满满。

记者：骆倩雯

盛会在即 沉着以待

《中国气象报》 2022 年 1 月 27 日

冬奥在即，大家都坚守在各自岗位上忙碌着，各项工作有条不紊地推进。能够切身参与这场在家门口举办的全球冰雪盛会，为赛事提供气象保障服务，我深感使命光荣、责任重大。

每到夜晚，看着崇礼街道上逐渐点亮的红灯笼，我才恍然感觉到新年将至。每每想到不能回家过年，心情也变得复杂起来。这是我第一次在外地过年，不能陪伴家人，作为子女、作为丈夫、作为父亲，不免有些愧疚。

冬奥会筹备以来的工作和生活，是我人生中非常特殊和难忘的一段经历。装备保障团队像一个大家庭，团队中 16 个人分别是抽调自河北省气象局、各地市气象局和厂家的技术骨干。在装备保障领域从事不同工作的他们，在工作和生活中都给了我很多帮助。装备保障团队组长幺伦韬的大局观、承德市气象局何涛的细致、唐山市气象局孙云锁的乐观、邢台市气象局张可嘉的稳重、沧州市气象局王彦朝的活力，都给我留下了深刻印象。

与此同时，我也深深感受到家人对我的支持和无私奉献。母亲心脏不好，在我来崇礼前刚做了心脏造影检查，术后手肿得像馒头一样，无法用力，但依然坚持帮我照看孩子，每次打电话都说：“孩子很乖，手已经没事了，家里一切都好。”同样，每次爱人的电话也是报喜不报忧，说：“家里一切有我，你在赛场前线安心工作。”

对于赛时气象装备保障充满憧憬并信心满满，我们每个人都斗志昂扬。冬奥会既是对运动员的检验，也是对我们气象保障工作成效的检验。组长幺伦韬说：“我们赛前将每一次保障活动都按照赛时标准认真对待，已充分将赛时可能出现的问题考虑全面，并做好了充足的预案准备，对于赛时的任何突发事件都可以从容应对。”

因此，我们全体保障队员有信心、有决心出色完成冬奥会气象装备保障工作。我们也将严格落实场馆内的防疫措施，认真执行赛前商讨制定的保障规则，展现气象人更快、更高、更强、更团结的奥运精神。

作者：金龙

顶风迎雪精准“把脉”冬奥气象

《人民政协报》 2022 年 1 月 28 日

严冬的海陀山上气温直逼 −20℃，全副武装的张曼和同事们带着探测运维设备便上了山。风太大，导致缆车停运，陡峭的山峦中，大家脚穿冰爪、戴着头盔，沿着赛道徒步赶往故障站点。

张曼是延庆气象台副台长，也是 2022 年北京冬奥会、冬残奥会延庆赛区现场气象服务团队成员。“我们探测运维保障团队的任务，就是守护好海陀山的冬奥气象综合监测系统。越是刮风下雪的特殊天气，就越要保证探测系统的稳定运行。”说话间，张曼的眉毛鬓发结了一层雪白的霜，口罩和围脖被呼出的气冻成冰片。

2022 年北京冬奥会期间，位于延庆赛区的国家高山滑雪中心、国家雪车雪橇中心将承担滑降、超级大回转、雪车、雪橇等比赛项目。露天、半露天的比赛环境对气象服务保障工作提出了更高要求。

为此，北京市气象局于 2017 年成立冬奥会北京气象中心，张曼所在的延庆气象服务组作为其中一组，面向竞赛团队、场馆群指挥中心、城市运行指挥中心等多个需求方，承担了竞赛场馆和非竞赛场馆的预报服务、设备维护抢修等工作。

为了积累预报经验，延庆气象服务组的队员经常要上山体验天气。遇到下雪、刮大风等转折性天气时，他们更要追风逐雪，去山上走一圈，看看每个高度、站点风的变化情况，把预报情况和实际情况进行反复对比。就这样，他们一坚持就是 5 年。经过不懈努力，延庆气象服务组不断积累在复杂地形下的预报经验，为保障冬奥会打下了坚实的基础。

据了解，北京冬奥会期间，延庆气象服务组将有 11 人参与到核心赛区的气象保障中，其中有 7 人在后方根据监测数据制作赛区的气象服务专报，保证每小时更新；4 人在赛区内负责对后方传来的气象服务专报进行详细的解释，针对未来天气变化趋势与前方的裁判、教练员以及赛事组织方进行及时沟通，为冬奥赛事保驾护航。

记者：齐波，通讯员：贾良

北京赛区气象预报服务团队：首席集智护佑冬奥梦圆

《中国气象报》 2022 年 2 月 5 日

北京冬奥会、冬残奥会，是 2022 年世界瞩目的一件大事。在新年贺词中，国家主席习近平热情而又笃定地说：“世界期待中国，中国做好了准备。”

北京冬奥会期间，冬奥气象中心首席气象官曲晓波及北京赛区两位气象保障人员——北京市气象台首席预报员何娜、中央气象台首席预报员陈涛进入“战时”状态，为各个场馆在赛时的顺畅运转提供全面保障。在北京冬奥会运行指挥部调度中心前方工作组，北京市气象台决策服务首席预报员吴宏议从 1 月 19 日起进入闭环管理，提供决策气象服务。

此次冬奥比赛场馆分别位于北京、延庆、张家口三个赛区，天气气候条件各异，这对在运行指挥部调度中心驻扎的预报员提出了更高要求。“我们不仅要熟悉北京赛区的天气特点，对其他赛区的状况也要了如指掌；不仅要做好监测预报，也要关注高影响天气阈值；不仅要自己明白，还要面向相关部门讲得清楚。只有我们面面俱到，才能筛选有用信息，真正为决策起到科学支撑作用。”说起运行指挥部调度中心的预报工作，何娜条理十分清晰。尽管难度很大，但在她的预期目标内，这是一项必须高质量完成的任务。

为此，在 4 次冬季沉浸式实战模拟集训（以下简称“封闭冬训”）中，他们集中精力拉近天气预报信息与体育赛事的距离，结合体育部门需求，针对不同场馆、不同赛事甚至不同时段的高影响天气因子，一步步完善“一场一策”“一项一策”实施方案。“运行指挥部调度中心与其他场馆不同的是，需要预报员直面决策者，因此，机动、灵活、全面是不可或缺的，无论何时何地，都得保证心里明白、嘴上清楚。”身经百战的陈涛面对冬奥，虽胸有成竹但无半点松懈。

在位于石景山的首钢工业园区，坐落着北京冬奥会最独特的场馆——首钢滑雪大跳台，这是北京赛区唯一的室外项目运动场馆。选手要从 48 米的跳台高处出发，在 25 米处完成起跳动作并顺利落地，动作难度非常高，对气象条件要求也更为严苛。中央气象台首席预报员符娇兰和北京市气象台首席预报员杜佳是驻派于此的两位气象预报员。杜佳拥有多年短临预报经验，但高标准高要求的冬奥会提出了新挑战，“预报员日常预报工作只包含 10 米高度风速，在首钢大跳台的预报中，我们需要进行 25 米、48 米高度风速的预报，全高度护航运动员安全。”

为了提高高空风的预报准确率，团队自 2017 年成立以来，利用每年封闭冬训的机会，统计不同时段、不同高度的阵风与平均风的关系，采取经验预报与模式预报结合的方法，在一次次天气过程中不断检验优化，最终建立风预报客观方法，在 5 年的实战检验中，预报准确率稳步提升。他们将遇到的每一种天气过程研究分类，事无巨细地做了素材储备，汇编成不同天气背景下气象要素的特征手册，以便随时回应每一个可能出现的问题。

北京赛区多以室内冰上项目为主，北京市气象台首席预报员翟亮介绍，虽然都是冰上项目，但不同赛事对冰面的要求不同，温度、湿度等气象要素都会在一定程度上影响赛场制冰过程和冰面情况。此外，北京赛区天气的变化对赛事组织和城市运行都有直接影响。

除把关北京赛区冰上场馆天气预报工作外，翟亮还承担了开（闭）幕式气象预报保障工作。1 月 22 日上午 10 时 30 分，在气象部门开幕式第一次工作调度会结束后，翟亮匆匆咬了一大口早已凉透的包子。“从早上 5 点多一直忙到现在。”话还没说完，翟亮又被同事喊走，开始字斟句酌地修订最新一版气象专报。每一句付诸纸面的结论，都经过十几次甚至几十次修改，为的是能够通俗、清晰、精准地把专业的天气预报信息传递出去。

开（闭）幕式环节多、意义重大，对气象服务提出了更高要求。从 1 月 3 日晚，预报团队就开始向组委会报告开幕式当日天气，并随着时间临近不断订正预报结论。

为了更好地保障开幕式，预报团队将能见度、风、降雪、气温等全部纳入考量范围，甚至细致到了“风向是否有利于旗帜飘扬”。天气预报充满不确定性，但预报员选择用万全准备，将不确定性和风险降至最低。

北京赛区气象预报团队最突出的特点就是集合了中央气象台与北京市气象台“双台”首

席；他们中既有经验丰富、沉稳老道的老将坐镇，也不乏年轻有为、敢想敢拼的新人注入活力；既掌握丰富的地方气象预报经验，又具备对环流形势的精准把控能力。正所谓聚“双台”骨干，集“双台”之智。

共赴冬奥之约的底气，来自整个预报团队的日常积累、历次重大活动气象保障的历练、连续多年封闭冬训的专项实践经验、对不同要素变化特征的总结分析以及多维度预报服务平台的业务支撑，更来自背后默默付出的千千万万气象工作者的全力支持……

作者：张艺博

张家口赛区保障团队：“云顶”见证信念如磐

《中国气象报》 2022 年 2 月 5 日

2 月 4 日，北京冬奥会盛大开幕。冬奥会期间，张家口赛区举行冬季两项、越野滑雪等 6 类雪上项目，将决出 51 枚金牌。

气象服务是冬奥会得以顺利进行的重要保障。为切实做好北京 2022 年冬奥会和冬残奥会张家口赛区气象保障服务各项工作，河北省气象局组建冬奥会气象预报服务、装备保障、网信安保、赛会服务等团队，助力北京冬奥会精彩举办。

把地基打牢

冬奥会雪上项目受天气影响大。赛场气象观测数据就好比大厦基石，是保障赛事进展、人员安全的基础，一丝一毫不可疏忽。

为把基础筑牢，气象人选择“起早”。从 2015 年起，河北省气象局就开始在张家口赛区布建观测站点，把一个个空白区域填满，织成精密捕捉天气要素的细网——赛事核心区建气象观测站 44 个，赛区周边建气象观测站 70 个，还布设了激光雷达 11 部、三维超声风速仪 6 部、微波辐射计 5 部。

天寒地冻，山路难行，大部分设备仪器只能靠人力搬到山上。而更为艰巨的任务是对设备的维护。2020 年，河北省气象局组建了冬奥会气象观测装备保障团队，由雷达运行保障、计量检定、自动气象站保障等专业人员构成。

团队工程师王彦朝介绍，云顶一号站是维护难度最大的站，它周围的坡度超过 45°，路又陡又滑。技术人员要背着 20 多斤的设备，踩着没过脚踝的积雪爬到山顶，到达山顶后，再通过安全绳从一个坡度 60° 的坡面下到站点。这一段路需要一个多小时，尤其是用安全绳下坡时，只能一只手抓绳子、一只手提设备，十分危险。就是在这样的环境下，“身怀绝技”的气象装备保障专家硬生生被训练成了登山达人。有时，受造雪和赛道塑型影响，部分站点会被掩埋在 6 米深的积雪中。保障团队发现后要第一时间上山清理，以便尽早“唤醒”设备，而他们自己却常常被冻得手脚失去知觉。

2022 年 1 月 22 日，张家口赛区气象装备保障团队 16 人正式入驻场馆，提早开启赛时状态，为实现“百米级、分钟级”冬奥气象预报打下坚实基础。

把关键点打通

张家口赛区的雪上比赛项目受风的影响最大，对风的精细预报要求更高。张家口赛区国家跳台滑雪中心预报员段宇辉介绍："大风天气对跳台滑雪和北欧两项影响较大，寻找到小于每秒 4 米风速的赛时'窗口期'，是预报中最大的难点和关键点。"

为了积累冬奥会赛事气象预报经验，从 2017 年开始，在每年 10 月到次年 3 月，张家口赛区都会集合全国气象业务骨干，包括中央气象台、河北省气象局等单位的 35 名优秀气象预报员开展实地驻训。

"5 年间，在冬奥同期时段中，云顶经历过强风、暴雪、低能见度、沙尘，甚至高温融雪等不利气象条件；5 年间，我们积累了宝贵经验，也树立了决胜信心。"云顶场馆群气象预报团队队长李宗涛介绍。

按照"一场一策""一项一策"的原则，在"赛时"，张家口赛区气象服务团队分为两组，一组在冬奥气象分中心负责赛区预报服务的技术把关、站点预报以及场馆简报材料制作，为前方现场气象服务人员提供技术支撑；另一组按实战需要分别派驻云顶和古杨树场馆群，为两个场馆群每天两次提供精细至赛道的场馆天气预报，以及现场气象信息咨询等。

把名牌擦亮

张家口赛区气象保障服务工作自 2014 年 3 月 14 日参与申办城市第一次回复国际奥委会调查问卷起，将持续到 2022 年 3 月 13 日北京冬残奥会气象保障服务结束，8 年时间，横跨申办、筹办、举办 3 个阶段。

在这 8 年的时间里，气象保障服务团队成员们经历了人生中的一个个重要时刻，随着成长不断变换着身份，但不变的是始终守护着一个信念——高质量完成冬奥气象保障任务。

整个"大家庭"拼尽全力，赢得了信任与回馈。在 2021 年的测试赛中，张家口赛区气象预报服务团队凭借精准的预报，为赛事日程调整及指挥部科学调度提供了决策依据，得到北京冬奥组委的充分肯定，被国际雪联自由式滑雪前主管乔·菲莰拉尔德称为"有史以来最好的气象服务"。

现在，冬奥会的大幕已拉开，气象保障团队数年的付出迎来了最终的检验时刻。团队的每一个人都深感任重道远，已做好应对极端天气等风险挑战的准备，将以高水平服务擦亮中国气象名牌。

作者：谢盼

延庆赛区气象服务组现场预报服务团队：
"延庆一家人"翻山过关

《中国气象报》 2022 年 2 月 5 日

"重任在肩！使命光荣！请党放心！冬奥有我！"1 月 22 日，在北京 2022 年冬奥会延庆气象服务分中心，延庆赛区气象服务组现场预报服务团队 11 名预报员出征的誓言破开寒风冻雪，直透云霄。冬奥这场“大考”早早地敲响了预备铃，气象预报员也提前进入“应考”状态。

这也意味着，从那一刻起，一柄专为北京冬奥会延庆赛区锻造的预报“神器”，经过数年砥砺开刃，正式出鞘，一试锋芒！

从零开始 没有过不去的海陀山

人们常用“没有过不去的火焰山”比喻没什么克服不了的困难，对于延庆赛区冬奥气象预报员来说，把“火焰山”换成“海陀山”再合适不过了。

在这座山身上，许多队员尝到了职业生涯“滑铁卢”的滋味。

北京冬奥会之前，在我国，因为关注少、需求小，超高精度的山地气象预报这一世界级难题鲜有人涉足。而海陀山地形复杂，局地小气候特征明显，在这里，以往队员们面向平原积累的预报经验、构建的预报概念模型几乎全部“失灵”，更不用说精细预报气象要素的变化。

这意味着所有人都必须从零开始。路只有一条——学。

从书里学——尤其是入门阶段，他们每天都和搜集到的各种权威材料“死磕”；不仅自己读，还要在翻译和消化的基础上讲给队友们听；冬训期间学，回到业务岗位也苦读不辍。

从脚下学——“赛事要求预报精细到点位。”团队队长时少英说。从 2017 年冬天开始，他们带着前一天的预报上山，对着地形分析实况。几年下来几乎把海陀山跑了个遍：走过平缓的北坡，也爬过陡峭的南坡；摔过，磕过，衣服、鞋子都磨破过，让彼此见过最狼狈的样子；曾笑着追风，惊喜于从未见过的云彩形状；曾命悬一线，躲过 40° 陡坡上滚落的大石头……

他们看遍了大风、暴雪、雨雪转折和静稳天气下海陀山的不同“面孔”，用脚、用手、用脸颊、用仪器，一点一点地挖出山和天之间的秘密：高山滑雪竞速赛道 1 号气象站监测到的多为偏西北风，3 号站多偏北风，原来与北坡走向不无关系；低海拔的竞速赛道 5 号站阵风风力竟然能比肩高海拔的 1 号站，原来前者上方的山有个口子……这些积淀，在科技利器的加持下，在一场场赛事中为决策部署提供了重要支撑。

提前 7 天捕捉到的大风信号，在滚动跟进的服务中愈发明显，经过前后方默契配合，团队最终精准锁定了 2020 年 1 月 18—19 日延庆赛区出现的大风，让原本计划在 19 日举行的第十四届全国冬季运动会高山雪上赛事得以及时避开，赢得了国际雪联专家的认可。

2021 年，“相约北京”雪橇国际训练周和 2021/2022 国际雪橇联合会雪橇世界杯举行的前一天夜间，延庆赛区迎来了那年冬天的第一场大雪，在此轮强寒潮天气过程开始前一个星期，团队就做出提醒，提前 3 天给出准确要素预报，支撑场馆运行团队和外围保障团队密切配合，确保了各国参赛运动员在 11 月 7 日一早如期出现在赛道上。

好钢精淬 团魂之下各放异彩

被问起近几年最值得骄傲的事，不少队员的回答都是“加入了这个团队，认识了这么多优秀的人”。这 11 个人，队长时少英像火一样，仿佛有使不完的劲，总能用热情点燃别人；

副队长于波认真沉稳，关键时候总能顶住压力，让人安心；李蔼恂看起来文静柔弱，骨子里却有一股“咬定青山不放松”的韧劲；身为延庆本地人的阎宏亮热心开朗，大家有什么难处都乐意“举手之劳”帮一把，平时是团队里的“大管家”……

他们各具性格，更各有所长：荆浩承担多维度冬奥预报业务平台和冬奥现场气象服务平台的建设任务，将复杂而耗时的架构设计、功能定义和沟通协调等工作处理得井井有条，同时不放松个人业务，研究了海陀山气温和风等预报技术，并在延庆赛区预报“大比武”中斩获头名；邱贵强是团队里的科研好手，在团队还没有成熟的预报工具时，他迅速按照队员们总结出的各家模式偏差规律制作出延庆赛区气温客观预报产品——EC-Q，其模块至今是气温预报的有力帮手；李蔼恂善于琢磨，在雪车雪橇中心气象特征分析和预报技巧研究中敏锐地捕捉到“大风影响阈值”这一关键，与团队通力合作找到了延庆赛区本地化阈值，让预报员能更加精细地把握风对赛事的影响；陶亦为专攻异常天气预报，相关产品在赛区异常回温时提前发出明确信号，为预报员准确把握天气趋势、及时提醒场馆运行团队提供有力支撑；陈仲榆注意到国家高山滑雪中心的主要通行工具缆车易受大风影响，但针对缆车很难实现实时观测，于是他利用机器学习方法建立了包括多个自动站点风向风速观测数据的缆车风反演模型，成为预测和掌握实时缆车支架风数据的重要工具……

这 11 朵“不一样的焰火”，怀着一样的“躬逢其盛，与有荣焉”的期待，燃着一样“向世界预报难题发起冲锋”的热血，抓住这个来之不易的蜕变机会走到了一起，在迈过一个又一个坎儿的过程中，逐渐凝聚成一股所向披靡的力量。

这些坎儿，不仅是业务难题、赛事难关，还有许许多多其他问题，其中最绕不开的就是对家的思念。

5 个冬天、每次 5 个月的冬训不可避免地让很多人生命里留下遗憾：赵斐的媳妇正在孕期，他身在延庆只能隔着屏幕送去思念；邱贵强只来得及给新婚妻子一个仓促的婚礼，没有蜜月；这几年，马学峰把孩子的生日全都错过，心里有时挺不是滋味……

这些“错过”无可弥补，但心灵能从另一个层面得到温暖：春节值班的时候，本地的队员总是抢着来；雪橇国际训练周和世界杯期间，第一次赶上 50 多天闭环管理，猝不及防的李琛和陶亦为没有带够生活物资，是延庆区气象局局长闫巍紧急协调，硬是在封闭期间送上衣服、食物……相信，这些“所得”也是无可比拟的，微信群的名字“延庆一家人”便是最温馨的响应。

海陀山，是冬奥赛场所在的山，也是检验本事的一道“关”，在它的见证与考验下，“延庆一家人”翻山过关，携手共赴冰雪之约。

作者：叶奕宏

落幕未收场　看“观天人”的“冬奥梦”

《中国气象报》 2022 年 2 月 22 日

2022 年 2 月 20 日，冬奥圣火在国家体育馆渐渐熄灭。这场令世人惊叹的冰雪盛会，画上了圆满句号。

在冬奥气象保障服务团队的微信群里，大家互道“辛苦”。一场持续 5 年乃至 7 年的马拉松，眼见临近终点。

此时，也有人感叹，冬奥会结束后，我们还会再见吗？

答案

黎明的那道光会越过黑暗，打破一切恐惧我能找到答案。

——《你的答案》

意犹未尽！当大幕落下，这是许多人对北京冬奥会的感受。

“开赛后的这 17 天，感觉特别短暂，一晃就过去了。就像是一位自由式滑雪运动员，为了冬奥会苦练了好几年，上场后完成了一套动作，也就是几秒钟的事情。”进驻北京冬奥会张家口赛区服务一线的中央气象台首席预报员董全感慨。

4 年前，董全第一次参与冬奥气象服务冬训。作为国家级业务单位的专家，他却因为对山地气象条件不熟悉，在演练中出现过较大的预报误差。那次“至暗时刻”成为他 4 年来孜孜不倦的动力。当冬奥会真的来了，预想中的紧张已化作一份从容。“毕竟，已经准备了那么久。”

与持续多年的准备相比，十几天的赛期确实短暂。而时光如逝的感觉，也源于赛时密集和快速的工作节奏。每天三四点钟，预报团队就要起床工作，赶在凌晨 5 时前，将第一份多语种服务专报报送给竞赛运行团队。这也是各运动团队最关心的信息之一。

高山滑雪项目，被誉为“冬奥会皇冠上的明珠”，在欧美国家有着极高的收视率。在历届冬奥会上，它也是受气象因素影响最大的比赛项目之一。平昌冬奥会，因为寒潮、大风，高山滑雪男子滑降决赛足足推迟了 4 天才得以举行。

2022 年 2 月 4 日，在延庆赛区，高山滑雪官方训练因为大风天气推迟了一个小时，这让很多人开始紧张起来。2 月 6 日，高山滑雪项目迎来揭幕战，原计划 11 时开始的男子滑降比赛因天气原因，先是推迟到 12 时，随后是 13 时、14 时……3 次推迟后，比赛宣布延期至 7 日。

那天，曾参加过 2008 年北京奥运会气象保障服务的时少英，一整天没顾上吃饭。“比赛一推再推，赛事方要求每小时向他们报送未来几小时风的变化情况，压力特别大。”

但面对竞赛运行团队“你有多大的把握”的提问，时少英毫不迟疑，给出了肯定答案！果然，第二天，风小了，比赛顺利进行。

高山滑雪主裁判马库斯·瓦尔德纳惊叹：“我们都将那位女士称作‘天气女孩’！大家以为风会大的时候，她说风会小，果然就小了！简直不可思议！”

2 月 13 日，北京、张家口等地普降大雪，多项赛事调整赛程。北京冬奥组委副主席杨树安却很笃定：“早在 2 月 4 日，气象部门就预测到这场降雪过程。11 日之前，我们已基本确定每个场馆的降雪时段和量级，做出了预案。”

两天后，北京晴空万里。在各国运动员交口称赞的首钢大跳台，中国小将苏翊鸣一飞冲天！

谈及对这次降雪的应对，国际奥委会奥运会部执行主任克里斯托夫·杜比不吝溢美之词："我认为，北京冬奥组委拥有最先进的天气预报系统。因此，无论遭遇什么样的坏天气，我们都可以克服。"

能够给出"答案"，在于气象部门早在 7 年前就开始"布局"。从监测站网建设到预报技术研发，再到连续 5 个冬天的实地"练兵"……7 年前，几乎很少有人了解"冬奥会气象保障究竟要做什么"；如今，他们却得到赛事组织顾问、国际雪联自由式滑雪前主管乔·菲茨拉尔德口中"有史以来最好的气象服务"的盛誉。

历程

致那黑夜中的呜咽与怒吼，谁说站在光里的才算英雄。

——《孤勇者》

时间回到 2015 年的盛夏。

那时，11 岁的谷爱凌还是一位每年夏天会回到故乡北京补习"奥数"的滑雪新秀；10 岁的苏翊鸣，正因为半年前出演电影《智取威虎山》而畅想着成为一名影视明星……当北京申冬奥成功的喜讯传来，一些种子却在年轻人的心里扎根发芽。

而在这之前，已经有人为了这个名叫"冬奥"的梦，开始忙碌。

张家口崇礼是一座拥有华北气候、滑雪场地理条件最为优渥的小城。为了赢得国际奥委会的认可，2014 年 11 月，一群气象人用肩膀扛、用骡子拉，在崇礼陡峭的山顶上，建设起专为保障冬奥会比赛项目的气象站。随着第一座冬奥气象站在 −20℃的寒风中竣工，此后 7 年，这一数字从"1"变为"441"。

2017 年下半年，一支由国家级首席预报员"坐镇"，从全国各地专门抽调并组建的冬奥会赛场预报服务团队正式组建。董全、时少英都是这支队伍的一员，团队中还有许多当时看来非常年轻的身影，譬如，当时 31 岁的李宗涛、29 岁的郭宏……组队那天，他们都在手机备忘录里，标记下北京冬奥会开幕的日子。

也是从那时起，他们认识到，冬奥会的气象保障服务和以往任何重大活动、重大赛事的气象保障服务都不同。尤其雪上赛事的竞赛安全、比赛成绩乃至是否允许进行，都与气象关系紧密。在冬奥会上，气象保障团队被视作与竞赛工作同等重要的"核心团队"。

然而，这些雪上项目大多在"十里不同天"的山地环境下举行。我国此前在山地气象学方面几乎是一片空白，但比赛所需要的预报、实况的信息又要非常精细。以自由式滑雪空中技巧项目为例，运动员滑行区出发点和起跳点相距不足百米，但风力风向的数值差异，却是"牵一发而动全身"。

所有的开端，要从"补课"开始：自学山地气象学、赴国外观摩、学英语、学冬季运动知识、学滑雪……不仅是学习，这支赛场预报服务团队每年都要分别进驻延庆、张家口两地的赛场，开展长达数月的冬训。他们要提前熟悉赛场环境，更要在实战中检验能力。

2017 年 12 月，中国选手徐梦桃在崇礼参加比赛后，就对气象冬训团队提供的赛场气象服务赞不绝口。也是从那时起，中国空中技巧国家队每年都会来崇礼参加比赛，提前适应这里的风、这里的雪……

2022 年 2 月 14 日，还是在崇礼的赛场上。因为前一天的大雪，女子空中技巧项目资格赛和决赛调整到同一个半天举行，这对第 4 次征战冬奥会的徐梦桃来说，是对体力分配上的重大考验。或许是这片熟悉的场地给了她更多信心，最终，徐梦桃一跳定乾坤！赛后，她还专门感谢了赛场环境保障人员。

那一晚，驻守在崇礼云顶滑雪公园的李宗涛激动不已。这些预报员或许永远不会出现在冬奥会的镜头之中，但人生的金牌，相信属于每一个敢于坚持的人。

逐梦

我可以跟在你身后，像影子追着光梦游。

——《追光者》

咱家门口办冬奥了！这些年，崇礼区气象局副局长王旭海俨然成了一位“冬奥专家”。参与建设冬奥气象站、建设冬奥气象科普馆、兼职“摄影记者”……而赛时气象装备保障人员，则是这段冬奥旅程中他承担的最重要角色。

冬奥气象装备保障人员不像赛场预报员那样引人注目，但是，正是他们确保了“三维、秒级、多要素”气象监测网络能够完整发挥作用。

幺伦韬是张家口赛区装备保障团队的负责人。开赛后，他们在每天午夜 12 点、一整天的赛事活动结束后，要上山巡查一遍设备；早上四五点钟又要爬起来，再巡查一遍。好在，整个冬奥会期间，除了一次针对数据延迟的维护外，所有核心区观测站均运行正常。

“它们和我们，表现得都很好。”

在延庆赛区，与幺伦韬从事同样工作的高猛，为了冬奥会已经爬过百余次小海陀山。每次踏着光滑的雪道进行设备维护，他都要穿上铁冰爪，随身背的设备最重超过 60 斤……赛时，高猛和同事每天还要手持气象观测设备对指定区域进行现场观测。这些“追光者”的存在，也是时少英预报“底气”的来源之一。

还有一些人，虽没能亲临冬奥赛场，却为这场盛会做了很多。让国际奥组委官员点赞的“百米级、分钟级”冬奥气象预报服务系统，其背后是许多气象科研人员多年来的持续攻关；中国气象科学研究院专家参与的一项科研工作，让曾经被某些人断言“中国人造不出来”的冰状雪，最终以“最高品质”铺满了冬奥赛道……

在北京冬奥会上，各国运动员屡创佳绩；我国更创下历史最好成绩，雪上项目获得“大丰收”。这背后，离不开包括气象在内的赛场环境保障。

2022 年 2 月 15 日，首钢大跳台全部比赛结束。这里不仅见证了谷爱凌和苏翊鸣的两块金牌，更有许多选手在这片场地完成了突破自己极限的高难度动作。赛后，许多领队、工作人员向驻场预报员杜佳竖起大拇指。

2 月 17 日，国家跳台滑雪中心比赛收官。郭宏眺望灯光下的“雪如意”，久久伫立。他说，5 年来的一幕幕在眼前不断闪现。就在冬奥会开赛前，郭宏意外手臂骨折，但他硬是绑着绷带按期进入闭环工作区域。他说：“我们用坚持和细致，赢得了各方的尊重。”

在这 5 年里，郭宏当了爸爸，也对家人添了更多愧疚；李宗涛无奈错过了女儿的“大半个童年”；也有人在团队中收获了爱情……疫情改变了许多最初的设想，新添了长时间闭环工作的巨大考验。

但当一切走向结尾，万种情绪均化为“不舍”。

董全说：“对于不少运动员来说，冬奥会还有下一届。可我们，只有这一届。”

王旭海问："冬奥会后，你们还会记得崇礼吗？"

他们说，冬奥会就像一个持续了 5 年、7 年乃至更长时间的梦。当午夜钟声响起，马车变回南瓜车，那些过去几年朝夕相处、并肩奋斗的兄弟姐妹，也许将天各一方。

但是，留给中国冰雪的东西永远都在那里。人们也会记得，有这么一群人，努力让"精彩、非凡、卓越"的"中国承诺"，变为了"世界评语"。

相信梦不会醒，我们，未完待续。

作者：段昊书

中国气象局公共气象服务中心：党建引领匠心护航冬奥

《中国气象报》 2022 年 2 月 24 日

"全体党员干部要坚决扛起政治责任，增强冬奥会气象服务的责任感和使命感，充分发挥战斗堡垒作用……"中国气象局公共气象服务中心（以下简称"公共服务中心"）北京冬奥会气象服务特别工作状态动员会上的铿锵话语，在赛场内外转化为有力行动，成为一届简约、安全、精彩冬奥会的坚强推力。

2022 年 1 月 25 日，公共服务中心接到"北京冬奥会火炬传递专项活动气象保障服务"任务，一支由行业气象室为主的火炬传递交通气象保障团队迅速组建而成。团队详细了解活动行程、路线，制作北京火炬传递交通气象预报图；提前与北京市、河北省气象局沟通，设计服务内容，确定产品形式；快速整合现有技术，形成对火炬传递活动途经的北京境内京新、京藏以及河北境内张石、海张、张承、京礼、京藏共 7 条高速路段未来 7 天逐 3 小时的精细化交通气象预报，内容包括降水、能见度、风速、气温、路温 5 类气象要素。

1 月 27 日—2 月 3 日活动保障期间，团队每日 8 时前为中央气象台提供冬奥专项活动保障会商材料，16 时前与北京市、河北省气象局电话会商，滚动制作"冬奥火炬传递交通气象预报"服务产品。其间正值新春佳节，整个团队把服务任务放在第一位，通过到岗值班加线上"云值班"的方式，前后密切配合，跟踪工作动态，推送最新保障信息，全力护航冬奥火炬传递活动。

从筹备到实战，冬奥气象服务是一场持久战。自 2017 年下半年开始，一支以国家级首席预报员为骨干，集合了全国预报力量的冬奥会赛场预报服务团队正式组建。公共服务中心李蔼恂、陈仲榆加入"冬奥延庆赛区现场服务团队"，自 2018 年起，连续 4 个冬天、每次 5 个月进驻延庆赛区参与现场定时定点的精细化预报服务和集训，实地观测强风雨雪等高影响天气，并参与 2019 年第十四届全国冬季运动会、2021 年"相约北京"系列冬季体育赛事测试活动、国家队训练等赛事以及场馆建设、赛道运维、造雪等气象保障服务实战。中央和国家机关青年学习标兵、中共党员李蔼恂作为延庆赛区团队临时党支部委员，将党建与冬奥保障服务工作相结合，积极推进学习型党支部建设，充分发挥青年中共党员的模范带头作用。团队其他成员同样以高标准、高质量要求自己，把党史学习成果转化为工作成效，及时"找差距、补短板"，逐步提升对复杂地形的精细预报能力。

1 月 22 日，冬奥延庆气象服务团队场馆预报员进入闭环管理，全面开启冬奥气象保障服务工作。按赛程安排，2 月 10 日，延庆赛区会进行高山滑雪男子全能比赛，如果这场赛事不能按时进行，将被直接取消。赛区竞速赛道第三起跳点的瞬时风速和风向变化是关键影响因素，如果瞬时风速接近或大于 10 米 / 秒，会威胁参赛运动员的安全。李蔼恂是当值的预报首席岗，她和赛道预报员、现场服务人员从凌晨开始就跟踪赛区分钟级实况信息，反复研究风速变化趋势，不断会商和讨论，最终得出“当天中午前后第三起跳点的风速呈减弱趋势，最大阵风不会超过 8 米 / 秒”的结论。事实证明，预报与实况基本一致，项目如期顺利完赛！

“‘重任在肩！使命光荣！请党放心，冬奥有我！’这是团队出征前的誓言。做好北京冬奥会和冬残奥会气象保障服务是我们的本职工作，更是一名中共党员许下的庄严承诺。”李蔼恂这样说。

誓言不变，责任不变。在冬奥会顺利闭幕后，公共服务中心又无缝衔接投入到冬残奥会气象保障服务任务中。

作者：郜婧婧

冰雪映初心　圆梦向未来——记中央气象台冬奥预报服务团队

《中国气象报》 2022 年 2 月 25 日

他们，大多不在冬奥闭环内，却是闭环内赛事组织方和预报员心中的“定海神针”。

他们，大多不曾与冬奥各国体育代表团谋面，却是教练和运动员口中的“神算子”。

他们，就是中央气象台冬奥预报服务团队，一支在幕后为北京冬奥会和冬残奥会毫无保留贡献光与热的团队，传递着新时代我国最高预报水平团队的自信和力量。

精心——协同作战机制护航冬奥

北京冬奥会是近 20 年来唯一一次在大陆性季风主导的气候条件下举办的冬奥会，加之冬春季节转换，天气背景更加复杂多变，对降雪、大风、低温、沙尘等天气的精密监测、精准预报和精细服务是赛时成功举办的决定性因素之一。

中央气象台从中期、短期、强对流、环境、决策等领域抽调 29 名预报服务精英，组建了一支以现场预报服务为“前锋”、中央气象台会商支持和决策服务为“大本营”的预报服务团队。开闭幕式及演练、火炬传递、赛事气象保障、安全保卫、空气质量保障、运动员抵返京等各项工作的背后，都有他们的身影。

“我们建立前后方协同作战机制，即前线突击作战，后方会商保障；前方贴身服务及时反馈需求，后方有效应对研发精细产品。”团队队长、中央气象台首席预报员张芳华说，高效协作机制，保障了北京、延庆、张家口三大赛区及冬奥组委主运行指挥中心等多地预报服务口径一致性。

从提前两周的中期展望，到提前 10 天的预报结论，再到提前 1 天的逐小时精细化预报结果，团队围绕火炬传递、开闭幕式等关键时间节点以及赛时高影响天气过程滚动分析、精细打磨、无缝隙滚动订正。冬奥期间，团队会商次数超过百次。

预报精准是服务精细的基础。决策气象服务首席王维国则站在用户的角度，分析服务对象关注点的不同，提出针对性建议。“有的放矢的建议才能落在点儿上，服务效果才不会打折扣。”王维国看着决策服务报告一览表说。这张表上记录着每天要为服务对象提供报告的时间和内容，从北京冬奥会气象服务专报，到火炬接力气象服务专报，再到一天两次的北京地区天气预报，每天的决策服务有条不紊。正是这份对事业的用心、用情，让忙碌的工作更加从容有序。

“我们团队就好比冬奥气象预报服务的大脑中枢神经，而中央气象台作为国家级业务单位，发挥的是龙头引领作用，特别是在中期预报、天气过程的关键点把握等方面，通过会商的形式支持前方，一起努力让预报更加精准。”张芳华说，中央气象台虽然有时是会商的组织单位，有时又变成参与单位，但不变的是对预报精准的追求。

放心——精准预报锁定窗口时间

每次遇到高影响天气或关键节点，冬奥会三大赛区现场预报团队都会随时与中央气象台冬奥预报服务团队联系。

2022 年 2 月 19 日，延庆赛区出现大风天气，高山滑雪混合团体比赛再次宣告延期，留给这个项目的时间只剩 1 天。19 日 22 时，张芳华参加临时增加的会商，大家聚焦 20 日上午竞赛赛道风力展开讨论，准确预报出两个小时的比赛窗口期。最终，比赛于 20 日 9 时开赛，赶在 11 时大风来临前顺利完赛。

精细到百米级的预报是预报学科的难题，而山地复杂条件下的精细化预报，更是世界难题。张芳华的预报意见让高山滑雪场馆现场预报员的底气更足了。“虽然中央气象台不可能精细地做每个场馆的预报，但在天气过程的背景把握、影响区域、强度、时间等方面会给出具体意见，与前方团队并肩作战。”张芳华说。

张芳华的“定心丸”，给得也并不轻松。早在 2019 年，张芳华和同事就去延庆赛区实地考察当地的小气候，主动自学山地气象天气学原理，并在一次次测试活动中不断预报、复盘，积累经验。通过积累，中央气象台冬奥预报服务团队针对山地气候的预报能力明显提升。

北京冬奥会闭幕后，中央气象台冬奥预报团队又无缝隙转战冬残奥会气象保障服务。2 月 23 日预报显示，3 月 2—4 日，北京将出现 6 级以上大风和沙尘天气。3 月 4 日，北京出现 7～8 级阵风。当晚北京冬残奥会开幕式是否会受到影响？大家心里都揪着。“我们给出的预报是大风会在 18 时之后明显减弱。”作为冬奥焰火燃放安全监督工作专班专家组成员，张芳华及时提醒当天焰火装置布设作业人员注意安全，并做出判断：大风不会对开幕式造成影响。

让前方预报同事放心，让服务对象放心，一直是中央气象台冬奥预报服务团队的不竭动力。国际奥委会主席巴赫在参加 1 月 30 日冬奥会开幕式彩排后，也忍不住问预报人员：“你们是怎么做到如此精准的预报的？说几点下雪就几点下雪。”

匠心——气象人精神传承未来

2 月 13 日，北京冬奥组委副主席杨树安表示，从北京冬奥会前半程的竞赛组织工作来看，一流的气象保障服务得到了很好的体现。气象部门为赛事提供了精准的天气预报，这对赛事顺利运行至关重要。这个评价，让团队成员备受鼓舞、倍感自豪。

一流的气象保障服务，来自充足的准备和团队“老中青”的传帮带。从 2017 年开始，中央气象台就为冬奥气象保障服务做准备，派出多名预报员参与赛区驻训。

“60 后”王维国，从 1990 年北京亚运会至今，几乎参与了所有重大活动气象保障服务。面对北京冬奥会的新需求，王维国和团队潜心钻研、细心调研，分析北京冬奥会与北京奥运会的相同点和不同点，针对大风、降雪、升温融雪、沙尘等天气，结合雪上项目的独特需求，细分服务节点和关键性影响因素，力求把气象预报服务做到尽善尽美。

“70 后”张芳华，在北京奥运会时还是中央气象台的领班，现在已经成为中央气象台首席预报员，带领预报服务团队经受了中国共产党成立一百周年庆祝活动保障、北京冬奥气象保障服务的淬炼。谈及收获，张芳华直言，若干次重大活动的保障，不论是对预报员个人还是团队都是一种磨炼，通过磨炼完善了工作机制，提升了预报能力，也提升了团队的凝聚力。

国家气象中心主任郝丽萍给予这支预报服务团队高度肯定：“虽然预报不能百分之百准确，但冬奥预报服务团队付出了百分之百的努力，以高度的使命感和强烈的政治责任感，胸怀‘国之大者’，以‘五年磨一剑’的工匠精神，对赛区高影响天气过程、关键时间节点等做出了准确的天气预报，以精益求精的工作作风和准确及时的预报服务赢得了冬奥赛场上预报服务的‘金牌’。我们将继续发扬中央气象台‘铁军’的精神，强化冬奥气象科技成果应用，在汛期气象保障服务的战场上，继续前行。”

作者：张明禄 胡亚

让气象信息无声“流淌”
——记冬奥北京气象中心信息技术保障团队

《中国气象报》2022 年 3 月 8 日

很少有人会不希望自己的工作成果被看到。

然而，有这样一群人，他们的愿望就是希望别人“感觉不到”，因为“感觉不到，就说明一切顺利”。

坚持这样的想法，冬奥北京气象中心信息技术保障团队（以下简称“信息技术保障团队”）默默完成了冬奥气象保障服务中通信专线建设、网络安全保障、基础资源配置、视频会商调度、统一数据服务、全流程综合监控等工作。

融入全程，只为“降低存在感”

当被问及“在北京冬奥会气象服务中，信息技术保障扮演什么角色”时，信息技术保障团队队长、北京市气象信息中心主任林润生郑重回答：“是纽带，也是核心。”

这句回答背后，有团队 8 年来不懈攻坚和打磨的充足底气，也有奥运会历史上第一次实现气象信息报告全自动化的亮眼成绩。

没有信息的流动，就没有服务的存在。

为了让冬奥气象保障服务信息有序流动，信息技术保障团队建立了统一的冬奥气象数据环境，为冬奥业务系统运行提供稳定、高效的数据服务；根据北京冬奥组委及国际奥委会的需求，团队利用技术实现 ODF 等冬奥气象数据从采集、传输、生成、发布的全流程自动化运行。而服务方式的一大亮点——变文件传输为接口服务，也得益于团队在优化数据传输流程、调整业务服务方式、缩短数据时延等方面做出的不懈努力。

事实上，这 8 年来，气象信息工作贯穿冬奥会从申办、筹备、测试到举办的全过程。在申办过程中，信息技术保障团队为冬奥场馆地区提供气象背景依据；筹备过程中，从布设第一批冬奥站点开始进行数据收集、质量控制，以及整理、建设、维护系统平台；测试过程中，建设多条线路打通前后方联系渠道，每年为冬奥组委提供气候背景报告……

漫长准备，只为一朝冲刺

“总算挺过来了！”谈及冬奥气象服务感受，林润生不由得感叹道。毕竟对于信息技术保障团队来说，保障并非 16 天，而是 8 年。

2014 年 9 月，海陀山第一个气象站建成，冬奥气象数据传输的探索历程由此开启。林润生说，最开始他们只能用北斗卫星传送数据信息，“十分钟才能完成一次数据传输”。

后来，运营商在海陀山布设了基站，配备了 100 兆带宽的线路……从没有信号到拥有 5G 信号，信息技术保障团队伴随冬奥走完了全程。正如计算技术研究室的缪宇鹏所说：“整个冬奥的保障活动，就像一次马拉松，前面漫长的准备都在为了最后的冲刺而努力。”

如今再回忆：

压力，有。在平衡日常业务和冬奥特殊性的同时，信息技术保障团队还要抢时间，保进度、保质量地完成“北京市气象局服务能力提升和冬奥会气象保障服务工程项目”建设，因为“要践行‘百米级、分钟级’承诺，离不开这些新技术新设备”。

辛苦，有。为了确保提供给冬奥组委数据的实时性，计算技术研究室的黄明明每天都会工作到很晚，特别是遇到夜间有比赛时，常常半夜还在传输数据；为了做好视频会商会议的保障，智能运维室科长姚勇每天的会商都不会缺席；为了更好地协调各方工作，综合办公室主任田东晓手机不离手，沟通不停、消息不断……

收获，也有。得益于冬奥会的举办，北京市气象部门的信息技术保障能力大幅提升，气象信息技术、运维保障模式、数据服务方式、跨区域业务系统集约建设机制等冬奥“遗产”将继续在日常业务中发挥作用。除此之外，大家收获最大的，便是这份工作带来的使命感与成就感，“虽然身处‘后方’，但我们的工作渗透进了气象服务的每个重要环节。”

作者：张宏伟　叶芳璐

（谷星月、王子瑞、范敏对本文有贡献）

架桥梁强联动显成效
——记驻守北京冬奥运行指挥部的气象服务保障人员

《中国气象报》 2022 年 3 月 15 日

他们，架起气象与体育部门间的沟通桥梁，让双方信息高效互通。

他们，驻守在三个不同岗位，密切联动，将服务需求落实、落地。

他们，将专业气象信息转化为决策者用得上、用得好的决策服务，气象服务保障成效显著。

他们就是分别进驻北京冬奥运行指挥部竞赛指挥组、运行指挥部调度中心（以下简称“调度中心”）、运行指挥部调度中心前方工作组（以下简称“前方工作组”）的冬奥气象服务保障人员。

让决策服务用得上、用得好

隆冬时节，天还没亮，北京市气象台首席预报员何娜、中央气象台首席预报员陈涛各自从家出发，前往调度中心。

调度中心是运行指挥部的实体化办公机构，如同重大战役的参谋指挥部，负责联通各方、汇总信息、发出指令、跟踪和解决问题。“气象团队要帮助运行指挥部第一时间了解影响赛事的天气，将专业气象信息用通俗语言再解读，让决策者真正用得上、用得好，为各场馆赛时的顺畅运转提供保障。”何娜介绍。

何娜提到的团队，除了她与陈涛外，还有河北省气象服务中心首席预报员范俊红。从 2021 年上半年“相约北京”测试活动起，团队正式运作，每天制作发布服务专报，参加天气会商、工作例会，将最新服务需求及时传递给北京市气象局后方团队。

三个赛区天气气候条件各异，团队必须对每个赛区的状况了如指掌，才能让气象服务更有针对性。范俊红顺理成章地成为张家口赛区的气象“向导”，而何娜与陈涛也已“吃透”北京、延庆赛区的天气特点，三人取长补短、互相学习。

冬奥会顺利闭幕后，气象服务保障工作迅速过渡到冬残奥会阶段。“冬残奥会期间，北京冬末初春转换，天气复杂多变，对赛事的影响更加明显。”何娜说。

早在 2 月 26 日，团队就将冬残奥会期间可能出现的天气过程提供给相关部门。此后，面对不断更新的需求，团队自 3 月 6 日起提供冰壶比赛时段场馆外逐小时精细化气温、空气相对湿度预报。“室外的气温、相对湿度也会影响室内。如果冰面温度与室内气温差别过大，就会结霜；如果空气相对湿度较大，冰面也容易结霜。”何娜说，场馆会根据精细化预报调控冰面温度，以确保比赛顺利进行。

赛期调整“发令枪”打早打准

2021 年 11 月底，北京市气象台决策气象服务首席预报员吴宏议接到紧急任务，去前方工作组开展闭环内气象服务保障。

前方工作组设立在北京冬奥村（冬残奥村），竞赛日程变更的最终结果，就是在这里由各个相关机构进行多轮会商“出炉”。“我的任务就是提供精细化气象信息、天气解读和咨询，为竞赛日程变更寻找合适的‘窗口期’。”吴宏议介绍。

今年2月12—13日，三大赛区出现强降雪，并伴有大风、降温、低能见度天气，而此次天气过程的“苗头”早在2月3日便被气象部门捕捉到。降雪出现的两天前，每个场馆的降雪时段、量级也被基本被锁定。竞赛安排调整的气象“发令枪”，打得早也打得准。

即便胸有成竹，气象服务保障工作也没有丝毫懈怠。从2月13日6时起，吴宏议高频次参加天气会商，及时了解天气发展趋势，开展实时天气监测，第一时间向竞赛指挥组汇报；参加竞赛日程变更委员会会议，介绍最新预报结论。

根据降雪实况和未来天气趋势预报，国际奥委会多次召开竞赛日程变更委员会会议，商讨调整原定于2月13日举行的自由式滑雪坡面障碍技巧女子资格赛、空中技巧女子资格赛的赛期。14日8时，会议确定两项赛事延期一天举行。

“气象专家提供了精准的天气预报服务，这对赛事的举办至关重要。”北京冬奥组委副主席杨树安对气象工作赞不绝口。

在冬奥服务中树立“气象自信”

早在距离冬奥会开幕式还有12天时，冬奥气象中心首席气象官，北京市气象局党组成员、副局长曲晓波，正式进驻运行指挥部竞赛指挥组，这里是他在冬奥会和冬残奥会期间的临时办公场所。

“统筹、协调、对接”是曲晓波所负责工作的重要特点。“统筹协调北京、延庆、张家口三个赛区的气象服务，了解赛事服务重点、具体要求等。遇到对赛事有影响的天气，第一时间向运行指挥部调度中心前方工作组报告，为决策指挥打出提前量。此外，为中国气象局与竞赛指挥组进行协调、对接。”曲晓波介绍。

调度中心每日召开工作例会，交流通报冬奥会和冬残奥会期间整体工作情况，遇到高影响天气过程时，曲晓波将代表气象部门发言，介绍天气趋势、分析风险影响等。“北京冬奥组委相关部门对气象服务保障的认可度很高，非常信任我们的预报结论。”曲晓波言语间满是自豪。

“光荣、自豪”是所有冬奥气象人的心声，在即将退休的曲晓波心中，能参与冬奥会和冬残奥会服务保障更是意义非凡。“在这个过程中，我深切体会到气象事业发展带来的气象自信。未来，为国家冰雪运动发展提供强有力的支撑，服务全民健康，气象事业仍大有可为！”

作者：叶芳璐

共奏冬奥气象服务之歌
——记张家口赛区气象服务保障前方工作组赛会服务组

《中国气象报》2022年3月16日

随着国家体育场（鸟巢）的奥运圣火缓缓熄灭，2022年北京冬奥会、冬残奥会画上圆满句号。

从2月4日冬奥会开幕，到3月13日冬残奥会闭幕，张家口赛区先后经历了大风、骤雪，升温、降温等，复杂的天气一次次向气象服务保障发起挑战。

回望两场盛会，赛会气象服务精益求精。在赛事气象服务保障工作的背后，有这样一群人值得铭记——他们是张家口赛区气象服务保障前方工作组赛会服务组（以下简称“赛会服务组”）的 29 名工作人员。赛会服务组由河北省气象局及相关单位有关工作人员组成，承担面向赛区各级党政领导以及省冬奥调度指挥中心、张家口市冬奥会城市运行和环境建设管理指挥部需求的各类决策气象服务保障工作。

应盛会所需

2 月 3 日，冬奥会火炬接力在张家口赛区举行，途经阳原县泥河湾国家考古遗址公园、张北县德胜村、张家口工业文化主题公园、崇礼区富龙滑雪场、张家口大境门遗址 5 个标志性地点。赛会服务组提前分析 5 个火炬接力点位的气象历史实况数据，对可能发生的高影响天气给出风险概率和服务提示。

1 月 23 日—2 月 2 日，赛会服务组累计发布 11 期《张家口赛区火炬传递气象服务专报》，准确预报了 2 月 3 日 5 个传递点位逐小时天空状况、气温、风向风速、能见度等要素。“精准的气象服务，为火炬传递圆满成功提供了有力支持。”火炬传递刚结束，组委会这样反馈。

冬奥会开幕式当天，张家口赛区举办系列文化活动。气象应急观测车早早到达现场，实时监测气象数据，直至活动结束。

冬奥会开、闭幕式期间，运动员和观众需从张家口到北京参加开、闭幕式，针对这一需求，赛会服务组连续多日对2月4日和20日张家口到北京沿线天气及交通进行预报服务。“我们在城市运行气象服务专报中，增加了出发地怀来的 24 小时逐小时预报。”赛会服务组组长苗志成表示，2 月 4 日和 20 日正赶上冷空气入侵，气温低、风力较大，需要提醒运动员和观众做好防寒保暖准备、注意行车安全。而事实也证明，实况与预报吻合。

供全域所求

面向整个张家口赛区，赛会服务组关注各领域气象服务需求，为城市运行和赛会保障提供了优质气象服务：在冬奥会期间，累计制作发布 12 类气象服务材料共计 237 期；在冬残奥会期间，累计制作发布 12 类气象服务材料共计 145 期。

围绕交通气象服务，赛会服务组和张家口赛区综合交通运行指挥中心充分调研，确定了 11 个关键点位，例如张承、京礼高速，张家口、太子城高铁站以及核心赛区道路，赛事期间开展逐个点位的 24 小时预报。

2 月 12—14 日，赛区出现降雪过程，赛会服务组增加天气研判频率，早在 8 日就面向各行业发出重要天气报告。12 日，大雪如期而至，工作人员自 11 时开始调整制作专报频次为每 3 小时一次，按时发送至张家口市交通综合运行协调与应急指挥中心、高速管理处等部门，为其提早部署人员设备物资提供参考。

“虽然眼睛熬红了，精神也高度紧张，但听到冬奥运行保障各部门的良好反馈，觉得所有的付出都有意义。”赛会服务组成员王跃峰说。

武辉琴是河北省气象服务中心首席专家，春节前她便从石家庄出发赴张家口支援。去年，她的儿子刚上大学一年级，半年没见面的母子因武辉琴要去张家口，又要有半年时间见不到。“能为冬奥会提供服务是我的光荣。”临走前，武辉琴把儿子最喜欢吃的饺子和烙饼塞满了冰箱。

为做好冬奥会、冬残奥会气象服务保障，整个团队克服不少困难。拼搏奋斗、汗水泪水、笑声掌声，大家以“功成不必在我，功成必定有我”的热忱，坚定“咬定青山不放松，一张蓝图绘到底”的信念，演奏出的冬奥气象服务之歌，动人心弦。

作者：谢盼 路晓琳

情系海陀山——记延庆赛区现场预报服务团队成员邱贵强

《中国气象报》2022 年 3 月 18 日

3 月 14 日一早，邱贵强坐上了返回山西的高铁。“真想快点见到妻子和孩子。”他和家人已经分开了 5 个多月。就在前一天，国家高山滑雪中心举行了冬残奥会期间最后一场比赛，他与延庆赛区现场预报服务团队成员们“战斗”到最后一刻，保障比赛圆满完成。

为了做好冬奥气象保障服务，在中国气象局的统一组织下，山西、内蒙古等省（自治区）气象局部分业务骨干驰援延庆赛区、张家口赛区。在加入团队之前，邱贵强在山西省气象台主要承担天气预报及技术研发工作。驻守延庆以来，他和团队成员多次到海陀山实地体验天气变化情况。陡峭地形，层峦叠嶂，让他们切身体会到山地中小尺度风、温度等气象要素精准预报的难度，高山滑雪项目对风尤为敏感，大风不仅会影响运动员的成绩和安全，雪后大风还会带来“风吹雪”天气导致能见度降低。

如何破题、解题？邱贵强萌生了研发客观预报平台的想法。

利用时下流行的多种机器学习算法，邱贵强牵头研发了延庆赛区气温和极大风客观预报平台。虽然有技术开发的工作经验，但机器学习对他来说仍是一个新领域。研发初期，只要不值班，他便一头扎进各种资料中学习，不断进行探索性尝试。气温客观预报最先“出炉”后，2021 年初，风速客观预报平台上线，并正式投入业务应用。

2 月 19 日，邱贵强值国家高山滑雪中心竞技赛道预报岗，观测数据实时显示赛场附近的竞技 3 号气象站风速持续较大，导致比赛迟迟无法进行。20 日上午风速究竟如何？有没有比赛的“窗口期”？为解答这些关键问题，延庆赛区气温和极大风客观预报平台提供了重要参考。

“经过多维度、全方位的细致分析和研判，我们预计 20 日上午的风速总体比 19 日上午要小，且 20 日 9—11 时的风速呈现逐渐增加的趋势，该预报意见与中央气象台、北京市气象台基本一致，与实况也较为吻合。”邱贵强说。

实际上，早在 2021 年 1 月，强冷空气侵袭延庆赛区，国家高山滑雪中心竞速赛道的山顶气象站气温出现了近 4 年以来观测的最低值 −39.9℃，在这样的极端天气下，该平台的预报误差不到 3℃。在同年 12 月的一次最强大风天气过程期间，该平台的极大风速预报与实况偏差不到 2.5 米 / 秒。

“台上十分钟，台下十年功。参与冬奥气象保障服务的机会来之不易，我要把自己全部所学所研都倾注其中。”邱贵强说，能全身心投入其中，少不了家人的支持与理解。

从 2018 年开始的每个冬季，邱贵强都要从山西前往北京延庆，与团队成员一起驻训，积累冬奥现场气象预报服务经验，甚至过年也无法回家。经过多年恋爱长跑的他，心中的梦想就是为妻子办一场浪漫的婚礼，却因为紧张的驻训迟迟未能如愿。

2019 年 12 月，结束了在内蒙古自治区的“十四冬”赛事气象保障服务调研工作后，邱贵强乘飞机、搭火车，几经周折与妻子赶回山东老家。在亲朋好友见证下，匆忙举行了一场“压缩式”婚礼。随后，他即刻赶回延庆继续参加驻训。

“在她最需要我的时候，我总是缺席。”邱贵强说，后来妻子怀孕、孩子出生，他都无法陪在身边，每每想起，心中都十分遗憾和愧疚。“4 年来，妻子在我身后扛下了所有，扛下了整个家庭。”他说，家人在用另一种方式与自己并肩战斗，共同为冬奥做贡献。

邱贵强表示，回到原岗位后，他将结合山西本地的天气气候特征，对平台功能进行优化、完善，尽最大力量让冬奥成果在后续的气象预报业务中持续发挥作用。

作者：叶芳璐 武雅丽 王雅婷

冰雪之上，守护每个精彩瞬间
——记北京冬奥会张家口赛区赛事（预报）服务团队

《中国气象报》 2022 年 3 月 21 日

“干得漂亮！优秀专业的态度！”跳台滑雪和北欧两项竞赛主任贾京不吝溢美之词。

“你们的预报非常准确，我从没见过这么准确的预报。”国际滑雪联合会（FIS）官员迈克尔说。

……

90% 以上的竞赛运行团队、国内外赛事官员、运动员、志愿者等对冬奥气象预报产品的准确性、及时性、针对性表示满意。

在北京冬奥会的“大考”面前，张家口赛区赛事（预报）服务团队，这支由来自国家级业务单位和黑龙江、吉林、内蒙古等地的 35 名优秀预报员组成的队伍，交出了一份亮眼答卷。

序

北京冬奥会，张家口赛区举办冬季两项、越野滑雪、跳台滑雪、北欧两项、自由式滑雪等雪上项目，决出 51 枚金牌。

这里山峰交错、沟壑纵横，小气候特征明显，气象要素垂直水平变化大，对于高分辨率的精准气象预报要求严格。

因此，气象部门一面发展客观技术——从 2015 年中国成功申办冬奥会开始，中国气象局、河北省政府共同谋划推进“冬奥会与冰雪经济气象保障工程”建设；科技部、河北省政府设立“科技冬奥”专项，全力支持冬奥气象观测预报核心技术攻关。

一面积累培养主观经验——2017 年，张家口赛区赛事（预报）服务团队正式组建，连续 4 个冬季驻崇礼集训，开展赛区精细化预报技术研究，并轮流赴国外学习培训。

科技和人相互成就，为守护冰雪之约提供双重保障。

作为科技冬奥专项研究成果的集成应用系统，“崇礼精细化气象要素实时分析系统”和“冬奥雪务气象预报预测系统”得到全面应用，成为赛事预报服务的有力支撑。

团队配合默契。按照“一场一策”“一项一策”的原则，赛时，赛事（预报）服务团队分为前方、后方两组，一组在冬奥会张家口赛区气象中心负责赛区预报服务的技术把关、站点预报以及场馆简报材料制作，为前方现场气象服务提供技术支撑；另一组派驻云顶滑雪公园和古杨树场馆群，每天两次提供精细至赛道的场馆天气预报，以及现场气象信息咨询等。

北京冬奥会期间，共有 9 项比赛根据精细化预报调整赛事——7 项决赛提前、2 项比赛延期，留下了一个个令人惊叹的“历史性时刻”。

风起——首场比赛如期进行

对张家口赛区首场比赛——2 月 5 日举行的跳台滑雪女子个人标准台决赛而言，最要盯紧的是风。

古杨树场馆群气象服务团队负责人段宇辉解释，风力过大，会影响运动员的空中飞行姿态、着陆动作和比赛成绩，甚至会对运动员的安全造成威胁。在未来 1～3 小时大风天气条件下，要预报员捕捉风速小于 4 米 / 秒的赛事“窗口期”，“这是最大的难点。”

但他们做到了。

赛事服务组气象预报员提前 3 天准确预报 2 月 4—5 日的大风天气过程，并于 4 日将次日举行的跳台滑雪赛事气象风险打上“需注意”的标记，引起相关人员关注。跳台滑雪现场气象服务人员，则为仲裁委员会决定 5 日晚上女子个人标准台决赛正常举行提供依据。

5 日，阵风风速实况逼近跳台滑雪赛事气象阈值，但始终没有超过。竞赛委员会决定，增加运动员出发间隔，赛事如期进行。

雪落——首次因天气调整赛程

自由式滑雪作为室外比赛项目，对气象条件非常敏感。尤其是当赛事期间出现较强降雪，过低的能见度会增加运动员的受伤风险。

“当雪花呈明显六角枝状时，意味着降雪量较大、积雪较深；而一旦降雪量和积雪深度超过一定阈值，某些比赛项目将会被延迟或取消。”河北省气象服务中心副主任、云顶场馆群气象服务团队负责人李宗涛说。

2 月中旬，崇礼下了一场雪，积雪深度达 6～9 毫米。综合考虑后，原定于 2 月 13 日举行的自由式滑雪坡面障碍技巧、空中技巧比赛延期一天举行。这是张家口赛区首次因天气原因调整赛程。而积雪深度实况与 4 天前预报的“中到大雪（积雪深度 4～10 毫米）”相差无几。

“气象预报非常准确，对降雪量级和时段的预报都很完美，给了山地运行团队充分的准备时间。”古杨树场馆群山地运行总经理魏庆华称赞道。

从 2 月 8 日起，赛事（预报）服务团队同国家气象中心、河北省气象台、内蒙古气象台滚动跟踪研判天气变化，并在张家口赛区竞赛指挥组“体育 - 气象”会商中提示赛事风险。

从 13 日 6 时开始，赛事（预报）服务团队加密会商，滚动向赛区竞赛指挥组及各领域通报降雪、能见度实况及预报；多次为国际雪联技术官员提供天气咨询，为赛事安排调整决策、铲冰除雪力量组织提供科学支撑。

降温——精准预报锁定最有利时段

2 月 13 日降雪结束后，冷空气连续南下补充，同时受古杨树场馆特殊的“冷池”现象影响，越野场馆气温持续偏低。

14 日，预报员认为，15—16 日，越野滑雪原定比赛时段内（18—20 时）场馆温度将下降到 −20℃以下。

“温度一旦低于 −20℃，运动员待在户外超过半小时，裸露的皮肤就有冻伤风险，比赛就要叫停；若低于 −15℃，则由仲裁委员会商定比赛是否要调整。”张家口气象台副台长、冬季两项场馆气象服务团队负责人郭宏介绍。

在 14 日“体育 - 气象”会商中，预报员们提出赛事将面临低温风险。

据此，竞赛日程变更委员会决定提前举行 4 项越野和 1 项冬季两项赛事，提前时间精细到“小时级”。

以北欧两项男子个人越野滑雪 10 公里为例，15 日，委员会根据预报中 −20℃出现的时间，将比赛提前 30 分钟，确保赛事结束时段气温有利于运动员。当赛事结束时，气温降到 −19.9℃，与前期温度预报误差仅为 0.1℃。

2 月 17 日，国际奥委会体育部部长吉特・麦克康奈尔在竞赛日程变更委员会例会上表示：“日程调整非常成功，气象预报可靠！”

终

2 月 20 日，张家口赛区原定于 14 时 30 开始的最后一场比赛，根据大风预报调整为 11 时后顺利进行。这也标志着北京冬奥会张家口赛区各项赛事圆满落幕。

对于团队每一个人而言，这不是结束，而是新的开始——

他们将继续发扬冬奥气象人精神，用好冬奥气象科技成果，在各领域气象保障服务一线散发光芒。

作者：吴卉

他们，集智攻关打造预报“利器”
——记中央气象台冬奥预报技术和平台保障团队

《中国气象报》 2022 年 3 月 22 日

“能经得起预报员考验的产品才是好产品，STNF 预报（国家级精细化单点预报）在一次次的实践中‘征服’了我们！”

“MOAP（气象开放应用平台）冬奥专项保障服务平台，发挥了非常重要的信息支撑作用，效果很好！”

……

北京冬奥会背后，有这样一支团队——他们为冬奥气象保障研发了高质量、无缝隙、精细化的气象要素产品；他们开发了方便快捷的显示分析平台，并持续保障安全稳定运行。他们就是中央气象台冬奥预报技术和平台保障团队。

精准研发立起“科研拳头”标杆

对于团队成员而言，参与冬奥预报技术和平台研发，是荣耀，更是责任与担当。

2022 年 2 月 4 日，随着烟花绽放在“鸟巢”（国家体育场）上空，北京冬奥会开幕式圆满举行。那一刻，千万人为此激动，其中就包括冬奥预报技术团队负责人代刊。

回忆起当时的场景，代刊的心情依旧激动：“看到团队研发的国家级精细化单点预报产品，成功运用到‘鸟巢’区域的天气预报、支撑开幕式保障服务，觉得所有的努力都值得。”代刊表示，整个冬奥会周期，团队所有人员都憋着一口气，都期待着研发的预报产品投入实战，并有完美表现。

“向世界预报难题发起冲锋”也成为冬奥预报技术和平台保障团队成员们的共同目标。这边，预报技术团队憋着一股劲；那边，平台保障团队同样在为冬奥贡献着自己的“微光”。

北京冬奥会和冬残奥会恰逢北方冬春两季转换时期，天气多变。为确保预报产品及时上线，团队成员主动请缨，连续多日加班到深夜，最终在冬奥开幕前一周，完成了新产品上线工作。平台保障组团队负责人薛峰表示：“MOAP 冬奥专项保障服务平台栏目建立以来，访问量达到 1.9 万次，为中央气象台冬奥气象服务专家组和各赛区开展预报与服务提供了预报资料支撑和操作平台保障。”

敢于担当打出“科研铁军”品牌

冬奥支持技术和平台的成功应用，离不开团队的合作与付出。如同医生会诊一样，团队成员每天都会和预报员一同参加天气会商，会商后，常会出现新的预报需求。

薛峰表示，印象最为深刻的是开幕式保障服务，当天，为了让预报更精准、服务更精细，中央气象台进行了多达 6 次的会商连线，最长的单次时长超过了 7 个小时。

为更好地满足中国代表团驻场服务首席的需求，技术支持团队采用敏捷开发机制，进行针对性开发工作，不断升级产品。在短短十几天的时间内，技术支持团队和专家充分沟通了解预报支撑难点痛点，进行有效合作。团队成员聚在一起，各司其职，形成合力，从冬奥历史和实况观测分析、冬奥中长期预报支撑、冬奥站点逐小时快速滚动天气预报示范项目预报分析角度开展封闭敏捷开发，从数据工程、算法开发、系统部署、检验评估等多方面不断改进预报产品，为前方提供量身定制的“贴身”服务。

面对高压力、高强度的工作节奏，冬奥预报技术和平台保障团队行胜于言，在关键时刻冲得上去，研发出一项项硬核成果。队员们一开始接到任务时的紧张，如今也已化作一份从容。代刊说：“我们在实战中充分践行了中央气象台的‘铁军’精神，不畏挑战，敢啃硬骨头，造就了一只能打仗、打胜仗的队伍。”

如今，国家和人民对气象预报的准确率和精细化程度要求越来越高，团队将持之以恒，饱含深情与担当，朝着专业化方向坚定前行，交出精准预报的高分答卷。

作者：王婉

精细周密 使命必达——记北京冬奥会延庆赛区预报服务团队

《中国气象报》 2022 年 3 月 23 日

3 月 18 日，北京市出现强降雪天气。此时，还没从冬奥气象服务节奏中缓过劲儿来的延庆赛区预报服务团队副队长、北京市气象台副台长于波又投入暴雪应急服务中，一直忙到晚上十点多才回家。

雪花纷飞，思绪万千。北京冬奥会期间，正是于波带领着 6 名预报员驻守在延庆气象服务分中心。今年 1 月 23 日—3 月 13 日，延庆气象服务分中心预报团队累计发布竞赛场馆预报 8134 份、中英文通报产品 148 期，为北京冬奥会（冬残奥会）主运行中心（MOC）提供天气综述产品近 30 份，精细的场馆和赛事预报服务受到各方认可。

另一边，延庆赛区气象预报服务团队队长时少英带领其余 3 名预报员分别驻守在国家高山滑雪中心和国家雪车雪橇中心，及时为冬奥赛事组织、仲裁等相关工作人员解读气象预报和服务产品，提供相关服务。

不管是对外还是对内的支撑服务，团队成员都竭尽全力做到精细周密、使命必达。但这绝非易事。

风、气温、能见度等气象要素不仅对赛程安排以及运动员人身安全、比赛成绩有直接影响，也可能影响空中救援、电视转播、交通运输等赛事保障工作。以延庆赛区的高山滑雪赛事为例，海陀山海拔落差 2000 多米，山地气候特征明显，同一赛区不同场馆之间的天气形势可能各不相同，对气象预报和服务的要求极高。

锚定高质量气象服务，团队成员拧成一股绳，针对延庆赛区局地特征，尤其对赛事高影响要素——风的预报难点进行攻关，同时，发挥各自优势在客观技术产品研发、服务产品制作、预报产品检验评估、外语沟通等方面发力。从预报平台开发到产品上线，再到服务材料制作并送达用户手中，团队不断打磨逐点位、逐小时的预报分析产品，实现全链条无缝隙服务。

在北京冬奥会和冬残奥会期间，整个团队处于高速运转状态，在延庆气象服务分中心的团队成员大部分在凌晨 3 点多起床，有时候还会工作至深夜。

2 月 10 日，高山滑雪男子全能比赛在延庆赛区举行。当天上午，尽管风力不大，大家却不敢有丝毫放松。于波知道，在赛道第三起跳点这个关键点位，受到海拔高度、地形等因素影响，风力预报一向是难点，有时就算起跳点风和日丽，这里也会出阵风，极可能影响赛事。预报发出后，大家一边盯着预报平台上的分析数据、曲线，一边盯着赛事转播大屏，根据赛场边飘动的旗子和赛时运动员扬起的雪估算现场风力，再对比预报和实况的风速。最终，当天中午前后风力减弱，比赛顺利进行。

一场场比赛，都在一次次考验团队，大家无暇顾及其他，脑子里全是天气。“毫不夸张地说，有时候做梦都在琢磨风有多大、气温有多少摄氏度。当赛事顺利完成，松一口气的时候，疲惫感才会袭来。”于波说出了大家的心声。比如北京冬奥会开幕之际正值春节假期，但大家已经没有对春节、假期的概念，只想着当天是几号、有哪些赛事日程。

从 2017 年开始进驻延庆赛区以来，团队不少成员经历了“身份”大转变：于波进队之初，二女儿还不到 6 个月，5 年间有一半的时间无法陪伴孩子成长；北京市气象台的荆浩从结婚到为人父，进入闭环管理前刚两岁的女儿抱着爸爸不肯放手；北京气象服务中心的李琛长期不在家，有段时间孩子都快不认识这个“陌生叔叔”了；来自内蒙古自治区气象局的赵斐，妻子怀孕待产却不能陪伴左右，同一单位的马学峰和来自山西省气象局的邱贵强都“缺席”了孩子成长的重要阶段。

但是，让时少英感动的是，没有任何一个人因此耽误工作。国家气象中心的陶亦为将极端天气预报等更多先进技术引入团队；中国气象局公共气象服务中心的陈仲榆利用个人所长，帮助团队成员提升了英语沟通能力；李蔼恂研发的智能写稿程序有效促进了团队工作效率的提升；延庆区气象局的阎宏亮既是队员又是管家，主动承担了全队成员生活大小事。

如今，北京冬奥气象保障服务任务已圆满完成，但这段宝贵的经历将成为团队队员的终身财富。

作者：简菊芳

为做“捕风者”甘当“攀登者”
——记张家口赛区气象装备保障团队

《中国气象报》 2022 年 3 月 24 日

3 月 11 日，一群人身着冬奥保障服装，脚踩冰爪鞋，手提工具箱，分两路向云顶赛场出发——北京冬奥会张家口赛区气象装备保障团队（以下简称“装备保障团队”）开启了在崇礼的最后一次气象站巡检之旅。

“三维、秒级、多要素”立体观测网提供准确及时的观测数据，是高质量冬奥气象服务的前提。在张家口，为守护好这张网，一支由 17 人组成的装备保障团队，交出了一份保障装备赛时零故障的优秀答卷。

一站一策——赛前做好万全准备

在北京冬奥会、冬残奥会期间，这支装备保障团队总能有序、快速地完成巡检和维修保障任务，赛场各观测站点成功实现赛时零故障。

“赛前，我们将每一次保障活动都按照赛时标准认真对待，充分做好预案准备，确保能从容应对任何突发事件。”装备保障团队队长幺伦韬说。从河北省局、市局及相关公司的技术骨干中抽调 17 人组成的装备保障团队，经过长期锻炼，已成为一支能打硬仗的队伍。

早在出发之前，团队便根据前期积累形成的“一站一策”保障方案，有针对性地携带工具，明确建站步骤。在充分获取赛区所有站点的精准信息后，团队开展站点巡检维护和信息采集，完成每一个站点现场路线踏勘和维护，记录每个关键器件，为每个站点量身定制保障方案。

根据设备的种类和数量，团队按照“原件 3、备件 1”的比例，提前安排 200 余件备件，在赛区重要站点提前建设了 12 个备站，如发生故障时可实现“分钟级”切换；定制了恶劣环境下维护维修工具和安全防护用具，确保野外工作顺利开展。

迎风浴雪——用双脚丈量崇礼赛场

一铲雪、一小步……雪白的山腰处，装备保障团队蹒跚地向上攀爬。

根据预报需求，团队成员要在 12 个关键站点增设备用站，为赛时观测预报多加一道“保险”。“云顶 1 号”作为建站难度较大的站点，周围坡度超过 45°，又陡又滑。

幺伦韬将安全绳的一头绑在造雪机上，另一头则缠在自己腰上，为大家开道——他拿着军工铲艰难地铲出一条“雪梯”，队友们每人背着超过 10 千克重的装备，拽紧安全绳，小心翼翼地踩着“雪梯”前行……

这样的险境，幺伦韬和队友不是第一次遇到。从 7 年前开始，他们就以冬奥赛场为核心，在恶劣的环境中建站、护站，终于将 44 个观测站布设在赛场各个关键部位。这些站点监测到的数据，源源不断地供给各冬奥气象保障服务团队。

日复一日的巡检，让他们在脑海中印下了每一个站的准确位置，记住了站内每一个设备的细微之处，只为“供血”万无一失。

团队中，何涛负责分析设备通信、电量变化趋势、要素观测值连续性等状况；张可嘉负责清点备件和模块参数设置；白万负责清点进入场馆所需工具；郭金河负责联系车辆，并准备证件、防疫物品……这样高效有序的分工协作，逐渐成为固定流程。张家口赛区赛事核心区现有 44 个气象观测站，自 2021 年 10 月以来，装备保障团队摸排了至少 3 遍。

一往无前——守好赛时每一个关键点

2022 年除夕那天，早晨 8 时，“跳台 K 点”站数据传输出现时断时续情况，装备保障团队立刻前往现场维修。

钢板台阶上早已布满积雪，队员不得不负重前行，手脚并用向十几层楼高的站点“攀爬”。零下二十多摄氏度，风像小刺刀一样划过手背，让拧螺丝变得异常困难，还“冻坏”了调试设备的电脑。

哈口气、搓搓手，换了三个备用电脑完成调试维修后，队员们却没有着急离开。他们在寒风中等待了半个多小时，确认设备稳定正常，才返回驻地。

“白天举行比赛时，我们无法入场，有时不得不在夜间对站点进行巡检维护。”金龙说，白天走雪路上山都要靠雪爪和登山杖，到了夜晚更得步步小心。

冬奥会结束了，冬残奥会紧随而来，队员们不敢停歇。

预报团队发现，在冬残奥会冬季两项比赛中，运动员使用的气枪子弹受风速影响非常大，于是他们考虑给赛场旁的“冬两 1 号”观测站加装一个三维超声站。仅用一天时间，他们就完成了设备的拆除和转移重装，保证数据正常上传。

3 月 11 日，完成巡检的装备保障团队在比赛现场见证了 4 枚金牌的诞生，队员们举起双手为运动员送上热烈的掌声。如果你仔细看就会发现，这一双双冻红的手，布满伤口。

为了观测设备的稳定运行、数据的准确传输，队员们没有任何怨言，一次又一次顶着风雪，做冬奥会的“捕风者”和“攀登者”，圆满完成气象装备保障工作。

作者：李悦 谢盼

当好冬奥气象保障“排头兵”
——记张家口赛区气象装备保障团队队员何涛

《中国气象报》 2022 年 3 月 29 日

“我们是可靠数据的守护者，更是冬奥气象保障的排头兵！”这是北京冬奥会张家口赛区气象装备保障团队的口号。这支队伍由来自气象部门内外的装备保障技术骨干组成，河北省承德市气象局的何涛就是其中一员。

环境恶劣也决不掉队

2021 年 10 月 18 日，何涛正式参与到冬奥气象保障工作中。

在张家口赛区，要想到达场馆内各个站点，步行 1～2 公里是常事，有些还需要爬到海拔 2000 多米的山顶，甚至跨过道道深沟才能到达。

冬季，在赛区的站点巡检维护过程中，何涛及团队少不了要在 −30℃的严寒环境中、在没膝深的积雪中蹒跚前进，到达需要维护的站点后顶着造雪机喷出的冰碴进行工作。有时候戴着手套不方便操作，但摘了后不过 5 秒钟手就会又疼又麻，只得摘一会儿、戴一会儿，一个简单的操作往往要比平时多花上 3～5 倍的工夫。

在维护保障气象装备的路上，有人耳朵冻得红肿，有人手背冻出一道红疤，有人眼镜、眉毛挂满冰霜……但没有人停下前进的脚步，没有人停下维护的双手。

何涛说：“团队精诚团结、勠力同心，克服重重困难，也给了我坚持的力量。”

积极钻研克服困难

张家口赛区大部分区域气象站为 7 要素、9 要素区域站，还有少数 11 要素、15 要素区域站。这对平时习惯于维护 6 要素区域气象站的何涛来说，是个挑战。

为此，他虚心请教厂家技术人员，研读产品技术文档，结合理论积极实践，力求弄清弄懂。

他和团队在开赛前期，多次进行站点勘察和维护巡检，形成了完整的“一站一策”方案，为赛时数据的连续性和时效性提供重要保障。

2022 年 2 月 18 日，自由式滑雪女子 U 型场地技巧决赛在云顶滑雪公园举行，装备保障团队云顶场馆组在例行巡检结束后，巧遇决赛前三名获得者谷爱凌、凯茜·夏普和蕾切尔·卡克。

“我们是气象工作者，U 型场地左侧的气象站是我们安装的，可以为赛时提供准确的风速数据。”何涛兴奋地向她们打招呼。谷爱凌高兴地回应：“感谢你们为我们运动员提供的气象服务，这有助于我们发挥出最好的竞技水平。”

当蕾切尔·卡克得知装备保障团队需要徒步爬山巡检维护设备时，惊讶地竖起大拇指：“你们太棒了！感谢你们为我们提供气象服务。”

“全球瞩目的冬奥会首次在中国举办，我有幸参与其中，亲历冰雪盛会，见证冬奥精彩，是人生中的一次重要经历，也注定会在我的职业生涯中留下难以忘怀的记忆。”何涛说，今后，他将带着冬奥保障过程中学到的业务知识，以及团队坚韧、顽强、不畏艰难的精神火种，扬帆起航再出发。

作者：谢盼 于超

中国代表团里有位首席预报员——记中央气象台首席预报员、中国体育代表团团部成员于超

《中国气象报》 2022 年 3 月 31 日

于超是中央气象台首席预报员，北京冬奥会期间，他以预报员身份加入中国体育代表团，随团进行气象保障服务。

对于他，对于气象部门，这都是一次全新的挑战。

从零开始的尝试——建立大型赛事气象“贴身服务”机制

1 月 10 日，当于超得知自己作为唯一的气象工作者入选北京冬奥会中国体育代表团时，距离正式入驻张家口保障营只有不到 20 天的时间。

激动与忐忑在于超的心头翻涌。“国家队的需求是什么，气象科技服务水平能否满足这些需求，自己又能做些什么，该怎么做？”作为大型赛事全程跟随国家队进行气象“贴身服务”的第一人，于超没有任何先例可以借鉴。怎样才能使气象最大限度帮助国家队发挥“家门口”办赛的优势，对于超而言，是一次前所未有的考验。

箭在弦上，准备工作一刻都不能停。于超的服务对象是参与所有雪上项目的国家队，为了打好提前量，他利用开幕式前的十几天时间，两次奔赴国家体育总局参加国家队冬奥保障工作准备会，与保障团队中的空天观测、风工程等领域专家多次交流，探讨如何在他们前期工作的基础上发挥气象作用。同时，他又参与了重点项目和场地的针对性研究，建立了气象观测与赛道关键区域风速的对应关系。于超还进行了全流程演练，学习各种雪上项目的比赛规则，熟悉场地设置，了解不同项目对气象要素的要求。在征集雪上项目国家队对气象工作

的需求时，于超也在摸索建立“贴身服务”工作机制，制定工作方案。

准备工作做得广、做得细、做得深，于超对自己的工作目标和计划越来越明确，信心也越来越足。

最难忘的一天——自由式滑雪空中技巧中国队夺金气象保障

2 月 13 日，云顶场馆群区域出现开赛以来最强降雪大风天气，原定的自由式滑雪空中技巧女子预赛延期至 14 日进行。

比赛延期，意味着运动员要在 14 日同时完成预赛、决赛，这对于运动员而言是很大的考验，对于超来说也是巨大的挑战。

“空中技巧项目对风的变化十分敏感，风力一旦超过 5 米 / 秒，就会影响运动员做出完美动作，甚至还可能在落地时出现危险。”于超介绍，14 日下午，赛场风力增大，预报显示为 6 米 / 秒，这给了他不小的压力。

他从 13 时开始密切监视赛场情况，制作预报产品，随时告知领队风力变化情况，提醒运动员注意某来向的侧风。当得知我国两名运动员顺利进入决赛后，于超来不及松口气，便又投入到 19 时决赛的备战工作中。他提前告知领队决赛期间的风向，表示风力会减弱到 2～3 米 / 秒，这给运动员的良好发挥提供了强大的信心支撑。

决赛开始后，于超一边盯着预报平台里风的变化，一边盯着电视直播画面，心跳也随着风力变化而上下起伏。终于，在凛冽寒风中，徐梦桃最后一跳平稳落地，获得冠军！这一刻，于超万分激动。

“感谢气象团队给予的鼎力支持！”自由式滑雪空中技巧队领队闫晓娟难掩兴奋。国家体育总局冬季运动管理中心副主任申振刚也对气象服务送上“好评”：“成功的背后，离不开气象部门夜以继日努力工作的支持！”

“第一次离冠军这么近。能够为我们的冠军队伍贡献一份力量，我感到非常荣幸！”于超动情地说。

“有求必应”的科技力量——精细化预报产品助力冬奥

“科技冬奥”是本届冬奥会的一大亮点。充分对接国家队个性化需求后，于超与国家气象中心天气预报研发室密切沟通，与中国气象局地球系统数值预报中心、北京市气象局等单位开展合作，基于 CMA 区域模式产品临时开发出未来 2 小时逐 10 分钟预报产品，包含 34 个比赛场地的预报信息。这开创了国家气象中心参与重大活动保障应用分钟级站点预报产品的先河，让预报精细化程度再上新台阶。

“气象预报保障工作精准，预报员很敬业、很辛苦，而且有求必应。”“希望以后继续加强合作，让气象服务在体育赛事中发挥更大的作用。”赛后，气象保障满意度调研表上，出现了许多匿名的赞扬。大家对气象服务的认可，让于超对气象人精神多了一份深刻理解与价值认同。

“无私奉献，舍小家为大家，尽职尽责，精益求精。”在于超心中，无论身处何地，无论面对何种天气，气象人永远以提高预报准确率为第一要务，为祖国与人民奉献光和热。

作者：闫泓

在“鸟巢”看天的“张经理”——记国家体育场运行团队风险管理领域副经理、朝阳区气象局副局长张子曰

《中国气象报》 2022 年 4 月 1 日

从“张局长”变身“张经理”——这是北京市朝阳区气象局副局长张子曰 2021 年 11 月 3 日进驻国家体育场“鸟巢”后发生的身份转变。

这个“经理”，指的是国家体育场运行团队风险管理领域副经理。在驻守“鸟巢”的数月时间里，他担负起冬奥会和冬残奥会开闭幕式以及中间转换期中存在的风险与挑战的梳理工作，特别是“盯防”极端天气的影响。

雨雪中带来“见面礼”

梳理风险，听起来容易，做起来却不简单，不能只坐在办公室里空想，需要走出去和其他业务领域的同事沟通，了解他们的需求。可是，这对于刚进驻场馆的张子曰来说不是一件容易事——团队运行刚刚起步，分为数十个业务领域，大家来自不同的部门，都不太清楚气象部门能在哪方面帮到自己。

2021 年 11 月 5—7 日的雨雪，给了张子曰一个机会。他自告奋勇，在调度例会上汇报。

“5—7 日，全市将有明显的雨雪天气过程，涉及雨雪转换，并且降水量很大……”他用精准的预报、精细的服务给同事留下了深刻印象。当雨雪如期而至，大家也对气象预报的作用有了直观感受。

从那天起，参加调度例会、汇报天气情况成为张子曰的日常。来自各领域的气象服务需求不断汇总到他手中——

“点燃主火炬时需要知道场内风速的大小。”“我们非常关注冠顶的风速和风向，想知道焰火在燃放时能不能达到预期效果。”“需要知道场内的体感温度如何，需不需要提前为观众、演员等准备防寒物资。”

根据这些需求，张子曰编制了团队的极端天气应急预案。其间，经历大风、低温等多种天气的考验，从起草到印发修改了 10 余次，一份具有可操作性的预案终于编制完成。

此后，在 2 月 13 日的降雪及 3 月 4 日冬残奥会开幕式的大风等天气过程中，依靠这份预案，团队整体运行平稳。

开幕式彩排显身手

“翟首席，从最新的云团移动情况来看，咱们降雪预报有更新吗？”1 月 30 日 7 时许，张子曰询问北京冬奥会开闭幕式气象预报服务团队队长翟亮。

这天 20 时有冬奥会开幕式的全要素彩排，对于张子曰来说，确定降雪何时降临十分关键，涉及是否需要苫盖场地。从当天 6 时起，他几乎每隔一个小时就要和翟亮等预报员沟通一次最新预报，并及时反馈给“鸟巢”运行团队。中午，根据预报，团队领导决定不苫盖场地，彩排前后及时清理积雪。最终，随着烟花燃放，雪花如预报的那样飘落，成为当天彩排

过程中最优秀的“演员”。

彩排圆满完成，张子曰的忙碌却没有结束。原来，“鸟巢”冠顶有一座自动站电压偏低，夜间数据中断。

照常理，应该申请临时维修人员进入。但“鸟巢”保密严格，且此时距离北京冬奥会开幕不足一周，临时进入工作人员的审批程序很可能来不及完成。因此，1 月 31 日，经过多部门的协商和审查报备，张子曰利用窗口期，亲自维护设备，更换备用电池，确保设备正常运行。

沟通需求、汇报天气、动手维修气象站……对于张子曰这位长期奋战在一线的气象人来说，这些工作并不陌生。

令他印象深刻的，还是需求的快速变化。“特别是每次排练之后，大家都想着精益求精，会对一些节目的细节进行调整，对气象服务的需求也就相应产生了变化。”但是，无论需求如何快速变化，张子曰都会像他刚进驻“鸟巢”时主动参加调度例会一样，靠前一步、脚踏实地，主动沟通交流，尽量满足大家的期待。

“能够在‘鸟巢’参加北京冬奥会和冬残奥会开闭幕式现场保障服务工作，我感到非常激动。”张子曰说，“我将铭记这份经历，继续努力，用好‘冬奥遗产’，筑牢防灾减灾第一道防线。”

作者：王子瑞

赢下越野滑雪另一块“金牌”
——记张家口赛区气象中心预报员徐玥

《中国气象报》 2022 年 4 月 7 日

在河北省张家口市崇礼区太子城的东南侧，松柏傲然挺立，雪道蜿蜒盘旋。这是北京冬奥会张家口赛区国家越野滑雪中心，也是张家口赛区气象中心预报员徐玥精心守护的场馆。

在与低温、大风预报“智斗”的 16 天里，对徐玥来说，乘朝阳起、伴星月归是常态。顶住压力，不弃微末、不舍寸功，她每天设置 28 个闹钟提醒自己重要工作节点，6 个点位逐 30 分钟测量雪温并提供天气实况、逐小时提供天气预报，持续参加天气会商、领队会等各种会议……在多场滑雪赛事中保驾护航。

2 月 12 日，赛区迎来冬奥会期间首场降雪。根据赛事安排，当日 15 时 30 分，越野滑雪女子 4×5 公里接力比赛将在这里举行。如果雪槽内有积雪，将会直接影响运动员滑行速度和比赛成绩。精准把脉降雪的起止时间，对赛道准备工作和场馆清雪作业至关重要。

经过多维度、全方位细致研判，徐玥及所在团队做出预报——降雪预计 11 时许停止。该预报意见与中央气象台、崇礼区气象台基本一致，果然，10 时 55 分，雪停了。预报与实况比较吻合，这为雪道压雪等工作争取到宝贵的时间，比赛和场馆运行未受影响。15 时 30 分，比赛如期举行。

"从未收到过如此准确的预报。"精准的降雪预报得到越野滑雪仲裁官员的充分肯定。

尽管 13 日降雪渐停，但气温依旧偏低。14 日，徐玥在对 15 日 16 时至 19 时 50 分北欧两项男子个人越野滑雪 10 公里比赛时段进行预报分析时，发现比赛期间（19 时至 19 时 50 分）场馆温度将低于 -20℃。徐玥立即整理资料，并在当天会商中提出赛事将面临低温风险。

根据这一提示，竞赛日程变更委员会将赛事提前 30 分钟举行。19 时，闹钟铃声再一次准时响起，徐玥拿起 6 份天气实况材料跑到打蜡房前逐一张贴，又匆忙赶往下一个地点。身为篮球健将的队友胡赛安一趟走下来都需要 20 分钟，她硬是一路小跑省下 5 分钟，只为抓紧制作下一份天气实况材料。蹲在赛道上测量雪温，寒风呼啸，她的手早已冻得通红。这是徐玥在赛前两个小时的"常规动作"，每半个小时重复一次，直至比赛结束。赛事结束时，实况气温为 -19.9℃，与预报误差仅为 0.1℃，徐玥悬着的心终于放下了。

相似的故事，还发生在 2 月 16 日的越野滑雪女子 / 男子团体短距离资格赛和决赛期间。15 日，徐玥发现原定于 16 日 17 时至 20 时 20 分举行的赛事恰逢"冷池"现象快速建立时段，这预示着赛事期间场馆温度可能会低于 -20℃。徐玥一边制作实况材料，一边和同事分析第二天的低温阈值，没顾上喝一口水。最终，比赛调整至 16 日 15 时 15 分。赛后，疲惫不堪的徐玥趴在办公桌上睡着了，摘下的眼镜摆在一旁，能看到淡淡的黑眼圈。

这些比赛时间调整的背后，离不开徐玥跟随团队进行的多年科研探索。从 2018 年起，徐玥所在团队开展了一系列"冷池"试验，在山坡上放置众多温度计，连续数月观测温度变化，制作"冷池"环流模型，并跟随团队前往国外参加培训课程，系统学习山地气象学知识，掌握双偏振雷达原理，每年冬天在赛区开展实战训练。

"身在一线的我就像是独自出发的滑雪运动员，一圈圈的赛道有上坡，也有下坡，更有急转弯。"为了更好地把握自己的节奏，徐玥把比赛期间每一天的天气状况牢记于心。即使面对领队会上突如其来的提问，她也能用英语应对自如。

2 月 20 日，北京冬奥会顺利闭幕，雪花在灯光下折射出温柔的粉光，徐玥望向赛场，挥手告别。"我们因冬奥相聚，这是我最美好珍贵的回忆。"徐玥说。

作者：刘倩

冰雪赛场有支"气象之师"
——记北京 2022 年冬奥会和冬残奥会气象中心

《中国气象报》 2022 年 4 月 13 日

广大文艺工作者、科技工作者、设计工作者、新闻工作者、外事工作者、气象工作者以及其他各条战线上的全体工作人员团结一心、通力合作，坚守各自岗位，默默奉献付出，出色完成了各项任务。

——习近平总书记在北京冬奥会、冬残奥会总结表彰大会上的重要讲话

4 月 8 日，北京，人民大会堂。北京冬奥会、冬残奥会总结表彰大会在这里隆重举行，在欢快的乐曲声中，习近平等领导同志为受表彰的个人和集体代表颁奖。

作为北京冬奥会、冬残奥会气象保障服务工作的权威、唯一机构，北京 2022 年冬奥会和冬残奥会气象中心（以下简称“冬奥气象中心”）以出色的气象保障服务留下了浓墨重彩的一笔，获评“北京冬奥会、冬残奥会突出贡献集体”。

最为隆重的仪式、最高规格的褒奖，源自冰雪盛会蕴含的重大意义，也彰显了党和国家对气象工作者的肯定。

6 年多来，冬奥气象中心工作者用辛勤付出对“胸怀大局、自信开放、迎难而上、追求卓越、共创未来”的北京冬奥精神进行了最好诠释，圆满完成气象保障各项任务。6 年多来，冬奥气象中心工作者用实际行动发扬“准确、及时、创新、奉献”的气象人精神，为书写“双奥之城”新的历史华章贡献了气象智慧。

体制筑基、集智协同——536 人，凝聚冬奥气象保障强大合力

北京冬奥会、冬残奥会筹办举办工作一刻也不能停、一步也不能错、一天也误不起。中国气象局党组书记、局长庄国泰在北京冬奥会、冬残奥会气象保障服务工作总结大会上指出，超前谋划、强化部署，是确保冬奥会气象保障工作有力有序开展的坚强保障。

源于冰雪梦想，从 2017 年开始，冬奥气象中心成为群贤毕至、精英荟萃之地，团队 536 人以北京、河北两地气象部门为主体，联合国家级气象业务单位和有关省（自治区、直辖市）气象部门，承担起冬奥会筹办和赛事期间各项气象保障工作。

力量沿着科学、顺畅、高效的机制体制不断汇聚——

在服务一线，来自国家级业务单位和北京、河北、内蒙古、山西、吉林、黑龙江等省（自治区、直辖市）气象部门的骨干，组成北京冬奥会气象预报团队，冲锋在前；在后方，更多气象工作者或深耕专项服务，或筑牢“科技堡垒”，或护航装备运行，或发挥科普宣传作用，用自己的方式兑现“两个奥运、同样精彩”的庄严承诺。

一组组数字，彰显着这支冬奥“气象之师”的强大合力——

针对开闭幕式彩排演练开展了 20 次天气会商，提供了 80 余次专项预报，提前 3 天精准预报冬奥会、冬残奥会开幕式和闭幕式天气；

来自国家气象中心、中国气象局公共气象服务中心以及北京、天津、河北、陕西、内蒙古五省（自治区、直辖市）气象部门的 52 名骨干组成“最强”山地预报团队，并首次选派中央气象台首席预报员加入中国体育代表团；

北京、河北 9 部天气雷达启动“31 天 ×24 小时”模式，风云四号 B 星逐分钟加密观测获取 23435 幅冬奥赛区云图。

同时，冬奥气象中心以精密监测、精准预报、精细保障服务了开闭幕式、火炬传递等活动顺利举行，积极主动对接生态环境、应急管理、交通运输等部门，配合做好空气质量保障、应急救援、森林草原防火、交通保畅以及城市运行保障等服务工作。

集各方之智、上下一条心，一个个难题迎刃而解。“北京冬奥会气象服务工作做得非常好，做得比任何一届冬奥会都好！”冰雪盛会期间，国际雪联负责人曾多次赞扬。

科技创新 追求卓越——9次高影响天气，考验气象现代化核心能力

高山滑雪项目被誉为“皇冠上的明珠”，承办该项比赛的延庆赛区地形复杂。2022年2月6日，延庆赛区高山滑雪男子滑降项目正式开赛。

开赛第一天，预报服务团队就面临“判断现场风速是否适宜比赛”的考题。“我们预测当天中午到下午赛道上的风速较大，第二天风速会明显减小。”团队成员荆浩说。仲裁委员基于精细化天气信息，决定将6日的比赛调整到7日举行。实况如预报一样，延庆赛区开赛第一天，现场气象服务同样收获了“金牌”。

在北京冬奥会、冬残奥会期间，北京、延庆、张家口三个赛区先后经历降雪、大风、沙尘共9次高影响天气过程，28项官方训练或比赛活动受到影响。掀开气象保障服务的面纱，在一个个“天气故事”背后，是气象工作者的不懈追求和气象现代化成果的精彩展现。

勇闯“无人区”——从观测数据一片空白，到三个赛区建成441套现代立体观测设施，经历人背马驮，首次在我国中纬度山区复杂地形下实施冬季多维度气象综合观测，山地精密气象观测技术取得长足进步。

监测“秒级风”——实施智慧冬奥2022天气预报示范计划，首次实现复杂山地“百米级、分钟级”精细化气象预报，自主可控的小尺度局地精准预报技术取得明显进展。

畅通“信息路”——建成七大冬奥气象核心业务平台，实现“统一开发、京冀互备、三地共用”，首次实现冬奥专用气象信息报告的全自动化，推进“云+端”核心业务系统，“毫秒级”数据响应支撑三个赛区应用。

艰难困苦，玉汝于成。苏翊鸣、谷爱凌、徐梦桃……但凡你听过名字的运动员，几乎都跟冬奥气象中心打过交道。“雪如意”“冰丝带”“雪游龙”等场馆，皆有冬奥气象中心工作者悉心守护。

人生能有几回搏？迎难而上、追求卓越，是冬奥气象中心为北京冬奥精神写下的注脚。而专业带来的效能，也在一次次递进式服务中叠加、累积，迸发出巨大能量。

这也是赛程过半却需要调整赛事时，国际奥委会奥运会部执行主任克里斯托夫·杜比笃定“无论遭遇什么样的坏天气，我们都可以克服”的一大缘由。

作为奥林匹克理想的坚定追求者、行动派，冬奥气象中心工作者满怀炽热丹心追求卓越，不断突破并创造奇迹，为冬奥气象保障工作画上圆满句号的同时，也将带着这份宝贵积累与精神财富，奋力奔向未来。

作者：王亮 叶奕宏 叶芳璐

第五章　科普传播

我国首个冬奥气象科普馆在河北崇礼建成

新华社　2021 年 3 月 18 日

日前，我国首个冬奥气象科普馆在河北省张家口市崇礼区完成建设并通过验收。

记者采访了解到，冬季奥运会的室外项目对气象条件要求苛刻，而北京冬奥会是历史上首次在大陆性季风气候带举办的冬奥会，加上张家口赛区地形复杂，天气变化快、影响大，局地小气候特征突出，做好赛事精细化预报预警难度极大。

崇礼区气象局副局长王旭海介绍，目前，张家口赛区“三维、秒级、多要素”冬奥气象监测网络已建成，冬奥气象预测预报和服务系统运行稳定，预报服务团队连续 4 年开展驻崇礼冬训，不断提升冬奥会气象预报服务能力，并在刚刚结束的“相约北京”系列测试活动接受全面检验，对于 2022 年冬奥会气象服务保障的各项准备工作已基本就绪。

在崇礼冬奥气象科普馆里，通过内容丰富、形式多样的布展方式和新颖独特的造型设计，将沉浸感、科技感和知识性有机融合，全方位、多角度展示气象现代化建设成果、冬奥比赛气象条件等科普内容。下阶段，科普馆还将增加投影、大屏、VR 互动体验等板块，让参观者通过互动充分领略冰雪运动的魅力。

王旭海表示，科普馆建成后，将结合崇礼区气象局现有的气象业务系统和相关的设施场所，作为重要的气象科普阵地，为公众了解气象工作和冰雪运动提供体验场地和科普学习平台。今年 3 月 23 日世界气象日，科普馆将开展线上云直播活动，首次与公众见面。

记者：杨帆 秦婧

滑雪时要留心哪些“气象风险”？

《中国气象报》 2014 年 1 月 28 日

高山滑雪、越野滑雪等雪上运动是冬季奥林匹克运动会很具代表性的比赛项目，而滑雪运动亦被越来越多的国人喜爱。

不过，滑雪运动同样暗藏“凶险”。2013 年 12 月 29 日，世界一级方程式锦标赛传奇车手舒马赫在法国阿尔卑斯山麓滑雪时发生意外，“车王”跌倒时头部与山石相撞，虽紧急送往医院抢救，但至今仍昏迷不醒。

在国家体育总局最新公布的高危体育项目中，游泳、滑雪位居前两位。中国气象局公共气象服务中心高级工程师王静指出，某些气象因素可能成为滑雪运动的“危险因子”。

温度变化可能改变积雪性质

“一般来说，只要滑雪者准备好滑雪服，低温直接造成人体冻伤的可能性较小。但气温仍是影响滑雪运动能否安全开展的关键因素，这是因为气温会影响积雪的性质。”曾参与 2007 年长春亚冬会气象保障工作的吉林省气象台首席预报员王晓明告诉记者。

“滑雪”自然离不开“雪”。大自然中，雪分为粉状雪、片状雪、壳状雪等 60 多种。滑雪板在不同质地的积雪上滑行会出现不同的情况。

雪质较硬时，摩擦力变小，滑雪板的滑行速度较快，初学者不易控制身体平衡，容易摔倒；而在雪质较软时，摩擦力增大，滑行速度较慢，不利于滑雪者急转弯或加速。

王晓明说：“雪质的软硬与温度关系密切。气温较高时，积雪表面在阳光照射和滑雪板不断翻动的作用下，会逐渐融化，积雪的湿度增大，进而变得松软；而持续极寒天气则会导致雪中水分凝结，雪质变硬，甚至出现比较厚的冰晶层。”

她指出，滑雪者如果没能提前预判雪质情况，很容易因速度、力量及技巧把握不当而摔倒，进而造成身体伤害。过低的温度导致积雪过硬，会使滑雪者摔倒擦伤的概率上升；而温度过高导致积雪层过于松软，则需防备雪崩发生。2012 年，荷兰王子佛里索在奥地利滑雪时遭遇雪崩，被埋进雪堆 15 分钟后才获救。

风、雪、雾、霾均暗藏“凶险”

想要避免在参加滑雪运动时出现危险，除了要关注气温变化，也要留意是否会出现大风、降雪、雾及霾。

“风力小于 2 级时，比较适宜进行滑雪运动。”王静说，“比如跳台滑雪项目，风力过大会影响运动员在空中的平衡，着陆时容易出现意外。因此，一旦风力超过 3 米 / 秒，进行滑雪运动就会存在危险。”

降雪对于滑雪运动也会产生影响。降雪过程刚刚结束时，新雪过于蓬松，不利于滑雪者掌握平衡；雨夹雪会导致积雪出现冰晶层；而暴雪还会使得原本划分清楚的雪道变得模糊，滑雪者容易误闯入危险区域。

王静强调说：“尤其需要留意的是‘高吹雪’，它一般发生在山区出现降雪的几小时后，由强升压气流形成的狂风引起，能将山脊或迎风坡的积雪吹起，积雪被吹起的高度可达 30 米以上。雪粒顺山坡、槽、谷倾泻直下，犹如大雾弥漫山间。高吹雪发生时，能见度极小，对滑雪者来说是一个重大威胁。”

根据过往参与滑雪赛事气象保障的经验，王晓明指出，滑雪比赛的场地一般会被安排在高山上的陡坡处。由于下滑过程中海拔落差较大，运动员会经常发现，有时候山顶的天气条件不错，但半山腰就会出现雾或霾，能见度降低。此时，滑雪者就应该提高警惕，做足避险准备。

留心气象信息 有效规避风险

有网友说，滑雪是一项“作死的运动”，但事实上，只要做足准备，人们可以有效规避风险。

王晓明说，在准备进行滑雪前，要详细了解滑雪场所在地48小时内的天气情况，根据天气变化选择好游玩时间。

假如因为没有留意天气预报，在滑雪途中遭遇大风、暴雪等恶劣天气，滑雪者也要沉着应对。“出现在山区的暴风雪可能瞬间改变场地情况，滑雪运动员不要过分‘迷信’自己的技术，而应该及时停止运动，到山势较为平缓的地区暂避。不过，在山上避险的时间一般不要超过1小时，否则人体可能被冻伤，应该及时用通信设备发出求救信号。”王晓明强调。

此外，在选择滑雪装备时，也应该充分考虑气象因素。比如，人们选取的滑雪镜要能够防止雪地阳光反射导致雪盲症；滑雪者还应当涂抹一些护肤品和防晒霜，避免冷风对皮肤的刺激以及雪面上强烈的紫外线对皮肤的灼伤。

作者：赵晓妮 段昊书

气象保障如何护航冬季赛事？

《中国气象报》 2014年1月29日

随着索契冬奥会进入倒计时，包括俄罗斯高尔基跳台滑雪中心、罗萨库特公园、劳拉越野滑雪和北欧两项中心等在内的山地场馆群陆续在公众面前亮相。4年前，加拿大温哥华举办冬奥会期间，当地多次出现异常天气。俄罗斯水文气象中心副主任德米特里·基克捷夫曾表示，希望索契冬奥会能出现好天气。然而，索契2014年遭遇暖冬，也让外界对这里是否需要人工增雪发出疑问。

我国虽尚未举办冬奥会，但也已经多次承办亚冬会、大冬会。气象专家指出，冬季户外赛事的举办，需要密切关注温度、降水、风力、风速、能见度等气象要素，气象保障服务的意义不可忽视。

冬季赛事对气象要素要求严苛

冬季赛事对各种气象要素的要求堪称严苛。雪上运动的场地条件受制于天气情况，积雪厚度应该适中，亦不能过硬或过软。湿度、气温、风向等因素会影响滑雪选手的成绩乃至安全。能见度在滑雪比赛中也很重要，能见度过低，会影响运动员、裁判员的视线，影响比赛成绩。雪温和雪质对运动员雪板打蜡的种类和多少也有影响。

“多年来，专家一般认为，冬季赛事的冰上运动是在室内进行，不会受外界天气条件影响。但以今天的眼光分析，该看法就不够全面。”这是上海体育科学研究所所长李建新的答案。他表示：“对短道速滑队员而言，空气湿度以某种看不见的方式在影响比赛。”

美国人罗兰德·梅尔拉德曾是大冬会短道速滑项目总裁判长。赛事期间，他每天的第一项工作就是检查气象信息专报。这份报表从冰面温度、场馆温度到室内湿度、室外湿度全都罗列在内。“短道速滑其实非常脆弱，极易受外因影响。”梅尔拉德以湿度举例，“当大量观众涌入场馆，他们身上会带着室外的湿度而来，从而影响场馆内湿度，再进一步使场地内的冰面温度产生变化。这种奇妙的多米诺骨牌式连锁反应，绝对会左右整个比赛走向。”

中国气象局公共服务中心高级工程师王静说，冬季赛事的顺利进行对气象保障工作有较高需求。一方面，要保障滑雪场地气象条件适合进行比赛，研判是否需要进行人工影响天气作业；另一方面，在赛事开始后，要防止天气因素影响比赛正常进行。

精细化气象保障走在比赛前面

2014 年 1 月 2 日上午，天气晴好，微风和煦，净月潭瓦萨国际滑雪节在吉林省长春市净月潭国家风景名胜区拉开帷幕。国际雪联越野滑雪中国巡回赛长春短距离站、瓦萨滑雪赛 42 公里、瓦萨蓝莓赛 21 公里、学生瓦萨及瓦萨体验 2.5 公里等比赛轮番登场。

而早在一个月前，长春市气象局就成立了“冰雪旅游节气象服务领导小组”，制定实施方案，开展贴身服务。“赛事气象保障主要包括针对雪场区域的实况观测、涵盖时间和空间的精细化预报以及长时间预报。”曾在 2007 年参与长春亚冬会气象保障工作的吉林省气象台首席预报员王晓明告诉记者：“由于冬季赛事的特殊性，气象保障工作必须要提前开启。”

面对暖冬困扰，俄罗斯总统普京信心满满。他表示，索契无需进行人工影响天气作业。普京的自信来自俄罗斯气象部门的提早预案。据悉，当地已经为举办冬奥会储备了近 45 万立方米的积雪。

黑龙江省气象局进行 2009 年大冬会气象保障工作时，曾预先建设“大冬会天气会商中心”系统。该系统将中央气象台、哈尔滨气象台同亚布力等滑雪场的电视会商连接，实现了大冬会赛场与会商中心“面对面”。

王静介绍说，各国针对冬季赛事的气象保障工作一般都在精细化、多样化上下功夫。以我国为例，气象部门在赛事保障方面，引进了短时临近预报预警系统、精细化预报系统、预警发布系统，制作了气候预警、天气预报、灾害预警、实况监测、专项预报等 20 项内容的预报服务产品，并在现场提供气温、雪温、风向风速、气压等实况数据。

梅尔拉德的另一个身份是美国俄勒冈大学的气象学教授。在他看来，更精细的气象服务可以促使冬季赛事增加竞技性和观赏性，“迟早有一天，气象将成为赛场的发令枪。”

王静说，未来，我国气象部门会不断加强与冬季运动主管部门和赛事举办单位的合作，针对各类运动项目的具体需求提高服务水平。

作者：赵晓妮 段昊书

“露天年代”的天气干扰

《中国气象报》2021 年 12 月 8 日

在冬奥会创办的早期探索阶段，大部分比赛项目依靠自然降雪和冰冻，在室外场地举行。国际奥委会正式确认的第一届冬奥会于1924年在法国夏蒙尼举办。当时，东道主仅新建一个冰场，供滑冰和冰球比赛使用，其他项目都在原有的自然场地进行。开幕式举办前一个月，一场大雪使滑冰场积雪厚达一米；前一个星期，夏蒙尼风雨不停，冰场变成水池，幸好一场冷空气及时到来，冬奥会才得以顺利举行。

圣莫里茨是坐落在瑞士东南部的小城，干燥的大陆性气候造就了它丰富多样的四季景观，一年中拥有320天充足光照，当地人将之形容为“香槟气候”。然而，圣莫里茨在第二届冬奥会举办期间出现罕见高温，气温由最初的0 ℃左右上升至25 ℃。由于天气突然转暖，雪道融化，使冬奥会冰上项目和雪上项目都受到一定影响。在该届冬奥会上，速度滑冰比赛只进行了500米、1500米和5000米3个项目，由于受天气因素影响，10000米比赛被迫中断，组委会不得不取消该项目。在50公里越野滑雪比赛中，瑞典选手佩尔·埃里克·海德伦德是唯一克服天气等条件影响的选手，以13分钟的巨大优势夺冠，但成绩还是比上届冠军慢了一个多小时，可见气温和雪道条件对运动员的成绩影响之大。

1932年，第三届冬奥会举办地——美国普莱西德湖的天气更让人无奈。本来在申办竞争中以拥有更稳定的气候条件胜出的普莱西德湖，在冬奥会即将开幕时，却出现了令人意想不到的高温天气。1932年1月的气温，是当时美国气象部门有记录以来历史同期温度最高。开幕式前10天，运动员已陆续到达，普莱西德湖周围的群山依然没有被雪覆盖。于是，一场浩大的“雪运工程”开始了，工作人员用雪板从更高的山区取雪，再用火车运输，温暖的天气导致四人雪车比赛被迫延期至闭幕式结束后两天才进行。另外，在竞赛改革方面，本届冬奥会首次将冰球比赛安排在室内场地进行，避免了天气因素的干扰。

作者：王婉

奥地利因斯布鲁克第九届冬奥会：“积雪大挪移”

《中国气象报》 2021年12月13日

因斯布鲁克是奥地利西南部城市，临近阿尔卑斯山，海拔570米，交通方便。为迎接1964年第九届冬奥会，奥地利政府建成了拥有当时最新技术装备的冰上运动场和一个新的滑雪跳台。

这里是滑雪胜地，降雪量充沛，奥组委相信在当地举办冬奥会一定会“万无一失”。但这一年的天气十分异常，遭遇了最严重的缺雪。从当年1月开始，异常高温导致积雪迅速融化。奥地利政府只好紧急动员军队、学生和附近居民上山，从阴冷处收集积雪，运输到比赛场地。

据统计，当时运下山的雪合计约两万卡车，勉强制造出雪车和雪橇比赛的跑道，约4万立方米的雪被铺到高山滑雪赛场，组委会还准备了两万立方米的雪以备不时之需，并特地从美国运来6部造雪机在比赛场地“待命”。

虽亡羊补牢，但无奈天公不作美，在开幕前的第10天，突降一场大雨，将这场“积雪大挪移”的成果瞬间化为泡影。奥地利政府只能紧急对赛道进行清理，并启动“plan B”（B

计划，即备用方案）来救场。

由于雪量过少，奥地利滑雪选手米尔尼和英国雪橇选手斯基佩齐在赛前练习时不幸丧生，令人扼腕。这也加大了日后奥组委对于冬奥申办场地天气气候条件的考量。

作者：张艺博

斯阔谷冬奥会：首次使用人工造冰技术

《中国气象报》 2021 年 12 月 24 日

1960 年，美国斯阔谷成功举办第八届冬奥会。斯阔谷海拔 1889 米，创下历届冬奥会会址海拔新高。当斯阔谷的运营者于 1955 年向冬奥组委提出申办奥运会请求时，这里仅有一个非常小的雪场，但在不少滑雪爱好者眼中，本届冬奥会的高山滑雪赛道可能是史上难度最高的赛道之一。

斯阔谷冬奥会首次使用人工造冰技术，由一个冷冻厂为滑冰馆提供冰并进行冰面维护。这一创新举动为日后冬奥会的人工干预提供了一个很好的范例。

值得一提的是，来自法国的让·弗尔纳特获得速降比赛冠军，他是首位使用金属滑雪板获得奥运冠军的选手。相较于传统的木质滑雪板，金属滑雪板更加坚硬，能够在高速滑行时减少滑雪板震颤，具有极强的稳定性，同时，滑雪板的扭转过程也变得更加容易。此后，越来越多的运动员开始重视使用不同器械以适应冬奥会冰雪项目。

但由于报名人数过少、场地及设备等问题，奥组委取消了雪橇比赛，斯阔谷冬奥会也由此成为历史上唯一一届没有举行雪橇比赛的冬奥会。

作者：张艺博

高山滑雪——冬奥会皇冠上的明珠

《中国气象报》 2022 年 1 月 6 日

高山滑雪是一项惊险刺激且具有观赏性的运动，被誉为“冬奥会皇冠上的明珠”。2022 年北京冬奥会高山滑雪项目设在延庆赛区小海陀山上。

起源

高山滑雪诞生于欧洲中南部阿尔卑斯山脉地区，因此也被称作阿尔卑斯滑雪或山地滑雪。

高山滑雪项目包括以下几个小项，分别是滑降、超级大回转（宽度不得小于 30 米）、大回转（多坡并呈波浪形、宽度至少 30 米）、回转（坡度 20° 至 27° 、场地宽不得小于 40 米）、全能、混合项目。

高山滑雪的场地需要建在高山上，山的海拔高度要求在 1000 米以上，赛道的起点与终点之间的垂直高度差要达到 800～1000 米，线路长 2000 米以上，坡度为 5°～35°。陡峭的山坡能使运动员滑出的速度达到 130 千米 / 时，甚至更快，给人一种惊心动魄的感觉。

气象条件影响

气温、风和能见度等气象条件对比赛选手的安全有直接影响。山区地形复杂多变，正所谓“一山有四季，十里不同天”，即使隔着一道山梁，两侧的气温、风和能见度都会有很大不同。

位于延庆赛区的高山滑降赛道，从起点到终点的落差有 900 米，这就要求天气预报员对山顶、半山腰、山脚下的天气状况都了如指掌，由此准确且精细地预报出比赛时的天气。

气温——在正常情况下，雪面温度要低于 0℃，但气温并不是越低越好，过低的气温会冻伤运动员，对服务人员和观赛者也非常不利。而气温偏高可能会导致雪面融化、雪质松软、局部出现凹陷，会给运动员的身体造成伤害，成绩也会下降。在平昌冬奥会准备期间，-15℃的低温使得 2000 多名志愿者萌发请辞的想法。而在索契冬奥会上，女子高山滑降比赛由于气温升高，出现了斯洛文尼亚选手梅泽和瑞士选手吉辛成绩并列第一、同获金牌的历史罕见一幕。

风——风是影响高山滑雪的一个重要天气因素。在滑降项目中，运动员的瞬时滑行速度可达每小时 130 千米。高山滑雪不仅比速度，还要比技巧，在高速下降的同时，运动员要瞬时完成约 60 米的腾空飞跃，此时如果遇到较大的侧风，运动员有可能会被吹离赛道、滑倒。在平昌冬奥会期间，因大风降温天气，举办高山滑降比赛的旌善和龙平的气温接近 -20℃，风力达到 7 级，人的体感温度仅为 -36.6℃，平昌冬奥组委因此推迟了男子高山滑降及男子超级大回转比赛。

能见度——高山滑雪项目通常要求能见度大于 200 米。漫天飞舞的大雪或空中弥漫的浓雾会导致能见度降低，运动员与裁判员的视线也会受到影响。而如果遇到“风吹雪”或半山腰出现地形云，对于高速滑降的运动员来说是很大的安全隐患。2017 年 2 月，瑞士圣莫里茨举行的世界高山滑雪锦标赛原定于 11 日进行男子滑降比赛，因长达 2.77 千米的赛道上大雾弥漫，能见度只有 20 米，主办方不得不暂停比赛。

作者：宛霞

雪橇、雪车、钢架雪车　相同的赛道不同的竞技

《中国气象报》 2022 年 1 月 7 日

核心阅读

在冬奥会比赛中，很多人对雪橇、雪车和钢架雪车 3 个项目分不清楚，因为它们都是在相同的赛道上从起点滑到终点，并且乘坐的滑冰工具也颇为相似。

如何简便地进行区分呢？通俗地讲："仰面朝天"的是雪橇，"俯身趴"的是钢架雪车，"开敞篷汽车"的是雪车，其中，雪车又被称为"冰上 F1"。

起源

提起雪橇、雪车，人们的脑海里立刻浮现出爱斯基摩人的狗拉雪橇，纯种的西伯利亚哈士奇、阿拉斯加雪橇犬还有萨摩耶犬使出最大力气拉动雪橇奋力狂奔。这些运动就是这么演变来的。

雪橇，起源于北欧。据记载，早在 1480 年挪威就已出现雪橇。1883 年瑞士在达沃斯举行了世界上第一次雪橇比赛，1964 年第九届冬季奥运会，雪橇被列为正式比赛项目。比赛时，运动员坐在雪橇上，双手借助起点助栏用力向后推，使雪橇向前滑动，滑行中仰卧在雪橇上，这种"脚在前，头在后，躺着滑行"的项目叫雪橇。双人雪橇是两名男运动员叠在一起脚朝下滑行。

雪车，又称"有舵雪橇"，起源于瑞士，由雪橇发展而来。1924 年法国夏蒙尼第一届冬季奥运会将其列为正式比赛项目。雪车装置中有金属舵板和制动闸，就是人们熟知的"刹车"系统。比赛时，运动员推着一个类似火箭的"小车"助跑，然后再迅速坐到车里滑行（有两人和四人之分）。

钢架雪车，又称为"俯式冰橇"，于 19 世纪发源于瑞士山区的小城圣莫里茨。1884 年，第一次钢架雪车俯式冰橇比赛正式举行；1887 年开始出现类似现在这种俯卧式的姿势。钢架雪车在 2002 年盐湖城冬奥会才被列为冬奥会的正式比赛项目。比赛时，运动员单手推车助跑，然后跃上雪车，头朝下，趴着滑行。

比赛地点

2022 年北京冬奥会的雪橇、雪车和钢架雪车三个项目都在国家雪车雪橇中心的同一个赛道上举行，时速会高达 130～150 公里。但比赛项目安排是有顺序的，首先是破坏力最小的雪橇，接着是钢架雪车，最后是两人或四人的雪车比赛。如此安排就是考虑到冰面的承受能力，减少冰面磨损。此外，为了保证赛事的顺利进行，赛道每天都要用水喷洒 5～6 次。

国家雪车雪橇中心建在延庆赛区的小海陀山南麓。赛道总长约 1935 米，上下落差 127 米。共设置 16 个弯道，其中第 11 个弯道采用了回旋弯的设计，这在全球是唯一的。

气象条件影响

通常来说，晴天是雪橇、雪车和钢架雪车比赛最理想的天气，气温太高或太低都会对赛道造成影响。

由于赛道上铺设的是"人造冰"，厚度达到 5 厘米以上，温度需要保持在 −3～−2℃。如果气温较高，启动制冷时赛道冰面会结霜，从而影响比赛速度；当气温过低时，就会导致冰面变黏，同样会影响比赛速度。

此外，下雪也会对比赛有一定影响。由于赛道大部分都是有遮挡的，雪花大概率不会飘进赛道。但如果持续下雪又刮大风，雪花就可能被吹进赛道，进而使运动员滑速下降，难以把控方向。

由于天气变化会对赛道的冰况产生很大影响，所以运动员会实时监视天气来选择滑行装置。值得注意的是，我国国家雪车雪橇中心设计了有遮阳的屋顶，并研发了“地形气候保护系统”，可以有效保护赛道冰面免受各种天气气候因素的影响。

作者：李慧

跳台滑雪——偏爱“逆风飞翔”

《中国气象报》 2022 年 1 月 13 日

跳台滑雪是“勇敢者的游戏”，考验着运动员坚定、沉着的意志，以及爆发力、灵敏性与平衡能力。风速、气温和能见度等气象条件都是影响跳台滑雪的气象因素，且运动员在逆风条件下将比在顺风条件下更易取得好成绩。

起源

跳台滑雪起源于挪威，又称跳雪。1868 年，挪威人诺尔海姆创造了飞行距离达 19 米的成绩，这也是世界上第一个跳雪成绩。1999 年 3 月 19 日，德国选手马丁・施密特在斯洛文尼亚的普拉尼卡跳出 214.5 米的成绩，这是跳台滑雪历史上跳出的最长距离，自从这个成绩被承认开始，至今无人超越。

跳台滑雪比赛只有最好成绩，没有世界纪录，因为每届冬奥会所建造的跳台助滑道的角度和起跳端的仰角等都有所不同，再加上比赛时的气温、风向、风速及雪质、雪温等自然条件的差异，比赛成绩都会随之变化。

气象条件影响

跳台滑雪是成绩最易受天气影响的比赛之一，以风的影响最为显著。风力过大，尤其是瞬时风力过大，会对运动员的安全造成威胁。因此，跳台滑雪对场地和气象条件都有严格限制。

风速超过 4 米 / 秒，运动员在空中的方向会受到很大的影响，当风速超过 5 米 / 秒时就不能再进行比赛和训练了。在瞬时风速小于 3 米 / 秒、无侧风的气象条件下，运动员易取得好成绩。如遇小于 3 米 / 秒的逆风，则更有利于比赛，因为逆风时，气流会将运动员的身体“托”起来，从而延缓下降速度，增加飞行距离。因此，运动员更偏爱“逆风飞翔”，其跳跃的距离也会比正常的无风天气时延长 10 米以上。反之，顺风成了运动员比赛的最大障碍。

气温对比赛影响也比较大，低于 −20℃或高于 0℃都不适于比赛。气温较低会让运动员肢体僵硬，当气温在 −20℃以下或持续极寒天气时，雪质过硬，甚至出现比较厚的冰晶层，运动员落地时很容易摔伤；而气温较高时，积雪湿度增大，变得松软，掌握不好也易受伤。

比赛时，如果每小时降雪超过 3 厘米，就会停赛。此外，为确保裁判员能看清着陆区，场地能见度应大于 500 米，如果小于 150 米时，也要停赛。

作者：罗澜

越野滑雪——雪上马拉松

《中国气象报》 2022 年 1 月 17 日

越野滑雪是滑雪运动最初的样子，自 1924 年首届冬奥会起，它就被列入比赛项目，并且从未中断过。

起源

越野滑雪作为滑雪运动史上最古老的项目之一，起源于北欧，又称北欧滑雪。当时的人们交通不便，通过滑雪运输物资。

相传在 1226 年挪威内战时期，两位士兵怀抱两岁的国王哈康四世，为了摆脱追捕，将木板绑在脚上，滑雪翻越高山成功逃脱，这就是著名的“桦木腿”侦察兵的传说。这两位士兵共滑行了 56 千米，为纪念这一壮举，现在挪威每年都举行长距离的越野滑雪比赛，所以越野滑雪也被称为“越野马拉松滑雪”。

项目介绍

北欧两项和冬季两项的比赛中都有越野滑雪。越野滑雪所使用的技术既传统又现代，登山、滑降、转弯、滑行，是滑雪运动初学者最享受的一项运动。

越野滑雪男女比赛项目的技术种类包括传统技术、自由技术、混合双技术、混合双技术接力。传统技术要求两板平行，两腿前后交替滑行、双手雪杖助推，雪板必须放在压好的雪槽里，不允许双脚或单脚做出蹬冰动作，可以运用双腿滑雪板和双手前后摆动雪杖来前进。想超越前面的运动员，可以跳出雪槽改道滑行。而自由技术对技术动作没有特别的限制，运动员可以采用任何技术动作，如蹬冰步、八字登山，类似于滑冰的姿势。

气象条件影响

越野滑雪是一项与大自然融合的比赛项目，一般不会轻易改期。越野滑雪对气温有明确要求，当气温下降至 −20℃以下时，便要考虑是否延迟或终止比赛。另外，如果遇到雨雪交加、低能见度以及 5 分钟平均风速大于 10 米 / 秒的大风等恶劣天气时，也会推迟或取消比赛。

2018 年韩国平昌冬奥会越野滑雪赛事总监、国际滑雪联合会官员皮埃尔曾表示，虽然平昌的雪上项目场地受到风雪天气的影响，但是推迟越野滑雪比赛有点小题大做。

当然，因天气因素推迟或取消比赛的情况确有发生，除了出于项目公平的考虑外，最主要还是考虑到运动员的安全。毕竟无论是冬季两项，还是越野滑雪，都是在户外进行。2009 年 2 月，在哈尔滨举行的冬季世界大学生运动会上，原定于 21 日 9 时 30 分举行的越野滑雪比赛，由于气温偏低，最后被推迟到当日 10 时 30 分举行。

作者：宛霞

北欧两项——既要跳得远又要滑得快

《中国气象报》2022 年 1 月 19 日

北欧两项由跳台滑雪和越野滑雪组成，这两项比赛是滑雪比赛中难度最大的，跳台滑雪要跳得远，越野滑雪要滑得快。2022 年北京冬奥会的北欧两项比赛设在国家越野滑雪中心（张家口赛区）。

起源

北欧两项起源于北欧斯堪的纳维亚半岛的挪威和瑞典等地，这些地区冬季的特点是雪多，但是没有像阿尔卑斯山那样高的山。因此，这里盛行的不是高山滑雪，而是雪地滑行。

挪威人在 19 世纪中期将适合于自己的滑雪方式纳入当地的冬季雪上运动会，创立了跳台滑雪和越野滑雪两个项目，也就是后来被称为北欧两项的比赛，也称为北欧全能。

北欧两项对运动员有较高的体魄要求。跳台滑雪要求运动员具有精湛的技术和超乎常人的胆量，越野滑雪要求运动员具有充沛的体力和不懈的耐力。1883 年，北欧两项被列入霍尔门科伦滑雪大奖赛，20 世纪初开始向世界推广，1924 年被列为首届冬奥会比赛项目，一直保留至今。

气象条件影响

久负盛名的北欧两项在很大程度上受到气象条件的约束。跳台滑雪与越野滑雪两种比赛的场地完全不同，对气象条件的要求也不尽相同。

影响跳台滑雪的气象因素主要有降雪、风速、能见度等。

降雪——当遇到明显的降雪天气时，每小时积雪厚度达到或超过 3 厘米时，就必须终止比赛。

风速——当平均风速大于 4 米 / 秒，风向变化大于 90°，或上下坡风速差达到或超过 4 米 / 秒时，也必须终止比赛。2006 年 2 月 15 日，在都灵冬奥会北欧两项团体赛中，每队的四名选手都将进行两次跳台滑雪，由于跳台滑雪场地风速太大，不得不推迟到次日进行。2010 年 2 月 25 日，温哥华冬奥会北欧两项竞速赛在风雨交加的恶劣天气中进行，由于风速较大，很多世界杯高排位选手都没有取得好成绩，赛后对于“比赛不公平”的抱怨声不绝于耳。

能见度——如果能见度小于 500 米，导致裁判无法看到赛道区，比赛也无法正常进行。

若上述天气条件接近临界值或出现其他天气，例如降雨、气温降至 −20℃以下或升至 0℃以上，也必须考虑推迟或终止比赛。

对于越野滑雪来说，一般仅对气温有明确要求，当气温降至 −20℃以下时，便要考虑延迟或终止比赛。

作者：李慧

札幌冬奥会：冬奥首次在亚洲举办

《中国气象报》 2022 年 1 月 20 日

1972 年札幌冬奥会是第一次在欧洲和美国以外地区举办的冬奥会，这使冬奥更具有国际性。

日本与欧美国家相比较并非冰雪运动强国，但是日本札幌在竞选时，却击败了加拿大的班夫、芬兰的拉蒂和美国的盐湖城等城市获选。这背后不得不提的是“环境友好”理念。日本在竞选过程中强调了生态保护，表示要最大限度地实现环境保护与区域发展的双赢——札幌冬奥会将所有的比赛场地设置在奥运村 35 公里范围内，节约了大量成本；一些雪上项目场地赛后被重新种植树木，恢复了生态。

为了更好地承办冬奥会，札幌建起了地铁，连接了城市南北，并解决了大雪造成的交通拥堵问题。除此之外，还新修建了各种竞技场所，并实现持续利用——宫之森跳台竞技场和大仓山跳台竞技场在冬奥会后还被用于跳台滑雪和北欧两项（越野滑雪运动和跳台滑雪运动）的世界锦标赛和世界杯比赛；北海道立真驹内公园拥有两个多功能场地，室外体育场在冬奥会上被用来举行开幕式和速度滑冰比赛；手稻山滑雪场是札幌周边雪场中雪道最多、落差最高、拥有最长雪道的滑雪场，共有 16 条雪道，而且初级雪道就长达 6 千米，日后承办了多项滑雪赛事。

冬奥会带给札幌的改变远不止于此——冰雪运动在此广泛开展，成为札幌市民生活中不可或缺的一部分。甚至在冬奥会举办后不久，滑雪还进入了小学课程。借着冬奥会的东风，札幌一跃成为全球滑雪胜地，当年举办冬奥会的滑雪场，每年吸引大量的滑雪爱好者，滑雪也成为札幌重要的支柱产业。

作者：张艺博

冬奥会的冰，咋制成？

《中国气象报》 2022 年 1 月 21 日

光滑稳定的高质量冰面，在冬奥会冰雪项目高水平竞技中至关重要。运动员在冰雪世界的精彩表现，更是离不开这一“硬核”基础条件。

而冰面的制作过程却是复杂的，对平坦度、光滑度的要求尤为严苛。特别是在冰壶比赛中，冰面仅仅 1 毫米的平坦度偏差，都会对冰壶的走向产生很大影响，进而影响选手的发挥。那么冬奥会的冰，是经过哪些步骤制成的呢？

“制冰的整个过程大概分为制作冻底冰、喷白、封白、画线、贴 Logo、封线、涨水制作表面冰几个步骤。”北京首钢园运动中心制冰师刘博强介绍，首先在赛场浇筑纯净水，制冰师需要用喷棒均匀地把水喷洒在赛场上，并确保它和混凝土地面完全贴合；待水结冰并达到一定温度后，开始喷白漆，使赛场成为公众较为熟悉的奶白色；待白漆固定后，贴 logo 和画线；再涨水制作表面冰，最后用扫冰车打磨和找平，制冰工作才算真正完成。“气象因素的变化对我们制冰师来讲非常关键，我们需要实时监测室外温度和湿度，及时调整机组状态去维护冰场的稳定。”

在冬奥赛事中，不同的运动项目对于冰面的要求不一样，由此会设计相应的制冰参数。比如花样滑冰的冰面厚度是在 5.5～6 厘米，但短道速滑的冰面厚度在 3.5～4 厘米。不难发现，花样滑冰的冰面更厚，这是因为花样滑冰运动员的比赛动作中会有起跳和落地的动作，落下来的时候冰刀会刻到冰面上，如果冰面太薄，就有可能刻在水泥地面，进而导致运动员受伤。

除了制冰师的匠心，制冰工作还有“黑科技”的加持。相比于传统的间冷式冰场，北京冬奥会还首次采用了清洁、低碳的二氧化碳跨临界直冷制冰技术，能效提升 20% 以上，机组消耗的能源仅为传统制冷系统的 1/3～1/5。

对有冰面转换要求的赛馆来说，二氧化碳跨临界直冷制冰技术可以精准控制冰温和软硬度，满足不同比赛项目对冰面的各个要求。就像人们说的那样，随着“绿色冬奥”的理念不断深入，北京这场“冰雪之约”正在变得“绿意盎然”。

作者：王婉

冬季两项——在林海雪原中穿行

《中国气象报》 2022 年 1 月 21 日

身背钢枪，脚踏滑雪板，手握滑雪杖，飞速滑行在崇山峻岭中，让人们立刻想起了电影《智取威虎山》，其实冬奥会就有类似的项目，叫作冬季两项。

起源

冬季两项起源于斯堪的纳维亚半岛，由远古时代的滑雪狩猎演变而来。1767 年，守卫在挪威与瑞典边界的挪威边防军巡逻队，曾举办了第一次滑雪和射击比赛。规定在滑行途中用步枪射击 40～50 步远的靶标，成绩最优者可得到奖品。据记载，这是世界上最早的现代冬季两项比赛，也是滑雪与射击相结合的运动。

在挪威、瑞典一带，19 世纪中期还兴起一项运动叫北欧两项。冬季两项比北欧两项要早约 100 年，但是却比北欧两项正式进入冬奥会要晚 36 年。

项目介绍

冬季两项是越野滑雪与射击相结合的比赛。运动员要背着 3.5 千克重的小口径运动步枪滑行，在完成越野滑雪的过程中还要进行射击，这要求运动员既要有迅速“由动转静”的能力，又要有“由静转动”的能力，最终滑雪冲刺到终点。

比赛时，运动员要按规定的方向和顺序滑完全程，其间每滑行一段距离进行一次射击。

射击有卧射和立射两种姿势。靶台的前沿与标靶之间距离为 50 米，卧射靶环直径 4.5 厘米，立射靶环直径 11 厘米。

冬季两项比赛项目分为个人赛、追逐赛、接力赛、短距离竞速赛、集体出发赛和混合接力赛。

气象条件的影响首先是能见度，大雾天气会影响越野滑雪运动员对行进线路的判断。而受影响最大的还是射击，50 米远的标靶，最小能见度不能低于 100 米，否则需要延迟或终止比赛。其次是风速，越野滑雪要求 1 分钟平均风速不能超过 10 米 / 秒。最后是气温，冬季两项比赛要求最低气温不能低于 −20℃。

作者：罗澜

恶劣天气也不会熄灭的火炬

《中国气象报》 2022 年 1 月 27 日

火炬是冬奥会圣火的载体，不但体现着举办国的文化，其设计也蕴藏着深刻的科技内涵。因为在传递期间，必须要保证圣火持续燃烧，并能在各种恶劣天气条件下使用。所以，每届冬奥会都会诞生一支代表当时最高科技水平的新火炬。

冬奥会自 1924 年正式举办，最初几届并没有像夏奥会一样举办火炬传递仪式，直到 1952 年在挪威奥斯陆举行的第六届冬奥会才有所改变，火炬手采用滑雪的方式传递圣火。经火炬设计者的改良与完善，火炬燃烧时间由一开始的 15～20 分钟延长到 40～45 分钟，每届冬奥会的传递线路和传递方式都独具匠心，成为全世界关注的焦点。

2006 年都灵冬奥会火炬是“以赛车科技的工业标准”制作的。火炬外形就像滑板和冰刀的艺术整合体，将冬奥会冰雪项目的特征完美体现在火炬上。这支火炬的最大特点是火焰在火炬内部燃烧，点火后火炬四周会被火焰吞没，即使在大风天气下，火炬依然能保持正常燃烧。

为了使火炬在强风和大雪中保持燃烧、不熄灭，2018 年平昌冬奥会的火炬也进行了精心设计：火炬高 700 毫米，代表着平昌 700 米的海拔。当大风吹向圣火时，火炬的通气通道能够给火焰提供更多氧气，从而保证火焰不熄灭。由于火炬底部有一个五边形孔，雨水可以从这个孔排出，因此，即便遇到雨雪天气，圣火也能够继续燃烧。

北京 2022 年冬奥会和冬残奥会火炬——“飞扬”除了拥有优雅美观的外形，内在也藏着不少“黑科技”。作为全球首次以碳纤维及其复合材料制作的奥运火炬，“飞扬”的外壳不仅耐火抗高温，还能在极寒天气中使用，以氢作燃料，燃烧时接近零排放，可抗风 10 级，呈现出了“轻、固、美”的特点。

作者：王婉

冬奥史上的“调皮”天气

《中国气象报》 2022 年 1 月 28 日

如今，一个城市若想承办冬奥会，这个城市的天气气候条件是国际奥委会对其进行考量的重要因素。毕竟，在冬奥会历史上曾多次出现因天气原因推迟或取消比赛的情况。

1928 年 2 月 11—19 日第二届冬奥会举办期间，瑞士的圣莫里茨作为承办城市出现了罕见的高温天气。由于天气突然转暖，冰雪开始融化，该届冬奥会的速滑 10000 米决赛被迫中断，最终组委会不得不取消这个项目。所以在第二届冬奥会上，速滑比赛只进行了 500 米、1500 米和 5000 米 3 个项目。另外，该届冬奥会的五人座雪车赛也受高温天气影响，原计划的三轮比赛只进行了两轮。

1932 年第三届冬奥会的四人雪车比赛被迫延期至闭幕式结束后两天才进行，原因同样是作为承办城市的美国普莱西德湖出现了高温天气。据报道，1932 年 1 月的气温为当时美国气象部门有记录以来历史同期最高。开幕式前 10 天，运动员已陆续到达，普莱西德湖周围的群山却依然没有被雪覆盖。工作人员只好用雪板从更高的山区取雪，再用火车运输至赛场，通过一场浩大的“运雪工程”才让比赛得以进行。

不过，有时候天公“作怪”起来，还远不止这般折腾人。意大利北部小镇科蒂纳丹佩佐曾申办过 1944 年冬奥会，但由于第二次世界大战的原因，比赛被迫取消。12 年后，冬奥会终于来到科蒂纳丹佩佐。意大利人以极大的热情迎接这次盛会，但缺少积雪又给比赛笼罩了一层阴影，组织者只好将积雪从较高的雪山运到比赛的山谷里。然而，令人意想不到的是，开幕式当天天降大雪，早先运来的积雪又必须从场地上清除。

此外，回溯近 30 年的冬奥会历史，有不少因天气原因产生的“状况”和趣闻。1998 年长野冬奥会期间出现暴雨，缺少积雪，组委会负责人甚至进寺庙祈雪；2002 年盐湖城冬奥会因为缺雪，商铺和饭店纷纷挂出“想念雪”的牌子；2010 年加拿大温哥华冬奥组委不惜动用 300 辆卡车和数架直升机运雪；2014 年索契冬奥会最高气温一度达到 20℃，雪道松软使比赛选手频频出现失误，并出现受伤等情况；2018 年平昌冬奥会受大风影响，2 月 14 日的高山滑雪项目女子回转比赛被迫推迟 1 小时后，再次推迟至 2 月 16 日。

作者：杨叶

气象如何助力冬奥项目“脱敏”？

《中国气象报》 2022 年 1 月 28 日

北京冬奥会的项目中大约有 7 成在雪上进行。作为户外项目，它们都是天气“过敏体质”，对天气格外敏感。去年 11 月 26—27 日举行的国际雪联高山滑雪世界杯中，加拿大路易斯湖站原定的三场比赛因过量降雪取消了两场，令赛事总监只能感叹：“大自然母亲 2∶1 战胜了世界杯。”

与不利自然条件作斗争闪现着奥运精神之光，但在全球变暖导致极端天气气候事件增多的背景下，我们如何才能更从容地应对冬奥会中的恶劣天气呢？

一张覆盖赛区的气象监测网必不可少。2020 年底，“三维、秒级、多要素”的冬奥气象监测网络就已建成，监测站点都建在赛区和赛道的出发点、起跳点、结束点等重要位置。

这张“捕风捉雨”的大网获取的宝贵气象数据源源不断地汇入“冬奥智慧气象预测保障系统”和“分钟级、百米级”预报服务系统……

往届冬奥会，客观气象预报基本以千米网格为主，时间更新频率是半小时至 1 小时。在国内，目前的高精度数值天气预报模式的网格分辨率最高是 3 公里，部分发达地区的网格距可达到 1 公里，时间更新频率基本是 1 小时或 3 小时。而北京冬奥会高精度气象预报的空间网格分辨率最高是 67 米，时间更新频次最高是 10 分钟，精细化气象预报在当前趋于极致。

此外，预报员经过多年钻研潜心打造的一把“倚天”长剑，也首次在此次冬奥会中大显身手，它就是人工智能预报技术。预报员用海量气象观测数据和模式数据来“喂养”它们，让其对客观气象预报进行再订正，进一步提升了冬奥气象预报的精准度。

正是这些洞察风云的“利器”，让精细到“一场一策”甚至“一项一策”的气象服务成为可能，也在无形之中化解了冬奥会比赛中的诸多潜在气象风险。

作者：吴鹏

气象条件如何影响冬奥会？

《中国气象报》 2022 年 1 月 28 日

恶劣天气一直是历届冬奥会面临的最大挑战之一，天气因素不仅对所有户外比赛的公平性及运动员的安全有明显影响，还会影响开（闭）幕式的举办和赛场设施建设与维护等。因此，天气风险管理一直都是保障冬奥会顺利进行的核心之一。

冬奥会大型活动

冬奥会的开（闭）幕式一直是最受人们关注的环节之一，但寒潮、大风、降水等都会对彩排和正式演出造成不利影响。

例如，大风天气可能会使焰火燃放造成火灾的风险加大，同时也会有大型装置道具、威亚等吊装设备发生倾倒或脱落的风险；降水会造成赛场电气设备受潮短路，易引发火灾或漏电；低温则使得设备控制失灵或损坏，后续耗电过快等。

比赛赛程进行

北京 2022 年冬奥会赛事项目共设 7 个大项 15 个分项和 109 个小项。其中，易受天气影响的主要是 66 个雪上项目及 10 个滑行项目，占比 2/3 以上。高影响天气如大风、暴雪、沙尘、低温等，往往会造成竞赛延误或延期，甚至取消。

回顾近 5 届冬奥会，都出现过因为天气原因导致比赛延期甚至取消的情况。例如，2018 年平昌冬奥会期间，因大风、低温及降雪天气造成 17 项赛事调整、1 项取消。

许多雪上项目对天气条件有具体要求，当出现相应天气时，裁判长或组委会会根据情况来调整赛程。如高山滑雪比赛时，平均风速或阵风风速大于 17 米 / 秒、24 小时新增积雪厚度大于 30 厘米，都将影响比赛是否继续进行。气温低于 −20℃时，则是越野滑雪和冬季两项的关键影响决策点。

比赛成绩公平性

雪上项目中运动员大多按顺序依次出发，由于天气状况时刻在变化，这就使得每个运动员的比赛环境有所不同，进而影响比赛成绩。

以跳台滑雪为例，适当逆风对选手相对有利，气流会减缓运动员的下降速度，乘风之势可助其飞得更远，但裁判会相应扣分，以平衡逆风带来的“好处”，相反则会加分。

冬季两项是越野滑雪与射击相结合的比赛，对能见度要求较高。大雾天气会影响越野滑雪运动员对线路的判断，对射击的影响也很大。2014 年索契冬奥会冬季两项比赛受大雾影响，男子集体出发比赛推迟进行。

运动员安全

雪上项目速度快，有腾空动作，天气状况有时还会威胁运动员的安全。

跳台滑雪是公认的最易受天气影响的比赛之一，对瞬间风速的要求极高，要求“瞬时风速 < 4 米 / 秒、无横风”，否则运动员在空中的方向和视线都会受影响，一旦失控非常危险。其他如高速滑行和跳跃的项目，也易受风的影响造成动作失控而导致严重后果。

赛场上气温过低时，会冻伤运动员。一般气温低于 −25℃就会对比赛产生严重影响，导致比赛延期或取消。当气温过高时，赛场上的雪会融化，对滑雪运动员控制转弯动作影响极大。

当比赛期间出现较强降雪时，新雪比较松软，会导致摩擦力增大、滑行速度减慢，不利于运动员掌握平衡，在急转或加速时易产生危险。此外，暴雪还会掩盖雪道，使标记变得模糊，造成安全隐患。

设施建设与维护

天气条件对赛场设施的建设与维护也有直接影响。由于冬残奥会在 3 月份举行，如果出现暖冬，会使赛道积雪融化，特别是如果出现沙尘或降雨天气，积雪融化速度会明显加快，从而影响赛事的进行。2010 年温哥华冬奥会期间，由于赛前气温过高，使本来多雪的奥运赛场出现无雪状况，温度过高也无法满足造雪条件，组委会不得不动用军队从几百公里以外运雪。

此外，恶劣天气对临时搭建的场馆设施，以及供水、供暖、供电等设施都会造成威胁。

作者：罗澜

冬奥的“绿色密码”

《中国气象报》 2022 年 1 月 28 日

近日，随着气温下降，位于北京延庆区官厅大桥东侧的妫水河面上迎来千只野鸭。它们时而翩翩起舞，时而将头潜进水中觅食，嬉戏玩耍，怡然自得。

就在长城脚下，妫水河边，很快将迎来一次盛会——北京冬奥会。6 年前，延庆区作为北京冬奥会举办地之一，开始被全世界所知悉。当你真正走近这里时，可以看到专门为野生动物修建的十几条通道，为改善鸟类生存环境而布设的数百个人工鸟巢，为保护生态环境而种植的大片树木……

自 2015 年申办成功以来，绿色、生态、低碳一直是北京冬奥会的核心理念。自此，山更青了，水更绿了，天更蓝了。

截至目前，北京市和张家口市空气中细颗粒物（$PM_{2.5}$）平均浓度分别由 2015 年的 78 微克 / 米^3 和 30 微克 / 米^3 下降至 33 微克 / 米^3 和 23 微克 / 米^3，森林覆盖率分别由 41.6% 和 37% 增长至 44.4% 和 50%，赛区及周边风沙问题得到有效治理。

北京冬奥的丹青画笔不仅勾勒出青山绿水、蓝天白云，更“渗透”进了赛区。

以延庆赛区为例，这是一个 100% 使用风电、太阳能电力的绿色清洁能源赛区，也是一个水资源全部实现自我收集利用和净化再利用的“海绵型赛区”。

通过建设世界首创的 500 千伏柔性直流电网工程，以及跨区域“绿电”交易机制，北京冬奥会成为历史上第一届 100% 使用光伏、风电等绿色电能的奥运会。

根据测算，从 2019 年 6 月第一笔“绿电”交易开始，到 2022 年冬残奥会结束，北京、延庆、张家口三个赛区的场馆“绿电”预计使用 4 亿千瓦时，可以减少燃烧 12.8 万吨的标准煤，减排二氧化碳 32 万吨。

除了“绿电”，还有“绿冰”。通过科技创新，北京成为冬奥历史上第一个大规模采用碳排放接近于零的二氧化碳制冰技术的主办城市。国家速滑馆、首都体育馆、首体短道速滑训练馆、五棵松冰球训练馆等 4 个冰上场馆，在奥运历史上首次使用清洁低碳的二氧化碳制冷剂，不仅减少了传统制冷剂对臭氧层的破坏，而且大幅降低了制冷系统能耗，与传统制冷方式相比，可实现节能 30% 以上。

此外，各场馆均采取多种节水措施，比如使用节水器具、优先采用非传统水源等方式节约水资源。以“渗、滞、蓄、净、用、排”为核心的“海绵”设计在三个赛区都得以落实，实现水资源的高效利用。

森林固碳、绿色建筑、低碳交通……北京冬奥会将全面实现碳中和。在这里，美丽中国的画卷正徐徐展开。

作者：吴初桐

冬奥如何演绎“春”元素?

《中国气象报》2022年2月5日

2022年2月4日晚，北京冬奥会开幕式现场，中英文“立春”和“SPRING”焰火在空中升起。

北京冬奥会开幕式盛典以二十四节气为序曲，从“雨水”开始，最终行至“立春”。而这一天，也正是立春节气。

立春，不仅是二十四节气之一，还预示着万物复苏、春回大地。今年立春当日，奥运盛典与中国的传统节气“不期而遇”。在冬奥舞台上，中国元素的融入既诠释了中华民族的文化自信，也闪耀着东西方文化碰撞出的文明火花。

在冬奥会开幕式中，立春这一中国重要传统文化元素也充分体现，呈现了美好的冬奥愿景。总导演张艺谋此前就表示，万紫千红总是春，立春给开幕式带来非常好的兆头，那种积极向上的乐观精神和冬奥会口号“一起向未来”完美融合。

立春之时举办冬奥会为何能如此“恰如其分”？原来，在大陆性季风气候带举办冬奥会，在冬奥会历史上还是“第一次”。北京和张家口处于“冰雪黄金纬度带”——北纬40°附近，冬季寒冷干燥，降雪日期较长，三面环山，气流受山体阻挡易形成降雪，而且两地均有山地地形分布，坡度适中，滑雪条件优良。

国际奥组委对冬奥会举办地有严格的规定，气候并非越冷越好。在过去10年中，该时间段内北京、张家口白天平均气温均符合冬奥会冰上项目和雪上项目的温度要求，而且风速缓和。此外，针对极端天气，气象保障服务团队已经建立了完善的立体气象监测网络，各部门全力做好各方面准备，保障北京冬奥会顺利举办。

如今，冬奥场馆内外“春”的元素无处不在。国家速滑馆外围有24个场馆入口，为增加辨识度、方便人们快速找到入口，场馆将中国传统文化、民俗风情与冰雪特色结合，设计制作了有二十四节气徽章元素的入口标识，融入场馆形象景观，人们可以清晰看到立春时的大红灯笼与鞭炮、春分时节的立蛋游戏等。在冬奥“年货”里，“点燃冬奥”倒计时系列徽章不仅标注了徽章主题，还有“2022.02.04”“正月初四”“立春”等字样，将开幕式场馆鸟巢、吉祥物冰墩墩、中英文口号融合在一起。另外，“十二月令·民俗图谱系列徽章”同样把冬奥会和传统文化完美结合，这组徽章以画卷绘本的设计构思，将封面目录和12个月令共13枚徽章组合成套，例如二月的徽章图案为在杏花下踏春的情景，秋千上的妇女还可以摆动。

由此可见，场馆设计、吉祥物以及丰富的冬奥会周边产品等，无不精妙地让世界通过冬奥会这一窗口，更好地认识中国、了解中国，感受历久弥新的中华文化。

作者：王婉

能见度之谜

《中国气象报》 2022 年 2 月 7 日

能见度是影响冬奥会赛事的一个重要因素，不同的项目对其要求不尽相同。

比如高山滑雪，要求能见度大于 200 米。如遇“风吹雪”或有低云影响，会导致能见度下降，从而降低运动员安全性。而对于空中技巧、雪上技巧、U 型场地和坡面障碍技巧等单板、自由式滑雪项目，裁判员必须看清每个运动员的动作，才能公平公正地评分，也对能见度提出了较高的要求。

历届冬奥会出现过多次因低能见度而调整赛程的情况。索契冬奥会冬季两项比赛就曾受大雾影响而两次推迟，原定当晚的比赛一直推迟至次日上午才举行，单板滑雪障碍追逐赛也因大雾而推迟。

冬奥会驻训之初，气象预报团队翻阅了崇礼建站以来的气象资料，得出冬季在冷空气不断侵袭下，基本没有 1000 米以下能见度的记录。所以，团队基本判定，低能见度不会成为张家口赛区赛事举行的“绊脚石”。但 2019 年底，U 型场地世界杯决赛当天，风雪交加带来的低能见度曾一度迫使比赛中断。这也给气象预报员一个警示——位于山沟中的崇礼气象站观测数据难以全面代表冬奥赛场天气，特别是海拔高度在 1800～2100 米的云顶滑雪公园，低能见度影响不容忽视。

平原的低能见度则多由雾或霾天气引起。但赛区出现 1000 米以下的低能见度天气，主要是降雪天气带来的。降雪量越大，出现低能见度的概率越高。日降雪量为小雪时，出现 500～1000 米低能见度天气日数最多，占 32.7%；日降雪量≥2.5 毫米（中雪以上）时，出现 50～200 米低能见度为主，且日降雪量越大出现概率越大；日降雪量≥10 毫米（暴雪）时，一定会出现低能见度天气，且出现 50～200 米低能见度天气概率达 60.0%，出现 200～500 米低能见度天气概率达 25.7%。

经进一步分析研究和实践发现，云底高度是预报赛场能见度的“牛鼻子”。当抬升凝结高度（云底高）在赛场以上时，不利于低能见度天气出现；当抬升凝结高度低于赛场高度且有逆温层时，有利于低能见度出现；当无逆温层、风速超过 3 米 / 秒时，能见度迅速好转。

作者：李宗涛

单板滑雪大跳台——空中绝技大比拼

《中国气象报》 2022 年 2 月 9 日

起源

单板滑雪大跳台前身是奥地利摄影师安德鲁 · 霍尔蒙特 1995 年在因斯布鲁克创办的“沸雪”比赛项目。“沸雪”赛事在欧洲风靡 20 余年后，于 2010 年来到了中国，并在随后几年连续在北京举办。2017 年，经国际滑雪联合会确认，该赛事正式升级为沸雪北京国际雪联单板滑雪大跳台世界杯比赛，地点设在鸟巢，成绩是冬奥会的积分。

2022 年北京冬奥会单板滑雪大跳台的比赛场地设在北京石景山首钢园区的北区。是唯一一项设在北京市区内的雪上比赛项目，其他的 4 项单板滑雪项目均在张家口赛区。

项目介绍

单板滑雪大跳台是冬奥会单板滑雪项目中的空中技巧项目。单板滑雪大跳台分男女组进行比赛，选手沿赛道从高处急速下滑，滑到大跳台时“一飞冲天”，在空中表演各种花式技巧，谁的腾空高、滞空时间长、空中技巧花样多，谁就是王者。

项目特色

单板滑雪大跳台赛道总长度 140 米左右，开始高度 40 米，起跳区滑道宽度 8 米，着陆区滑道宽度 23 米左右。赛道从高到低依次也称为起降坡、跳跃坡和下落坡。

跳台滑雪与单板滑雪大跳台是有区别的。首先，跳台滑雪采用的是双雪板，而单板滑雪大跳台是单板；其次，跳台滑雪是看谁“飞”得远，而单板滑雪大跳台则是比谁的空中花样多。

天气因素的影响

降雪或降雨——对单板滑雪大跳台影响最大的是降水（降雪或降雨），降水强度将会直接影响比赛。由于赛道上的雪质较硬，对运动员的滑行、加速和腾空都非常有利，但如果降雪或者降雨，赛道上的雪质会发生变化，导致摩擦力增大，这对运动员加速或者做高难度动作都非常不利，甚至可能造成运动员受伤。如果雪下得很大，还会对视野产生影响，使赛道上的能见度大大降低。因此主办方通常把是否会出现降雪或降雨作为比赛改期所要考虑的重要因素。

风——风的因素也很重要，侧风、逆风、顺风都会影响比赛结果。侧风较大时还会影响运动员的空中姿势以及落地的稳定性。

能见度——能见度对比赛的影响也至关重要，无论是降雪还是大雾带来的能见度降低，都会导致运动员看不清高台下的状况。

气温——单板滑雪大跳台高度差只有 40 米左右，气温变化不大。但是赛场的环境气温低于 −25℃时，会造成运动员体感温度降低，从而身体僵硬、动作失常，容易影响比赛成绩，对观众影响也较大。

作者：罗澜

1988 年卡尔加里奥运会：冬奥比赛时间首次延长至 16 天

《中国气象报》 2022 年 2 月 10 日

1988 年 2 月 13—28 日，第十五届冬奥会在加拿大卡尔加里举行，这是冬奥会首次将比赛时间延长至 16 天。

卡尔加里非常重视此次盛事，兴建了许多运动场馆，更新和添置了很多设施，硬件水平在当时堪称一流。具有突破意义的是，这届冬奥会首次将速滑比赛安排在室内的冰场，这一举动大大降低了天气可能给比赛带来的影响；此外，高山滑雪赛道首次使用人工造雪机，帮助这一赛事走出“靠天吃饭”的窘境。

因为进入室内比赛，避免了很多天气状况等外界因素干扰，这届冬奥会的速滑比赛创造了许多新的纪录——荷兰女选手亨尼普获得速滑女子 1500 米、3000 米和 5000 米 3 枚金牌，并打破 1500 米的奥运会纪录和 3000 米的世界纪录；美国的布莱尔打破速滑女子 500 米世界纪录；瑞典的古斯塔夫松打破了速滑男子 10000 米世界纪录……

这届奥运会上特别值得记录的是开幕式上牙买加运动员代表走进赛场的一刻，他们作为热带国家历史上首支雪车队，克服了气候、资金、专业训练等重重困难，登上 1988 年卡尔加里冬奥会的赛场。他们虽未能取得优异成绩，但这次经历被改编为电影《冰上轻驰》登上银幕，生动诠释了奥运精神，也让我们感受到热带国家参与冬奥的艰辛与困难。这部电影激发了更多热带国家运动员参与冬奥会的热情。

作者：张艺博

气象视角看冬奥：北京为何摘得“双奥之城”桂冠？

《中国气象报》 2022 年 2 月 10 日

2022 年 2 月 4 日晚，第二十四届冬季奥林匹克运动会开幕式在北京国家体育场成功举行，这是我国历史上第一次举办冬季奥运会，也使得北京正式成为奥运史上首个同时举办夏奥会与冬奥会的城市。那么，在已经举办过夏奥会或冬奥会的所有城市中，为何只有北京成为唯一摘得“双奥之城”桂冠的城市？这座城市具备了哪些独特优势？

双奥知识点

第 24 届北京冬奥会

开幕时间：2022 年 2 月 4 日。

闭幕时间：2022 年 2 月 20 日。

口号：一起向未来（Together for a Shared Future）。

“在奥林匹克精神的感召下，中国人民与世界人民携手共进，守望相助、共创美好未来。”

会徽：以“冬梦”为主题，以汉字“冬”为灵感来源，主色调为蓝色，同时使用源自中国国旗的红黄两色。

吉祥物：冰墩墩（英文名字：Bing Dwen Dwen）。

雪容融（北京 2022 年冬残奥会吉祥物。英文名字：Shuey Rhon Rhon）。

吉祥物一个采用中国国宝熊猫的形象，一个设计取自中国传统灯笼形象，还结合了中国的剪纸艺术。

赛区分布 / 举办项目：北京赛区——举办所有冰上项目以及自由式滑雪大跳台一个雪上项目。

延庆赛区——举办高山滑雪和雪车、雪橇等雪上项目。

张家口赛区——举办跳台滑雪、越野滑雪、北欧两项、自由式滑雪、单板滑雪、冬季两项等雪上项目。

第 29 届北京奥运会

开幕时间：2008 年 8 月 8 日。

闭幕时间：2008 年 8 月 24 日。

口号：同一个世界，同一个梦想（One World One Dream）。

会徽："中国印 · 舞动的北京"，将中国印、汉字"京"与奥运五环结合在一起，演变而成。

吉祥物：福娃。五个形象分别是——贝贝（鲤鱼形象）、晶晶（大熊猫形象）、欢欢（奥林匹克圣火形象）、迎迎（藏羚羊形象）、妮妮（北京燕子风筝形象）。它们的名字是"北京欢迎你"的谐音，其颜色是奥运五环的颜色。

赛区分布：主办城市是北京，香港、上海、天津、沈阳、秦皇岛、青岛为协办城市。

1

冬奥会对主办国经济社会水平、基础设施条件等有一定要求，更重要的是，国际奥组委在主办城市的选择上有严苛的气候和地理环境规定，这也是洛杉矶、伦敦、巴黎等城市办过两次夏季奥运会，却无缘冬奥会的主要原因。

翻阅历届奥运会举办地名单便会发现，一些举办过夏季奥运会的城市，纬度位置并不低，比如瑞典的斯德哥尔摩、加拿大的蒙特利尔、俄罗斯的莫斯科等；同时，举办冬季奥运会的城市也并非都在高纬度，大多都处于北纬 40° ～60° 的"冰雪黄金纬度带"上，且附近有比较高大的山脉。一方面能满足冬季低温、降雪等基本气象指标，另一方面能满足赛事对场地地理条件的需求。

从气象角度来看，冬奥会主办城市 2 月份平均气温需要低于 0℃且降雪量需大于 30 厘米。但是温度并非越低越好，如果温度过低会导致雪质变硬，也容易导致运动员被冻伤以及影响到观众的体感舒适度。这也是俄罗斯在 2014 年举办冬奥会时选择了其最温暖的城市——索契来举办的原因。

2

另外，不同的比赛项目对气象条件的要求也有所不同，比如越野滑雪要求气温高于 −20℃且 5 分钟平均风速小于 10 米 / 秒；而跳台滑雪则对瞬间风速要求极高，需要瞬时风速小于 3 米 / 秒且无横风，逆风则更有利于比赛，气温需要高于 −25℃。

此外，冰上项目对冰面温度、室内气温、湿度、气压等气象条件要求也十分苛刻，尤其是冰壶项目对于冰面质量的要求极高，且冰温需要在 -7～-6℃。

3

从地形条件看，不难发现，历届冬奥会主办城市附近均有比较高大的山地地形，如欧洲的阿尔卑斯山、斯堪的纳维亚山脉、北美的落基山脉及海岸山脉等高海拔山区环境，满足了高山滑雪、雪车、雪橇这些比赛项目对于赛道长度、弯道数量、垂直落差等方面的需求。

所以，在一座城市周围找到令冬奥会“心仪”的山体，并不是件容易的事。

4

通过分析以上举办冬奥会的有利条件，便更能理解为何“双奥之城”花落北京。

北京处于北纬 40° 左右，为典型的温带季风气候区，四季分明，夏季高温多雨，冬季寒冷干燥，降雪日期较长，风速缓和，且有山地地形分布。2022 年冬奥会的一些项目，赛场位于延庆赛区的小海陀山南麓，那里最高海拔 2199 米，赛道坡度适中，有良好的山地条件。

所以，北京的气候和地理等自然条件适宜，均符合夏季和冬季奥运赛事项目的要求。

除了这些“硬件”优势，北京在成功申奥方面还有一些不可忽视的人文条件优势。

北京申办冬奥会提出“以运动员为中心”“可持续发展”“节俭办奥”的三大理念恰与国际奥委会提出的“节俭办奥”改革方案相契合。

“水立方”、国家体育馆、首都体育馆等高规格、符合国际标准的竞赛场馆也为这座“双奥之城”提供了场馆优势。

另外，北京作为国际化大都市，尤其在 2008 年成功举办夏季奥运会后，具备丰富的举办国际大赛的经验和完善的基础设施建设，并能够带动更多普通民众参与到冰雪运动中，将其融入日常生活。“双奥之城”北京，无疑将成为世界范围内最具潜力的冰雪力量。

作者：王婉

五大冰上运动，不看天气看冰况

《中国气象报》 2022 年 2 月 11 日

冰壶被称为“冰上国际象棋”，展现静动之美和取与舍的智慧；短道速滑则是在冰面上展示着“速度与激情”的碰撞……作为冬奥会比赛项目，冰壶、冰球、花样滑冰、速度滑冰、短道速滑等五大冰上项目，均需要在室内冰面上完成。

制冰

冰面上的运动对于冰的要求很高，制冰则是项技术活。五大冰上运动项目的冰场在“制冰”上具有共性，都是先铺设制冷管道，制冰时打入制冷剂。制冷管埋在水泥层中，在水泥层下边还有隔离层、加热水泥层、砂石层，等这些基础打好后再开始“制冰”。制冰的水要用纯净水，不能含有杂质，因为杂质会让冰晶体之间产生间隙，使冰不够结实和坚硬。水越纯净，形成的冰密度越大，硬度也越高。

冰况的影响

冬奥会的冰上项目均为室内举行，不受室外天气因素的影响。室内冰场都是人工制成，但各项目对冰面、冰面温度、冰面厚度要求各不相同。

冰壶赛场的冰面厚度为 5 厘米至 6 厘米，还要在冰面上撒一层微小的冰粒，以便通过刷冰改变赛道的摩擦力。此外，冰壶比赛场馆的湿度要在 50% 以下，如果湿度大，冰面会形成一层水汽，容易结霜，将直接影响冰壶与冰的摩擦系数。冰面温度在 −6℃左右，冰场区域温度为 15 ± 2℃，而馆内最佳温度则要低于 24℃。

冰球比赛场地冰面温度需要多种气象条件保障，如相对湿度、露点温度、环境气温等。冰温保持在 −6℃是世界冰球场的标准。这个温度可以保证冰面硬度高、滑冰速度快、冰球滑动速度也快，也能确保运动员持续高速的滑行状态。冰球场馆内，离冰面 4 米以上的室温应保持在 24℃以内，湿度不超过 40%。如果室内湿度大，冰面上会形成雾，不仅影响运动员的视线，也影响其观察冰球的运行轨迹。

花样滑冰场地要求冰更薄更柔软些。理想的花样滑冰场冰温为 −3℃，但室温还需营造出温暖如春的感觉。完美的冰需要完美的气象条件，从制冰开始，整个过程中对室内温度、湿度和气压都有极高的要求。气象测温探头一般置于冰下 0.3 厘米处，所测冰温与实际冰温最为接近。以气象监测数据来调整制冷系统，加密测温，以确保制冰师适时修复冰面，从而获得最佳冰温和最平滑的冰面。当然，制冰的水必须是纯净水，水的纯度越高冰就越硬，当运动员旋转、跃起“砸”到冰面上时，保证冰不会出现裂纹。

速度滑冰冰面厚度为 2.5～3 厘米，场地表面理想的冰温为 −9～−5℃。相比花样滑冰，短道速滑需要更厚更坚硬的冰面，通常冰面厚度为 3.5～4.5 厘米，理想冰温为 −5.5℃。

2022 年北京第 24 届冬奥会的五大冰上比赛项目的场馆内环境温度，要求运动员在冰上比赛时，观众席不能像冰面一样冷。因此，在通常情况下，体育馆的温度从下向上是有梯度的，越往上温度越高。

作者：李慧

1998 年长野冬奥会：组织祈雪仪式遭非议

《中国气象报》 2022 年 2 月 14 日

1998 年长野冬奥会是冬奥会在时隔 26 年后再一次来到日本。长野原在 1940 年获得冬奥会主办权，但因“二战”原因，冬奥会停办，因此无缘举办这项盛会，最终于 1998 年重新获得冬奥会的主办权。

日本属于季风气候区，四面环海，地形主要以山地丘陵为主，临海一侧冬季气候湿润，使得降雪量尤为丰厚，易形成天然滑雪滑道，因此滑雪场较多利用天然雪。这一天然条件可有效控制前期投资以及运行维护成本。

但在 1998 年 1 月初，位于日本本州岛中部的长野县善光寺迎来了一批特殊的客人——第十八届冬奥会组委会的主要官员。他们到访这座被称为“日本人的精神支柱”并拥有 1400 年历史的古刹，目的非常清晰——祈求降雪。因受“暖冬”天气影响，临近冬奥会开幕，日本长野雪量仍然严重不足。

尽管在 20 世纪 80 年代时人们已经发明了人工造雪机，但是巨大的资金压力让经历了 1998 年亚洲金融危机后经济刚刚起步的日本难以负担。为解决缺雪问题，组委会想到了去寺庙祈雪的方法。据了解，祈雪仪式在日本是一种传统习俗，近年来多个滑雪场开业时面临缺雪问题都曾举办过祈雪仪式。

然而，组委会没有祈雪成功，祈来的是大雨，长野冬奥会因此遭到不少非议。国际雪上运动联合会官员都自嘲：“滑雪赛该变成滑水赛了”。

作者：王婉

“三维、秒级、多要素”意味着什么？

《中国气象报》 2022 年 2 月 25 日

在北京冬奥会中，以冬奥赛场为核心，气象部门首次在我国中纬度山区组织实施了复杂地形下的冬季多维度气象综合观测试验，在北京城区、延庆和崇礼及周边共建设各种现代立体探测设施 441 套，实现了超精密复杂山地 + 超大城市一体、三维、秒级、多要素的冬奥气象综合监测。

三维，即立体化气象探测，包括从地面自动气象站观测，到测风激光雷达的三维风探测、云雷达的云探测、双偏振天气雷达的降水相态探测，以及风廓线雷达的垂直风探测、微波辐射计的垂直方向温湿度探测等。

秒级，主要是指地面自动气象站的气象探测可以做到 1 秒产生一组气象数据，不过，三维探测和垂直廓线探测为逐分钟级。

多要素，指探测的气象数据包括与冬奥气象保障服务密切相关的多种气象要素（平均风速、平均风向、瞬时风速、瞬时风向、温度、湿度、降水、云高、能见度等）。

山地气象观测难题

回溯开始的日子，“兵马未动、粮草先行”，气象观测是冬奥气象保障服务的第一步。

冬奥会约 70% 的项目都是雪上项目，大部分的雪上项目都在地形复杂的山区举办。北京冬奥会主要有两个山地赛场，即北京延庆海陀山和河北张家口的崇礼区。

山地地形复杂，气象观测比较匮乏，比如延庆赛区以前是野山，气象观测基本是空白。

而要做好冬奥会气象保障服务，首先要了解当地气候特征，就像打仗一样，兵马未动、粮草先行，气象观测是冬奥会气象保障服务的第一步。

从布局气象探测仪器开始，复杂的山地条件就显露困难的一面。山区的交通、通信、电力等诸多条件都不完备，如何有效布局探测仪器、及时稳定获取气象探测数据都需要认真考虑，逐一解决。

气象部门早在冬奥会申办和前期筹备阶段就开始在山上架设仪器。气象探测团队克服重重困难，在延庆赛区的“四无”（无水、无电、无路、无信号）山区，采用马拉、骡子驮、人扛等原始方式搬运，逐步将气象仪器一套一套地安装到延庆赛区的海陀山上。此后数个冬季，气象探测团队的人员又翻山越岭去维护、保养，保障数据源源不断传回。

布设冬奥会历届赛事中最为稠密的监测站网
海量精密监测资料支撑精准预报、精细服务

气象部门在北京城区、延庆和崇礼及周边，共建设各种现代立体探测设施 441 套，实现了超精密复杂山地 + 超大城市一体、三维、秒级、多要素的冬奥气象综合监测。

这 441 套设备主要是地基气象探测仪器，包括三大类：地面自动气象站、双偏振多普勒天气雷达以及特种垂直廓线或三维探测设备。其中，特种垂直廓线或三维探测设备主要包括：用于探测三维风场的测风激光雷达、风廓线雷达，用于探测温度和湿度廓线的微波辐射计，用于探测云的云雷达和云高仪。上述仪器以国产为主，做到了气象探测技术的自主可控。

延庆和张家口赛区布设的多套激光测风雷达发挥了重要作用。雪上赛道地形复杂、风场复杂多变，运动员在高速下滑过程中，极易受到赛道突变的纵风及横风影响。因此，对赛道风速、风向的分钟级甚至秒级实时监测，可为赛事管理人员、运动员及教练员提供辅助决策依据，对冬奥会滑雪比赛的顺利进行、运动员的正常发挥等具有重要意义。

另外，天基探测主要为风云气象卫星，包括风云三号极轨气象卫星和风云二号、风云四号（A 星和 B 星）静止气象卫星。

首次系统性开展冬季山地气象观测试验研究
为我国山地气象学研究提供了示范

冬奥会期间，一套三维立体综合观测试验数据集为冬奥气象服务提供了精密的大气监测数据和预报预警科学依据，这套数据集源于在延庆赛区和张家口赛区连续开展 4 个冬季的加密观测试验（IOP）。

2018 年年底，我国系统性地开展了中纬度山区复杂地形下冬季中、小、微尺度三维气象观测试验及分析研究。试验中，在延庆赛区和张家口赛区形成了较为完善的立体加密气象观测试验布局。

在延庆赛区，构建形成了以 2 个“超级站”（即 S/X 波段天气雷达 + 微雨雷达 +Ka 波段云雷达 + 云高仪 + 风廓线雷达 + 激光测风雷达 + 全天空成像仪 + 雨滴谱仪 + 微波辐射计 + 大气辐射干涉仪 + 探空仪 + 涡动相关仪 + 三维超声风速仪 + 自动气象站等）+14 个地面试验站（激光测风雷达 + 自动气象站 + 三维超声风速仪 + 雪水当量仪 + 摄像头）为基础的立体加密观测试验布局，形成区域中尺度到赛区小尺度再到赛道微尺度的基本观测格局。

在张家口赛区，构建形成了以 5 个小型“超级站”+40 多个地面试验站为基础的立体加密观测试验布局。

通过观测试验获取了用于揭示冬奥赛场复杂地形下中、小、微尺度三维气象场特征的关键数据，形成了 IOP 试验数据集，为冬奥气象服务提供精密大气监测数据和预报预警科学

依据。

此外，立体加密观测与业务观测紧密配合、后期统一布局，在做好科学试验的同时，实时数据用于支撑冬奥一线业务预报服务，也为我国山地气象观测试验研究提供了可靠示范和丰富经验。

作者：赵晓妮 叶芳璐 谢盼 叶奕宏

“百米级、分钟级”意味着什么？

《中国气象报》 2022 年 2 月 25 日

在冬奥会历史上第一次实现了 10 分钟更新、100 米网格的 0～24 小时气象预报。

“百米级”是一个空间概念，“分钟级”是一个时间概念。

可以这样比喻，就像地球上的经纬网一样，对于延庆赛区、张家口赛区以及北京赛区这些在气象预报中尺度非常小的区域，预报人员将其时空分解成 100 米 ×100 米的网格，每 10 分钟预报该区域 0～24 小时的天气。也就是说，在空间上，每隔 100 米甚至更短，就有一个预报数据；在时间上，每隔 10 分钟，就能更新一组预报。

在北京冬奥会，高精度气象预报的空间网格分辨率最高可达 67 米，因为计算量较大，其覆盖范围主要为北京、延庆、张家口三个赛区比赛场馆，每天更新两次。

在气象预报领域，这是精细度非常高的时空分辨率。在往届冬奥会期间，客观气象预报基本以千米网格为主，时间更新频率是半小时至 1 小时。

在我国的常规预报中，目前的高精度数值天气预报模型的网格分辨率最高是 3 公里，部分地区的客观预报网格距可以达到 1 公里，时间更新频率基本是 1 小时或者 3 小时。

为什么要做如此高精度的预报？

“分钟级、百米级”气象服务目标，是基于冬奥赛事实际需求及赛场具体环境提出的。

冬奥会不同竞赛项目、不同比赛场地对气象条件的要求各不相同。天气条件直接影响赛事进程、运动员发挥，甚至影响比赛安全。

就拿风来说，不同项目的要求可以精细到以下程度——

对于高山滑雪项目，运动员速度最高可达每小时 140 公里，赛程仅为一两分钟，对赛道附近风速风向的变化非常敏感；

跳台滑雪项目要求在风力小于等于每秒 4 米的前提下进行，对地面以上一定高度的风速风向也有极高的要求，会直接影响到运动员的空中姿态控制甚至人身安全；

越野滑雪项目要求风力在每秒 10 米以下；

自由式空中技巧要求 1 分钟平均风速在每秒 3 米以下……

而北京冬奥会气象保障服务的高标准要求就是：“一场一策”“一项一策”，这就需要将客观化、自动化的预报做到“百米级、分钟级”，为前方气象预报团队提供最精准、精细的气象科技支撑产品。

面对怎样的世界性难题？

北京冬奥会的特殊难题就是山地小尺度的风和温度的精密监测、精准预报，而这在国际上都是尚未解决的气象难点。

海拔每升高 100 米，气象环境就有很大差别；翻过一道山梁，又是另一番光景。所谓“一天变四季，百米不同天”，正是如此。

从大气科学角度，山地气象学这个分支本身就是世界性难题。山地地形比较复杂，而中小尺度天气受地形影响明显，规律常常不具有普适性，比如西南地区与燕山太行山一带的天气气候特征显然存在很大差别。具体到延庆与张家口地区，此前我们对当地山地天气气候特征的掌握并不完备，比如 2013 年之前海陀山的气象资料几乎为空白，需要开展大量观测和分析工作。

从可预报性的角度说，空间越精细、预报时段越长，预报难度越大，在地形复杂的山区难度更大，数值天气预报模式本身对地形处理就是弱项。而且除了需要预报常规的风速风向、温度、湿度、降水外，还需要提供冬奥关注的阵性大风、能见度、降水相态、雪面温度等特殊气象预报，难度就更大。

从气象的角度讲，北京冬奥会是近 20 年来唯一一次在大陆性冬季风主导的气候条件下举办的冬奥会，山地赛场的特点就是大风多、干冷，而往届冬奥会主要在海洋性气候条件下举办，气象特点是雨雪多、能见度差。可以说，国际上没有成熟的、适用于北京冬奥会的可移植技术方案，很多技术要从零起步。

跨入哪些新区域、有哪些新突破？

冬奥气象科技核心技术实现自主可控，人工智能预报技术“试水”冬奥会气象保障服务应用。

不断创新的科技支撑贯穿本届冬奥气象保障方方面面，冬奥气象保障又“解锁”了更多气象科技“利器”——经过科技攻关，冬奥气象科技团队研发出多源气象数据快速集成融合、实时大涡数值模拟预报、人工智能气象预报等关键技术方法，构建了冬奥气象“百米级”预报技术体系，形成了冬奥高精度气象预报系统“睿图－睿思”，实现了冬奥山地赛场的 0～10 天“百米级”网格气象预报以及冬奥关键点位的 0～10 天定时、定点、定量气象预报，多项技术填补国内空白，核心技术完全自主可控。

此外，人工智能气象预报技术是国际上第一次在冬奥会气象保障服务中尝试应用，对高精度数值天气预报结果进行预报偏差模型构建和偏差订正，进一步提升冬奥复杂地形赛场 0～10 天的“定时、定点、定量”气象预报精准度，并提升冬奥期间雨雪天气过程中不同降水相态（雨、雪、雨夹雪）和阵性大风的客观预报精准度。

精细化气象预报实现新突破

“后冬奥”时代冬奥科技成果将“解锁”更多打开方式。

2 月 19 日，因大风天气，原计划 19 日上午举行的高山滑雪混合团体比赛，延期至 20 日 9 时举行。20 日，小海陀山上大风稍缓，选手陆续在国家高山滑雪中心“彩虹赛道”登场，展开激烈角逐。

2 月 16 日，国家越野滑雪中心考虑到 −20℃气温“关口”，原定 17 时至 20 时 20 分举行的越野滑雪女子和男子团体短距离资格赛和决赛，将比赛时间提前，保障运动员安全完成比赛。

“百米级、分钟级”的高精度预报显示出对赛程安排的强大支撑。这只是冬奥气象保障服务的一个缩影。“Very very satisfied!（非常非常满意！）”“Amazing job！（惊人的工作！）”“Very nice！ helpful and professional.（非常棒！友善并且专业。）”“Really nice！ And super important for us.（真的很棒！对我们超级重要）”“Great service！ Would recommend.（很棒的服务！愿意推荐。）”——从这些评价中亦可窥一二。

北京冬奥会落幕，冬奥气象科技成果及应用经验和解决方案等将在“后冬奥”时代继续发挥作用，可在气象预报服务精准度提升方面发挥更大效益，在新时期国家重大活动保障、大城市安全运行、灾害天气预报预警和极端灾害天气应对等方面起到重要支撑作用。未来，相关成果还有望在我国新能源特别是风能、太阳能领域获得应用，助力我国能源结构低碳化，推动碳达峰、碳中和目标的实现。

作者：赵晓妮 叶芳璐 谢盼 叶奕宏

相约燕山　情系冬奥

《气象知识》 2021 年第 6 期

2022 年 2 月，第 24 届冬季奥林匹克运动会将要在北京和张家口举行。比赛由北京赛区、延庆赛区和张家口赛区共同承担，其中延庆赛区承办高山滑雪和所有滑行项目，张家口赛区承办大部分滑雪项目。这两个赛区有一个共同特点，即它们都属于燕山的山区。那么，为什么选在这里呢?

首先来说说地理条件。冬奥会赛场对海拔落差的要求比较苛刻。例如，高山滑雪项目要求滑降场地的宽度至少为 30 米，滑道长度在 2000 米以上，高度差在 800～1100 米。延庆、张家口一带燕山的山区海拔落差超过 800 米的山峰数量众多，具备建设高山滑雪场的天然条件。

接下来谈一谈气象条件。与夏季奥运会相比，冬季奥运会的比赛项目尤其是雪上项目对气象条件比较“敏感”，有些极端天气甚至会导致比赛中断或延期。因此，气象条件在冬奥会举办城市选址中具有举足轻重的作用。下面就以雪上项目的主要承办地——张家口赛区为例，分别从气温、风、降雪等角度，领略一下燕山地区的气候优势和独特魅力。

在很多人的印象中，冬奥会举办地应该冰天雪地、天寒地冻。实际上，绝大多数冬奥会举办城市的天气都非常温和，虽然银装素裹，但大都温暖而湿润。气温过低会影响运动员的反应速度，也容易导致冻伤。作为我国纬度最高、冬季运动项目开展最为活跃的城市，哈尔滨在申办 2010 年冬奥会时没有成功，其中一个原因就是气温太低（2 月平均气温为 −12.4℃）。而气温过高则会导致冰雪融化，进而影响赛事进程，为此，国际奥委会把“举办城市 2 月平均气温低于 0℃”作为选址的一项核心气象指标。张家口赛区 2 月平均气温为 −10.0℃，既符合该气象指标，又不算太冷，在选址时得到了冰雪专家的青睐。

风也会对滑雪运动产生重要影响，适宜的风力有利于运动员稳定发挥，杂乱的风向会影响运动员的判断。一般而言，风力小于 3 级（3.4～5.4 米 / 秒）适宜滑雪，风力太大会影响滑雪技能的完成。比如，自由式滑雪中的空中技巧项目要求 1 分钟平均风速小于 7 米 / 秒，冬季两项要求 1 分钟平均风速小于 10 米 / 秒，跳台滑雪要求瞬时风速小于 3 米 / 秒。另外，风向的影响也不容小觑。在跳台滑雪中，大跳台分为两个坡，全长 200 多米，为了比赛的公平性，全程风向变化最好不超过 90°，逆风更有利于比赛，突然而来的侧风（横风）会影响运动员的飞行姿态，甚至会把他们吹出赛道。2 月，张家口赛区的平均风速为 1.5～3.1 米 / 秒，相当于 2 级左右的微风。风向也比较稳定，晚间及上午以东北风为主，中午至下午以西南风为主，对滑雪项目的开展十分有利。

对于燕山的雪，自古以来就有许多文人墨客进行了描写。比如唐代诗人李白《北风行》中的“日月照之何不及此？惟有北风号怒天上来。燕山雪花大如席，片片吹落轩辕台”，北风怒号，燕山的雪花实在太大了，把日月之光都遮住了，一片一片被吹落在轩辕台（今河北涿鹿县桥山）上。此后，“如席”二字成为描写燕山雪花的标配，被后人频频借用，宋代王以宁也在词中说：“遥想易水燕山，有人方醉赏，六花如席。”五代后晋以来，燕云十六州落入辽人之手，身在江淮的王以宁偶遇大雪，想起了当年率十万大军路过燕山，饮酒赏雪的情景。元明之际，燕山之雪从诗词延伸到了绘画之中，如元代萨都剌在《雪山壁图》上题道：“一年在镇阳，燕山积雪飞太行。”明代董其昌也在他的《雪梅图》上题下了这样的诗句：“燕山雪尽势嶙峋，写得家山事事真。”在明末清初的小冰河期，燕山的积雪似乎也比较壮观。曹尔堪就曾借用它来表达送别友人时的心情，诗中写道：“燕山积雪高三尺，九月严霜天地坼。”可见，唐代以来，燕山之雪是诗词、绘画中的常客，燕山的雪大是众人皆知的。

为啥燕山的雪下得这么大呢？燕山是华北北部一大山脉，横亘于京冀地区北部，东至山海关，西接太行山。冬半年，冷空气频繁入侵，经过燕山山脉时被迫抬升，水汽上升凝结，从而形成降雪。造成降雪的冷空气主要有两路：一路从咸海经新疆向东侵入燕山；另一路从贝加尔湖以东移至我国东北平原，后经渤海携带大量水汽后到达燕山。后者产生的降雪也叫“回流雪”。雪是冬奥会的必备之物，如果雪下得太大，是否会影响比赛？张家口赛区的大雪和暴雪主要发生在初冬和晚冬。2 月，张家口赛区正值隆冬，虽然降雪过程比较多（平均降雪日数为 6.3 天），但大多都是小到中雪的量级，不会对比赛产生太大影响。

张家口赛区的降雪初日最早为 10 月 13 日，降雪终日最迟为 4 月 30 日，初、终日的多年平均分别为 11 月 2 日和 4 月 6 日；雪季长度的多年平均值为 156 天。从开始降雪至赛期始日（2 月 4 日）的日数平均为 94 天，其中降雪最少年份也有 70 天。频繁的降雪洒落赛场，有利于在开幕前形成千里冰封、银装素裹的景象。

除此之外，雾、霾也会对比赛产生影响。雾会导致能见度降低，大多数滑雪项目都会受其影响。而霾的出现意味着空气质量较差，会对运动员身心健康造成一定影响。近 10 年来，张家口赛区的大雾天气仅出现过 1 天，未出现过霾，空气质量总体较好。也就是说，雾、霾等高影响天气出现概率很小，不影响赛事举行。从地理因素以及气温、风、降雪、雾、霾等气象因素来看，燕山地区的确是举办冬奥会的“风水宝地”。

从 1980 年中国健儿首次出征冬奥会，到 1992 年奖牌“零的突破”，再到 2002 年赢得“首枚金牌”，再到 2015 年“申办冬奥成功”，经过几代人的努力，冬奥梦想一步步变成现实。期待 2022 年与大家相约燕山，情系冬奥，一起向未来！

作者：刘浩 钱倩霞 郭丽丽

（冬奥气象服务团队范俊红首席、河北省气象灾害防御与环境气象中心景华首席对本文有贡献）

攻克气象科技难关　为冬奥会保驾护航

《气象知识》2021 年第 6 期

对天气的精密监测、精准预报和精细服务是现代冬奥会成功举办的决定因素之一。冬奥会山地雪上项目赛程安排和赛事举办、观赛、救援、交通、媒体转播以及冬奥会期间城市安全运行等外围保障服务，包括冬奥前期的赛会筹办、场馆设施规划建设等，都与气象条件密切相关。冬奥赛事举办需要根据天气预报找到合适的“窗口期”，精确的风、温度、湿度、能见度、降水类型等的监测、预报预警直接影响运动员的发挥，甚至影响比赛安全。举例来说，对于高山滑雪，气象条件至关重要，运动员速度最高可达 140 千米/时，赛程 1～2 分钟，对赛道附近的横风、风切变非常敏感。再如，跳台滑雪对地面以上一定高度的风速、风向也有极高要求，风速、风向直接影响运动员的空中姿态控制甚至人身安全。北京冬奥会是近 20 年内唯一一次在大陆性冬季风主导的气候条件下举办的冬奥会，气候特征决定了此次冬奥会的特殊难题——小尺度山地气象条件的监测、预报及保障，这也是国际上尚未解决的气象难点问题之一。纵观历届冬奥会的气象保障服务，国际上没有成熟的可移植的技术方案，加上中国冰雪运动起步较晚、国际冬季重大体育赛事气象保障服务经验缺乏，所以，此次北京冬奥会的气象保障服务的挑战程度极大、科技攻关难度极强。

对标保障特定要求，攻克气象科技难题

气象部门第一次系统性获取了冬奥山地赛区特殊气象观测数据，气象精密监测难题有了冬奥方案。自 2018 至 2019 年度冬季开始，通过冬奥会雪上项目赛区（延庆海陀山、张家口崇礼）立体气象加密观测试验，第一次在我国中纬度山区复杂地形下开展了冬季中、小、微尺度三维气象观测试验及分析研究，实时获取了精细气象观测数据。经过连续 3 个冬季的加密观测试验，构建了北京冬奥会延庆赛区、张家口赛区高精度气象观测网，为冬奥气象服务和精细气象预报技术研发提供了更加细致的天气“背景”数据，也深化了我国山地气象学研究。

建立了冬奥会 0～24 小时高精度天气预报模型支撑体系，“百米级、分钟级”精准预报有了支撑手段。自 2018 年开始，通过 3 年多的攻关，研发构建了冬奥气象“百米级、分钟级”客观天气预报支撑体系，每 10 分钟就可以提供一套覆盖冬奥山地赛区（含延庆和张家口赛区 10000 平方公里范围内）100 米网格的气象场快速分析和 0～24 小时时段预报产品，

大幅度提升了冬奥复杂地形和下垫面条件下风场、温度、湿度等冬奥关键气象要素的预报准确率，有效支撑了冬奥气象预报服务团队提前 24 小时开展精细气象决策服务和外围保障气象服务。

构建了冬奥会气象无缝隙全覆盖预报技术体系，冬奥气象精细服务有了具体实践。针对冬奥会海陀山、崇礼、首钢、鸟巢等核心区域的特殊气象服务需求，自 2019 年开始，经过近 3 年的科研开发和测试，形成了冬奥会无缝隙客观天气 1～10 天短中期时段预报技术体系，冬奥核心区的最高气象预报网格可达百米级；基于大数据挖掘和人工智能技术，在冬奥关键点位实现 0～24 小时定时、定点、定量气象条件无缝隙融合预报，在室外赛事气象条件前期分析研判、比赛窗口期选择等方面发挥了关键作用，在国际上第一次将人工智能用于冬奥气象预报。针对冬奥保障需求，构建冬奥智能化气象服务体系，为交通、应急救援、各类冬奥网站、手机 APP 等提供专项气象服务技术和数据产品，为我国专项气象服务和行业气象服务科技能力提升贡献冬奥经验，也为山地运动的风险防控提供科技支撑。

强化实战应用，检验核心科技成果

冬奥气象科技研发核心技术自主可控，基本形成了六大类科技产品体系，目前已经全部集成至冬奥气象业务平台，并自 2020 年冬季开始，逐步实现了落地试验应用。核心科技成果在 2021 年“相约北京”系列冬季体育测试活动期间、2020 年和 2021 年冬奥预报团队冬季训练测试、2020 年“十四冬”高山滑雪和高山滑雪世界杯模拟演练等气象保障服务中发挥了重要支撑作用。特别是在 2021 年 2 月“相约北京”系列冬季测试活动期间，赛区经历了大风降温、明显升温、沙尘、降雪、低能见度、冰冻等几乎所有预期可能对赛事造成高影响的天气。在 76 项比赛、55 项官方训练中，由于天气原因调整比赛 8 项、官方训练 4 项。以冬奥运动团队最困扰的阵性大风预报服务为例，3 个赛区预报准确率平均提升幅度都在 10% 左右，有效排除了影响运动员成绩和比赛安全问题的外部因素。

冬奥前，对标气象服务目标，聚焦成果集成优化，竭力备战冬奥会，确保冬奥气象科技成果用得上、用得好、用得精彩。

作者：陈明轩

做气象领域的航母飞行员

《气象知识》 2021 年第 6 期

航母舰载机的起飞和降落，被称作是“刀尖上的舞蹈”。而针对冬奥赛事的气象预报服务在其时间和空间的精度要求上，相对于往常的天气预报服务，同样也是在刀尖上跳舞。几年前，航母飞行员对我国而言是一个全新的职业要求，目前面对 2022 年北京冬奥气象服务，我们急需打造一支气象领域的航母飞行员——冬奥赛事气象预报员，这对于我国气象领域而言，同样是一次全新的挑战。

航母飞行员需要面临两个考验：一个是跑道非常短，另一个是跑道是漂浮的。冬奥赛事气象预报员同样要面临两个考验：一个是复杂的山地气象环境，另一个是超高时空分辨率的精细预报服务需求。

冬奥赛事，尤其是雪上项目，对地形和场地有特殊的要求，所以只能在山区进行比赛。山区的气象条件比平原地区复杂得多，山地气象有其独有的特点，跟当时当地的地形等特征密切相关，具有“一山一色”的特点，每一座山峰和山谷都有它特有的气象和环境特色。举例而言，风是对张家口赛区比赛影响最大的气象要素，但是张家口崇礼山区的风，常常让人“捉摸不透”。国家跳台滑雪中心的跳台大体是坐西朝东，环境盛行 10 米 / 秒左右的偏西风，但是在跳台区域，受小地形影响，风向转为偏东风，风速会小到 2～4 米 / 秒。东城区的天安门广场和朝阳公园直线距离约 7.7 千米，气温和风等气象要素不会相差很大，冬天旅游从天安门到朝阳公园不需要再加衣服。但是在冬奥张家口赛区的崇礼，雪上技巧比赛的云顶场馆和冬季两项比赛的古杨树场馆群，直线距离约 7.3 千米。但是在山区，夜间辐射降温后的冷空气会不断往山谷地区汇集，形成谷底气温明显低于山顶的“冷湖”效应，导致云顶和古杨树两处场馆群冬季夜间气温会相差 10℃以上，云顶气温如果是 −10℃，穿件羽绒服可以抵御寒冷的话，那么古杨树气温会到 −20℃以下，穿在云顶时那件羽绒服很快会被冻透。2020 年 2 月云顶的雪上技巧测试赛期间，垂直落差 100 多米、水平距离 100 米左右的雪上技巧赛道底部风速约 5 米 / 秒，但是赛道起点在山顶，风速 12 米 / 秒以上，出发门被吹倒无法立放。由于地形和海拔的差异，某些赛道上水平距离 10 米之外的风就会迥异。

冬奥赛事预报服务的另一个挑战是超高时空精细化要求，以及与之伴随的风、气温等要素的短临预报。以前的预报思路，习惯了将一个县甚至是市用一个站点的预报替代，无法想象对不同的村镇进行精细的预报。但是到了冬奥赛场，面对的不是不同的村镇，而是预报相邻的两条街道。如果以前的预报是“解剖一只鸡”的话（昌平和顺义之间直线距离约 30 千米），冬奥的预报就是“解剖一只蚊子”（自由式滑雪障碍追逐起点和终点相距约 300 米）。这对于国内的省、市、县三级预报员来说，都是全新的挑战。所以从这个角度而言，冬奥赛场的预报服务就如同“刀尖上的舞蹈”。

目前通常的公众气象预报产品，空间分辨率为 5000 米，时间分辨率为 1～3 小时，我们的目标是“全国一张网”，但是这张网对于冬奥预报服务而言，犹如在长江里用捕鱼的网想抓住小虾米。对于冬奥赛事而言，一条赛道的长度在几十米到一两百米，有时需要预报赛道的起点和终点的气象要素，以及半个小时后风速的变化，需要的空间分辨率至少达到 50 米，时间分辨率达到 10 分钟，而这一时空精度要求，目前的技术在全球范围内都是一个短板，只能依靠预报员的经验来进行综合判断。记忆犹新的是 2021 年 2 月 19 日的空中技巧测试赛，当天原定 19 时至 19 时 50 分进行自由式滑雪空中技巧预赛，空中技巧要求阵风和平均风速都小于 5 米 / 秒，但是当天到 18 时 30 分，空中技巧区域的风速依然在 7 米 / 秒左右，赛事组委会只能对气象服务团队进行“灵魂拷问”：“风速具体几点能降下来？原定 19 时的比赛能否按时举行？如果要推迟可以推迟到几点？”我们的大部分数值预报模式和智能网格预报产品的时间分辨率为 3 小时，只预报 17 时和 20 时，预报显示 20 时的风速大概率会降到 7 米 / 秒以下，但是具体几点能降下来并不明确。当时逐小时的预报产品也是显示风速会逐渐降低，但是过去 3 个雪季的集训经验告诉预报员，风速一般不会逐渐线性降低，而往往表现出突然降低的特征。预报这一特征，目前所有的预报产品都无能为力。面对这样的“拷问”，前方和后方立马紧急连线，大家群策群力，全方位地分析，18 时 50 分，实况监测显示风速降到了 5 米/秒左右，并且稳定了一段时间，于是建议可以延迟至 19 时 30 分左右进行预赛，最终经过和组委会的协商，比赛延迟至 19 时 50 分顺利进行。

“工欲善其事必先利其器”，作为预报员要不断积累预报经验提高预报能力，作为我们大后方的国家气象中心，一直在倾力为预报员打造“利器”：一个是基于完全自主的 GRAPES 模式系统，开发了 1000 米逐小时分辨率的数值模式预报系统，让计算机对张家口赛区冬奥团队参加“相约北京”2021 年 2 月系统测试活动天气会商赛区的天气进行预报，虽然 1000 米逐小时的分辨率对于赛事预报依然是一个大网，但是相对于 5000 米逐 3 小时的网而言，这张更细的网能给预报员提供更多的信息。另一方面，作为业务数值预报模式，1 千米的分辨率已经接近业务数值天气预报分辨率的极限。另一个是充分挖掘现有历史资料的机器学习算法的应用。冬奥场地已经积累了 4 年左右的气象观测资料，运用这些资料，基于大数据分析和建模，可以针对冬奥赛事服务的站点进行客观化的精细预报。这一预报产品虽然没有形成网，但是是精确制导，可以针对预报的站点提供逐小时的客观预报产品。尤其对于上文提到的山地特有的“冷湖”现象，几乎所有的数值预报模式都无能为力，但是基于机器学习的客观方法，可以对其进行较好的预报，为预报员提供了有力的技术支撑。上述两个产品，犹如冬奥预报员手中的“歼-15”，有了他们，一线气象服务人员才能结合自己过硬的本领，演好“刀尖上的舞蹈”。

作者：董全

举办一届冬奥会，需要多少雪？

《气象知识》 2021 年第 6 期

2013 年 3 月，莫斯科的市民还在忙着扫雪。而 2014 年冬奥会主办地索契，由于气温异常偏高，组织方正千方百计储存雪，以免一年之后陷入无雪或少雪的尴尬境地。

索契冬奥会组织方在附近的高加索山脉储存了 45 万立方米的雪，还覆盖了专门的“保温膜”，以防雪在夏天融化。虽然有 14 万立方米储备雪融化，但仍有逾 30 万立方米，足够满足 2014 年使用。2018 年平昌冬奥会，为了满足赛事的需求，韩国邀请了一家美国企业，开凿了一个容积达 13 万立方米的人工湖，每分钟能够将 8.5 吨水转化成雪。

其实，1980 年普莱西德湖冬奥会就第一次使用了人造雪。由于人造雪从提高运动员成绩来说比自然雪更好，而且可控性比较好，所以，冬奥会使用人造雪已经成为惯例。

国际奥委会在 2015 年就提出，延庆和张家口赛区必须依赖人工造雪。北京和张家口冬奥场地 2 月可能高达 60% 的赛事需要人工造雪。

一场冬奥会要用掉多少人造雪？

雪由雪晶，也就是雪花构成。把 1 万枚雪花堆在一起，能得到大约 1 克的雪。而一座 5S 级别的商用滑雪场，至少需要 1.8 万立方米的雪，才能堆满一条 1000 米的初级滑雪道。

滑雪场里的雪是怎么造出来的？什么样的雪滑起来更畅快？

形成降雪必须具备 2 个条件：一是饱和水汽，二是空气里必须有凝结核。一般情况下，空气中存在许多微小颗粒，也就是凝结核，它们能吸收空气中的水分，形成液滴，当液滴冻结成冰粒，就成了雪花的晶核。如果空气中没有凝结核，那就需要更低的温度，水汽才能自发地液化和凝华，形成晶核，速度也更慢。这也是为什么一瓶没有杂质的纯净水放在 0℃以下，会变成一瓶液态的过冷水，而不容易结冰。

晶核形成后，第二步是晶体的“生长”。在微观尺度下，晶核中的每个水分子会和另外 4 个水分子形成“空间六方晶格结构”。当温度够低、水汽饱和时，水汽就会在这 3 个辅轴上凝华结晶，让雪花不断生长，变成我们熟悉的六角形对称结构。温度和水汽的过饱和度，会影响水汽在不同轴上的生长速度，让雪花长成板状、针状、棱柱状等形状。冰晶在下落过程中，有时会融化而有时不会，这就分别形成了雨和雪。

冬奥会所说的人工造雪是指通过造雪机生产人工雪，与人工影响天气中的“人工增雪”概念完全不同。目前造雪机进行人工造雪的方式主要有两种。第一种是制冰装置将水制成片冰，然后以片冰为原料造雪，通过碎冰装置把已经造好的片冰粉碎成末，最后把粉末状的冰晶通过空气输送系统送出而形成人造雪。第二种是采用传统的高压水与空气混合造雪，来自高压水泵的高压水与来自空气压缩机的高压空气在双进口喷嘴处混合，利用自然蒸发和空气出喷嘴后的体积膨胀带走热量而使雾滴凝固成冰晶制成雪。

如今，许多厂商研发出了型号各异的造雪机，不过基本原理都是模拟自然雪的形成。这也就意味着人工造雪和自然降雪一样，会受到气象条件的影响。温度、湿度、风向、风速、气压等气象要素对造雪有重要影响，所以气象工作者为滑雪运动所能提供的服务不仅包括场地气象服务，而且包括为造雪条件进行预测。

不同的造雪机型号和造雪环境，能够产出不同雪温、黏度、摩擦力，以及颗粒大小不同的雪晶，也能造出和天然新雪触感相同的粉雪。粉雪蓬松有弹性，踩在上面会发出“嘎吱”的声音，即使人在上面摔了也不疼。但是，粉雪对于滑雪者的技术要求也更高，因为雪质太软，一踩一个坑，一般人根本滑不起来。大多数滑雪场在造雪的同时，还需要用压雪机把雪压实，以增加雪的密度，让雪道更瓷实，这样滑起来更快。

国际雪联要求高山滑雪的雪道表面必须保持近似于冰面的结晶状态，也就是所谓的“冰状雪”。这种雪道需要经过注水、反复翻压等一系列操作才能形成，之后还得每天维护。

在张家口赛区，由于当地冬季降雪较多，通过融雪水循环利用，可大大提高水资源利用效率。4 个竞赛场馆都有“海绵”体质，将融雪水、自然降水进行高效回收存储，在雪季时可作为造雪用水。因此，在每年的滑雪季，赛道上还能看见上一年的雪。

在延庆赛区，从 2018 年 10 月开始，建设了一套由 900 米塘坝、1050 米塘坝及 1290 米塘坝共同组成的调蓄水池，形成造雪引水系统，总蓄水量可达 20.5 万立方米，其中有效库容约 16 万立方米。国家高山滑雪中心最高点位于小海陀山山巅 2198 米处，垂直落差约 900 米，建设的 7 条雪道全长约 9.2 千米，按照冬奥会竞赛标准，高山滑雪的各项比赛赛道均需采用人工造雪方式造雪。

随着滑雪的流行，造雪的需求也在逐渐扩大。根据《2019 年中国滑雪产业白皮书》，中国的 770 座雪场里有 8559 台造雪机，相当于每座滑雪场里有 11 台。而中国国家高山滑雪中心测试赛造雪量 26 万立方米，就动用了 117 台造雪机和 19 台压雪车。

作者：谢盼 马洵

冬奥会赛事与天气的那些事

《气象知识》 2021 年第 6 期

2022 年春节会很特别。特别在哪里？对，北京冬奥会！一边吃着热气腾腾的饺子，一边欣赏着精彩非凡的冬奥比赛。可能你不禁会想，这大冷的天儿，运动员在户外比赛，受得了吗？这刮个风，下个雪，会影响比赛吗？

这些担心是非常有道理的。不利的天气条件是会影响比赛的。那是不是所有的赛事都会受到天气影响呢？不同的天气对赛事有什么影响？带着问题，让我们了解冬奥会赛事与天气的那些事。

大家知道，冬奥会比赛包括在室内场馆比赛的冰上项目和在室外比赛的雪上项目。室内场馆是封闭的，基本上不会受到天气的干扰。这些赛事，诸如在首都体育馆竞赛的花样滑冰和短道速滑，在国家速滑馆竞赛的速度滑冰，在五棵松体育馆竞赛的冰球，在国家游泳中心竞赛的冰壶等。或许你会问，冰上项目就意味着在冰面上比赛，那冰面会受到室内气温、湿度等变化的影响吗？是的，会有影响。现就以对冰面要求最高的比赛项目冰壶为例，好的冰场比好教练还重要。冰壶比赛要求场馆内湿度在 50% 以下，温度在 12℃以内；冰面温度在 –6℃左右。温度或湿度的变化会直接影响冰壶与冰的摩擦系数。一旦湿度过大，冰面就会形成一层水汽，进而会结霜，增加队员比赛时的刷冰难度。什么天气会影响场馆内的温度和湿度呢？当室外出现降水天气时，大量的观众入场，会在短时间内改变场馆内的温度和湿度，就会影响冰面质量。北京冬奥会冰上场馆建设完成了“智慧冰面”，会根据场馆内的实时监测数据，进行自动调整。高科技把天气的影响降到最低。

一提到雪上项目，那与之相随的优美、速度与激情，会不由自主地心跳加速。脑子里会如同过电影的镜头般闪过“雪上 F1”“雪上马拉松”“雪上滑翔机”“冬奥会皇冠上的明珠”……“雪上 F1”意味着这项运动速度快，“雪上马拉松”意味着距离长，“冬奥会皇冠上的明珠”意味着在冬奥会赛事中备受瞩目。不同雪上项目特点不同，更因其场馆置身于苍穹之下、山野之间、雪场至上，独显其无穷的挑战魅力。滑行的速度越快，腾空的高度越高，空中飞行的距离越远，越容易受到天气的影响。

不同的天气条件下，不同的赛事受到的影响是不同的。

先说说被誉为“冬奥会皇冠上的明珠”的高山滑雪项目。试想一下从海拔 2000 米的高山之巅，以 100 千米 / 时或以上的速度疾驰而下，或腾空、或俯冲、或急拐，比赛用时 1 分多钟，是何等的惊险，又是何等的刺激！当高速滑行中腾空跳跃的时候，大风可能会造成运动员落地不稳，失去平衡，滑出赛道，甚至受伤。所以，当风速超过 11 米 / 秒时就要时刻关注其变化趋势；当阵风风速超过 17 米 / 秒时，比赛会受到明显的影响，面临比赛推迟甚至调整日期的可能性。2018 年平昌冬奥会期间，2 月 10—14 日平昌出现了大风降温天气，气

温接近 –20℃，风力则达到 7 级。这种情况下，平昌冬奥组委通知原定 11 日进行的男子高山滑雪滑降比赛推迟至 2 月 15 日进行；原定 2 月 15 日进行的男子超级大回转比赛则推迟一天进行；12 日要进行的全能比赛训练也都被取消。

快速滑行过程中，如果一块厚厚的云压在赛道上，能见度很差，运动员看不清赛道，也无法比赛。最典型的例子是加拿大惠斯勒滑雪场地区，因地形作用半山腰往往有一层云。20 世纪 80 年代，这里共举行 7 次世界级比赛，4 次因地形云造成的低能见度而停赛，以至于 1992 年后就不在惠斯勒举办世界杯赛事了。

理想状态下，气温低于 0℃，赛道保持最佳状态，可以保证运动员的顺利滑行。当出现天气回暖，气温达到 0℃以上时，积雪表面在阳光照射和滑雪板不断翻动的作用下，会逐渐融化；如果夜间气温低于 0℃，又会冻结；修整后的赛道可以继续第二天的比赛。但如果持续回暖，夜间气温也到达 0℃以上，赛道表面雪质会变得松软，摩擦力增大，滑行受阻，就会愈来愈不利于运动员急转弯或加速。

2014 年索契冬奥会上，高山滑雪女子滑降比赛中斯洛文尼亚选手梅泽和瑞士选手吉辛并列获得金牌，这是冬奥会历史上第一次并列冠军。究其原因，多少也有气温过高的功劳。吉辛和梅泽当天分别以第 8 位和第 20 位出场。吉辛早早确立了领先优势，等梅泽出场，她在途中的每个计时点都领先吉辛，但赛场气温升至 10℃，雪面变软，梅泽在最后一个坡道速度慢了下来，结果她以与吉辛相同的成绩完成比赛。

享有“雪上 F1”之称的雪车雪橇赛事，是冬奥会赛场上速度最快的比赛项目，能够以高达 145 千米 / 时的速度飞驰在由混凝土和薄薄的冰层制成的陡峭赛道上。赛道要始终保持最佳性能水平。天气变化会对赛道冰况产生很大影响，运动员要时刻监视天气。由于赛道是人工制冷的，能够承受一定的气温升高。但如果气温过高，启动制冷，赛道冰面会形成一层霜，从而使比赛滑行速度下降。空气湿度也很重要，过高会导致冰面结霜。下雪时，因赛道大部分都是遮盖的，大多时候雪花不会飘进赛道。但如果不断下雪，又刮大风，雪花可能被吹进赛道，这会使得雪车雪橇的方向不好控制，造成滑速下降。

跳台滑雪，又称“雪上滑翔机”，是非常受欢迎的冬季运动项目。不借助任何外力，运动员从高台上如同失重般快速滑落，速度高达 90 千米 / 时；跃入空中，如老鹰般滑翔，最后稳稳着陆，完美诠释了“高、远、稳”。这也意味着风在比赛中是非常关键的，风力过大会对运动员的安全造成威胁，同时风向、风速不同也会对运动员的成绩有很大的影响。跳台滑雪对瞬时风速要求高，跳台的赛道上会实时显示不同方位的风向、风速。比赛时，经常可以看到运动员在等待，有的时候已经来到出发点的位置，却又退回，甚至反复多次。这种情况，就是在等待风速小于 4 米 / 秒。过大的风，会影响运动员在空中的方向和视线。同时，还必须没有“横风”，才能保证运动员的飞行姿态和安全；而且要求同一组比赛时段内，环境风的风向变化不超过 90°，保证运动员比赛时所处的风环境大致相同。逆风有利于运动员在空中飞行更远的距离。当选手遇到顶头风，飞得更远，也意味着运动员的成绩要相应扣分；相反则有加分。气温方面，要不低于 –20℃，确保运动员有良好的身体机能。

2018 年平昌冬奥会跳台滑雪男子大跳台团体决赛中，波兰队和德国队角逐银牌。这场比赛的结果也看风。双方最后一名选手出场前，波兰选手领先德国选手 0.6 分。最后一名选手，波兰的斯托赫和德国的韦林格尔都跳了 134.5 米，但由于风向、风速不同，韦林格尔

“+4.2”，斯托赫则“+1.8”。最终综合空中姿态得分，德国选手反超波兰选手，获得银牌。

雪上马拉松的越野滑雪是一项最基础的滑雪运动，分长距离和短距离比赛，长距离最长可达 50 千米，对运动员体力和耐力要求高。通常来说，比赛会在各种天气条件下进行。但如果气温低于 –20℃，或雨雪交加，能见度非常差，考虑到运动员的安全，裁判员会推迟比赛。冬季体育项目丰富多彩，还有像深受年轻人喜欢的自由式单板滑雪项目，因更多腾空、跳跃和空中姿态，会时刻关注风速的大小，如果风速超过 5 米 / 秒，也会影响运动员的安全。

下雪了，群山莽莽。但此时，赛道运维人员忙碌地清除赛道上的积雪，以便第一个运动员和最后一个运动员对雪面的感受是一致的，尽可能保障赛事的公平性。

起雾了，氤氲迷蒙。此时，比赛或许会因太差的能见度而中断。

刮风了，云起云落。此时，要紧盯风向、风速的变化趋势，确保运动员的安全，使赛事顺利进行。

冬奥会雪上比赛，如冬之精灵，在天寒地冻、风起雪落时，舞动于群山之间。让我们更好地把握天气，成就精彩的冬奥赛事。

作者：时少英

冬奥气象监测网“三维、秒级、多要素”是如何打造的?

《气象知识》 2021 年第 6 期

在冬奥会的诸多冰雪运动中，高山滑雪被誉为“皇冠上的运动”，因为这一项目对场地山势、气候、降雪、水源等自然条件要求苛刻，也是体育项目中对气象条件要求最为苛刻的赛事之一。气温、风向、湿度、雪质等因素会影响滑雪选手的成绩乃至安全。具体来说，自由式空中技巧要求比赛时段内 1 分钟平均风速不超过 2 米；高山滑雪选手最高滑行速度甚至超过 130 千米 / 时，即 36 米 / 秒，以这个速度疾驰，风速和风向将对最终成绩产生很大影响；气温和空气湿度也都能影响雪质，而雪质决定运动员所用滑雪板打蜡种类和用量：当气温过低（低于 –20℃）时，雪面容易形成带有非常锋利边缘的粗糙雪晶。这类冰晶经常遇见，当你走在这样的冰晶上时，会发出“吱吱”声，这种声音就是紧密堆积的冰晶相互摩擦的结果；随着空气湿度的增加，由六边形晶体组成的雪花将因此变得更圆；雪会随着时间的推移而改变形状。比如新鲜的雪在结构上是锐利和晶莹的，随着雪的老化，它很快就失去了其标志性的“雪花”形状，变得圆润而致密。如果赛道上的雪晶是新的、锋利的，当滑雪板与之产生滑动摩擦，就如同火烤滑雪板底部，对滑雪板产生毁灭性伤害，此时需要一种更硬的蜡，防止雪晶钻入底座空隙，减少滑雪板表面和雪晶之间的摩擦。如果雪晶更圆、更湿，则较软的蜡将提供更强的防水性，从而加快滑行速度，提高雪板在雪地滑行的速度和灵活性。

由于冬奥会雪上比赛项目都在室外进行，深受自然天气的影响，这在客观上决定了雪上赛事，如速降、跳台滑雪、自由式滑雪空中技巧以及大回转等比赛，不得不“靠天吃饭”，大雪、大雨、强风、浓雾、低能见度这些恶劣天气都会影响雪上赛事进行，造成雪上项目比赛被推迟或者取消，如 1998 年长野冬奥会上的高山滑雪项目因大雪和大雨而中断，所有比赛项目被迫连续推迟 6 天。根据国际奥委会规定，在奥运会闭幕之前，某项赛事因为天气原因无法举行，该赛事将不会在闭幕后“补办”。虽然赛事最后得以继续，但不得不在闭幕前 3 天内密集安排 4 个高山滑雪项目，以至于当时为保证男子大回转赛事进行，组委会动用了 600 多人连夜清除厚达 2 米的积雪。2018 年韩国平昌奥运会，由于朝鲜半岛正处在西伯利亚冷高压外缘控制，极端低温和强风不仅严重制约着运动员们的发挥水平，还对他们的比赛装备造成了严重损害，滑雪板因低温产生弯曲变形，导致运动员每次滑完后都不得不丢弃。太冷不行，太热更不行。2010 年温哥华冬奥会和 2014 年索契冬奥会，运动员都曾因为气温过高而叫苦不迭。尤其是索契冬奥会，被戏谑为“夏奥会”，当地最高气温创历史纪录达到 20℃，而当地 2 月历史平均气温仅为 8.3℃，选手们难以适应因高温融化而变得松软的雪道表面，不仅动作失误频频，还受伤不断。

北京 2022 年冬奥会和冬残奥会期间，延庆赛区平均气温在 −1.1～−9.0℃，平均风速为 1.9～3.6 米 / 秒，平均降水日数为 4 天。尽管整体相对适宜冬奥会雪上项目的举办，但相较于索契、平昌等冬奥会举办城市，降雪较少，山顶瞬时风速较大，且在冬残奥会举办期间的 3 月，气温会出现明显回升，不利于雪场维护和比赛的正常开展。因此，围绕冬奥比赛赛事和公众观赛强烈急需的气象服务需求，北京市气象探测中心通过对冬奥延庆赛区的多尺度、多维度、多视角融合立体加密综合观测气象保障，为延庆赛区及周边提供了时间上无缝隙、空间上全覆盖，赛场时间上精确到秒级、空间上精确到百米级的气象监测和预警，为赛事训练、比赛和比赛决策提供了强有力支撑。

摸清“小气候”填空白

“莺啼姌畔杨柳飘，云压海陀雪意高。”一年三季出现“海陀戴雪”的美景对于许多北京市民都不陌生。延庆赛区作为 2022 年北京冬奥会建设难度最大的赛区，届时高山滑雪、雪地雪橇雪车项目都将在小海陀山举行。高山滑雪赛道从出发至终点处垂直落差距离超过 900 米、坡面长度长达 3000 米，地形复杂，具有明显的局地小气候特征，山脚烈日炎炎酷热难耐，山顶也许就是风雨交作冰雹落。2015 年小海陀山被冬奥组委确定作为延庆赛区赛场时，由于这座山的历史气象数据完全空白，因此，气象预报员缺乏对这座山小气候“脾性”的了解，就如同医生接诊一名陌生病人，需要借助“拍片”，才能对病灶进行准确诊断。而对气象工作者来说，要深入了解这座山的气象状况，当务之急是构建适应冬奥会需求的立体、稠密的山地气候观测网，像 CT 一样“扫描”整座山的小气候，发掘天气“密码”。

于是，作为气象“CT”安装者——北京市气象探测中心，在北京获得 2022 年冬奥会举办权前一年便未雨绸缪，先后组织人员实地多次勘察小海陀山，根据探测设备及数据通信对建设场地环境要求，反复筛选对比，提前在整座山上勘测选址，为赛道选定提供前期气象数据支撑。山上本无路，人手一把镰刀，就成为进山披荆斩棘开路的利器。获得冬奥申办权后，当赛区各项工程开工建设之始，气象探测保障团队立即着手开始架设各种气象和环境要素观测仪器，持续收集规划赛道附近的基础气象数据资料如气温、风速，为后续赛场建设提供数据支撑。由于当年无公路直达延庆境内小海陀山脚，为把土建砂石料和机具等建筑材料运到山上施工现场，不得不远行绕道张家口赤城县境内小海陀山脚，再卸货转运，通过山地攀爬承重能力强的骡子驮运上山。山间道路崎岖难行，勘测过程极为艰辛，一边是峭壁危崖，一边就是深涧险壑，每次上下山都要耗费 5 个小时。自此之后 6 年里，由于遇到赛道改道，初期建设的站点不得不迁址。为了不影响观测数据连续性和完整性，不论是山脚吃西瓜、山顶着棉袄的三伏天，抑或是在凛冽刺骨、狂风肆虐的山顶（最大风速能达 20 米 / 秒），眉毛都会结冰的三九天，一群为“观天”而进山的气象保障团队身影时常出现在小海陀山里，他们经常能在一段登山途中享受烈日、狂风、暴雨和冰雹等多种天气现象的“眷顾”，成为上苍的“宠儿”。

随着赛事需求的变化，早期建设的 4 个气象观测站点由于观测要素较少，只有风速、风向、气温、湿度、气压 5 个气象要素，难以满足冬季运动项目对气象服务的特殊需求。面对冬奥组委对于赛事气象探测要素的需求以及气象保障服务的需求，各测站开始加装更多的气象传感器，补充完善气象要素观测，如为确保比赛公平，不论选手出场秩序如何变化，雪道都保持一样状态。根据国际雪联对雪道硬度的严格要求，延庆赛区高山滑雪雪道表面必须时刻保持结晶冰状雪状态，因此雪的冻融循环、风、阳光照射等因素都要考虑，为此增加了固态降水、雪深、雪温、能见度、大气及地面辐射等观测项目的气象观测；同时，还安装了视频监控系统，可随时抓取测站附近实时天气现象画面，以提供逐分钟的天气更新，最终在延庆赛区赛道周边形成站点间距小于 300 米、布局合理、功能全面，可进行全天候现场监测站点的网络，竞技赛道和竞速赛道基本每隔百米就有一个气象站，其中分布于高山滑雪赛道 21 个、雪车雪橇赛道 3 个，为冬奥会精心提供及时、高效、精细的气象观测数据支撑。这些涵盖诸多气象要素的监测数据由北斗通信系统顺利上传给气象预报员，气象预报员通过分析诊断得出结论，继而给教练员和运动员提供持续滚动的短时临近（0～1 小时）天气预报。这些专业、贴身、精细的气象信息，对于指导训练和比赛、调整赛前准备工作、组织决策提供了强有力的保证。

捕捉灾害天气保赛事

从小海陀山的山顶俯瞰，国家高山滑雪中心 7 条赛道似 7 条巨龙，蜿蜒起伏在山林之中，山脚下的国家雪车雪橇中心在山林间若隐若现，险峻秀丽，风光无限。对气象工作者来说是个观云测天的绝佳场所。以往影响北京的天气系统由西北和西南两个方向而来，对冰雹、龙卷、雷暴、局地暴雨等中小尺度天气系统的精细化监测手段，主要依托地处北京东南亦庄的 S 波段（电磁波长约 10 厘米）雷达来监测、分析、判断这些灾害性天气系统的生成、移动、发展和消亡，对灾害天气的监测和预警远不能满足冬奥会运行的精细化要求。而 S 波段天气雷达的布设不能像自动气象站那样无限加密，要考虑资金、雷达探测环境、区域人口密度、灾害性天气发生频率等诸多要素。为此，北京市气象探测中心于 2019 年在小海陀山主峰平坦开阔的亚高山草甸新建了一部 S 波段天气雷达。在山顶建设雷达的过程中，气象工作者要面对最大的困难就是要时刻与恶劣环境作斗争：山顶天气变化无常，施工环境恶劣，一年只有冬夏两个季节，夏天山顶紫外线强烈，冬天气温最低可至 −40℃，突如其来的大雪，一年四季都是七八级（最大可达到十二级）呼啸的北风，令人顿生寒意，大风裹着石屑打在脸上，就像刀割一样，以至于施工时把有些工人吓跑了。历经一年建设过程各种磨难，最终在北京构建双 S 波段雷达“南北双骄”探测网，实现了覆盖北京地区（特别是城区）的强对流天气探测的无缝衔接，能系统地捕捉局地中小尺度天气，提高了强对流天气预报及预警能力。

不仅有 S 波段雷达，在小海陀山的西南方位的河北怀来和东南方位的延庆城区还各多了一个固态双偏振 X 波段雷达（电磁波长约 3 厘米）“小伙伴”，并通过与车载移动 X 波段雷达和云雨雷达、激光测风雷达的补充，在延庆赛区形成了相对完善的多波段密集雷达监测网。相当于在赛区上游关键天气区增添了一只只“千里眼”，可实时捕捉远近距离、高低空域气象雷达回波演变，能有效解决北京西北部地区存在的雷达探测盲区问题，增强了冬季山地中小尺度天气系统的捕捉能力。

关注路面状况保交通

为保障冬奥期间观众安全出行，北京市气象探测中心在城区通往延庆赛区八达岭高速沿线新建交通气象观测站 7 套，可实时监测道路气象实况，包括气温、湿度、路温、风速、风向、雨量、道面状况、能见度、天气现象、雾、霾天气等实况信息，提高冬奥期间交通出行的气象保障服务能力。这样气象部门就能利用路面温度精细化预报技术，将夜间路面温度预报误差降低至 1℃左右，为融雪除冰提供精准气象参考。

作者：丁张巍

从气象要素看高山滑雪为何选址海陀山

中国气象局官方微博　2022 年 2 月 18 日

北京市延庆区西北部有一座西南—东北向的山峰——海陀山，小海陀山是其中较大的山峰之一，北京冬奥会的高山滑雪项目便设在了延庆赛区的小海陀山上。那么，为什么冬奥会的高山滑雪项目选在了这里呢?

首先，冬奥会高山滑雪的场地对山脉的海拔落差要求严格。根据国际雪联的要求，高山的垂直落差要达到 800～1000 米，线路满足 2000 米以上。而小海陀山海拔高 2198 米，赛道的垂直落差约 900 米，坡面长度约 3000 米，具备了高山滑雪场的硬件要求。

接着，我们来看看气象条件。高山滑雪项目对气象条件的要求也十分严格。若场地气温过高，会导致冰雪融化，影响赛事进程；而气温过低，也会影响运动员的身体机能和比赛的发挥。国际奥委会把“举办城市 2 月平均气温是否低于 0℃”作为选址的一项核心气象指标。而冬奥会期间，小海陀山山顶处平均气温 −14.3℃，山腰处平均气温 −9.0℃，结束区平均气温 −7.7℃。因此，既满足了选址气象指标，又不算太冷，对滑雪项目的开展十分有利。

此外，风也会对滑雪运动产生影响。高山滑雪项目中运动员会有多次起跳飞跃的动作，而风向风速的变化会对运动员在空中飞行和落地姿态有很大影响，尤其是侧风很容易造成动作失控，产生危险。而小海陀山山顶平均风速 10.7 米 / 秒，山腰处平均风速 3.7 米 / 秒，结束区平均风速 1.4 米 / 秒，风力相对适宜，利于运动员的稳定发挥。

最后，由于冬奥会的赛道用雪对于硬度和雪质都有较高要求，自然降雪往往达不到要求，所以赛区必须要依赖人工造雪，因此，冬奥会要选取适宜人工造雪的气象条件进行造雪。而海陀山地区，一般进入 10 月下旬，便达到人工造雪的条件了，满足了冬奥会的用雪保障。

作者：穆俊宇

第六章　融媒体报道

用 2000 多张照片，捕捉冬奥赛场“雪”的秘密

中国气象微信公众号　2021 年 1 月 22 日

2021 年隆冬时节，华北大地碧空如洗，山区银装素裹。这个冬天，张家口赛区有一群特殊的气象人，他们穿着颜色统一的队服，在每个飘雪的日子里，用显微镜记录“每一片雪”。

作者：张曦丹　王旭海　王亮

在冬奥“雪上 F1”赛场做气象保障，是种什么体验？

中国气象微信公众号　2021 年 12 月 9 日

雪车，又被称为“冰上 F1”。2021 年 12 月 6 日早上 6 时 30 分，刚刚结束了 14 天防疫隔离的陶亦为，正驱车行驶在出北京城区的高速上，导航显示，此行目的地是北京冬奥延庆气象服务分中心。呼啸的寒风伴着星辰，这样的寥落清晨，是陶亦为冬奥驻训 4 年来常见的风景。在冬奥“雪上 F1”赛场做气象保障，是种什么体验？

作者：王若嘉

30 米，爬了一个多小时！冬奥赛前，“捕风人”为何化身“攀登者”？

中国气象微信公众号　2021 年 12 月 24 日

2021 年 12 月 21 日清晨，在北京冬奥会张家口赛区云顶场馆群，气温已跌破 −10℃。一铲雪、一小步……上午 9 时，雪白的山腰处，张家口赛区气

象装备保障团队队长幺伦韬和队员金龙、何涛、王彦朝、杨津一行五人蹒跚攀爬。冬奥赛前，“捕风人”为何化身“攀登者”？

作者：李悦 王亮 贯静淅 王旭海

【探访冬奥村】“温暖的家”怎少得了气象元素？

中国气象微信公众号 2021 年 12 月 28 日

2021 年 12 月 28 日，北京冬奥村正式推出“温暖的家”这一主题，并全面展示了其文化内涵。那么，如何能够真正做到让运动员、教练员感到“温暖”？除了热情周到的服务，气象元素也是必不可少的一部分！

作者：舒扬 崔国辉

倒计时 30 天！气象与冬奥，到底啥关系？

中国气象局微信公众号 2022 年 1 月 5 日

在距离北京冬奥会倒计时一个月之际，很多人都在期待为运动员赛场争金夺银、问鼎奖牌榜而喝彩，但实际上赛事风云的背后，“把脉”风云至关重要。众所周知，一件大事要想成功，天时、地利、人和，缺一不可。对于冬奥会来说，这天时，指的自然就是天气了。气象和冬奥到底有什么关系？服务冬奥，气象部门都做了哪些准备？“把脉”风云有什么“秘密武器”？天越冷越有利于冬奥会举办吗？

来源：央视新闻

天气对滑雪成绩影响那么大！听冬奥“手艺人”怎么说

中国气象微信公众号 2022 年 1 月 18 日

在滑雪比赛中，滑雪板良好的滑动性能是取得优异比赛成绩的基石。滑雪板性能的高效发挥离不开打蜡师的帮助。尤其是，雪板打蜡要根据比赛天气及赛道情况灵活处置。为什么要给滑雪板打蜡？打蜡师又要如何看天“利其器”呢？中国气象报社全媒体记者就此专访了几位从业人员，请他们一起聊聊。

作者：刘倩

高亭宇夺金的速度滑冰，也事关气象因素？

中国气象微信公众号　2022 年 2 月 12 日

在 2 月 12 日进行的北京冬奥会速度滑冰男子 500 米比赛中，作为中国体育代表团开幕式旗手的高亭宇滑出 34 秒 32 的成绩，创造了新的冬奥会纪录，获得我国速度滑冰项目的首枚男子金牌！虽然速度滑冰比赛在室内举行，但这项运动也需要考虑包括室内气温、冰面温度等气象因素。

作者：姜虹 舒扬

徐梦桃圆梦！ 5 年前，她就点赞过这里的气象服务！

中国气象微信公众号　2022 年 2 月 15 日

2 月 14 日晚，北京冬奥会自由式滑雪女子空中技巧决赛，中国选手、参加过 4 届冬奥会的老将徐梦桃以 108.61 分获得金牌。16 年逐梦，“四朝元老”徐梦桃历经伤病等重重考验终于圆梦，奋斗精神令人感动。在这次比赛过程中，运动员不仅与对手竞争，也经历了天气等外部因素的挑战。而 5 年前，她就点赞过这里的气象服务！

作者：木有

北半球运动员“刷屏”冬奥会奖牌榜，背后的原因是什么？

中国气象微信公众号　2022 年 2 月 16 日

当北京冬奥会进入最后 5 个比赛日，奖牌榜基本上被北半球国家“刷屏”了！事实上，不仅奖牌榜反映出的比赛项目竞争力如此，如果仔细盘算一下，自 1924 年第一届冬奥会在法国夏蒙尼举办以来，24 届冬奥会全部由北半球的国家和城市承办！那么，为啥冬奥会没有在南半球举办过？南半球不适合开展冬季运动吗？开展冬季运动气温越冷越好吗？

作者：张娟 段昊书

今晚，又一项奥林匹克盛会开幕！它与气象关系有多大？

中国气象微信公众号　2022 年 3 月 4 日

3 月 4 日，北京冬残奥会拉开序幕，相对于冬奥会来说，很多人对冬残奥会感到不太熟悉。那么，这是一项怎样的奥林匹克赛事？它需要怎样的气象保障？

作者：张娟

自由式滑雪！中国雪上项目的最大期待
——冬奥气象观赛指南①

中国气象微信公众号 2022年1月25日

自由式滑雪被誉为“空中舞蹈”。北京冬奥会的自由式滑雪项目在张家口赛区的云顶滑雪公园及北京赛区的首钢滑雪大跳台举行。什么是自由式滑雪？哪些气象因素影响自由式滑雪？

作者：王美丽 段昊书

越野滑雪！“雪上马拉松”的魅力何在？
——冬奥气象观赛指南②

中国气象微信公众号 2022年1月26日

越野滑雪被誉为“雪上马拉松”。它被称作“滑雪运动最初的样子”，自1924年首届冬奥会起，就被列入比赛项目，并且从未中断过。北京冬奥会的越野滑雪项目在张家口赛区古杨树场馆群的国家越野滑雪中心举行。什么是越野滑雪？哪些气象因素影响越野滑雪？

作者：宛霞 段昊书

跳台滑雪为何是“勇敢者的游戏”？
——冬奥气象观赛指南③

中国气象微信公众号 2022年1月27日

跳台滑雪被誉为“勇敢者的游戏”。北京冬奥会的跳台滑雪项目将在张家口赛区古杨树场馆群的国家跳台滑雪中心“雪如意”举行。什么是跳台滑雪？哪些气象因素影响跳台滑雪？

作者：王美丽 段昊书

“冬奥会皇冠上的明珠”！高山滑雪有多“险”？
——冬奥气象观赛指南④

中国气象微信公众号　2022 年 1 月 28 日

高山滑雪是一项惊险刺激且具有观赏性的运动，被誉为“冬奥会皇冠上的明珠”。北京冬奥会高山滑雪项目设在延庆赛区小海陀山的国家高山滑雪中心举行。什么是高山滑雪？哪些气象因素影响高山滑雪？

作者：宛霞 段昊书

花样滑冰！也需要完美气象条件？
——冬奥气象观赛指南⑤

中国气象微信公众号　2022 年 1 月 29 日

花样滑冰是最“资深”的现代奥林匹克运动之一，也是唯一进入过夏季奥运会的冬季项目。北京冬奥会的花样滑冰项目在北京赛区的首都体育馆举行。什么是花样滑冰？花样滑冰会受到气象因素影响吗？

作者：王若嘉 段昊书

冰壶！“冰上国际象棋”技巧与智慧大比拼
——冬奥气象观赛指南⑥

中国气象微信公众号　2022 年 1 月 30 日

冰壶被誉为“冰上国际象棋”，考验运动员的技巧与智慧。北京冬奥会的冰壶比赛项目在北京赛区的国家游泳中心“水立方”举行。什么是冰壶比赛？冰壶比赛会受到气象因素影响吗？

作者：王若嘉 段昊书

雪橇雪车！坐着、趴着、躺着就能赢？
——冬奥气象观赛指南⑦

中国气象微信公众号 2022 年 1 月 31 日

雪橇、雪车、钢架雪车是冬奥会上的三项滑行项目。北京冬奥会的滑行项目在延庆赛区的国家雪车雪橇中心“雪游龙”举行。雪车、雪橇、钢架雪车有啥区别？哪些气象因素影响滑行项目？

作者：李慧 段昊书

速度滑冰，大道至简！因何担当中国旗手？
——冬奥气象观赛指南⑧

中国气象微信公众号 2022 年 2 月 1 日

速度滑冰是一项在 400 米赛道上比赛滑行速度的冰上体育运动。北京冬奥会的速度滑冰项目在北京赛区的国家速滑馆“冰丝带”举行。究竟什么是速度滑冰？气象条件会影响速度滑冰吗？

作者：张宏伟 段昊书

单板滑雪！雪上冲浪或将上演“中国惊喜”！
——冬奥气象观赛指南⑨

中国气象微信公众号 2022 年 2 月 2 日

单板滑雪被称作“雪上冲浪”。北京冬奥会的单板滑雪项目在张家口赛区的云顶滑雪公园及北京赛区的首钢大跳台举行。究竟什么是单板滑雪？气象因素如何影响单板滑雪？

作者：李慧 段昊书

短道速滑！中国冰雪的荣耀之师！
——冬奥气象观赛指南⑩

中国气象微信公众号　2022 年 2 月 3 日

短道速滑即“短跑道速度滑冰”，也是我国在冬季运动中较有竞争力的比赛项目。北京冬奥会的短道速滑项目在北京赛区的首都体育馆举行。究竟什么是短道速滑，气象条件也会影响短道速滑吗？

作者：张宏伟　段昊书

钢架雪车、雪橇、雪车

气象北京微信公众号　2022 年 2 月 2 日

提起雪橇、雪车，人们的脑海里立刻浮现出爱斯基摩人的狗拉雪橇。纯种的西伯利亚哈士奇、阿拉斯加雪橇犬，还有萨摩耶犬使出最大力气拉动雪橇奋力狂奔，领头犬通常是雪橇犬。这项运动就是这么演变来的。雪橇、雪车和钢架雪车在滑行姿势和使用的滑行工具上差别很大：“仰面朝天”的是雪橇，“俯身趴”的是钢架雪车，“敞篷汽车”的是雪车。雪车、雪橇又被称为“雪上 F1”。

依据：《雨雪霏霏　冰舞冬奥》，制作：北京市气象服务中心

跳台滑雪

气象北京微信公众号　2022 年 2 月 3 日

跳台滑雪起源于挪威，又称跳雪。跳台滑雪的裁判有 5 名，根据选手的空中姿态和飞跃距离来打分。另外，还有一个重要指标，那就是落地要稳。跳台滑雪比赛只有最好成绩，没有世界纪录。因为，每届冬奥会所建造的跳台助滑道的角度和起跳端的仰角等都有所不同，再加上比赛时的气温、风向、风速及雪质、雪温等自然条件的差异，比赛成绩都会随之变化。

依据：《雨雪霏霏　冰舞冬奥》，制作：北京市气象服务中心

越野滑雪

气象北京微信公众号　2022 年 2 月 4 日

越野滑雪才是滑雪运动最初的样子。在 1924 年法国夏慕尼冬奥会上，越野滑雪就被列入比赛，并且从未中断过。北欧两项和冬季两项的比赛中都有“越野滑雪”，但这三者既相似又不同。越野滑雪是所有滑雪比赛中最缓和的一项比赛，它所使用的技术既传统又现代，登山、滑降、转弯、滑行，是滑雪运动的初学者最享受的一项运动。

依据：《雨雪霏霏　冰舞冬奥》，制作：北京市气象服务中心

北欧两项

气象北京微信公众号　2022 年 2 月 5 日

北欧两项起源于北欧斯堪的纳维亚半岛的挪威和瑞典等地，这些地区冬季的特点是雪多，但是山不像阿尔卑斯山那样高。因此，这里盛行的不是高山滑雪，而是雪地滑行。挪威人在 19 世纪中期将适合于自己的滑雪方式纳入了当地的冬季雪上运动会，创立了跳台滑雪和越野滑雪这两个项目，也就是后来被称为北欧两项的比赛，也称为北欧全能。跳台滑雪既要跳得远，越野滑雪又要滑得快。1883 年，北欧两项被列入霍尔门科伦滑雪大奖赛，20 世纪初开始向世界推广，1924 年被列为首届冬奥会的比赛项目，一直保留至今。

依据：《雨雪霏霏　冰舞冬奥》，制作：北京市气象服务中心

冬季两项

气象北京微信公众号　2022 年 2 月 6 日

冬季两项起源于斯堪的纳维亚半岛，由远古时代的滑雪狩猎演变而来。据记载，1767 年，守卫在挪威与瑞典边界的挪威边防军巡逻队，曾举办了第一次滑雪和射击比赛。规定在滑行途中用步枪射击 40～50 步远的靶标，成绩最优者可得到奖品。这就是世界上最早的现代冬季两项比赛，也是滑雪与射击相结合的运动。在斯堪的纳维亚半岛，还有一项冰雪运动叫北欧两项。冬季两项比北欧两项要早约 100 年，但是却比北欧两项正式进入冬奥会要晚 36 年。

依据：《雨雪霏霏　冰舞冬奥》，制作：北京市气象服务中心

自由式滑雪

气象北京微信公众号　2022 年 2 月 7 日

自由式滑雪是从高山滑雪演变而来的，起源于美国。1966 年，在美国新罕布什尔州举行了首次自由式滑雪比赛，人们就将这次比赛认定为自由式滑雪运动发展的起点。1971 年，比赛将 3 个项目合并在一次滑降中完成，线路的上部是空中技巧，中部为雪上技巧，下部是雪上芭蕾。自由式滑雪是以滑雪板和滑雪杖为工具，在不同的雪面上完成各种技巧性动作的比赛项目，对场地的要求较小，以技巧性和灵活性著称。2022 年北京冬奥会新增了自由式滑雪大跳台比赛，地点设在首钢滑雪大跳台中心。

依据：《雨雪霏霏　冰舞冬奥》，制作：北京市气象服务中心

单板滑雪

气象北京微信公众号　2022 年 2 月 8 日

单板滑雪起源于 20 世纪 60 年代的美国，与冲浪运动有关。单板滑雪和自由式滑雪堪称雪上项目的“绝代双骄”。1998 年长野冬奥会，单板滑雪项目首次进入冬奥会，当时只有单板 U 型场地技巧和单板单人大回转 2 个项目。2002 年盐湖城冬奥会取消了单板单人大回转，改为双人平行大回转。2006 年都灵冬奥会增加了第 3 个追逐赛项目。2014 年索契冬奥会又增加了坡面障碍技巧和双人平行回转，此时单板滑雪达到了 5 个项目。2018 年平昌冬奥会取消了双人平行回转，增加了单板滑雪大跳台项目，此时仍是 5 个项目。2022 年北京冬奥会还将增加一个障碍追逐混合团体项目。

气象条件对单板滑雪有较大的影响。按照比赛的要求，气温必须高于或等于 −18℃；2 分钟平均风速要小于 5 米 / 秒；当出现大雪、大雾、大风、强回暖等高影响天气时，往往会临时中断比赛或调整赛程，甚至会取消比赛。

依据：《雨雪霏霏　冰舞冬奥》，制作：北京市气象服务中心

冰上运动

气象北京微信公众号　2022 年 2 月 10 日

冰壶赛道两端有两个直径为 3.66 米（12 英尺）的圆圈，一个是发球区，叫本垒，另一端的圆圈叫营垒。冰壶赛场的冰面厚度为 5～6 厘米。另外，还要在冰面上撒一层微小的冰粒，以便通过刷冰改变赛道的摩擦力。冰壶比赛场馆的湿度要在 50% 以下，如果湿度大，冰面会形成一层水汽，容易结霜，会直接影响冰壶与冰的摩擦系数。冰面温度在 −6℃左右，冰场区域温度为 15 ± 2℃，而馆内最佳温度则要低于 24℃。

花样滑冰场地要求冰要更薄更柔软些。理想的花样滑冰场地的冰温为 −3℃，但室温还得营造出温暖如春的感觉。完美的冰需要完美的气象条件，从制冰开始，整个过程中对室内的温度、湿度和气压都有极高的要求。气象部门的测温探头一般置于冰下 0.3 厘米处，所测冰温与实际冰温最为接近。以气象监测数据来调整制冷系统，加密测温，以确保制冰师适时修复冰面，以获得最佳冰温和最平滑的冰面。当然，制冰的水必须是纯净水，水的纯度越高冰就越硬，运动员旋转、跃起“砸”到冰面上时，可以保证冰不会出现裂纹。

速度滑冰赛道的周长是 400 米，是由两条直道和两条 180° 的弯道组成。分内、外两道，除此之外，最内侧还有一条练习道。每条赛道划有标志线，赛道宽 4～5 米。赛道的内圈半径为 26 米，外圈半径为 30 米。短道速滑赛道的周长是 111.12 米，直道宽不小于 7 米，弯道半径 8 米，直道长 28.85 米。赛道上没有标志线，两端弧形弯道处摆放黑色橡胶块作为标志线，运动员不得进入。直道区也没有标线，可以任意滑行。

依据：《雨雪霏霏　冰舞冬奥》，制作：北京市气象服务中心

高山滑雪

气象北京微信公众号　2022 年 2 月 11 日

高山滑雪在冰雪运动中是一项惊险刺激的运动，被誉为“冬奥会皇冠上的明珠”。2022 年北京冬奥会的高山滑雪项目比赛场地设在北京延庆赛区的小海陀山上。高山滑雪诞生于欧洲中南部的阿尔卑斯山地区，因此也被称作阿尔卑斯滑雪或山地滑雪。高山滑雪的场地需要建在高山上。赛道的起点与终点之间的垂直高度差要达到 800～1000 米，线路长 2000 米以上，坡度为 5°～35°。陡峭的山坡能让运动员滑出的速度达到 130 千米 / 时，甚至更快，给人一种惊心动魄的感觉。

依据：《雨雪霏霏　冰舞冬奥》，制作：北京市气象服务中心

云顶滑雪公园观赛气象指数

气象北京微博　2022 年 2 月 4 日—2 月 20 日，3 月 4 日—3 月 13 日

“冬奥公众智慧观赛气象指数”AI 气象服务机器人视频播报产品，于 2022 年 2 月 4 日起在“气象北京”微博正式应用，以公众为服务对象，为冬奥现场观赛公众及服务人员提供穿衣、感冒、冻伤、护目镜、防晒等人体感受、健康防护建议、出行影响等服务提示。该产品提供了北京冬奥会和冬残奥会期间公众气象服务的支撑，丰富了公众观赛气象服务产品的种类和形态。

依据：《雨雪霏霏　冰舞冬奥》，制作：北京市气象服务中心

冬奥赛场的气象“黑科技”

冀云气象快手号　2022 年 1 月 16 日

冬奥会赛场上有许多气象探测“黑科技”，它们用高科技的“双眼”观察着赛场天气的一举一动。云顶滑雪公园是张家口赛区重要的比赛场地之一，那里会有什么样的气象探测“黑科技”呢？

制作：河北省气象服务中心

气象观测站！冬奥赛场的“眼睛”

冀云气象快手号　2022 年 1 月 18 日

张家口赛区有一张“网”，它是由多套气象观测站组成的，其中多要素气象观测站起到了至关重要的作用，对赛道实现了气象观测的全覆盖，从而能够获得“分钟级”，甚至是“秒级”的气象数据，更好地服务冬奥赛事。

制作：河北省气象服务中心

气象科技装备服务冬奥赛场

冀云气象快手号　2022 年 1 月 20 日

冬奥赛场天气风云变化，尤其是气温和降水最为关键，可直接影响赛事能否顺利进行。在张家口赛区，多种的气象监测设备也在24小时不间断运转，

事各项需求。

制作：河北省气象服务中心

气象装备保障！五要素地面气象观测站

冀云气象快手号 2022 年 1 月 22 日

除了赛区内的气象观测装备，在赛场周边同样有大量的高科技气象装备在服务赛场天气观测。其中五要素地面气象观测站就是重要的组成部分之一，它可以使预报员第一时间得到温、湿、风、压等气象数据，为赛场天气预报服务提供有利的数据支撑。

制作：河北省气象服务中心

大风！冬奥赛场的“搅局者”

冀云气象快手号 2022 年 2 月 11 日

冬奥会室外赛事最容易受到天气影响，大风就是冬奥赛场上的“搅局者”。它的出现往往会影响运动员的发挥，严重的甚至会直接导致推迟或取消比赛。那么，大风的影响到底体现在什么方面呢？

制作：河北省气象服务中心

低温！冬奥赛事并不是越冷越好

冀云气象快手号 2022 年 2 月 1 日

冬奥赛事往往都是在气温比较低的环境下进行，但如果气温过低，同样对赛事有不小的影响，不仅会影响运动员的体感，还会影响雪质，这可能直接影响比赛成绩。我们一起去了解一下吧！

制作：河北省气象服务中心

能见度！滑雪赛场的重要因素

冀云气象快手号　2022 年 2 月 4 日

滑雪比赛往往都是在室外进行，能见度就显得尤为重要。尤其是高山滑雪，速度快、落差大，更是对能见度有着极高的要求。而低能见度的天气往往对滑雪比赛产生很大的影响，甚至会导致直接终止比赛。

制作：河北省气象服务中心

降雨！冬奥赛场的“不速之客”

冀云气象快手号　2022 年 2 月 21 日

冬奥赛事往往受天气因素的影响最为广泛，其中降雨也是影响赛事的天气因素之一。它会增加赛道湿度，影响雪质，直接影响比赛的顺利进行。

制作：河北省气象服务中心

气温偏高！冬奥赛场的决定要素

冀云气象快手号　2022 年 2 月 7 日

气温对冬奥赛事的影响最大，如果气温达不到一定条件，会对赛事的开展不利。较高的气温更是会对运动员的比赛成绩带来直接影响。所以，气温偏高时也要采取紧急措施。

制作：河北省气象服务中心

沙尘暴！冬奥赛场高影响天气

冀云气象快手号　2022 年 2 月 26 日

沙尘暴作为高影响天气之一，对冬奥赛事尤其是室外比赛的影响非常严重。它会降低能见度，影响雪质，还会加速雪面融化，让我们一起来了解一下吧。

制作：河北省气象服务中心